用思维导图学 WPS Office

一品云课堂　编著

中国水利水电出版社
www.waterpub.com.cn
·北京·

内 容 提 要

本书以"思维导图"的形式对WPS Office软件进行系统的阐述；以"知识速记"的形式对各类知识点进行全面的解析；以"综合实战"的形式将知识点进行综合的应用；以"课后作业"的形式让读者了解自己对知识的掌握程度。

全书共12章，分别对文字、表格、演示这三个部分的操作进行讲解。其中，文字部分包含文档的自动化排版、文档图文混排的制作、文档页面的设计等；表格部分包含电子表格的基本操作、数据的处理与分析、公式与函数的基本操作等；演示部分包含演示文稿的创建、页面的编辑、动画的制作、演示放映操作等。所选案例紧贴实际，以达到学以致用、举一反三的目标。本书结构清晰，思路明确，内容丰富，语言精练，解说详略得当，既有鲜明的基础性，也有很强的实用性。

本书适合想要提高工作效率的办公人员阅读，同时也可以作为社会各类Office培训班的首选教材。

图书在版编目（CIP）数据

用思维导图学WPS Office / 一品云课堂编著. -- 北京 : 中国水利水电出版社, 2020.8
ISBN 978-7-5170-8696-3

Ⅰ. ①用… Ⅱ. ①一… Ⅲ. ①办公自动化－应用软件－教材 Ⅳ. ①TP317.1

中国版本图书馆CIP数据核字(2020)第127351号

策划编辑：张天娇　　　责任编辑：白　璐

书　　名	用思维导图学WPS Office YONG SIWEI DAOTU XUE WPS Office
作　　者	一品云课堂　编著
出版发行	中国水利水电出版社 （北京市海淀区玉渊潭南路1号D座　100038） 网址：www.waterpub.com.cn E-mail：mchannel@263.net（万水） sales@waterpub.com.cn 电话：（010）68367658（营销中心）、82562819（万水）
经　　售	全国各地新华书店和相关出版物销售网点
排　　版	德胜书坊（徐州）教育科技有限公司
印　　刷	雅迪云印（天津）科技有限公司
规　　格	185mm×240mm　16开本　16.5印张　269千字
版　　次	2020年8月第1版　2020年8月第1次印刷
印　　数	0001—4000册
定　　价	59.80元

前言 PREFACE

■思维导图&WPS Office

思维导图是一种有效地表达发散性思维的图形思维工具，它用一个核心词或想法引起形象化的构造和分类，以辐射线连接所有的代表字词、想法、任务或其他关联的项目。思维导图有助于掌握有效的思维模式，将其应用于记忆、学习、思考等环节，更能激发人脑思维的进一步扩散。它简单有效的特点吸引了很多人的关注与追捧。目前，思维导图已经在全球范围得到广泛应用，而且衍生出了世界思维导图锦标赛。

WPS Office软件是由北京金山办公软件股份有限公司开发的办公软件，堪称"国民级"应用文档。它可以实现办公软件最常用的文字、表格、演示等多种功能。这款软件内存占用低，运行速度快。利用WPS文字，可以对文档进行编辑与排版；利用WPS表格，可以对数据信息进行整理与分析；利用WPS演示，可以将收集的资料以幻灯片的形式放映出来。

本书用思维导图的形式对WPS Office的知识点进行了全面介绍，通过这种发散思维方式更好地领会各个知识点之间的关系，为综合应用解决实际问题奠定良好的基础。

■本书的显著特色

1．结构划分合理＋知识板块清晰

本书每一章都分为了思维导图、知识速记、综合实战、课后作业四大板块，读者可以根据需要选择学习充电、动手练习、作业检测等环节。

2．知识点分步讲解＋知识点综合应用

本书以思维导图的形式增强读者对知识的把控力，注重于WPS Office知识的系统阐述，更注重于解决问题时的综合应用。

3．图解演示＋扫码观看

书中案例配有大量插图以呈现操作效果，同时，还能扫描二维码进行在线学习。

4．突出实战＋学习检测

书中所选择的案例具有一定的代表性，对知识点的覆盖面较广。课后作业的检测，可以起到查缺补漏的作用，保证读者的学习效率。

5．配套完善＋在线答疑

本书不仅提供了全部案例的素材资源，还提供了典型操作过程的学习视频。此外，QQ群在线答疑、作业点评、作品评选可为读者学习保驾护航。

WPS Office

■操作指导

1. WPS Office 软件的获取方法

要想学习本书，须先安装WPS Office软件，可以通过WPS官方网站（https://www.wps.cn/）获取软件。

2. Microsoft Office 和 WPS Office 的区别

目前，市面上主流的办公软件属微软Microsoft Office和WPS Office这两款软件。很多读者无法分清这两款软件，在此简单说明一下：Microsoft Office是由Microsoft（微软）公司开发的，功能强大，性能稳定；而WPS Office是由北京金山办公软件股份有限公司开发的，随着不断更新升级，很多功能也逐步得到了完善。从用户体验角度讲，这两款软件的区别不大，只要掌握了Microsoft Office，那么WPS Office也能够很快上手。

3. 本书资源及服务的获取方式

本书提供的资源包括案例文件、学习视频、常用模板等。案例文件可以在QQ交流群（群号：728245398）中获取，学习视频可以扫描书中二维码进行观看，作业点评可以通过QQ与管理员在线交流。

本书在编写和案例制作过程中力求严谨细致，但由于水平和时间有限，疏漏之处在所难免，望广大读者批评指正。

编　者

2020年7月

目 录 CONCENTS

WPS Office

第 2 章 事半功倍的自动化排版

目录 CONCENTS

第3章 文档美化的秘籍

WPS Office

第 4 章 WPS表格——数据整理高手

目录 CONCENTS

第5章 必备公式与函数知识

第 6 章 对报表数据进行处理

第 7 章 演示文稿的设计与制作

第 9 章 演示文稿的输出与放映

第10章 批量制作工作证

第11章 制作销售业绩统计表

第12章 制作消防安全知识培训演示文稿

第1章
编辑文档从输入文字开始

张姐，我想知道WPS有什么特点呢？我发现很多人都在使用它！

WPS简单易用、内存占用低，而且运行速度快，比较符合现代人的办公方式。

哦！这样啊，那它和微软一样包含Word、Excel和PPT这几个组件吗？

对，只不过WPS对应的名称为“文字”“表格”和“演示”，而且简化、优化了一些功能命令。

哇哦！酷！可以展开说说WPS文字可以对文档进行哪些操作吗？

WPS文字主要用于文档的处理与排版，包括输入与编辑文本、设置段落格式、打印与输出文档等，具体操作会在下面的正文中详细介绍。

虽然……但是……我在这方面是个小白，怕搞不明白讲解的内容。

没关系，在正文中会有一个对所有知识点进行汇总的思维导图，帮你快速了解该章节所讲内容，而且后面还会穿插一些小型的思维导图，会清晰地将重点罗列出来。所以，建议先浏览思维导图，再开始学习相关知识呦。

思维导图

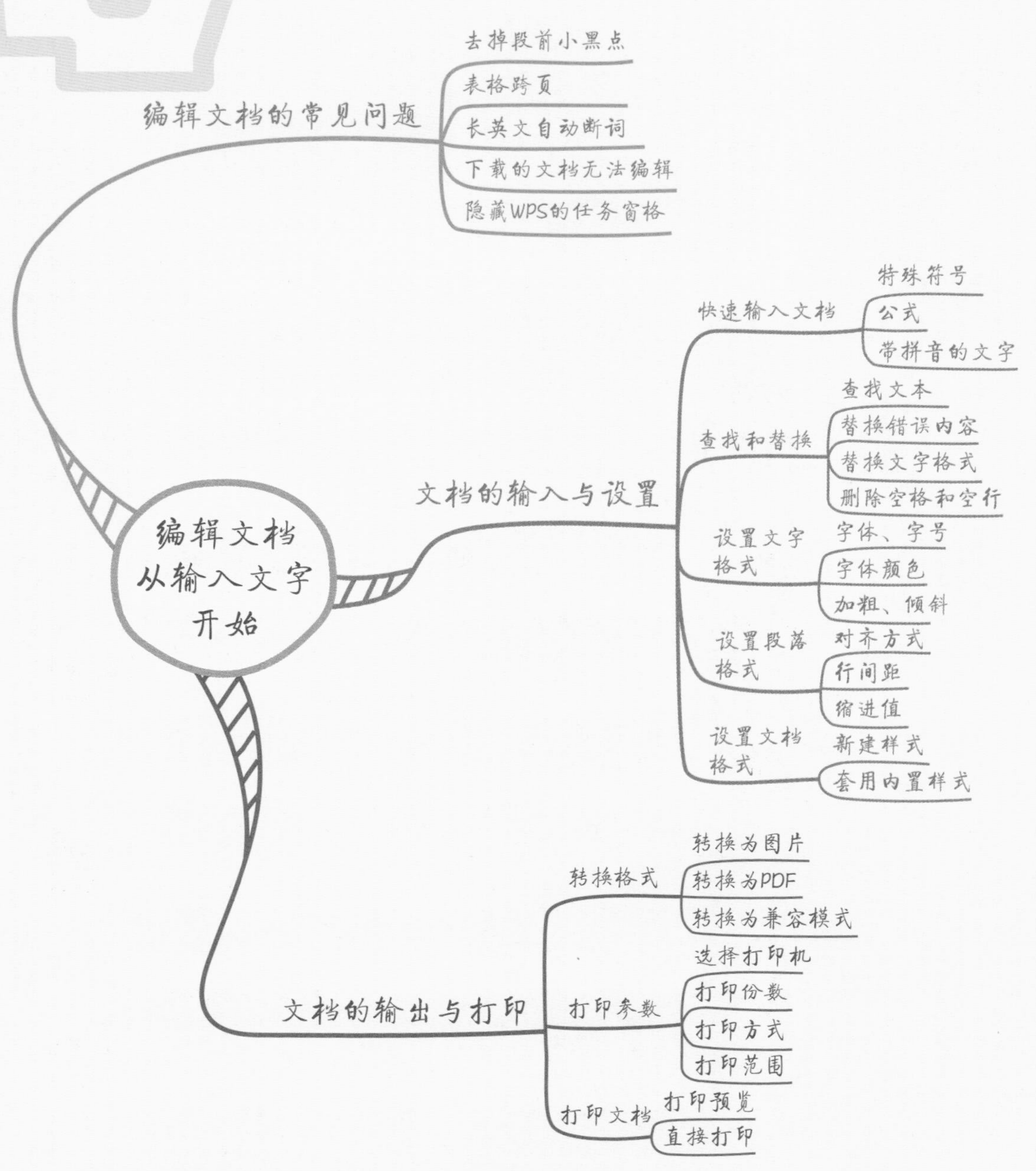

编辑文档从输入文字开始
编辑文档的常见问题
去掉段前小黑点
表格跨页
长英文自动断词
下载的文档无法编辑
隐藏WPS的任务窗格
文档的输入与设置
快速输入文档
特殊符号
公式
带拼音的文字
查找和替换
查找文本
替换错误内容
替换文字格式
删除空格和空行
设置文字格式
字体、字号
字体颜色
加粗、倾斜
设置段落格式
对齐方式
行间距
缩进值
设置文档格式
新建样式
套用内置样式
文档的输出与打印
转换格式
转换为图片
转换为PDF
转换为兼容模式
打印参数
选择打印机
打印份数
打印方式
打印范围
打印文档
打印预览
直接打印

知识速记

1.1 解决文档编辑的常见问题

在编辑文档时总会遇到各种各样的问题，只有想不到的，没有遇不到的。有的问题可以通过百度搜索来解决，而有的问题却不知道从何下手。下面就来介绍几个工作中常见的疑难问题及解决方法，帮大家渡过难关。

1.1.1　如何去掉段落前面的小黑点

打开一个文档时，发现段落前面出现了小黑点，如图1-1所示。这个小黑点其实是一种编辑标记，它标示出文档中哪些内容进行了格式设置。如果用户想要去掉这个黑点标记，可以在"开始"选项卡中单击"显示/隐藏编辑标记"下拉按钮，取消勾选"显示/隐藏段落标记"选项即可，如图1-2所示。

学校实验室安全工作通知

各实验室、中心、研究所：

根据学校设备与实验室管理处相关通知，拟定 2019 年 11 月初开展全校范围的实验室安全实地检查工作，同时对学院 2018 年度实验室安全工作进行考核。现将有关事项通知如下：

一、检查及考核的依据和重点

检查和考核依据：《中山大学 2018 年度实验室现场安全检查项目表（试行）》（附件 1）

二、检查范围

图1-1

如果取消勾选"显示/隐藏段落标记"选项后小黑点依然存在，那么就需要打开"选项"对话框，在"视图"选项卡中取消勾选"段落标记"复选框，这样就可以了，如图1-3所示。

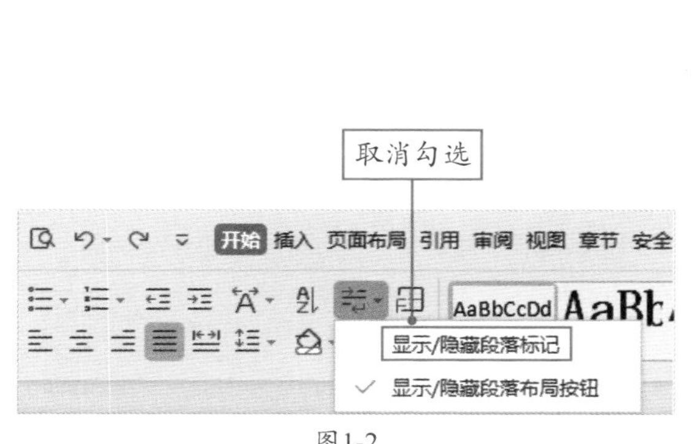

图1-2

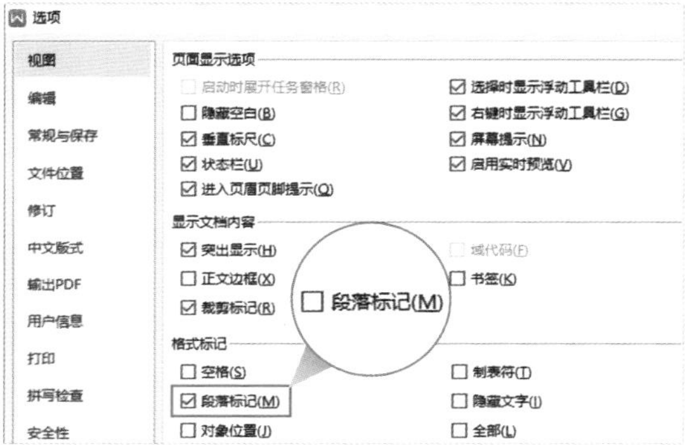

图1-3

这个小黑点是如何产生的呢？在“段落”对话框中，“与下段同页”“段中不分页”“段前分页”这三个复选框中的任意一个或多个处于勾选状态，如图1-4所示，小黑点就会出现。所以同时取消勾选这三个复选框，也可以去掉小黑点。

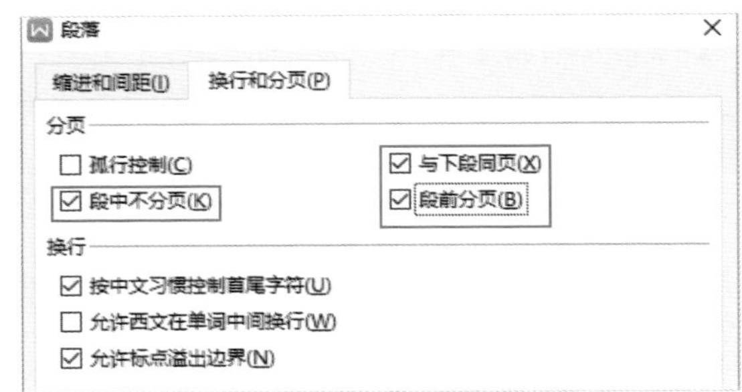

图1-4

■1.1.2　怎么删除表格后的空白页

有时会遇到这种情况：表格做好后经常会多出一个空白页，按Delete键或Backspace键都无法删除。这是因为表格太大，占满一页，表格后面的回车符无处安放，回车符会被强行挤到下一页。所以用户只需在不改变表格布局的情况下，缩减上一页的空间就能解决了。将光标插入到后面的空白页中，打开“段落”对话框，将“行距”设置为“固定值”，并将值设置为“1磅”，单击“确定”按钮，如图1-5所示。

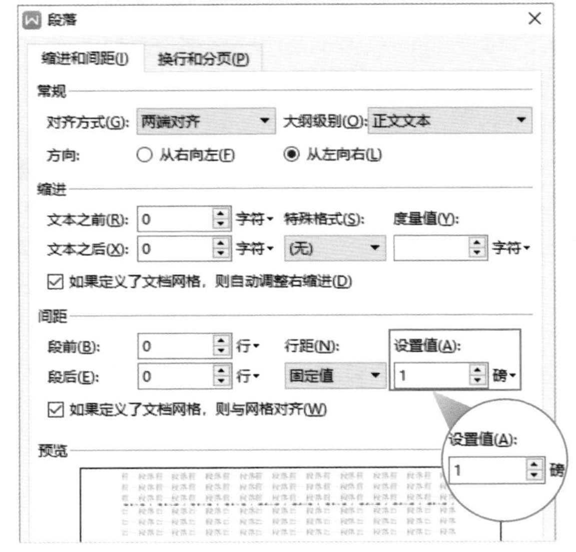

图1-5

此外，还可以通过缩小页边距的方式删除空白页。在“页面布局”选项卡中单击“页边距”下拉按钮，从列表中选择“窄”选项，如图1-6所示。或者在列表中选择“自定义页边距”选项，打开“页面设置”对话框，在“页边距”选项卡中设置“上”“下”“左”“右”的值，单击“确定”按钮，如图1-7所示。

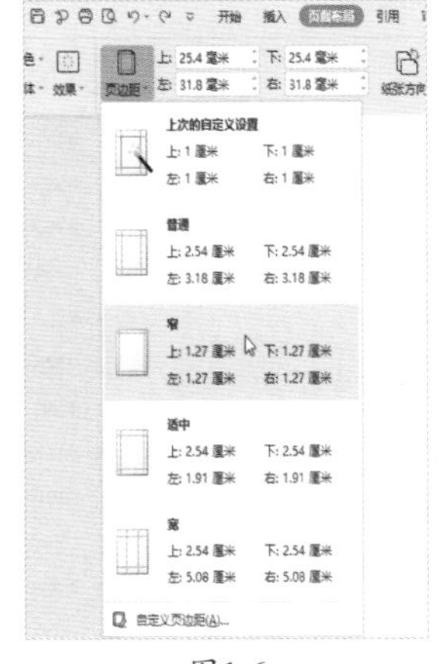

图1-6

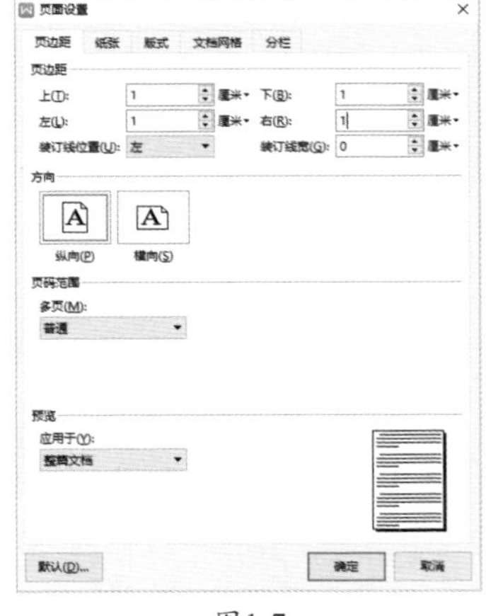

图1-7

■1.1.3　怎么使长英文自动断词

在文档中输入一段文字，接着在后面输入需要的英文时，英文会自动换行，导致上一行文字的字符间距看起来很大，很不美观，如图1-8所示。

图1-8

其实要想解决这样的问题，用户只要设置一下段落格式就可以了。选中这段文本，打开“段落”对话框，在“换行和分页”选项卡中勾选“允许西文在单词中间换行”复选框，如图1-9所示，单击“确定”按钮，段落中的英文单词就会自动断词，如图1-10所示。

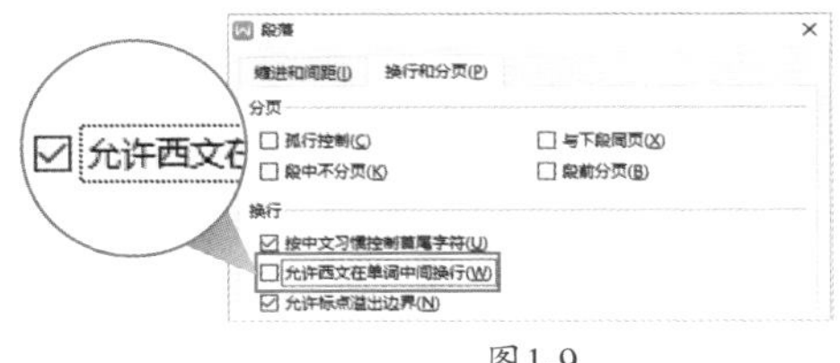

图1-9

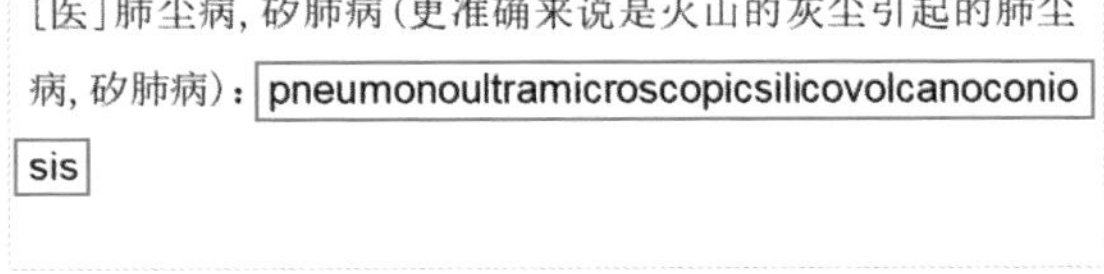

图1-10

■1.1.4　下载的文档无法编辑怎么办

好不容易从网上下载了一份文档，打开后发现该文档被保护了，根本不能编辑。遇到这种情况，用户可以新建一个空白文档，在“插入”选项卡中单击“对象”下拉按钮，从列表中选择“文件中的文字”选项，再在打开的“插入文件”对话框中找到被保护文档所在的位置，选择该文档，单击“打开”按钮，如图1-11所示。此时，被保护文档中的文字就会导入到新文档中，再对其文本进行编辑就可以了。

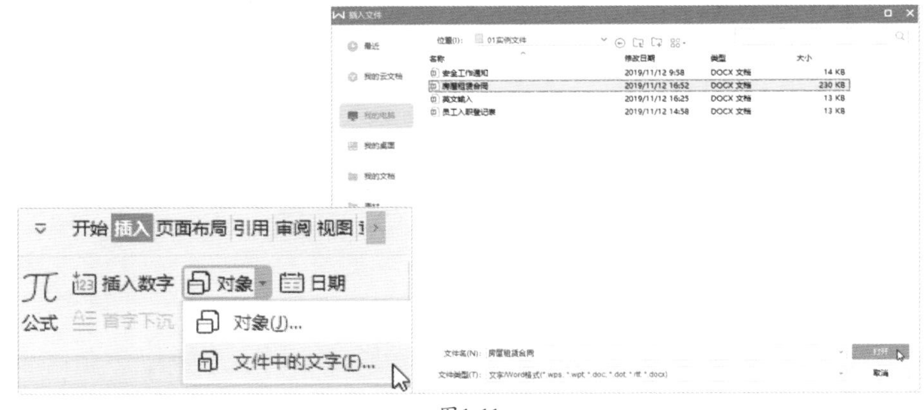

图1-11

1.1.5 怎么把WPS Office中的任务窗格隐藏起来

使用WPS Office编辑文档时，文档右侧会出现任务窗格，如图1-12所示。该窗格有时会不便于用户操作，想要隐藏该窗格，该怎么办？其实方法很简单，只需在这个窗格上右击，选择“任务窗格位置”选项，并从其级联列表中选择“隐藏”选项，如图1-13所示，即可将任务窗格隐藏起来。

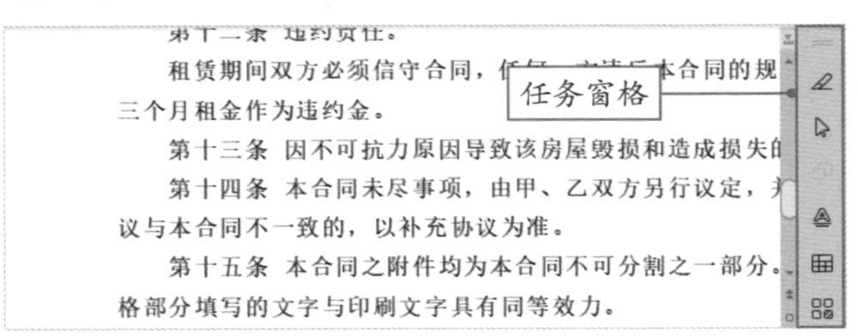

图1-12

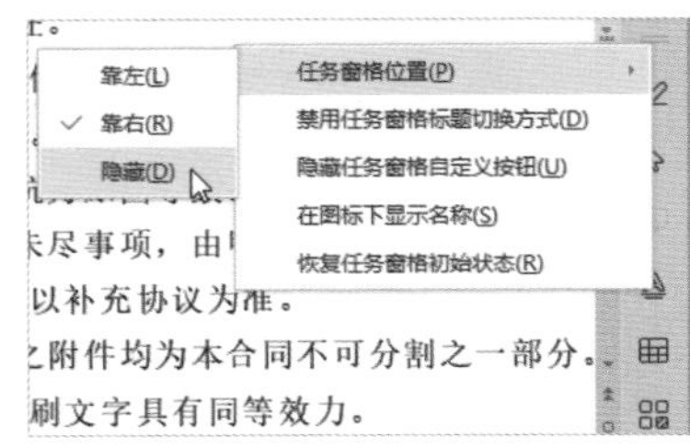

图1-13

另一种方法就是在“视图”选项卡中取消勾选“任务窗格”复选框即可，如图1-14所示。

图1-14

1.2 文档的输入与设置

WPS文字最主要的功能之一就是在文档中输入与编辑文本。输入文本后，通常需要对文本进行一系列编辑操作，如设置文字格式、设置段落格式、设置文档样式等。那么，如何能够既快又好地完成这些操作呢？下面就来揭晓答案。

1.2.1 快速完成文档的输入

在制作文档时，文档的输入是必不可少的。普通文本用键盘输入就可以了，这里介绍一些特殊文本的输入方法，如输入特殊符号、输入公式、输入带拼音的文字等。

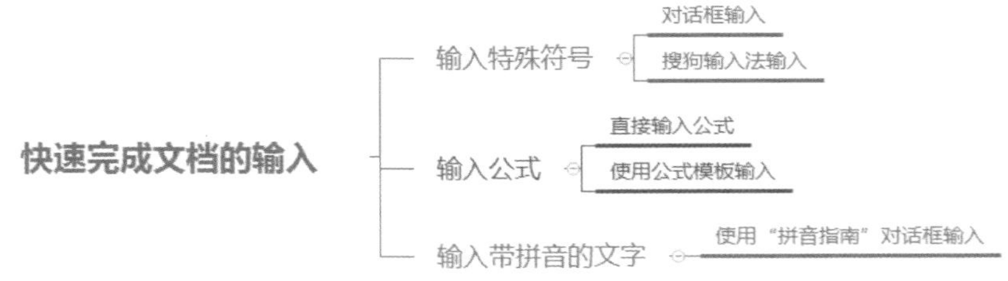

输入特殊符号可以在“插入”选项卡中单击“符号”下拉按钮，选择“其他符号”选项，如图1-15所示，再在“符号”对话框中选择需要插入的符号即可，如图1-16所示。

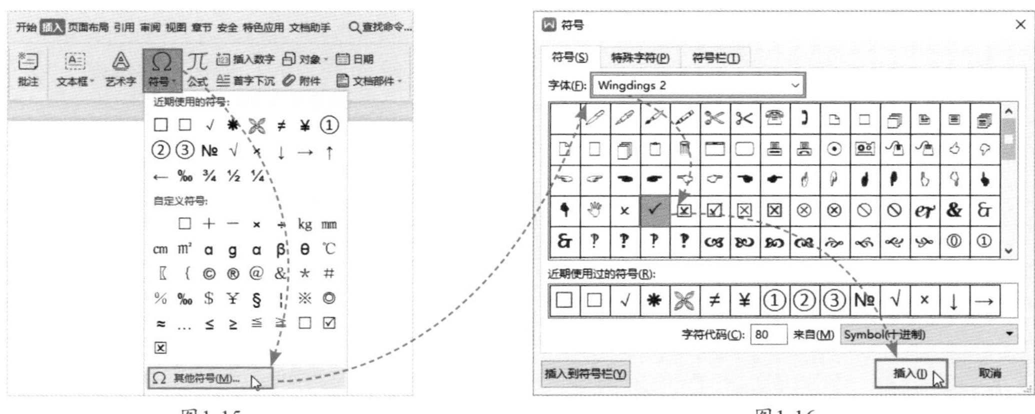

图1-15　　　　　　　　　　　　图1-16

在“符号”对话框中，用户还可以通过设置“子集”选项来插入需要的特殊符号，如图1-17所示。如果需要输入像商标、版权所有、已注册这样的特殊字符，可以在“特殊字符”选项卡中进行选择，如图1-18所示。

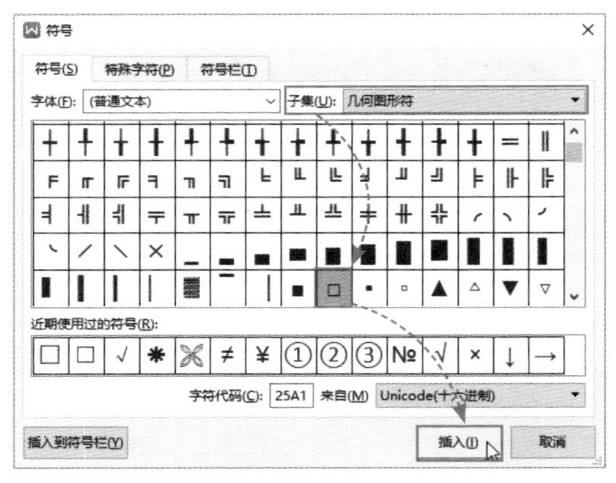

图1-17

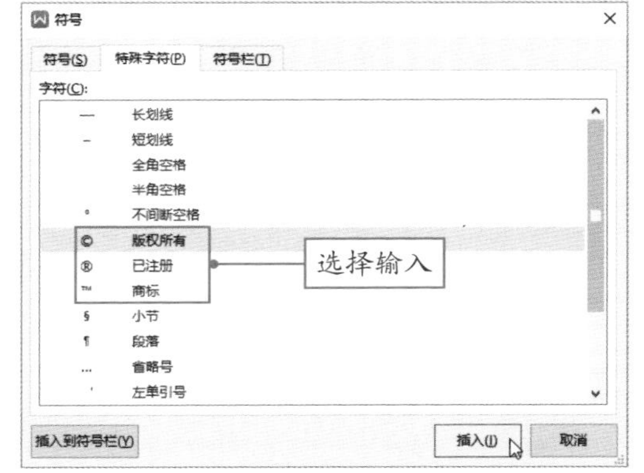

图1-18

除了使用WPS文字自带的功能插入特殊符号外，还可以使用输入法插入。以搜狗输入法为例，在搜狗输入法工具栏上右击，选择“表情&符号”选项，并在其级联列表中选择“符号大全”选项，如图1-19所示。在“符号大全”对话框的“特殊符号”选项组中选择需要的符号插入即可，如图1-20所示。

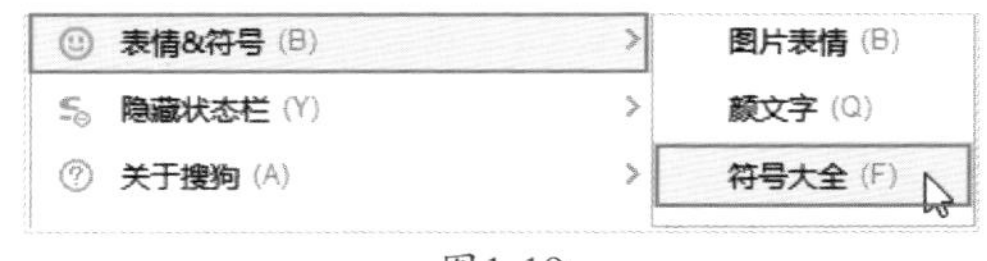

图1-19

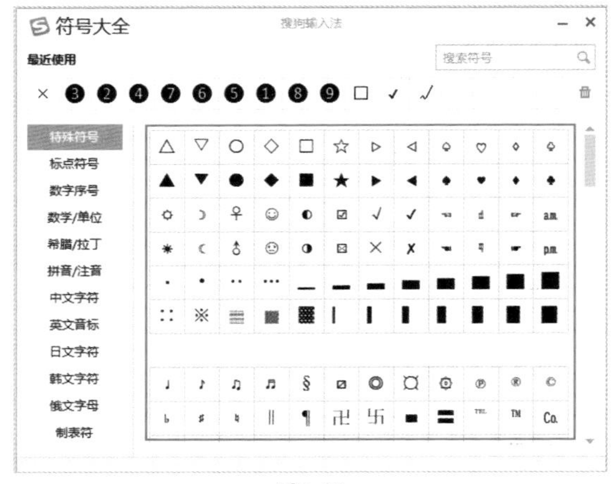

图1-20

输入公式需要在“插入”选项卡中单击“公式”按钮，打开“公式编辑器”对话框，在该对话框中直接输入所需公式，或者利用上方的模板输入复杂的公式，如图1-21所示，输入完成后关闭对话框即可。

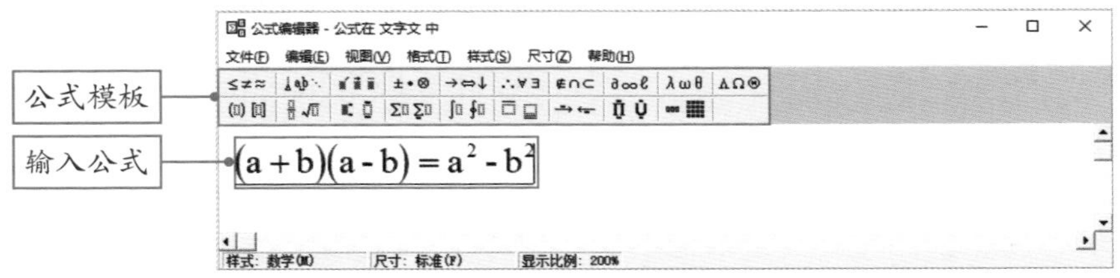

图1-21

知识拓展

输入网址时，发现自动添加了超链接，要想取消超链接，可以选中这个网址，右击，从展开的列表中选择“取消超链接”命令即可，如图1-22所示。

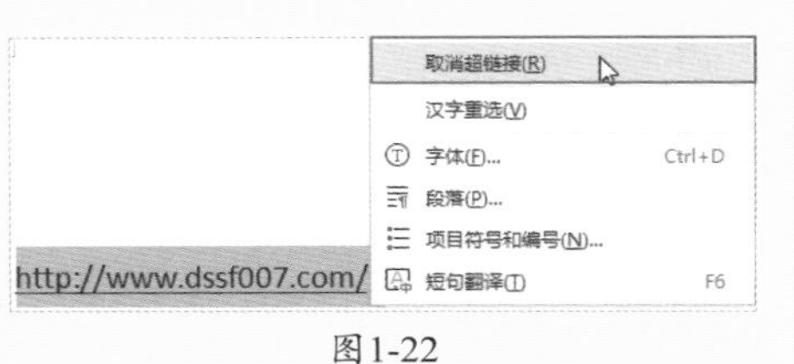

图1-22

想要为文字添加拼音时，可以先选择所需文字，在“开始”选项卡中单击“拼音指南”按钮，在打开的“拼音指南”对话框中会默认显示所选文字的拼音，同时用户还可以设置拼音的“对齐方式”“字体”“偏移量”“字号”，如图1-23所示。在“预览”框中会显示设置的效果，单击“确定”按钮后即可为所选文字添加拼音。

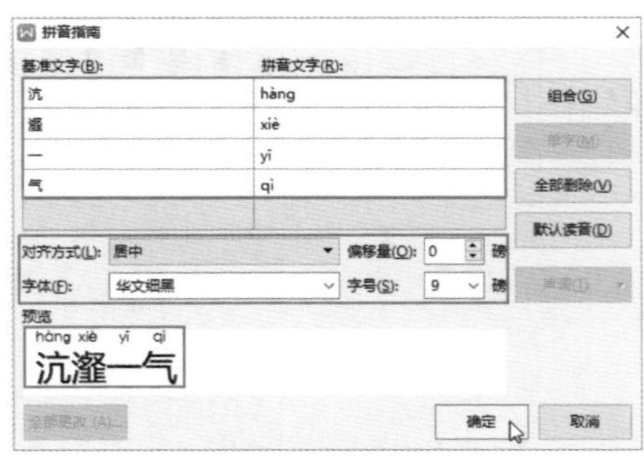

图1-23

张姐！求助！我想要快速在文档中插入这个☑符号，要怎么做呢？

很简单，只需要在文档中输入一个R，然后将其选中，再将字体设置为“Wingdings 2”，R 就会变成方框里打钩的符号了。

好厉害！那如果想要插入☒这个符号呢？

同样的方法，输入T，然后将其字体设置为“Wingdings 2”就可以了。

■1.2.2　查找和替换文本

扫码观看视频

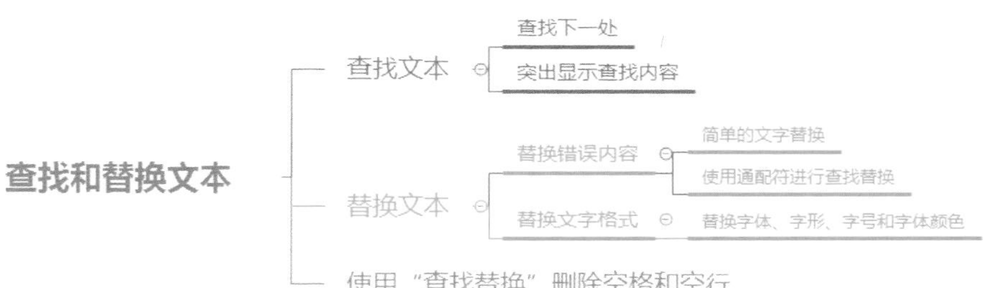

“查找替换”功能非常强大，它可以在密密麻麻的文字中快速找到想要找的某个字、词、句等，还可以快速替换文档中错误的内容、格式等。在“开始”选项卡中单击“查找替换”下拉按钮，从列表中选择“查找”选项，如图1-24所示。

图1-24

打开“查找和替换”对话框，在“查找内容”文本框中输入需要查找的内容，如输入“百草园”，单击“查找下一处”按钮即可。如果需要将内容突出显示，可以单击“突出显示查找内容”下拉按钮，选择“全部突出显示”选项即可，如图1-25所示。

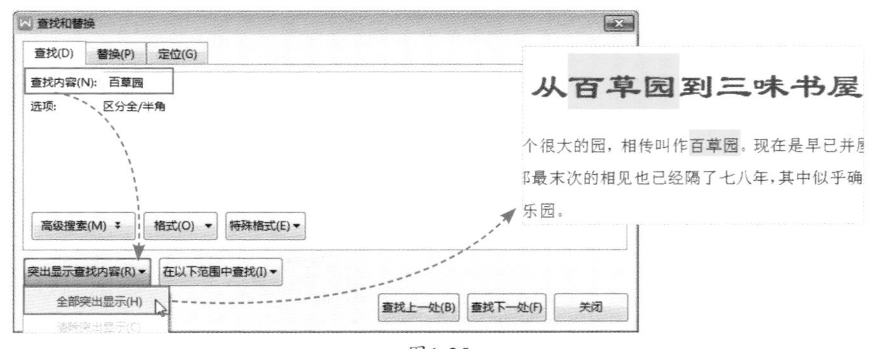

图1-25

当文档中的“百草园”被误输入为“百花园”时，用户也可以使用“查找替换”功能一次性修改全部错误内容。

按组合键Ctrl+H，打开“查找和替换”对话框，在“查找内容”文本框中输入“百花园”，在“替换为”文本框中输入“百草园”，单击“全部替换”按钮完成所有替换操作，如图1-26所示。

图1-26

如果文档中的“百草园”不仅被误输入为“百花园”，有的还被误输入为“百花儿园”“百月园”“百花好月园”等，这时可以使用通配符进行查找替换。

打开“查找和替换”对话框，在“查找内容”文本框中输入“百*园”，在“替换为”文本框中输入“百草园”，勾选“使用通配符”复选框，单击“全部替换”按钮即可全部替换错误内容，如图1-27所示。

图1-27

● **新手误区：**这里需要注意的是，“*”代表任意字符串，可以是0个或多个字符。所以在进行模糊查找时，要确定首尾内容，中间不确定的内容就可以用“*”代替。

使用“查找替换”功能除了可以修改文档中错误的内容，还可以修改文字格式。例如，将“百草园”的格式修改为“微软雅黑”、字号为“四号”、加粗、红色。

按组合键Ctrl+H，打开“查找和替换”对话框，在“查找内容”文本框中输入“百草园”，将光标插入到“替换为”文本框中，单击“格式”按钮，选择“字体”选项，如图1-28所示。打开“替换字体”对话框，从中设置“中文字体”“字形”“字号”和“字体颜色”，如图1-29所示。单击“全部替换”按钮，文档中的“百草园”就会显示为设置的字体格式，如图1-30所示。

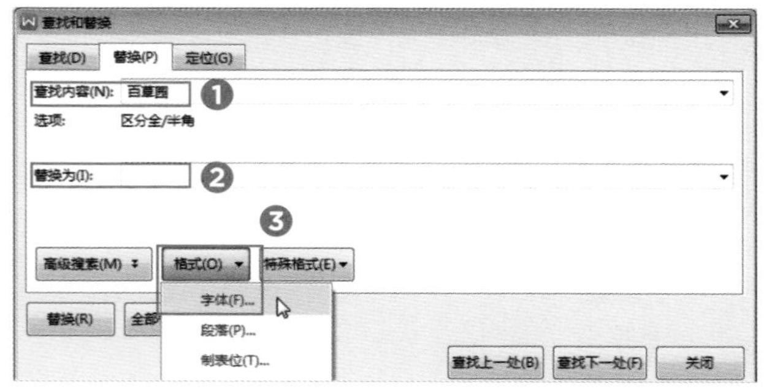

图1-28

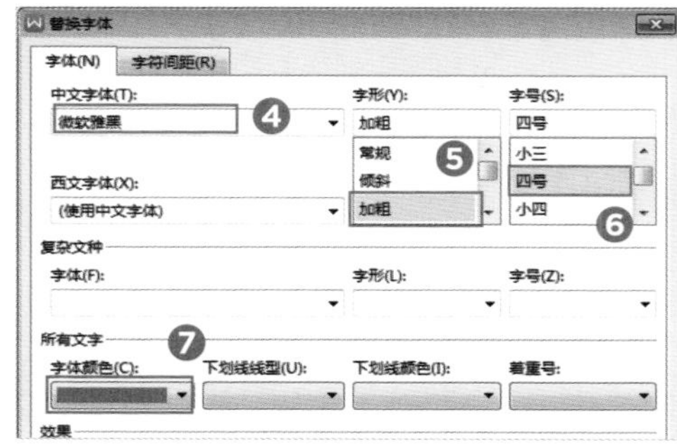

图1-29

我家的后面有一个很大的园，相传叫作**百草园**。现在是早已并屋子一起卖给朱文公的子孙了，连那最末次的相见也已经隔了七八年，其中似乎确凿只有一些野草，但那时却是我的乐园。

图1-30

知识拓展

使用“查找替换”功能可以批量删除文档中的文字。打开“查找和替换”对话框，在“查找内容”文本框中输入需要删除的文字，将“替换为”文本框留空，单击“全部替换”按钮，如图1-31所示，就可以批量删除“百草园”文字内容。

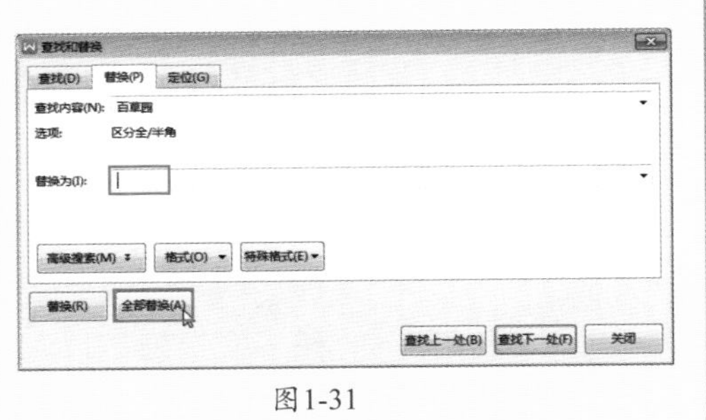

图1-31

可能很多人遇到过这样的问题，从网页或其他文档中复制过来的文本含有大量的空格。像这样的空格，用户就可以利用“替换”功能进行批量删除。

按组合键Ctrl+H，打开“查找和替换”对话框，在“查找内容”文本框中按一下空格键，在“替换为”文本框中不作任何操作，单击“高级搜索”按钮，取消勾选“区分全/半角”复选框，单击“全部替换”按钮即可，如图1-32所示。

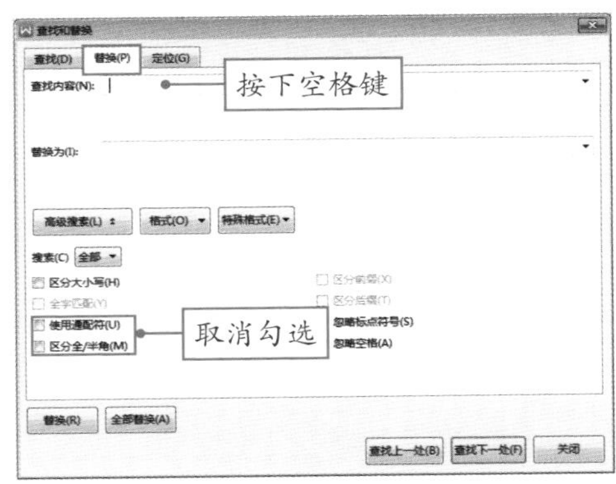

图1-32

咦？我使用“查找替换”进行删除后，怎么文档中还有空格?

可能你没有取消勾选“区分全/半角”复选框，系统只删除了文档中的半角空格，全角空格就留下了。

如果文档中存在大量的空行，那么用户可以按照图1-33所示的步骤进行操作，直到删除文档中的所有空行。

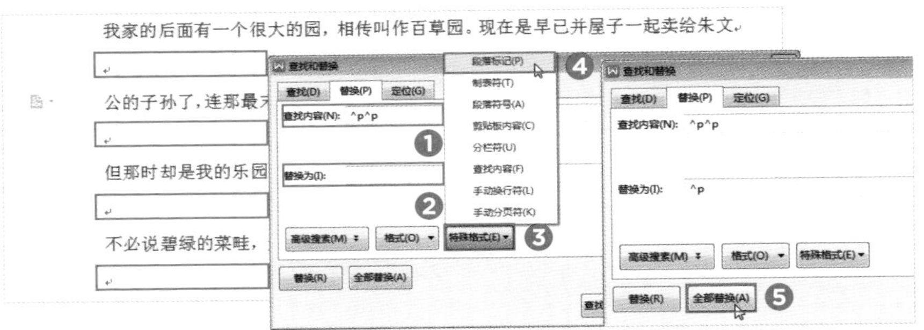

图1-33

1.2.3 设置文字格式

在文档中输入文字后，通常需要对文字的字体、字号、字体颜色、字形等进行设置，这样可以使文档看起来更整洁、美观，如图1-34所示。

用户可以按组合键Ctrl+]快速增大字号；按组合键Ctrl+[快速减小字号。

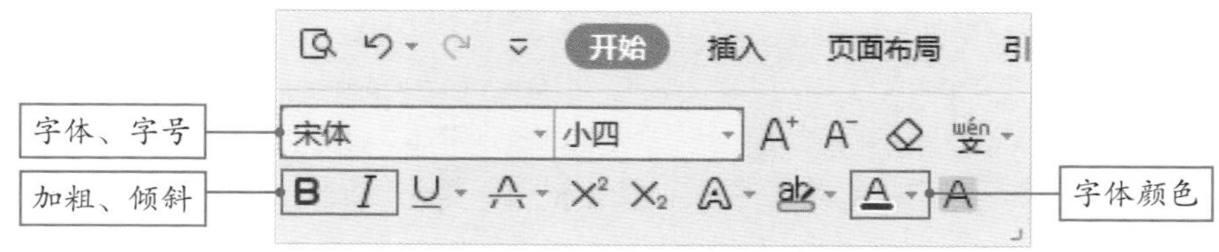

图1-34

1.2.4 设置段落格式

通常情况下，在文档中输入的文本会显示默认的段落格式，但为了使文档整体看起来更加舒服，用户需要对文本的对齐方式、段落缩进、行间距等进行设置，如图1-35所示。

在“开始”选项卡中单击“段落”对话框启动器按钮，在“段落”对话框中也可以对段落格式进行设置，如图1-36所示。

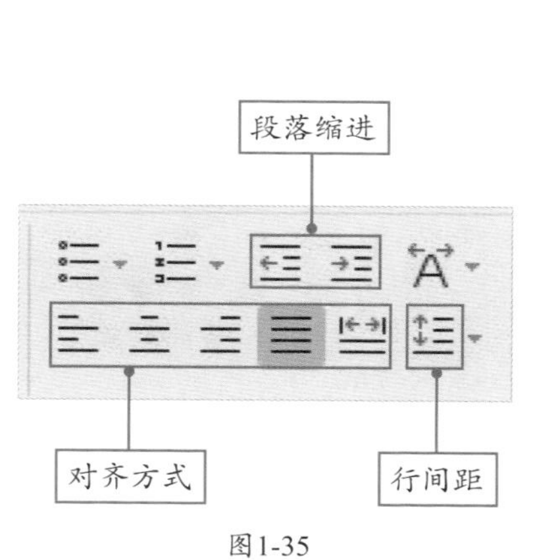

图1-35

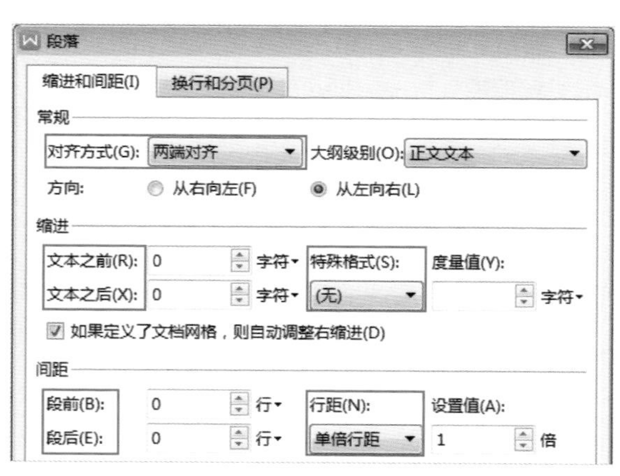

图1-36

1.2.5 设置文档样式

我们都知道在文档中有一个“样式”，那么样式是什么呢？样式就是文字格式和段落格式的集合。在编排重复格式时反复套用样式，可以减少对内容进行重复的格式设置。

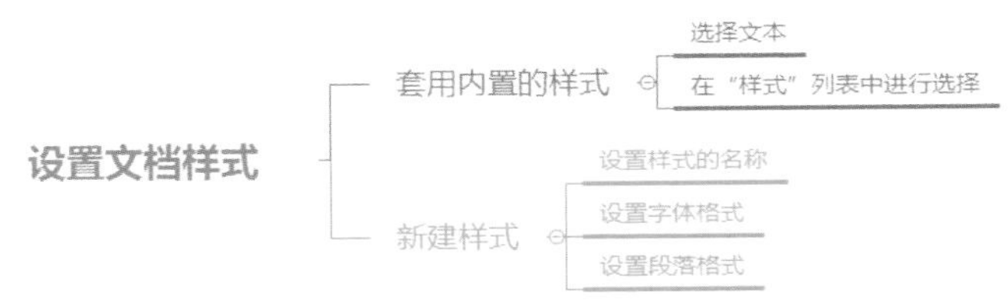

在“开始”选项卡的“样式”列表中选择需要的内置样式，即可为所选文本套用样式，如图1-37所示。

图1-37

除此之外，在“开始”选项卡中单击“新样式”下拉按钮，选择“新样式”选项，同样可以新建样式，如图1-38所示。

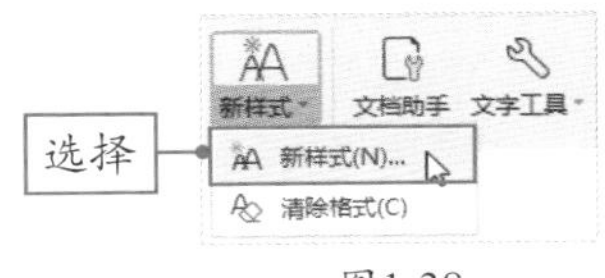

图1-38

在“新建样式”对话框中设置样式的名称、字体格式、段落格式等，如图1-39所示。设置完成后，在“样式”列表中为所选文本套用自定义样式，如图1-40所示。

图1-39　　图1-40

知识拓展

如果想要修改或删除新建的样式，可以在样式上右击，根据需要进行选择即可，如图1-41所示。

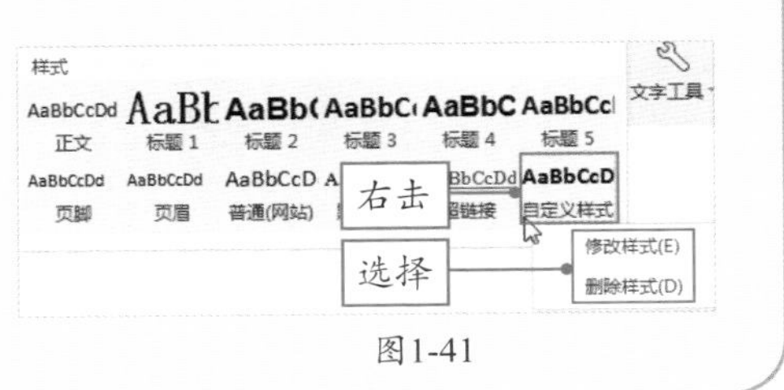

图1-41

1.3 文档的输出与打印

制作好文档后，一般需要将其输出或打印出来，以方便查看和传阅。用户可以将其输出为图片格式、PDF格式或兼容模式，或者设置好打印参数后将其直接打印出来。

1.3.1 转换文档格式

如果需要将文档转换为其他格式，通过WPS Office中的“特色应用”选项卡就可以轻松实现。将文档转换为图片格式，只需在“特色应用”选项卡中单击“输出为图片”按钮即可，如图1-42所示。

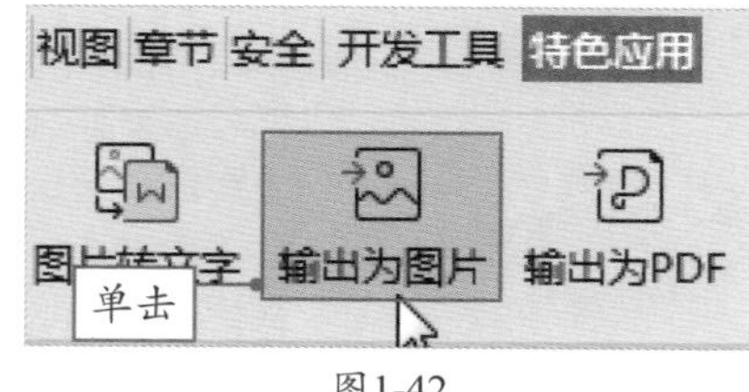

图1-42

打开“输出为图片”面板，在该面板中设置“图片质量”“输出方式”“格式”“保存到”等选项，如图1-43所示。设置完成后单击“输出”按钮即可将文档输出为图片格式。

图1-43

我将文档输出为图片时，发现图片上有水印，怎么去掉啊？

那是因为你没有开通会员，开通会员后在“输出为图片”面板中选择“高质量无水印”选项就可以去掉水印了。

将文档输出为PDF格式，只需单击“输出为PDF”按钮，在“输出为PDF”面板中设置“输出范围”“输出设置”“保存目录”等选项，单击“开始输出”按钮，输出完成后会在“状态”栏中显示“输出成功”字样，单击“打开文件”按钮即可，如图1-44所示。

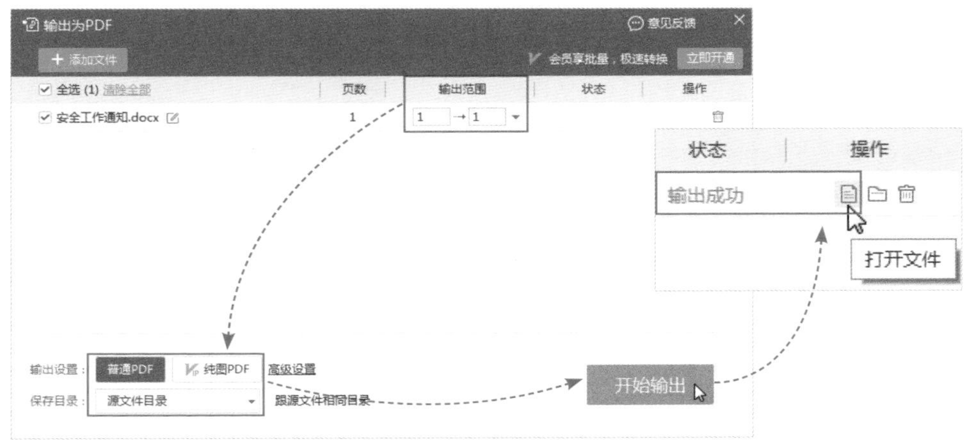

图1-44

知识拓展

WPS Office为我们提供了许多便捷的功能，在“特色应用”选项卡中还可以实现将PDF转WORD、将PDF转PPT、将PDF转Excel、将图片转文字等操作，如图1-45所示，但需要开通会员后才可以使用这些功能。

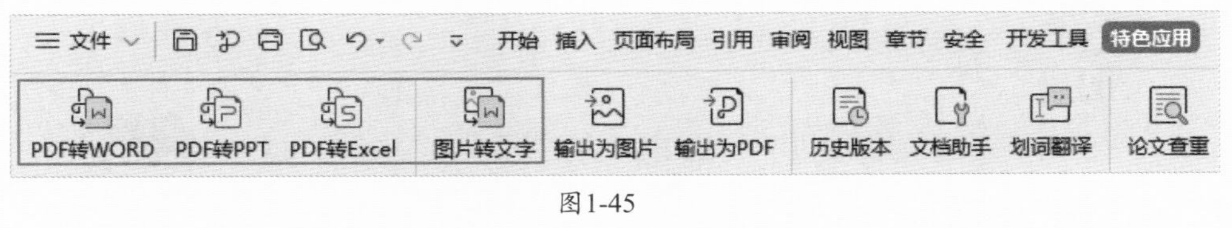

图1-45

此外，为了使文档可以在低版本中打开，可以将其设置为兼容模式。单击“文件”按钮，选择“另存为”选项，从中选择“Word 97-2003 文件（*.doc）”选项，如图1-46所示，将其保存就可以了。

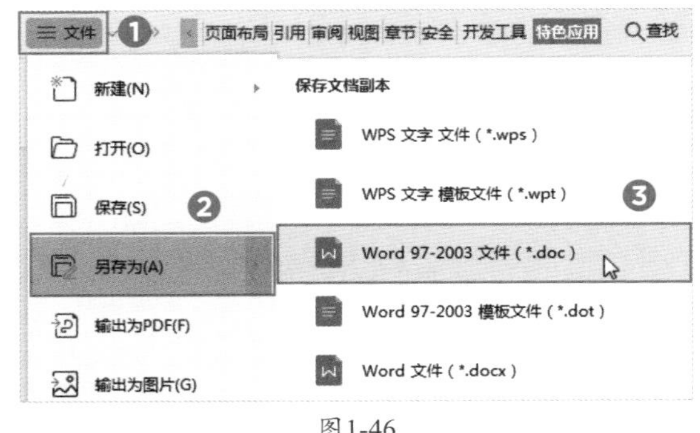

图1-46

■1.3.2　设置打印参数

在打印文档之前，需要对一些打印参数进行设置，如设置“打印机”“份数”“方式”“页码范围”等。

单击“打印”按钮，或者单击“文件”按钮，选择“打印”选项，如图1-47所示，打开“打印”对话框。在该对话框中可以选择打印机类型、设置打印页码范围、设置打印份数、设置双面打印等，如图1-48所示。

图1-47

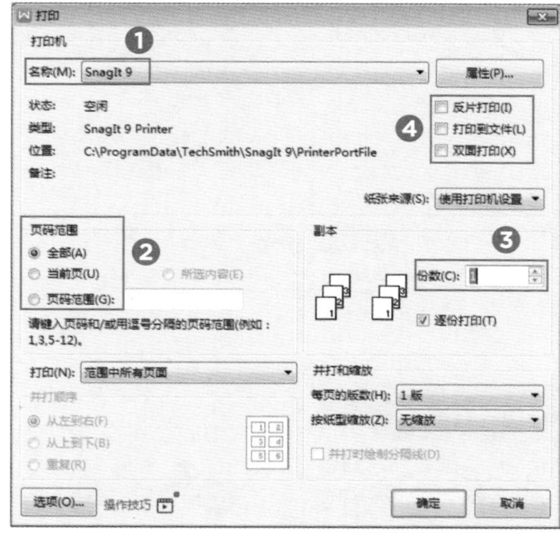

图1-48

我为文档设置了背景颜色，可是打印时没有将背景颜色打印出来，这该怎么办啊?

你只需要在“打印”对话框中单击“选项”按钮，然后在弹出的对话框中勾选“打印背景色和图像”复选框就可以了。

■1.3.3 打印文档

设置好打印参数后，下面就可以进行打印操作了。单击“打印预览”按钮，如图1-49所示，进入“打印预览”界面，在该界面中可以预览打印的效果和查看设置的打印参数，检查没问题后单击“直接打印”下拉按钮，选择“直接打印”选项即可，如图1-50所示。

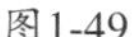

图1-49

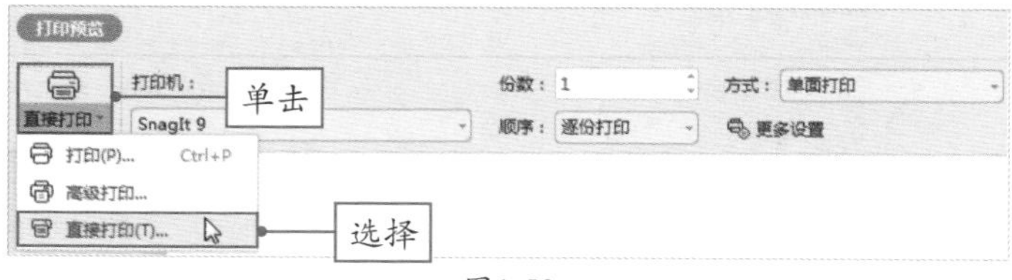

图1-50

综合实战

1.4 制作培训通知

很多公司都会定期召开培训课，以提升员工的专业技能。因此，制作培训通知是必不可少的一个环节。在制作该案例时，涉及的操作有：创建文档、设置文本格式、设置样式、使用“查找替换”功能、输出与打印等。

1.4.1　创建培训通知文档

在制作文档前，首先要创建一个空白文档，然后将其进行保存。由于WPS个人版更新较快，新建界面可能会略有不同，所以这里就简单介绍一下。

Step 01 **新建空白文档。**启动WPS Office软件，在打开的主界面中单击“新建”按钮，在弹出的界面上方选择“文字”选项，再选择“新建空白文档”。

Step 02 **保存文档。**完成上述操作后即可创建一个名为“文字文稿1”的空白文档。单击“保存”按钮，打开“另存为”对话框，从中选择保存位置，并设置“文件名”和“文件类型”，单击“保存”按钮，即可将文档进行保存。

1.4.2　设置培训通知文本格式

扫码观看视频

创建好文档后，接下来需要在文档中输入相关内容，然后对文本的字体格式和段落格式进行设置，具体操作方法如下。

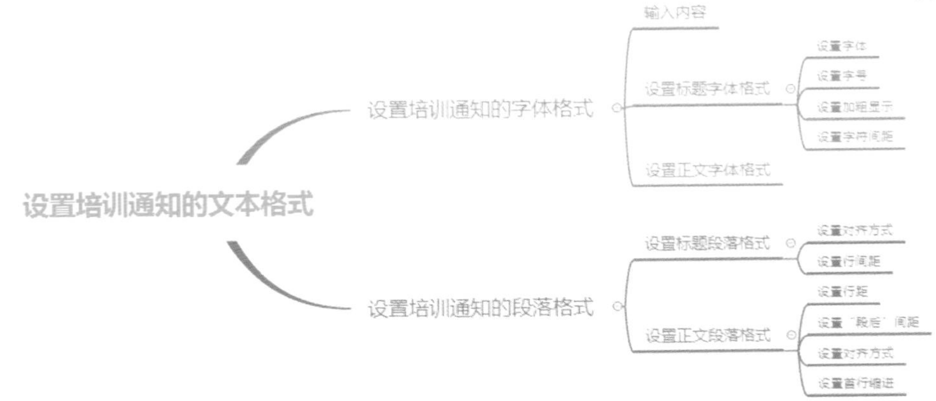

1．设置字体格式

为了使文档看起来更舒适、美观，用户可以对文本的字体、字号、字符间距等进行设置。

Step 01 **输入内容。**将光标插入到文档中，输入相关内容，如图1-51所示。

Step 02 **设置标题字体。**选择标题文本“培训通知”，在“开始”选项卡中单击“字体”下拉按钮，从列表中选择“微软雅黑”选项，如图1-52所示。

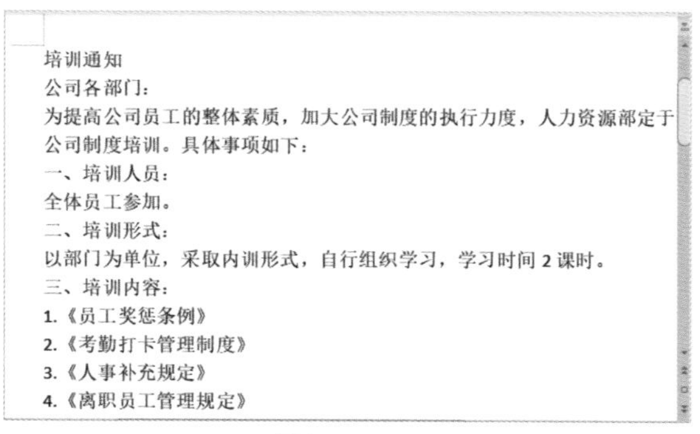

图1-51

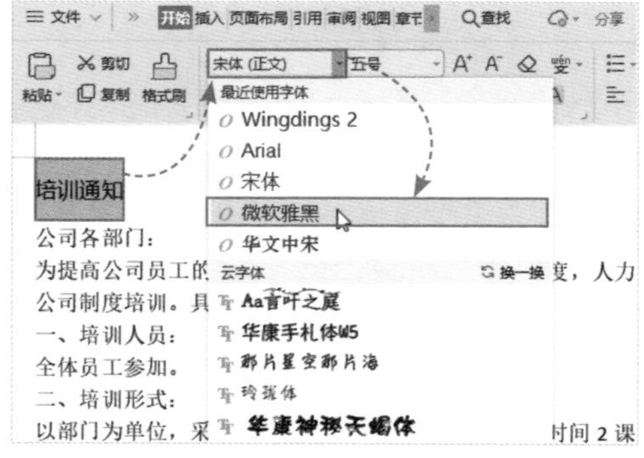

图1-52

Step 03 设置标题字号。保持标题为选中状态，单击“字号”下拉按钮，从列表中选择“二号”，如图1-53所示。

Step 04 加粗标题文本。在“开始”选项卡中单击“加粗”按钮，将标题文本设置为加粗显示，如图1-54所示。

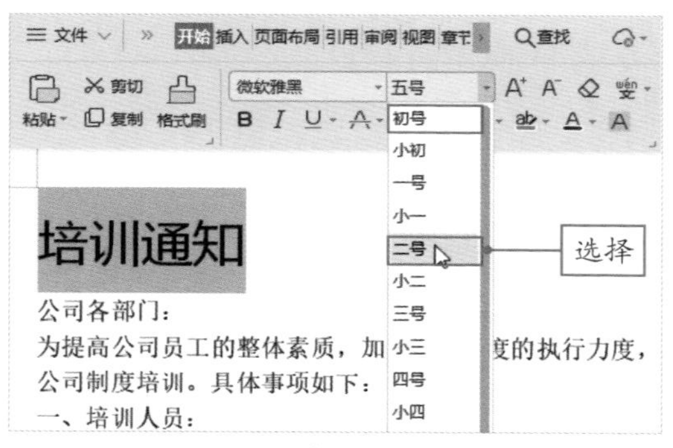

图1-53

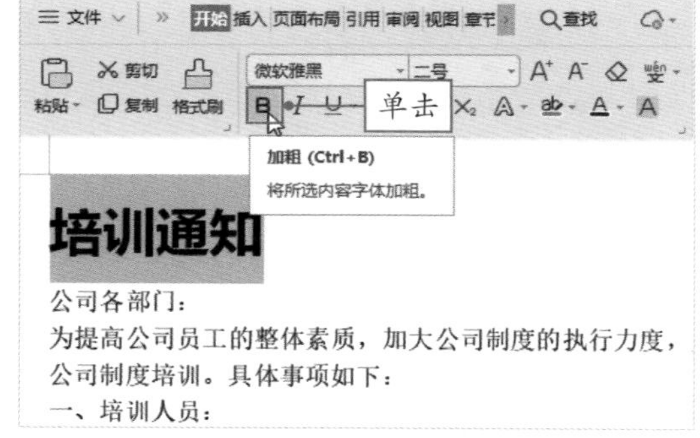

图1-54

Step 05 设置标题字符间距。在“开始”选项卡中单击“字体”对话框启动器按钮，如图1-55所示。打开“字体”对话框，切换至“字符间距”选项卡，将“间距”设置为“加宽”，将“值”设置为“2磅”，设置完成后单击“确定”按钮，如图1-56所示。

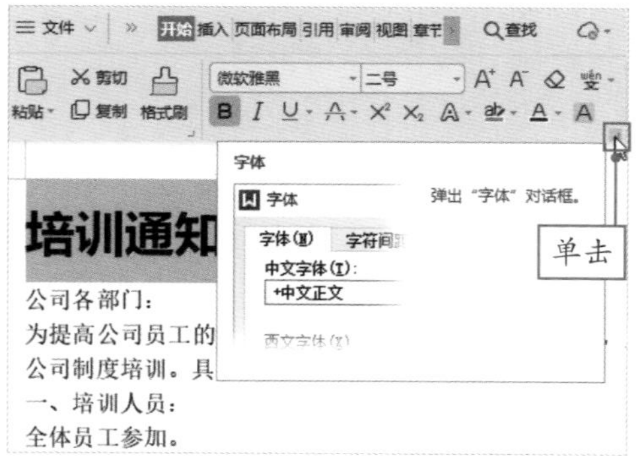

图1-55

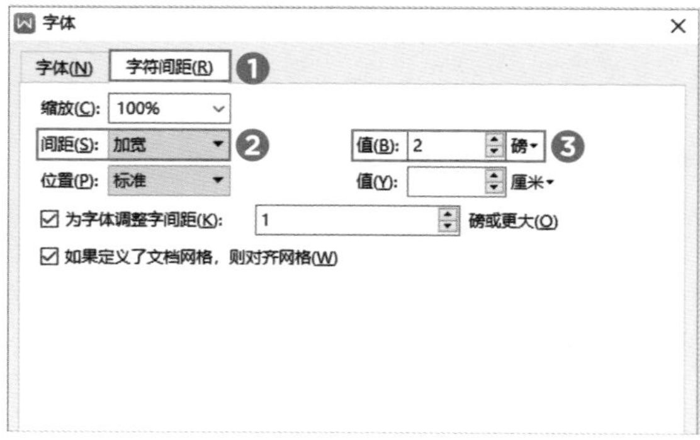

图1-56

Step 06 **设置正文字体格式。**选择正文内容，在“开始”选项卡中将“字体”设置为“宋体”，将“字号”设置为“五号”，如图1-57所示。然后根据需要更改正文中其他文本的字体格式，如图1-58所示。

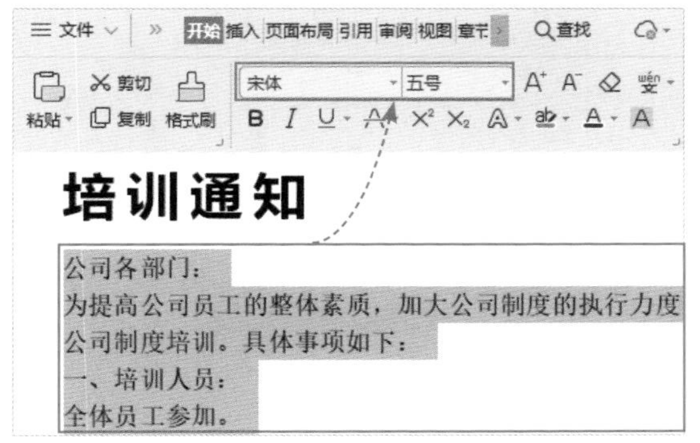

图1-57

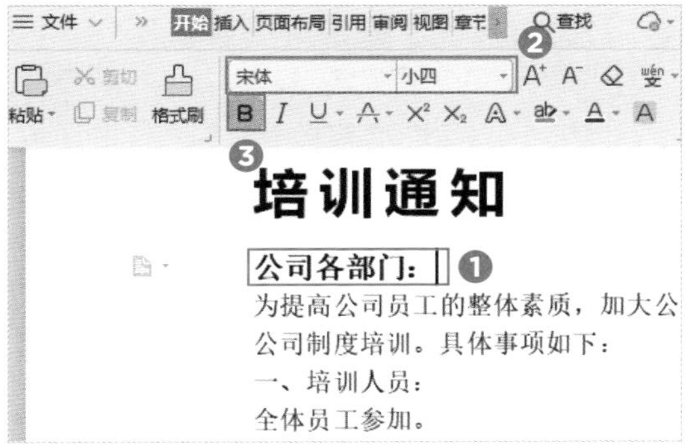

图1-58

2．设置段落格式

默认的段落格式看起来比较拥挤，因此用户需要为文本设置合适的对齐方式、行间距及缩进值。

Step 01 **设置标题段落格式。**选择标题文本，在“开始”选项卡中单击“段落”对话框启动器按钮，如图1-59所示。打开“段落”对话框，在“缩进和间距”选项卡中将“对齐方式”设置为“居中对齐”，将“段后”间距设置为“1.5行”，将“行距”设置为“1.5倍行距”，如图1-60所示，设置完成后单击“确定”按钮。

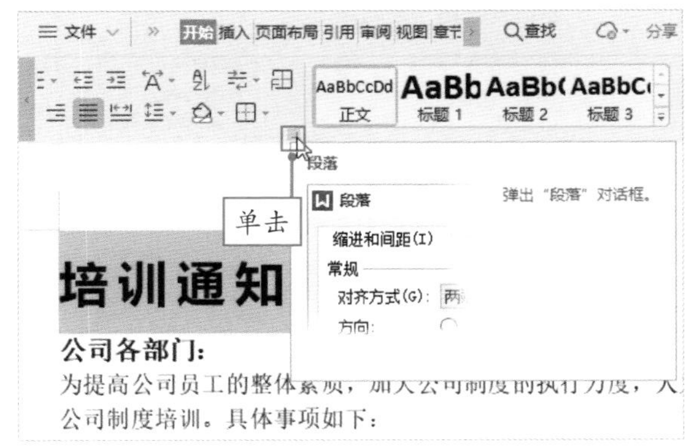

图1-59

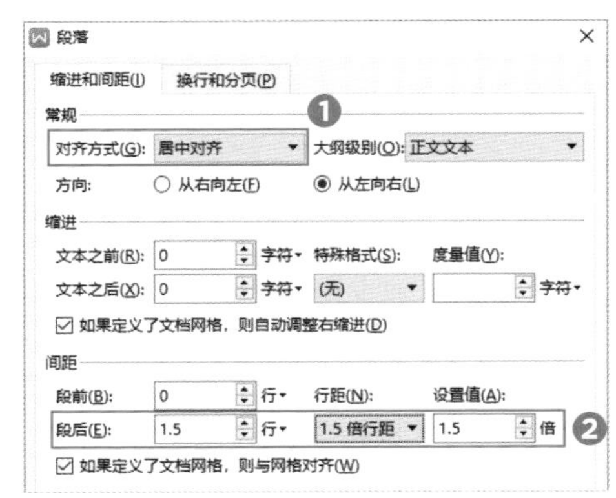

图1-60

Step 02 **设置正文行距。**选择正文内容，打开“段落”对话框，在“缩进和间距”选项卡中将“行距”设置为“1.5倍行距”，如图1-61所示，单击“确定”按钮。

Step 03 **设置正文间距。**选择文本，打开“段落”对话框，在“缩进和间距”选项卡中将“段后”间距设置为“0.5行”，如图1-62所示，单击“确定”按钮。然后按照同样的方法，设置其他文本的间距值。

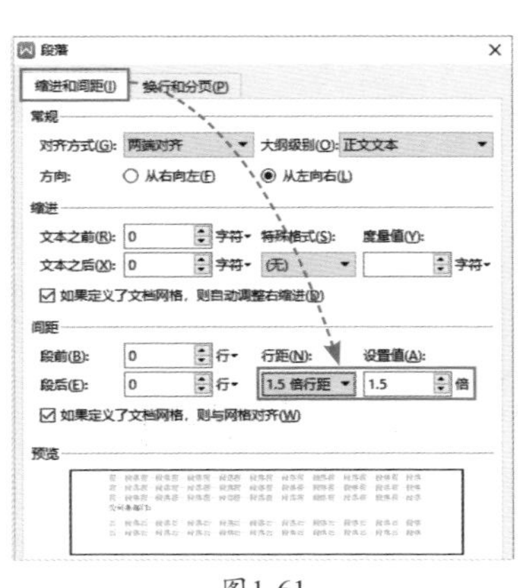

图1-61

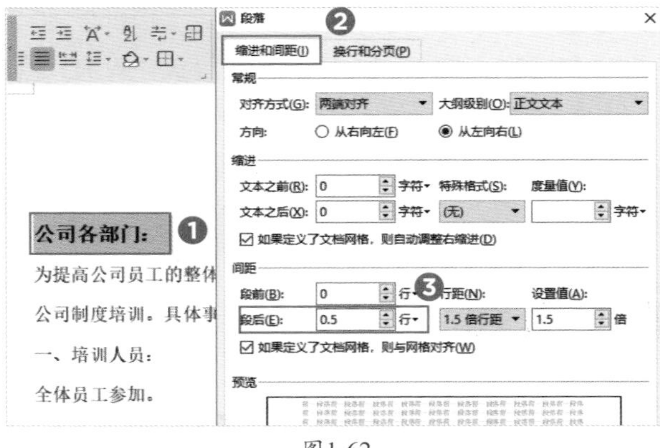

图1-62

Step 04 **设置文本对齐方式。**选择文本，在“开始”选项卡中单击“右对齐”按钮，如图1-63所示，将文本设置为右对齐。

Step 05 **设置首行缩进。**选择文本，在“开始”选项卡中单击“文字工具”下拉按钮，从列表中选择“段落首行缩进2字符”选项，如图1-64所示。然后按照同样的方法，将其他文本也设置为首行缩进2字符。

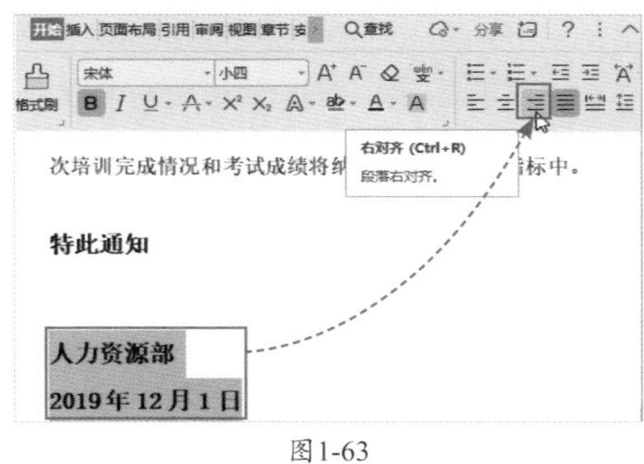

图1-63

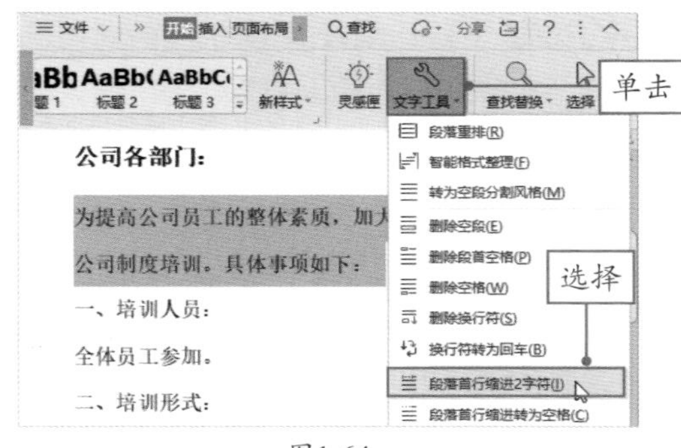

图1-64

■1.4.3 为培训通知设置样式

如果想要快速完成对文本格式的修改，可以为文本设置样式，这样可以直接套用样式，具体操作方法如下。

扫码观看视频

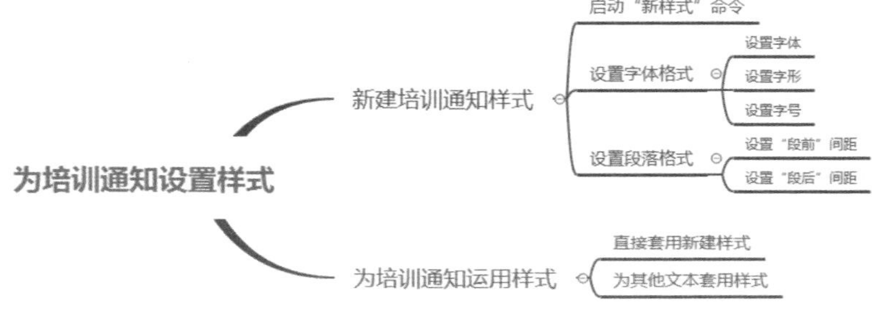

Step 01 启动“新样式”命令。 在“开始”选项卡中单击“新样式”下拉按钮，从列表中选择“新样式”选项，如图1-65所示。

Step 02 启动“字体”命令。 打开“新建样式”对话框，在“名称”文本框中输入“自定义样式”，然后单击下方的“格式”按钮，从列表中选择“字体”选项，如图1-66所示。

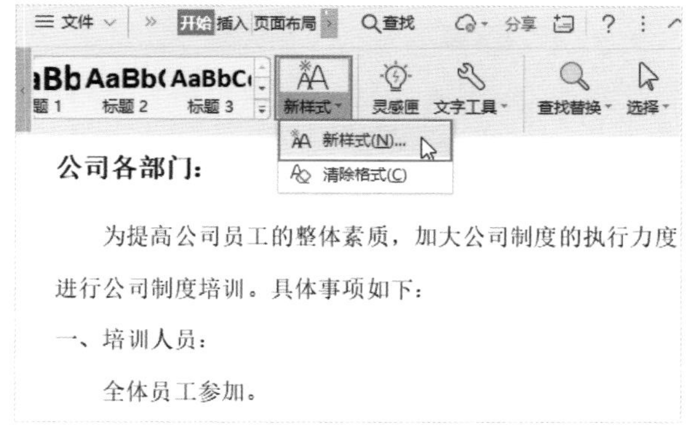

图1-65

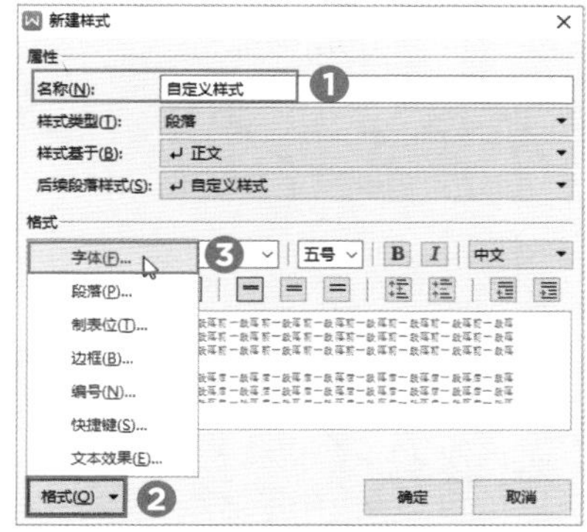

图1-66

Step 03 设置字体格式。 打开“字体”对话框，在“字体”选项卡中将“中文字体”设置为“微软雅黑”，将“字形”设置为“加粗”，将“字号”设置为“五号”，如图1-67所示，设置完成后单击“确定”按钮。

Step 04 设置段落格式。 返回“新建样式”对话框，再次单击“格式”按钮，选择“段落”选项，打开“段落”对话框，将“段前”和“段后”间距均设置为“0.5行”，如图1-68所示，设置完成后单击“确定”按钮。

图1-67

图1-68

Step 05 套用样式。 返回“新建样式”对话框，直接单击“确定”按钮，然后选择文本，在“开始”选项卡中单击“样式”按钮，从弹出的样式面板中选择“自定义样式”，如图1-69所示。

Step 06 设置其他文本样式。 所选文本立即套用了设置的自定义样式，然后按照同样的方法，为其他文本套用该样式，如图1-70所示。

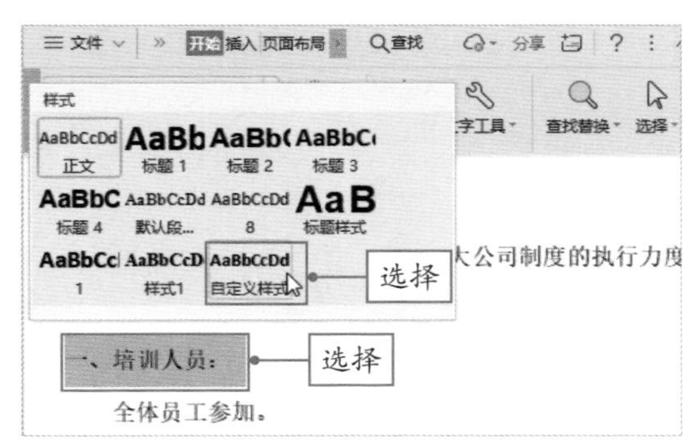

图1-69

图1-70

■1.4.4　替换培训通知的文本格式

下面将使用"查找替换"功能修改文档中错误的文本或批量修改文本的格式。例如，将文档中字体是"微软雅黑"、字号是"五号"的文本修改为字体是"宋体"、字号是"小四"，具体操作方法如下。

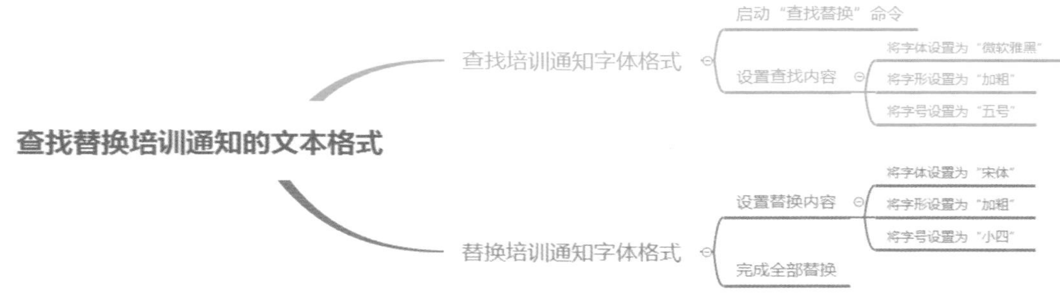

Step 01 **启动"查找替换"命令。**在"开始"选项卡中单击"查找替换"下拉按钮，从列表中选择"替换"选项，如图1-71所示。

Step 02 **设置查找内容。**打开"查找和替换"对话框，在"替换"选项卡中将光标插入到"查找内容"文本框中，然后单击"格式"按钮，选择"字体"选项，如图1-72所示。

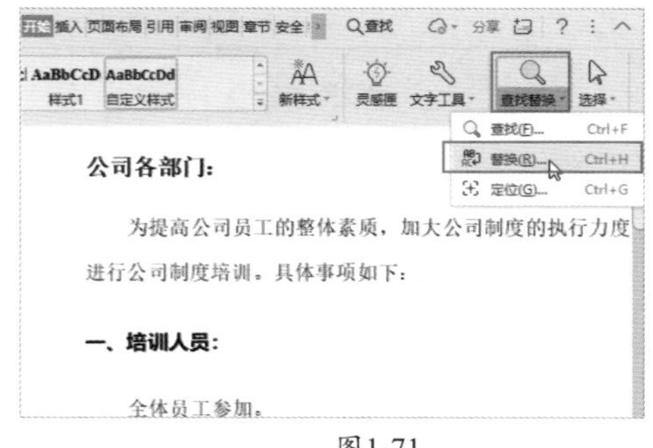

图1-71

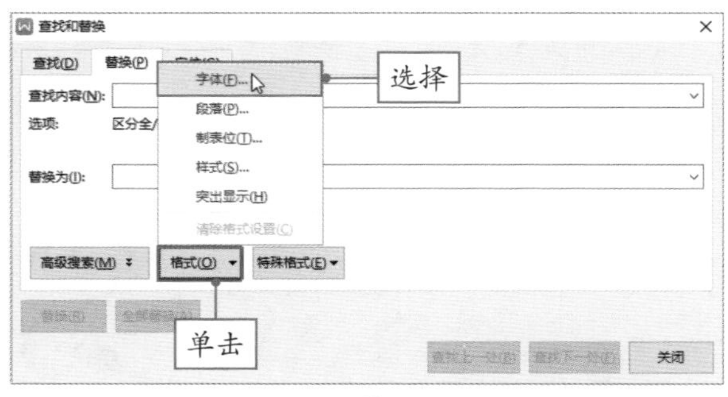

图1-72

Step 03 设置查找字体。打开“查找字体”对话框，将“中文字体”设置为“微软雅黑”，将“字形”设置为“加粗”，将“字号”设置为“五号”，如图1-73所示，设置完成后单击“确定”按钮。

Step 04 设置替换字体。返回“查找和替换”对话框，将光标插入到“替换为”文本框中，单击“格式”按钮，选择“字体”选项，打开“替换字体”对话框，将“中文字体”设置为“宋体”，将“字形”设置为“加粗”，将“字号”设置为“小四”，如图1-74所示，设置完成后单击“确定”按钮。

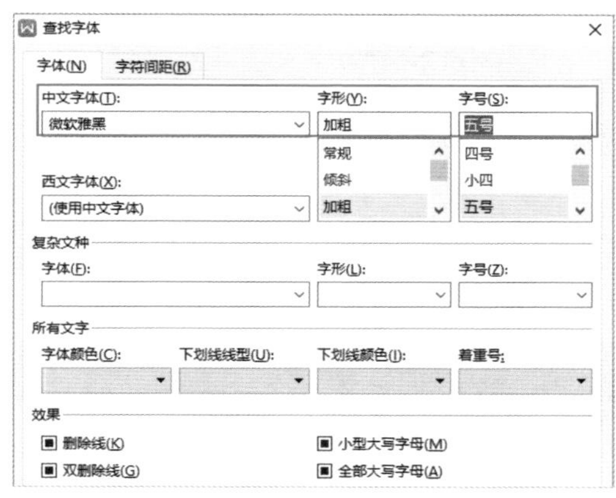

图1-73

图1-74

Step 05 完成全部替换。再次返回“查找和替换”对话框，单击“全部替换”按钮，如图1-75所示。在替换结果对话框中单击“确定”按钮，如图1-76所示，完成替换操作。

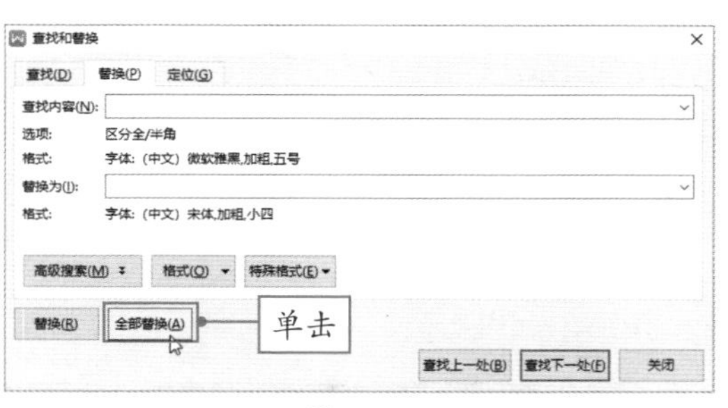

图1-75

图1-76

新手误区：在查找替换文本前，要先观察需要替换的文本是否区别于其他文本，即是否与其他文本的文本格式不同，然后才可以进行查找替换，否则会将其他文本一并替换掉。

1.4.5　输出并打印培训通知

制作好培训通知后，用户可以将培训通知输出为PDF格式并打印出来，具体操作方法如下。

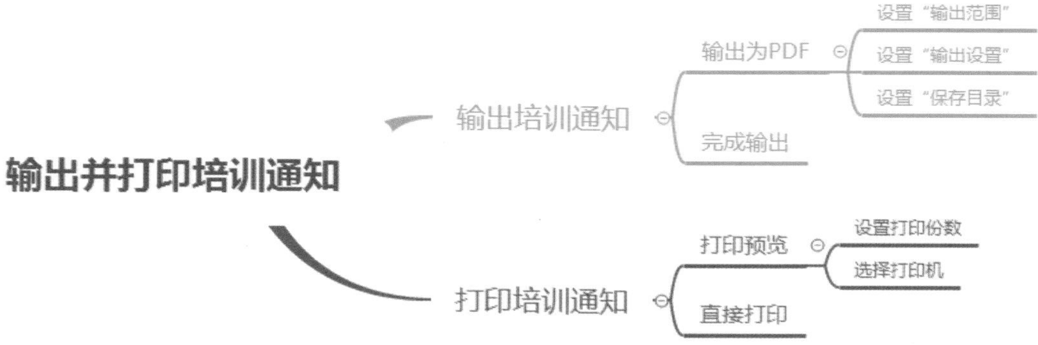

Step 01 **输出为PDF。**在“特色应用”选项卡中单击“输出为PDF”按钮，如图1-77所示。或者单击“文件”按钮，选择“输出为PDF”选项。

Step 02 **设置选项。**弹出“输出为PDF”窗格，从中可以设置“输出范围”“输出设置”“保存目录”等，设置完成后单击“开始输出”按钮，如图1-78所示。

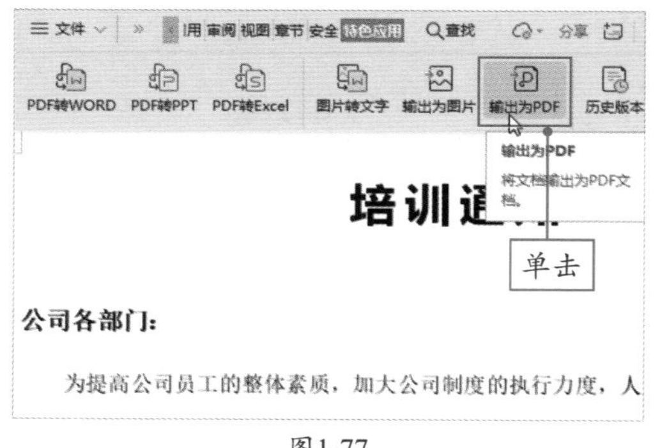

图1-77

图1-78

Step 03 **完成输出。**输出完成后，会在“状态”栏中显示“输出成功”的字样，接着单击“打开文件”按钮，如图1-79所示。

Step 04 **查看效果。**此时，可以看到已经将文档输出为PDF格式了，如图1-80所示。

图1-79

图1-80

Step 05 打印预览。想要将培训通知打印出来，可以单击"打印预览"按钮，如图1-81所示。

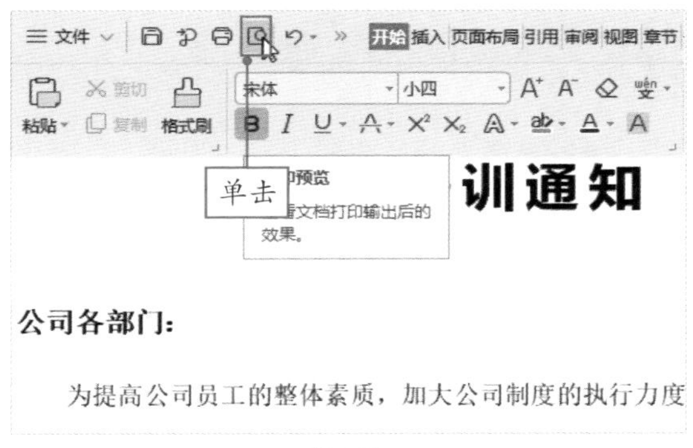

图1-81

Step 06 直接打印。进入"打印预览"界面，设置打印份数后单击"直接打印"按钮进行打印即可，如图1-82所示。

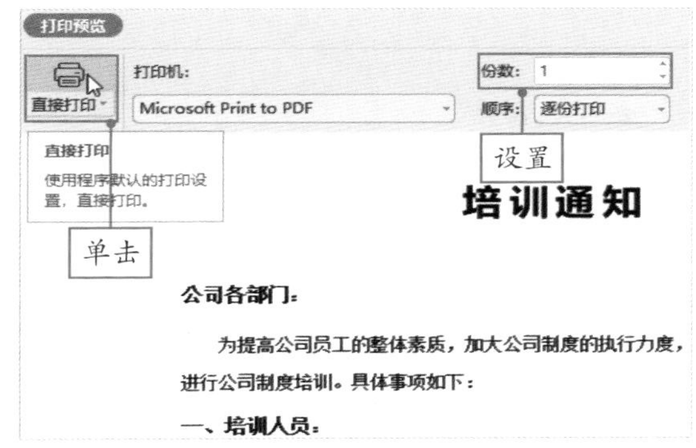

图1-82

课后作业

通过前面对知识点的介绍，相信大家已经掌握了编辑文档的基本操作，下面就综合利用所学知识点制作一个“学校实验室安全工作通知”。

（1）新建一个空白文档，并命名为“学校实验室安全工作通知”，然后输入相关内容。

（2）将标题“学校实验室安全工作通知”的字体设置为“微软雅黑”，字号设置为“二号”，加粗居中显示，并将段后间距设置为“1行”，将行距设置为“1.5倍行距”。

（3）将正文的字体设置为“宋体”，字号设置为“小四”，行距设置为“1.5倍行距”。

（4）为相关段落设置首行缩进，并添加编号。

（5）新建样式，并为正文中的标题套用样式。

学校实验室安全工作通知
各实验室、中心、研究所：
根据学校设备与实验室管理处相关通知，拟定于 2020 年 1 月初开展全校范围的实验室安全实地检查工作，同时对学院 2019 年度实验室安全工作进行考核。现将有关事项通知如下：
一、检查及考核的依据和重点
检查和考核依据：《中山大学 2019 年度实验室现场安全检查项目表（试行）》（附件 1）
二、检查范围
院内凡涉及教学、科研实验活动的实验室均纳入检查范畴。
三、检查方式和时间
（一）检查方式：
本次检查采取自查、检查、学校抽查相结合的方式。学院自查工作由学院实验室安全检查小组安排；抽查工作由设备与实验室管理处组织安排。
（二）检查时间：
实验室自查：各实验室请于 12 月 26-28 日开展自查工作，并做好实验室检查工作记录。
学院现场检查：学院将于 12 月 28 日组织现场检查。
学校现场检查：学校将于 2020 年 1 月初组织现场检查，具体时间另行通知。
四、工作要求
根据学校安全工作要求，本次检查结果将作为年终实验室安全综合考核评分依据之一，请各实验室责任人高度重视此次实验室安全检查，全面排查安全隐患，列出隐患清单，建立工作台账，强化整改工作，切实做好自查自纠工作，确保教学科研工作正常开展。

原始效果

学校实验室安全工作通知

各实验室、中心、研究所：

根据学校设备与实验室管理处相关通知，拟定于 2020 年 1 月初开展全校范围的实验室安全实地检查工作，同时对学院 2019 年度实验室安全工作进行考核。现将有关事项通知如下：

一、检查及考核的依据和重点

检查和考核依据：《中山大学 2019 年度实验室现场安全检查项目表（试行）》（附件 1）

二、检查范围

院内凡涉及教学、科研实验活动的实验室均纳入检查范畴。

三、检查方式和时间

（一）检查方式：

本次检查采取自查、检查、学校抽查相结合的方式。学院自查工作由学院实验室安全检查小组安排；抽查工作由设备与实验室管理处组织安排。

（二）检查时间：

1. 实验室自查：各实验室请于 12 月 26-28 日开展自查工作，并做好实验室检查工作记录。
2. 学院现场检查：学院将于 12 月 28 日组织现场检查。
3. 学校现场检查：学校将于 2020 年 1 月初组织现场检查，具体时间另行通知。

四、工作要求

根据学校安全工作要求，本次检查结果将作为年终实验室安全综合考核评分依据之一，请各实验室责任人高度重视此次实验室安全检查，全面排查安全隐患，列出隐患清单，建立工作台账，强化整改工作，切实做好自查自纠工作，确保教学科研工作正常开展。

最终效果

NOTE

Tips

大家在学习的过程中如有疑问，可以加入学习交流群（QQ群号：728245398）进行交流。

WPS Office

第2章 事半功倍的自动化排版

张姐，WPS文字除了用来输入和编辑文本外，还可以进行哪些操作啊?

WPS文字还可以用来对文档进行排版、审阅和保护。哦，对了，还可以用于批量制作文档。

哇！那它可以对文档进行哪些排版？如何审阅文档？怎样保护文档？还有，批量制作文档要怎么操作啊？你已经成功引起了我的兴趣！

哈哈！如果你对这些操作感兴趣，想要进一步了解的话，可以学习本章内容，保证你会学有所获！

好的，我这就去学习了！

思维导图

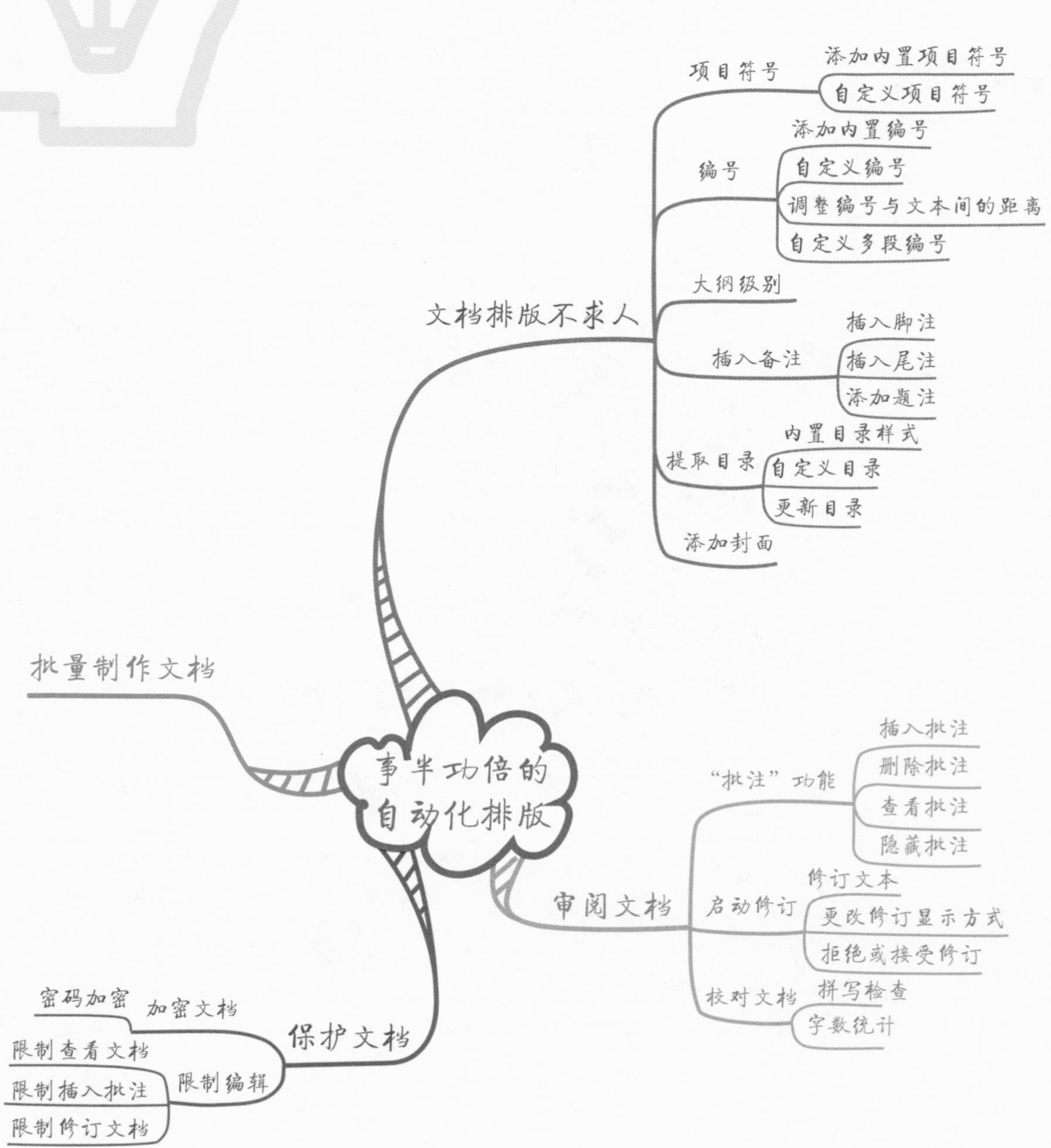

事半功倍的自动化排版
文档排版不求人
项目符号
添加内置项目符号
自定义项目符号
编号
添加内置编号
自定义编号
调整编号与文本间的距离
自定义多段编号
大纲级别
插入备注
插入脚注
插入尾注
添加题注
提取目录
内置目录样式
自定义目录
更新目录
添加封面
批量制作文档
审阅文档
“批注”功能
插入批注
删除批注
查看批注
隐藏批注
启动修订
修订文本
更改修订显示方式
拒绝或接受修订
校对文档
拼写检查
字数统计
保护文档
加密文档
密码加密
限制编辑
限制查看文档
限制插入批注
限制修订文档

知识速记

2.1 文档排版不求人

文档制作好后，要想其看起来更加美观一些，还需要对文档进行排版。那么问题来了，难道需要自己手动排版吗？太麻烦了吧！其实WPS Office早就为我们想到了这一点，使用WPS Office系统自带的排版功能，就可以轻松解决常见的排版问题。下面就向大家进行详细的讲解。

2.1.1　添加与设置项目符号

项目符号一般用于并列关系的段落。为段落添加项目符号，可以更加直观、清晰地查看文本内容。在“开始”选项卡中单击“项目符号”下拉按钮，从列表中根据需要选择合适的样式，即可为所选段落添加项目符号，如图2-1所示。

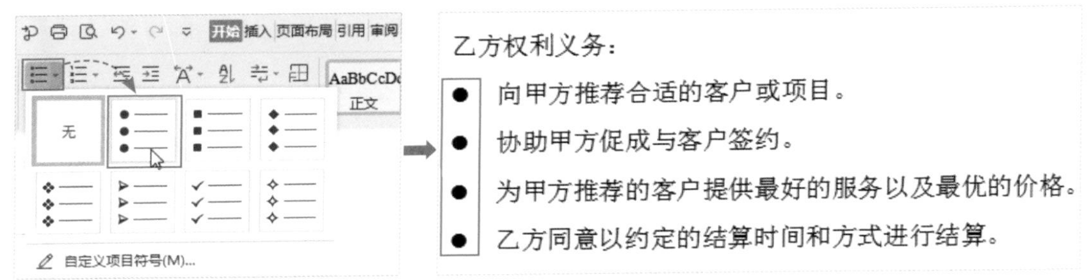

图2-1

如果在“项目符号”列表中没有找到合适的样式，可以自定义项目符号的样式。在列表中选择“自定义项目符号”选项，打开“项目符号和编号”对话框，在“项目符号”选项卡中选择任意一种符号样式，单击“自定义”按钮，如图2-2所示。弹出“自定义项目符号列表”对话框，在该对话框中可以自定义符号的样式，如图2-3所示。

图2-2

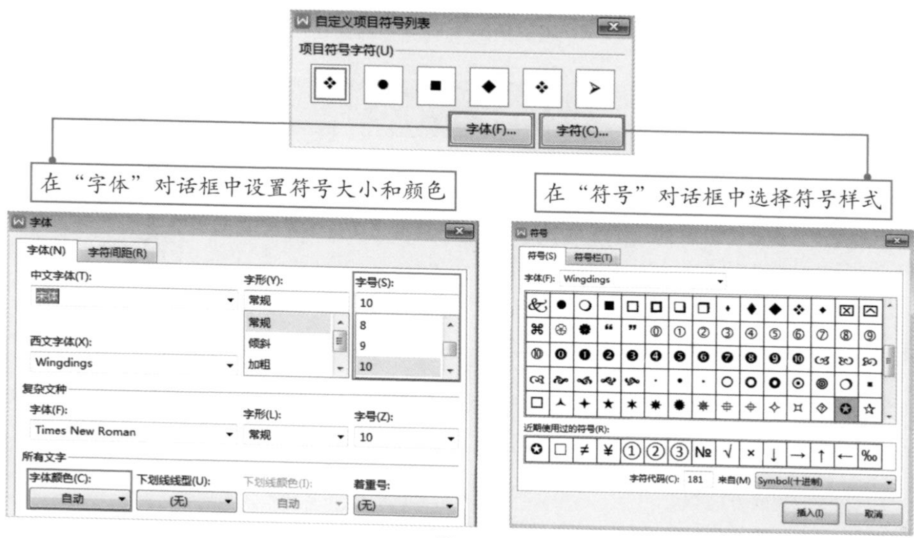

图2-3

■2.1.2 添加与设置编号

扫码观看视频

编号和项目符号的使用方法很相似，而且编号可以看出先后顺序，更具有条理性。在制作规章制度、管理条例等方面的文档时，可以使用编号来组织内容。

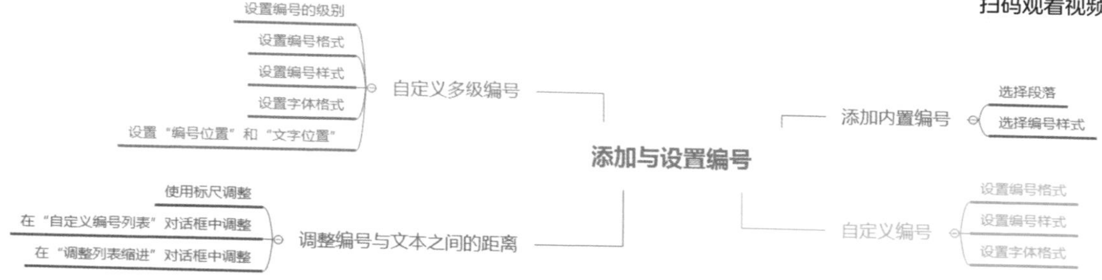

在“开始”选项卡中单击“编号”下拉按钮，从列表中选择任意一种样式，如图2-4所示，即可为所选段落添加编号。

若想对编号进行自定义设置，可以在“编号”列表中选择“自定义编号”选项，打开“项目符号和编号”对话框，在“编号”选项卡中选择任意一种编号样式，单击“自定义”按钮，弹出“自定义编号列表”对话框，在该对话框中可以对编号进行相关设置，如图2-5所示。

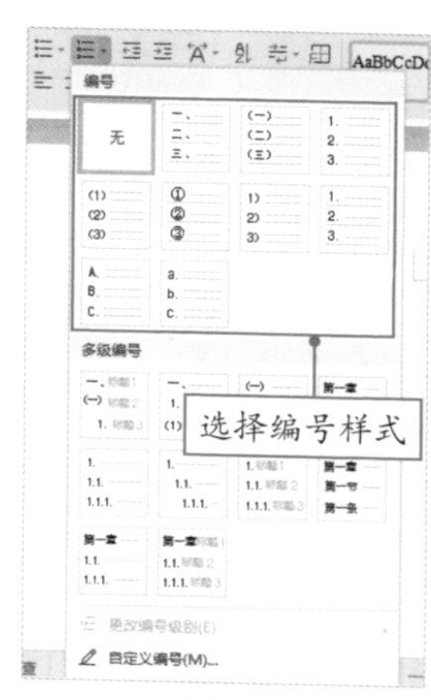

图2-4

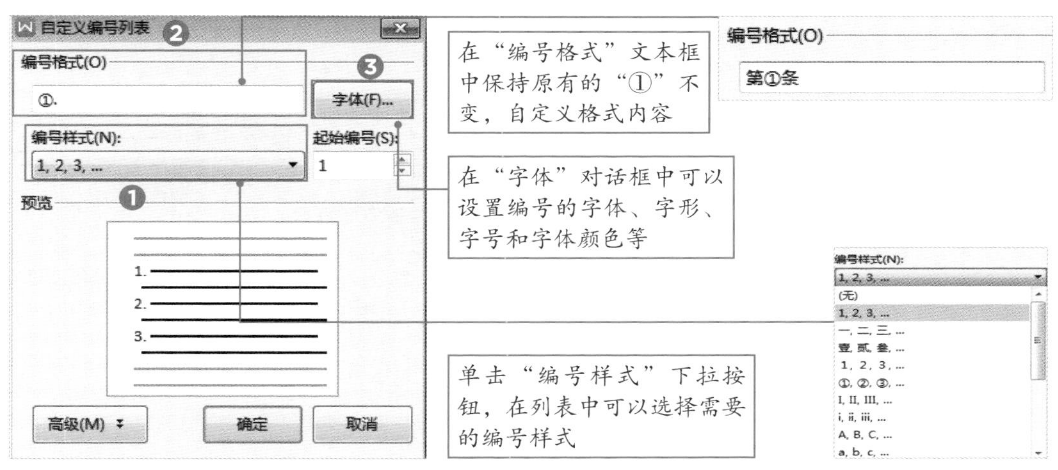

图2-5

为选择的段落添加自定义的编号后，有时会看到编号后的文本没有对齐，如图2-6所示。此时，我们可以使用标尺来调整编号与文本之间的距离。首先选择需要调整的内容，然后按住标尺上的“悬挂缩进”游标，左右拖动就可以调整编号与文本之间的距离了，如图2-7所示。

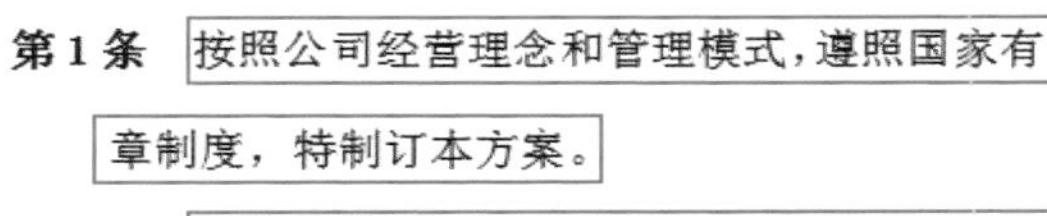

图2-6

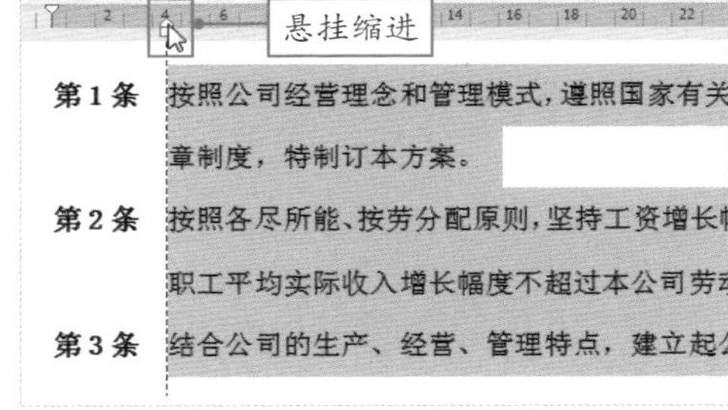

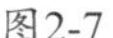

图2-7

在“自定义编号列表”对话框中单击“高级”按钮，展开对话框，在“文字位置”区域设置“缩进位置”的值，如图2-8所示，这样也可以调整编号与文本之间的距离。

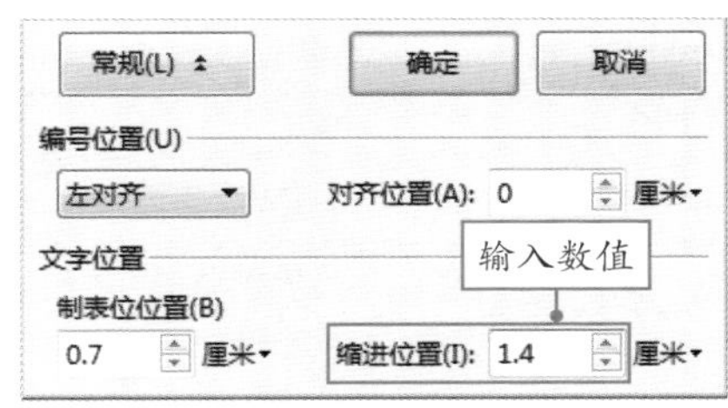

图2-8

我发现“缩进位置”后面的单位是“厘米”，不是我熟悉的单位啊！

那么你可以单击“厘米”右侧的小三角按钮，在列表中选择自己熟悉的单位，如“磅”“字符”等。

或者选择需要调整的内容，右击，选择“调整列表缩进”选项，打开“调整列表缩进”对话框，在该对话框中设置“文本缩进”的值，如图2-9所示。

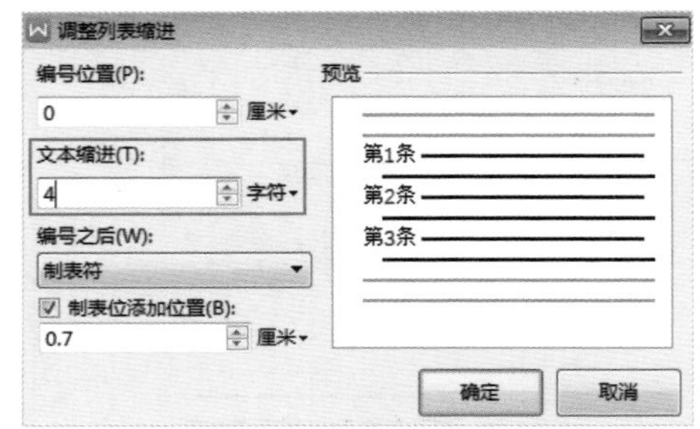

图2-9

前面介绍的是为同一级内容添加编号，如果需要为不同级别的内容添加编号，又该如何操作呢？这时可以尝试多级编号。

在“编号”列表中选择“自定义编号”选项，打开“项目符号和编号”对话框，在“多级编号”选项卡中选择一种编号样式，单击“自定义”按钮，如图2-10所示。打开“自定义多级编号列表”对话框，在该对话框中可以设置编号的级别、编号格式、编号样式和字体格式等，如图2-11所示。

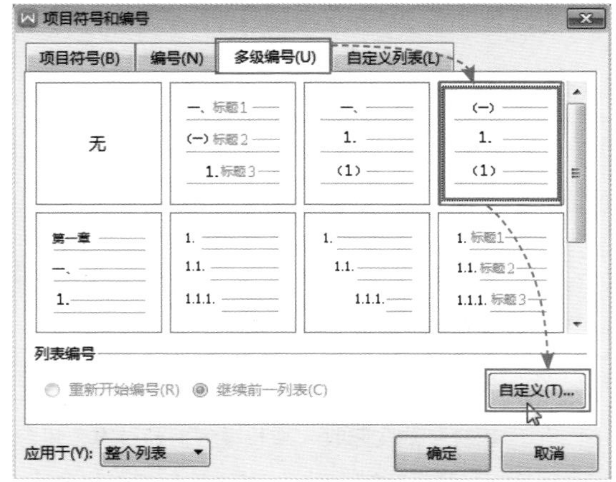

图2-10

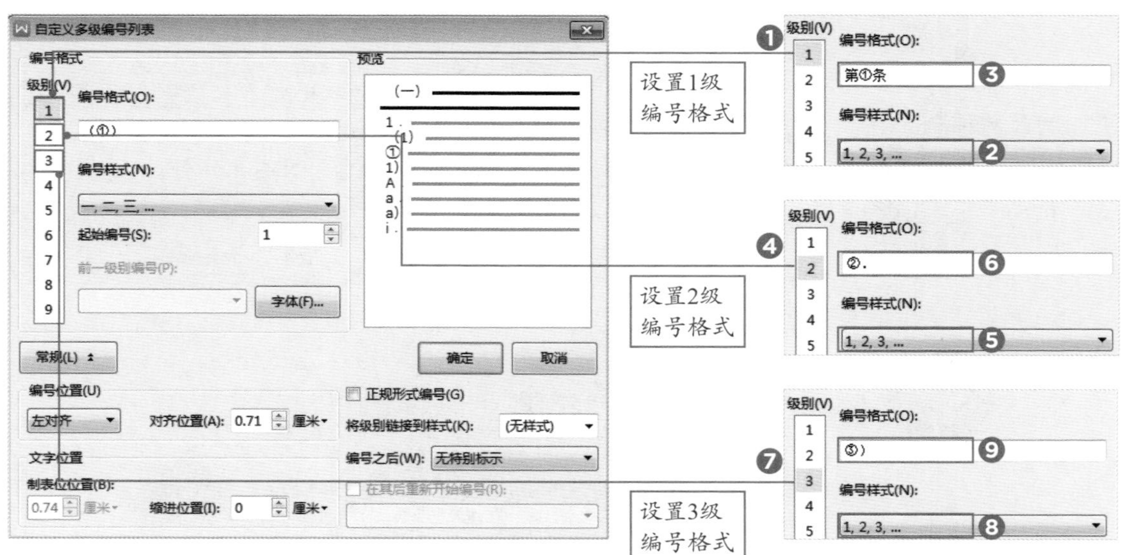

图2-11

在设置“编号位置”和“文字位置”时，可以根据实际情况进行设置，但是由于文字总是存在各种对不齐的问题，可以将这两项的值都设为0。此外，如果大家想为编号级别设置样式，可以在“将级别链接到样式”列表中选择需要链接到的样式即可，如图2-12所示。

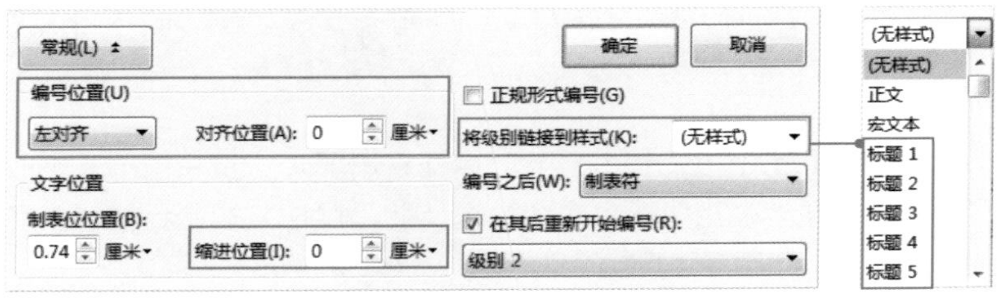

图2-12

■2.1.3　设置文档大纲级别

制作像论文、标书等大型文档时，需要在输入标题后为标题设置大纲级别，这样便于查找和修改内容。设置大纲级别其实很简单，选择需要设置大纲级别的标题文本，然后打开“段落”对话框，在“缩进和间距”选项卡中单击“大纲级别”下拉按钮，在展开的列表中可以根据需要选择级别，如图2-13所示。

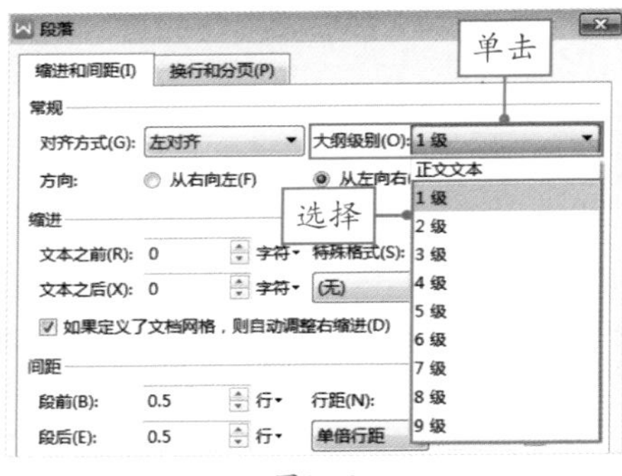

图2-13

■2.1.4　在文档中插入备注信息

一篇专业的文档排版，离不开脚注、尾注和题注的辅助。这些名字听着熟悉，但是具体用来做什么，很多人又不是很清楚。简单地讲，脚注、尾注和题注都是用来为文档添加注释的。

通常情况下，脚注位于每一个页面的底端，标明资料来源或对文章内容进行补充注释。选择需要插入脚注的内容，在“引用”选项卡中单击“插入脚注”按钮，此时光标会自动跳转至页面底端，直接输入脚注内容即可，如图2-14所示。

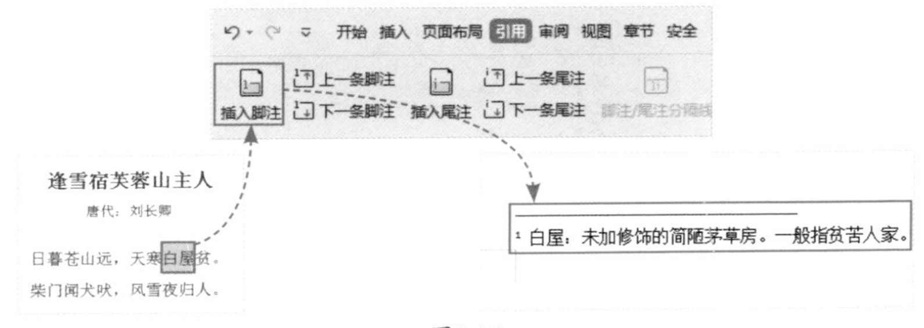

图2-14

咦？脚注上面怎么有条横线，我想要把它去掉该怎么做啊？

这很简单，你只需在“引用”选项卡中取消“脚注/尾注分隔线”按钮的选中状态，那条横线就消失了。

尾注一般位于文档的末尾，用于列出引文的出处。例如，在列举参考文献时，就经常使用“尾注”功能。用户只需在“引用”选项卡中单击“插入尾注”按钮，就可以在文档的末尾插入尾注了。

知识拓展

如果用户想要删除文档中的脚注，可以选择脚注的上标数字，然后在键盘上直接按Delete键即可，如图2-15所示。删除尾注的方法和删除脚注的操作相同。

图2-15

为了编排文档中的图片与表格，通常在图片下方、表格上方添加相关说明，这类说明称为题注。换言之，题注就是为图片、表格添加编号和名称。

先选择图片或表格，然后在“引用”选项卡中单击“题注”按钮，如图2-16所示。在弹出的“题注”对话框中进行相应的设置即可，如图2-17所示。

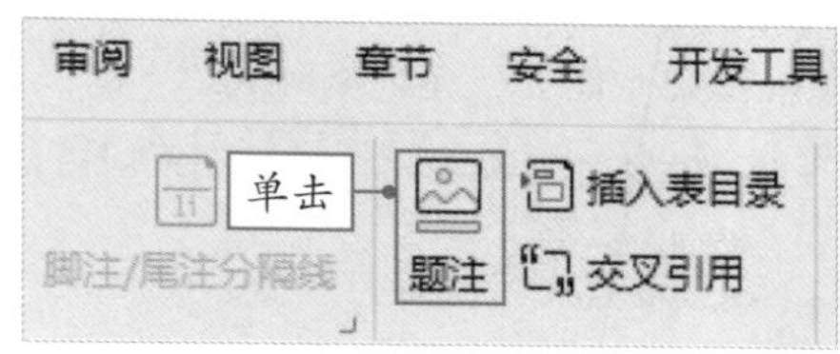

图2-16

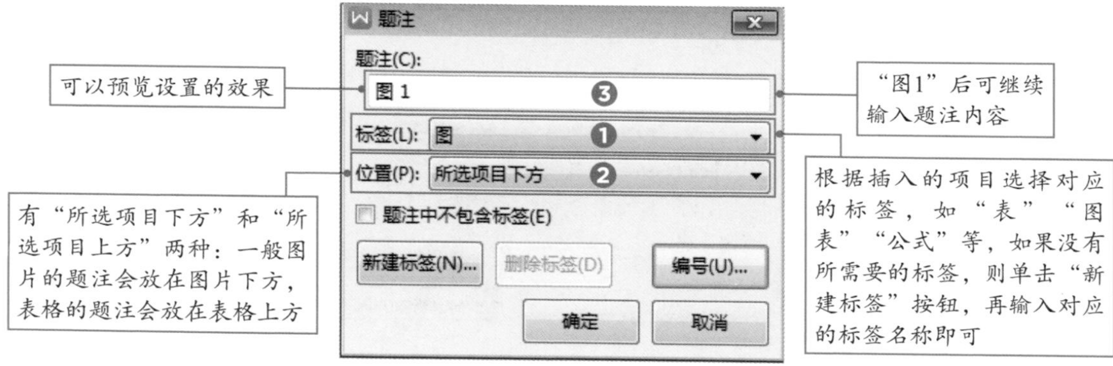

图2-17

■2.1.5　提取文档目录

在工作中，多数人会遇到这样的问题：编辑好文档后再手动输入目录，这样既费劲又浪费时间。这里为大家介绍一个WPS Office中非常好用的功能，可以快速将文档中的目录提取出来。在“引用”选项卡中单击“目录”下拉按钮，从列表中根据需要选择一种目录样式，如图2-18所示，即可快速将文档中的目录提取出来。

若在“目录”列表中选择“自定义目录”选项，则会弹出“目录”对话框，在该对话框中可以自定义目录的样式，如设置制表符前导符样式、显示级别、页码显示方式等，如图2-19所示。

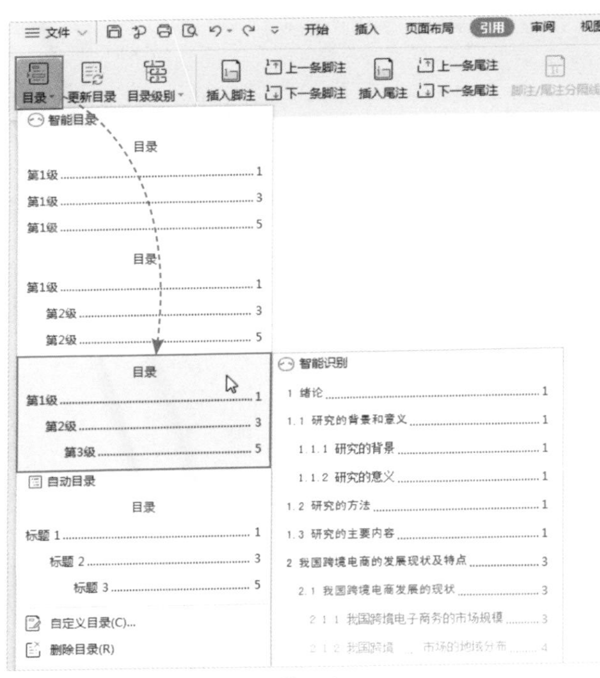

图2-18

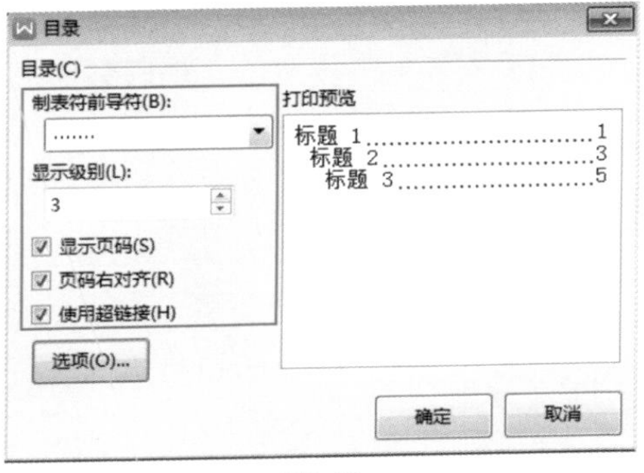

图2-19

新手误区：在引用目录之前，需要对文档中的标题设置样式，如一级标题使用“标题1”样式，二级标题使用“标题2”样式，三级标题使用“标题3”样式，从而为标题设置大纲级别，否则无法将目录提取出来。

当对文档中的标题内容进行了修改，那么目录也需要进行相应的修改。用户只需在“引用”选项卡中单击“更新目录”按钮，或者选择插入的目录，单击目录上方的“更新目录”按钮，如图2-20所示，即可打开“更新目录”对话框。在“更新目录”对话框中选中“更新整个目录”单选按钮，如图2-21所示，单击“确定”按钮后即可更新目录。

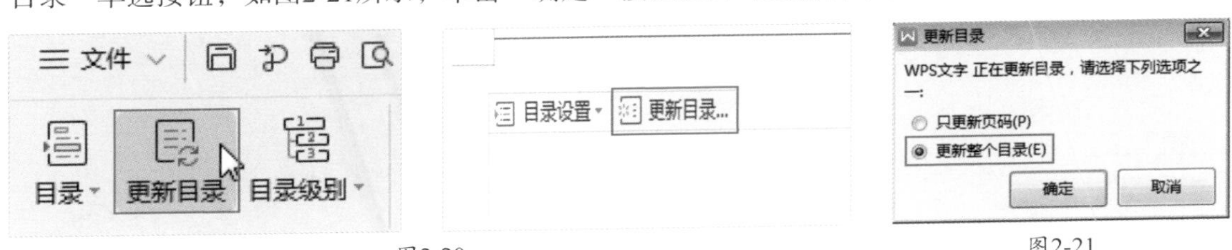

图2-20

图2-21

张姐！如果我不再需要这个目录了，怎么把它删除啊？

看到“目录”列表中有个“删除目录”选项了吗？选择它就可以删除目录了。或者你也可以选择整个目录，按Delete键删除。

■2.1.6 为文档添加封面

制作好文档后，有时为了文档的美观，需要为其添加一个封面。但当我们费尽心思设计出一个封面后，发现并没有给文档起到锦上添花的作用。其实，WPS Office系统自带了封面样式，可以帮助大家在文档中快速插入封面。在“章节”选项卡中单击“封面页”下拉按钮，在展开的列表中可以看到多种封面类型，如图2-22所示，在需要的封面上单击，就可以将所选封面插入到文档中了。

这里需要注意的是，有的封面是免费使用的，而有的封面需要开通会员才可以使用。

图2-22

2.2 审阅文档

文档制作好就大功告成了吗？其实不然，用户还需要对文档进行审核和修订，检查文档中是否存在错别字，统计文档字数等，一步步修改完善文档。下面就此向大家进行详细的讲解。

扫码观看视频

■2.2.1 在文档中使用“批注”功能

在文档中使用“批注”功能

- 隐藏批注
- 插入批注
  - 单击“插入批注”按钮
  - 输入内容
- 查看批注
  - 查看上一条
  - 查看下一条
- 删除批注
  - 逐条删除
  - 全部删除

打开一篇文档时，会发现文档右侧多出一栏，这里显示的是批注信息，是对内容提出的意见或建议，如图2-23所示。

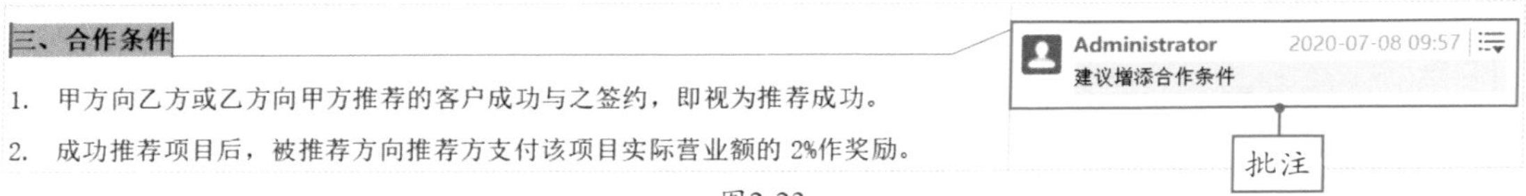

三、合作条件

1. 甲方向乙方或乙方向甲方推荐的客户成功与之签约，即视为推荐成功。
2. 成功推荐项目后，被推荐方向推荐方支付该项目实际营业额的 2%作奖励。

Administrator　2020-07-08 09:57
建议增添合作条件

批注

图2-23

如果需要为内容添加批注，则可以在“审阅”选项卡中单击“插入批注”按钮，如图2-24所示，在批注框中输入相关内容即可；如果想要删除批注，可以单击“删除”按钮，选择逐条或全部删除批注，如图2-25所示；单击“上一条”或“下一条”按钮，可以快速在各条批注间跳转；如果想要隐藏批注，可以单击“显示标记”下拉按钮，从列表中取消对“批注”选项的勾选，如图2-26所示。

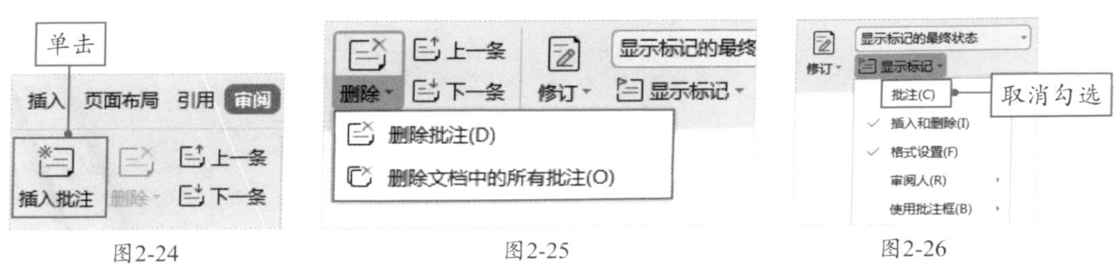

图2-24　　图2-25　　图2-26

知识拓展

我们可以对批注进行更详细的设置，首先单击“文件”按钮，选择“选项”选项，打开“选项”对话框。在“修订”选项卡中可以设置批注的颜色、批注的位置、是否显示与文字的连线等，如图2-27所示。

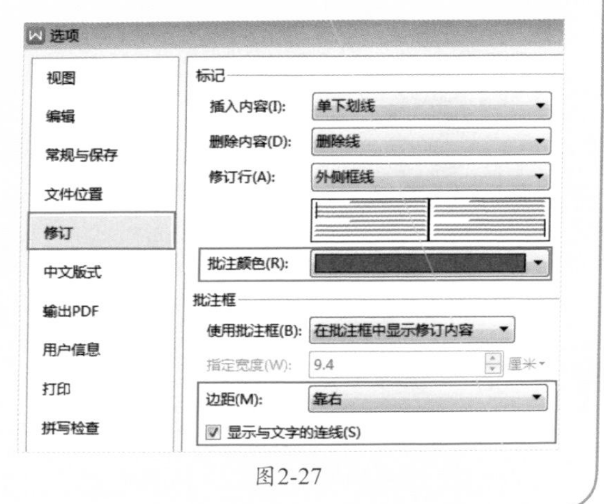

图2-27

■2.2.2　启动文档“修订”功能

在查阅他人的文档时，如果发现文档中有需要修改的地方，可以使用“修订”功能进行修改，这样可以使原作者明确哪些地方进行了改动。在“审阅”选项卡中单击“修订”按钮，使其呈现选中状态，接着就可以修改文档中的内容了，如图2-28所示。

竖线表示这个区域有修改

修改的内容会显示先删除后添加的格式标记

作为一名刚刚走出校园就踏入一个全新环境工作职场的新员工来说，由于缺乏社会和工作经验，难免有不少工作压力。看到身边的同事爱岗敬业、任劳任怨，我既感动又觉得惭愧。自己与他们相比，离一名优秀的员工还有相当的差距

删除的内容会改变颜色并添加删除线

添加的内容会改变颜色并添加下划线

图2-28

如果想要更改修订标记的显示方式，可以单击“显示标记”下拉按钮，从列表中选择“使用批注框”选项，然后从其级联列表中根据需要选择显示方式，如图2-29所示。

若原作者接受修改内容，可以单击“接受”下拉按钮，从中根据需要选择合适的选项；若不接受某条修订，可以单击“拒绝”下拉按钮，再从列表中进行选择即可。

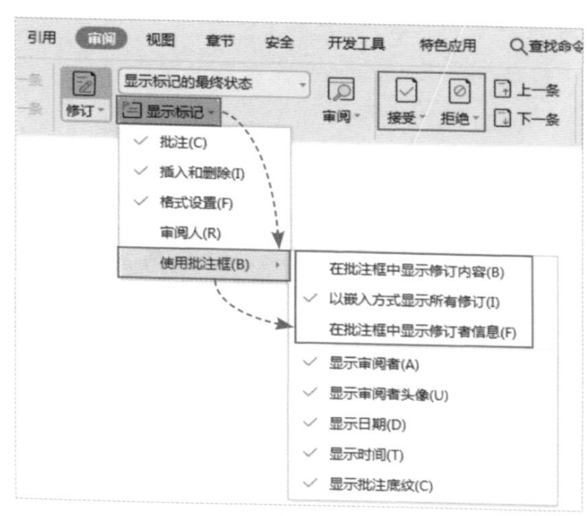

图2-29

如果我不再需要对文档进行修订了，怎么将修订状态取消啊？

很简单，再次单击“修订”按钮，使其取消选中状态就可以了。

■2.2.3 校对文档

通常情况下，为了保证文档中没有拼写错误，需要对文档进行拼写检查。只需在“审阅”选项卡中单击“拼写检查”按钮，如图2-30所示。弹出“拼写检查”对话框，在该对话框中可以修改检查出的错误，如图2-31所示。

图2-30

此外，如果需要统计文档中的字数，可以单击“字数统计”按钮，在弹出的“字数统计”对话框中可以查看统计信息，如图2-32所示。

图2-31

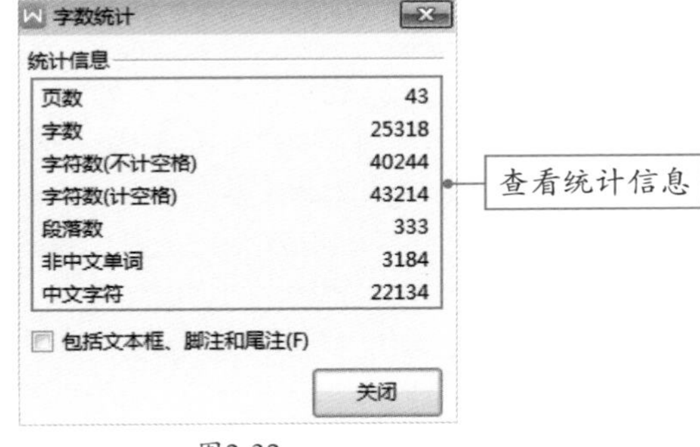

图2-32

2.3 保护文档

为了防止重要信息被泄露，用户可以为文档设置密码，只有提供密码才可以查看文档。但如果只是允许他人查看文档而不能随意修改文档，那么可以只限制其对文档的编辑。下面进行详细的讲解。

2.3.1　加密文档

一般需要为涉及公司机密或财务状况的文档设置密码。首先单击“文件”按钮，选择“文档加密”选项，然后选择“密码加密”选项，如图2-33所示。在弹出的窗格中可以设置“打开权限”的密码和“编辑权限”的密码，为了防止忘记密码，还可以设置“密码提示”，设置完成后单击“应用”按钮，如图2-34所示，即可为文档加密。

保存文档后，再次打开文档时会弹出“文档已加密”对话框，如图2-35所示。需要输入正确的打开权限密码和编辑权限密码，才能打开该文档。

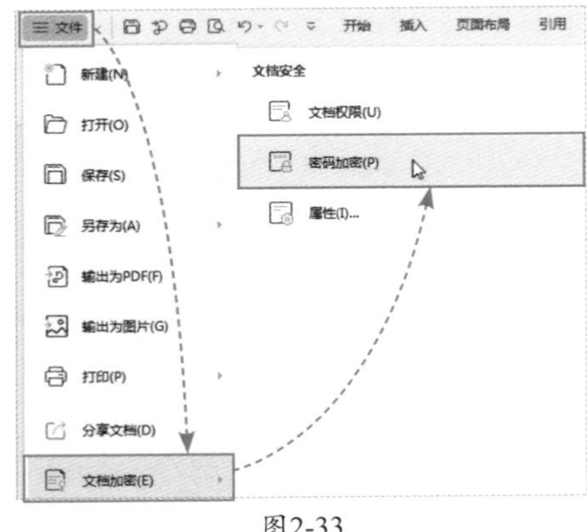

图2-33

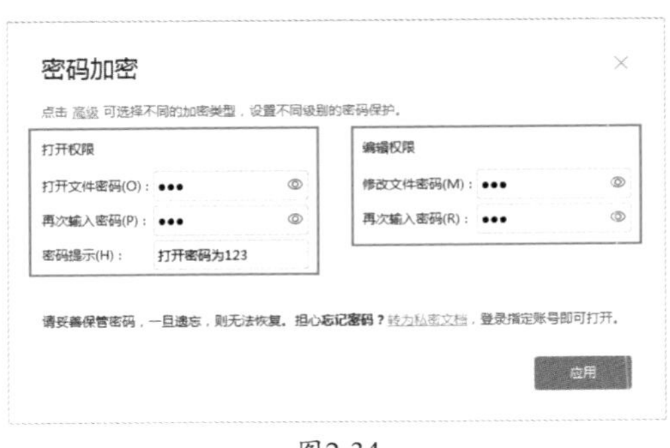

图2-34

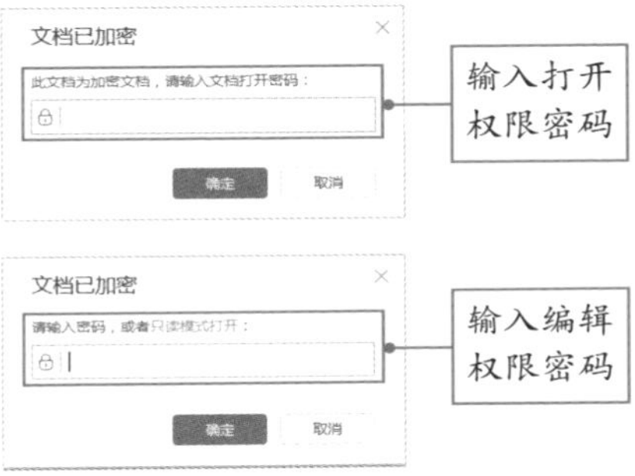

图2-35

知识拓展

输入打开密码时，如果两次输入密码错误，则会在“文档已加密”对话框下方显示设置的密码提示，如图2-36所示。如果忘记了设置的编辑权限密码，可以在对话框中选择“只读模式打开”选项，这样只能打开文档而不能对文档进行修改操作。

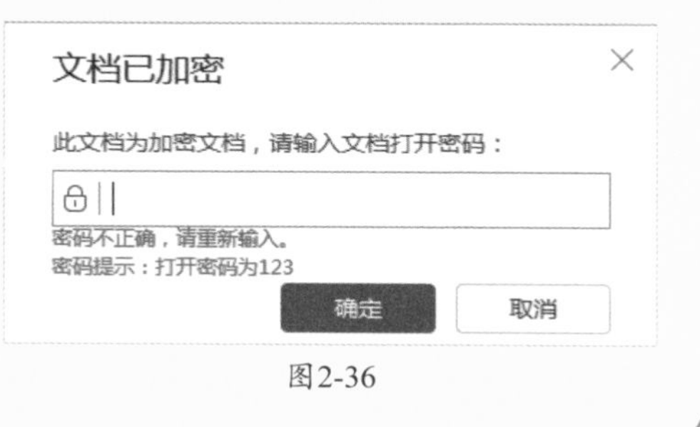

图2-36

张姐！我误将别的文档设置了密码，怎么将密码取消啊？在线等！急！

嗯，你只需要再次打开“密码加密”窗格，然后删除设置的“打开权限”密码和“编辑权限”密码，再单击“应用”按钮就可以了。

■2.3.2　限制文档编辑

扫码观看视频

如果希望某个文档只能让他人查看或只能在文档中进行插入批注、修订等操作，这时可以限制对文档的编辑。在“审阅”选项卡中单击“限制编辑”按钮，在“限制编辑”窗格中进行相关设置即可，如图2-37所示。

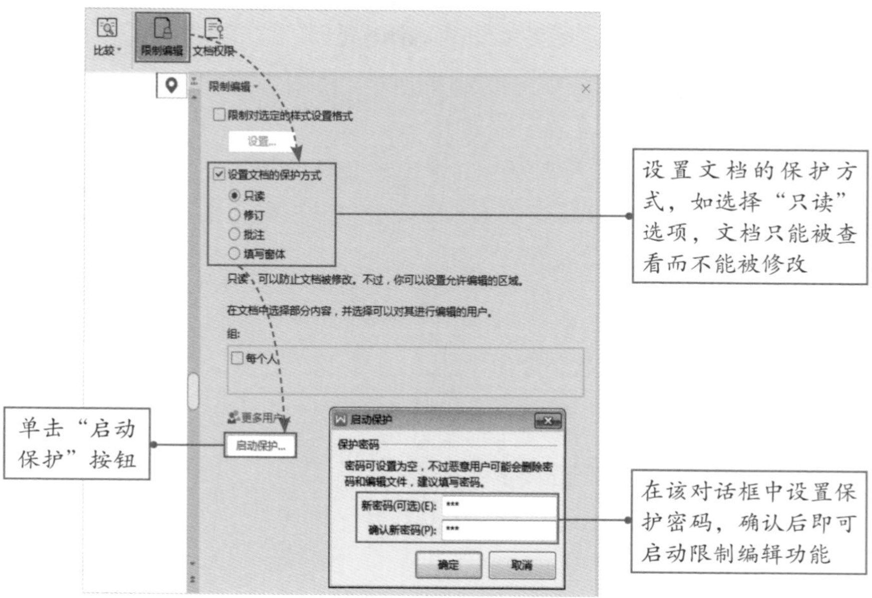

图2-37

2.4 批量制作文档

在工作中可能会需要制作像邀请函、通知书之类的文档，如果做好模板后再一个个修改姓名等内容，未免太耗时耗力，这里可以使用“邮件合并”功能批量制作文档。例如，想要批量生成邀请函，先要提前将被邀请人的姓名录入到WPS表格中，然后打开文档，在“引用”选项卡中单击“邮件”按钮，启动“邮件合并”功能，再在“邮件合并”选项卡中进行相关设置，如图2-38所示。

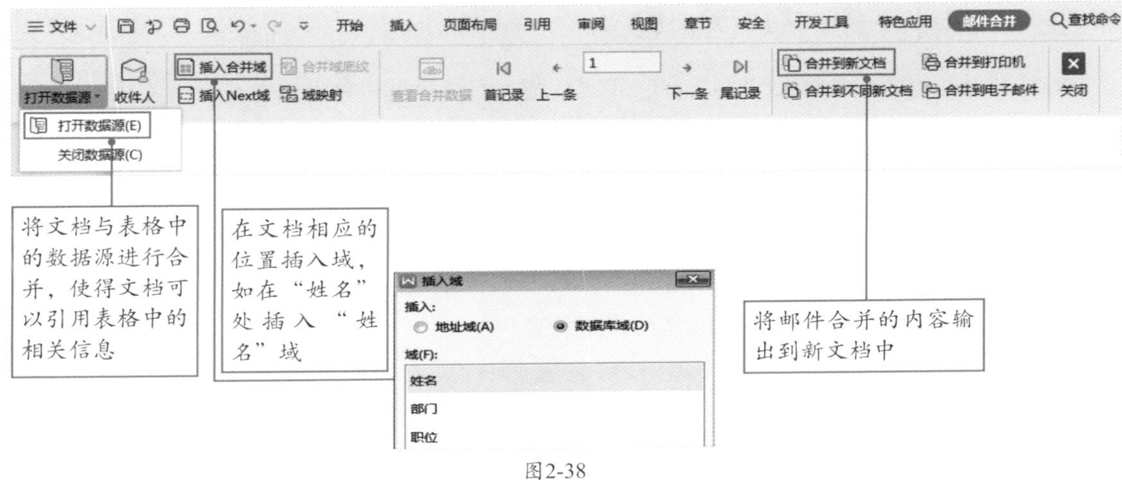

图2-38

张姐，为什么我不能将文档与表格中的数据源进行合并呢？

那只有一种可能，你制作的表格不是WPS表格，只有表格后缀是“.et”这种形式，才可以与文档合并。

综合实战

2.5 制作商务合作协议书

合作协议书是指自然人、法人或组织之间本着平等、互利的原则，依据国家相关法律或行业规范设立的合作及利益分配协议。制作该案例涉及的操作有：为文档添加封面、设置内容格式、提取目录、校对文档、添加批注、保护文档等。下面向大家详细介绍制作流程。

2.5.1 制作协议书封面内容

扫码观看视频

协议书封面内容包含甲乙双方名称、签约日期、签约地点和合同编号。用户除了可以使用系统自带的封面样式外，也可以自行设计封面，下面介绍具体的操作方法。

Step 01 新建空白文档。使用右键快捷菜单命令新建一个文档，并命名为“商务合作协议书”，然后双击打开该文档，如图2-39所示。

Step 02 插入图片。在“插入”选项卡中单击“图片”下拉按钮，选择“本地图片”选项，在打开的“插入图片”对话框中选择合适的图片，将其插入到文档中即可，如图2-40所示。

图2-39 图2-40

Step 03 设置图片环绕方式。选择图片，打开“图片工具”选项卡，单击“环绕”下拉按钮，从列表中选择“衬于文字下方”选项，如图2-41所示。

Step 04 插入文本框。调整图片的大小并移至文档页面合适的位置，然后打开“插入”选项卡，单击“文本框”按钮，绘制一个横排文本框，如图2-42所示。

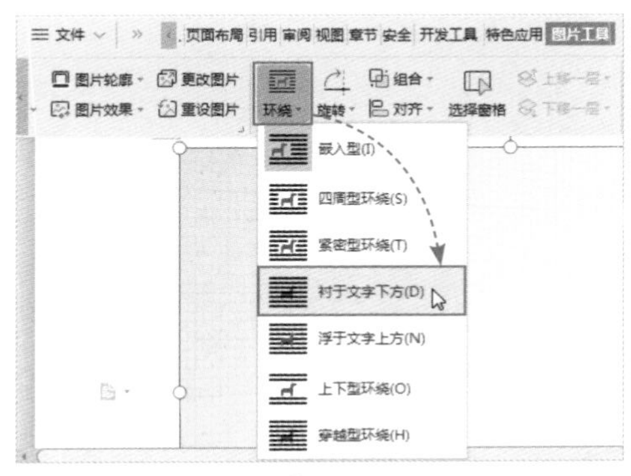

图2-41

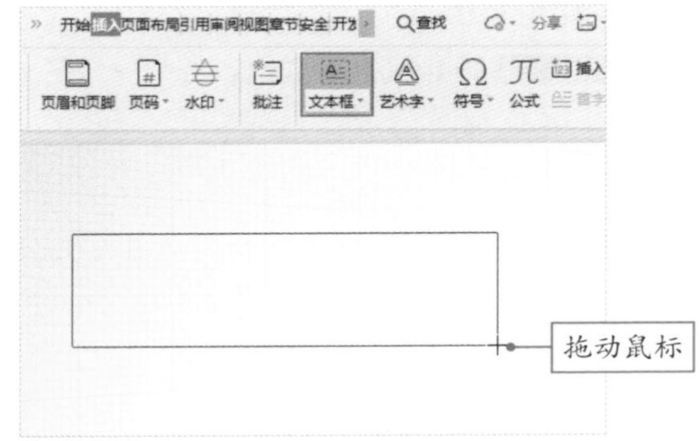

图2-42

Step 05 输入标题内容。在文本框中输入标题“商务合作协议书”，并将字体设置为“黑体”，字号设置为“初号”，加粗显示，然后设置合适的字体颜色，如图2-43所示。

Step 06 设置文本框样式。选中文本框，打开“绘图工具”选项卡，将文本框设置为“无填充颜色”“无线条颜色”，然后移至页面合适的位置，如图2-44所示。

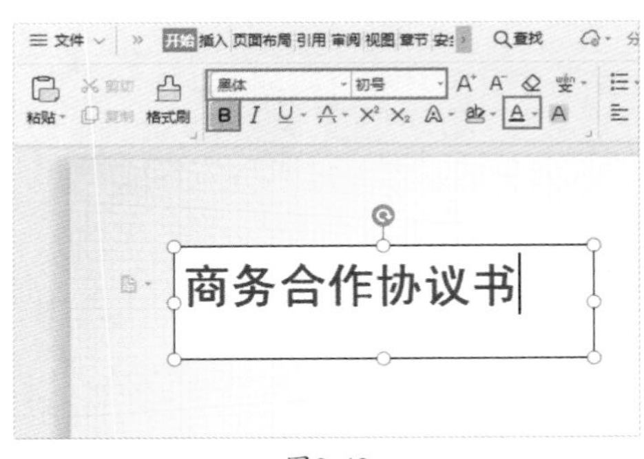

图2-43

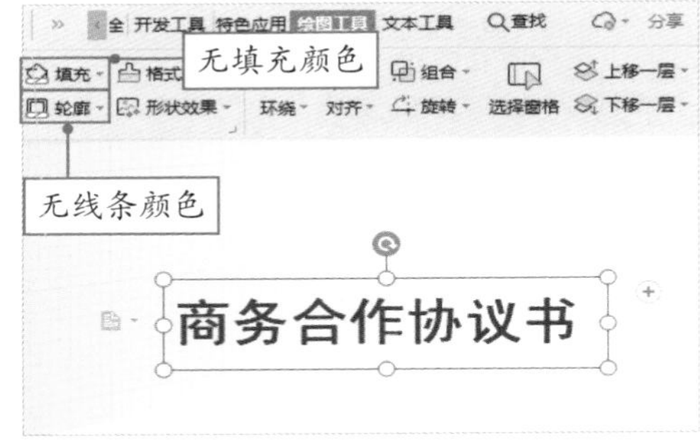

图2-44

Step 07 输入其他内容。再绘制一个文本框，然后输入相关内容，并设置文本的字体格式和文本框样式，接着移至页面合适的位置，如图2-45所示。

Step 08 选择下划线样式。将光标插入到“甲方：”文本后面，打开“开始”选项卡，单击“下划线”下拉按钮，从列表中选择合适的下划线样式，如图2-46所示。

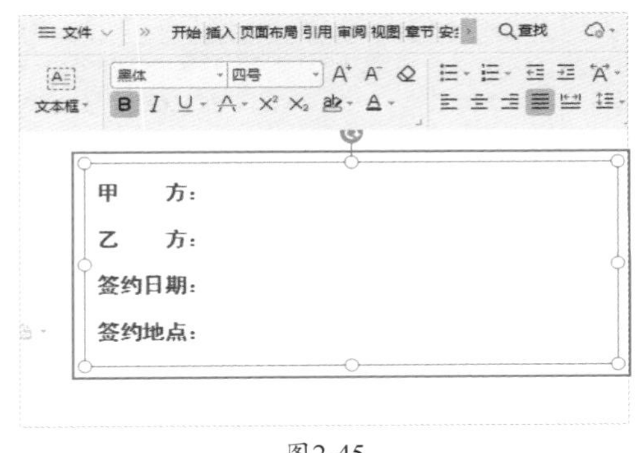

图2-45

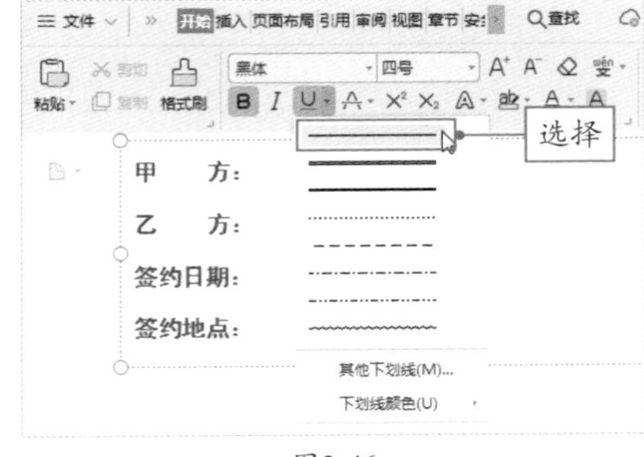

图2-46

Step 09 添加下划线。按下空格键，在光标处添加下划线，多按几次空格键，可以延长下划线，如图2-47所示。

Step 10 绘制其他下划线。选中下划线，使用组合键Ctrl+C和Ctrl+V，将下划线复制到其他文本后面，如图2-48所示。

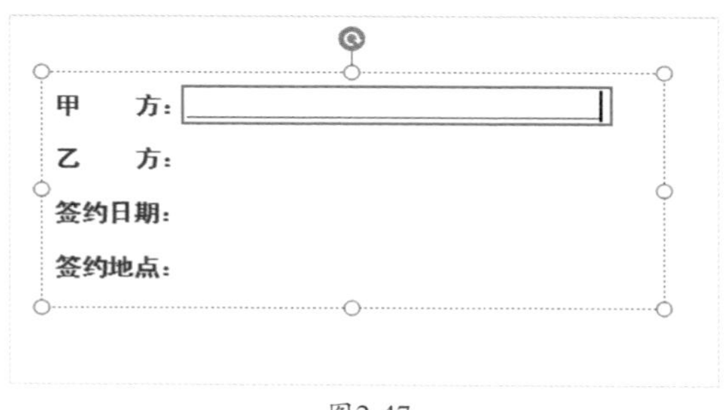

图2-47

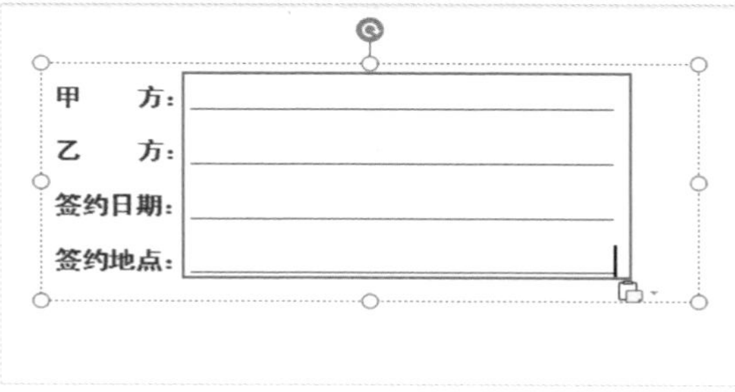

图2-48

知识拓展

如果想删除下划线，只需选择下划线，然后在键盘上直接按Delete键即可。

Step 11 输入合同编号。绘制一个文本框，然后输入“合同编号：”，设置文本的字体格式和文本框样式，并将文本框移至页面合适的位置，如图2-49所示。

Step 12 插入符号。将光标插入到“合同编号：”后面，打开“插入”选项卡，单击“符号”按钮，打开“符号”对话框，从中选择“□”符号，将其插入到文本框中，如图2-50所示。

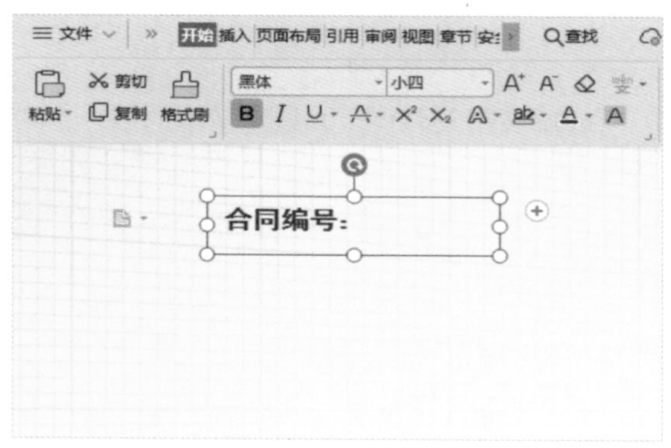

图2-49

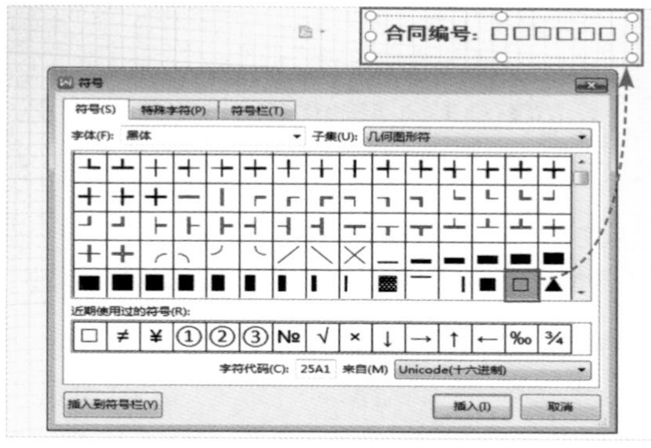

图2-50

知识拓展

将光标插入到文档页面下方，然后打开“页面布局”选项卡，单击“分隔符”下拉按钮，选择“分页符”选项，可以在下方增加一页空白页。

Step 13 **完成封面制作。** 单击“保存”按钮进行保存。至此，协议书封面内容的制作就完成了，如图2-51所示。

图2-51

■2.5.2　制作协议书正文内容

协议书的封面内容制作完成后，接下来需要制作正文内容。首先需要输入正文内容，再设置内容的格式和样式，并提取目录，下面介绍具体的操作方法。

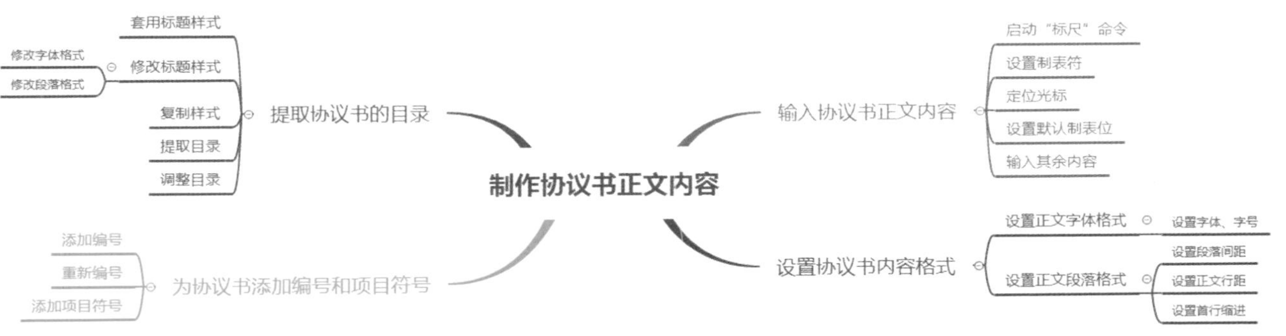

1．输入正文内容

扫码观看视频

我们可以使用制表符输入内容，具体操作方法如下。

Step 01 **启动“标尺”命令。** 将光标插入到文档的第二页中，输入相关内容，然后打开“视图”选项卡，勾选“标尺”复选框，如图2-52所示。

Step 02 **设置制表符。** 将光标定位至“法定代表人：”后面，然后在横标尺“19”处单击鼠标左键，如图2-53所示。

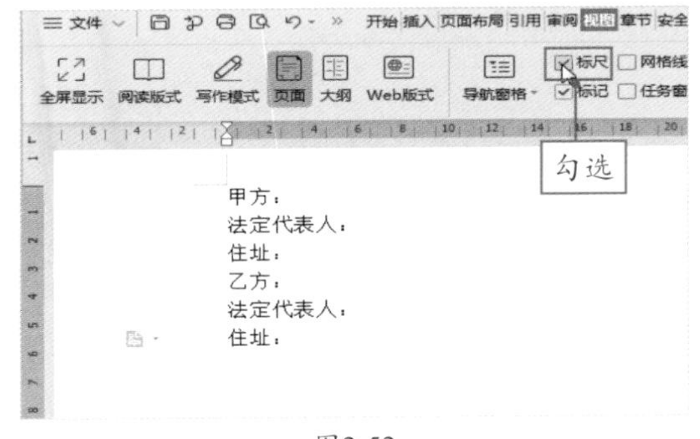

图2-52

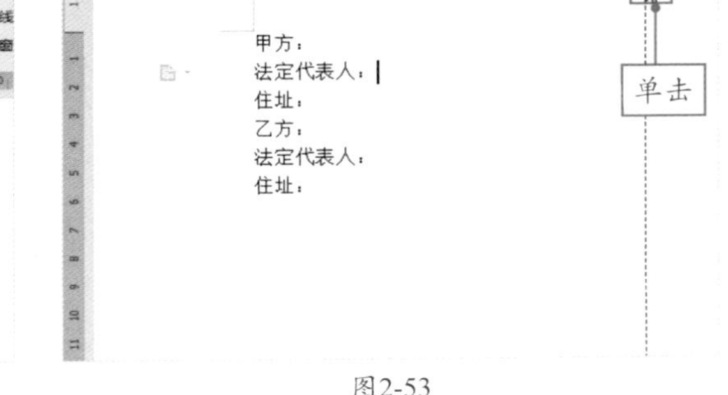

图2-53

Step 03 **定位光标。**按键盘上的Tab键，光标迅速定位到刚设置的制表符处，继续输入文字，如图2-54所示。

Step 04 **设置默认制表位。**双击制表符，打开“制表位”对话框，此时可以看到制表符在标尺上的精确位置为19，为了方便设置其余内容的制表位，将“默认制表位”的值也设置为“19”，然后单击“确定”按钮，如图2-55所示。

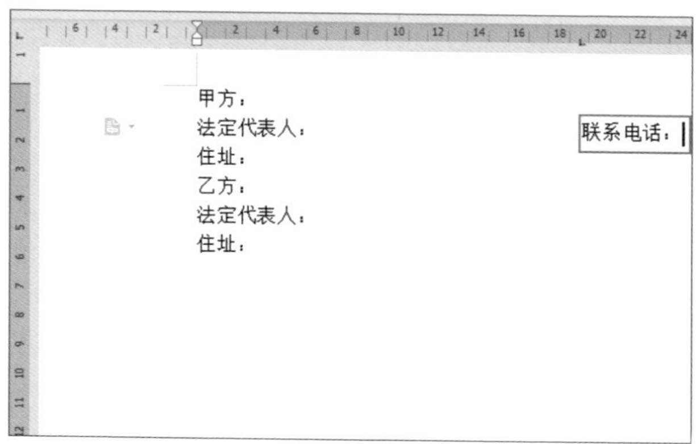
甲方：
法定代表人：　　联系电话：
住址：
乙方：
法定代表人：
住址：

图2-54

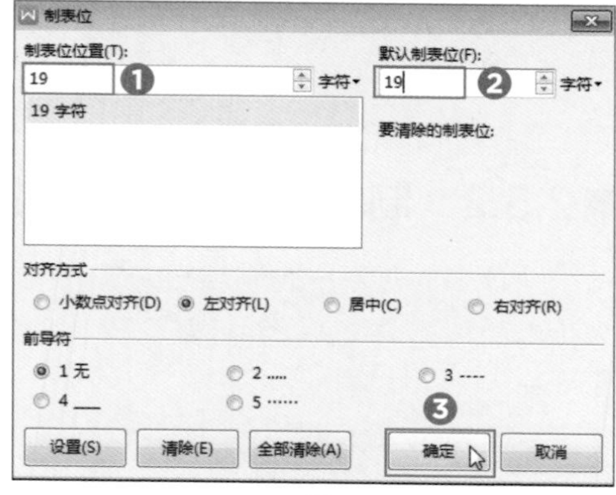

图2-55

Step 05 **输入其余内容。**将光标定位至“住址：”文本后面，按Tab键，再输入文本。按照同样的方法，完成其余内容的输入，如图2-56所示。

Step 06 **完成剩余内容的输入。**按回车键另起一行，然后输入剩余的文本内容，如图2-57所示。

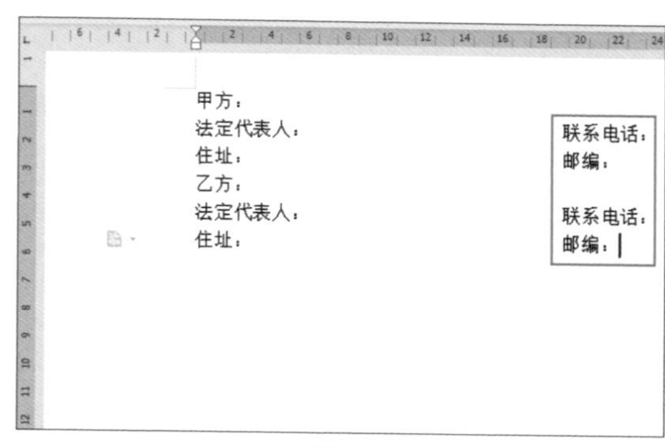
甲方：
法定代表人：　　联系电话：
住址：　　邮编：
乙方：
法定代表人：　　联系电话：
住址：　　邮编：

图2-56

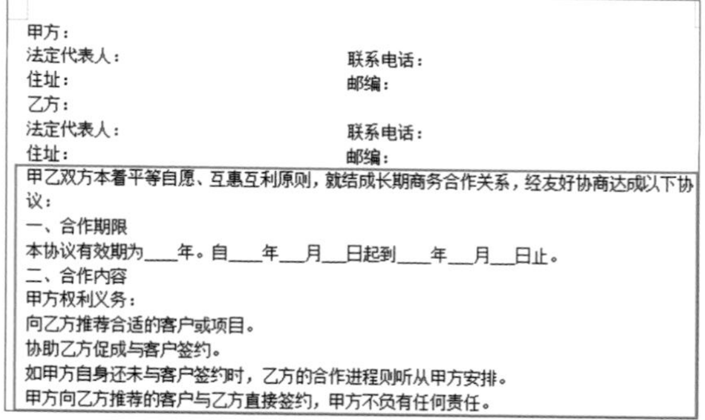
甲方：
法定代表人：　　联系电话：
住址：　　邮编：
乙方：
法定代表人：　　联系电话：
住址：　　邮编：
甲乙双方本着平等自愿、互惠互利原则，就结成长期商务合作关系，经友好协商达成以下协议：
一、合作期限
本协议有效期为___年。自___年__月__日起到___年__月__日止。
二、合作内容
甲方权利义务：
向乙方推荐合适的客户或项目。
协助乙方促成与客户签约。
如甲方自身还未与客户签约时，乙方的合作进程则听从甲方安排。
甲方向乙方推荐的客户与乙方直接签约，甲方不负有任何责任。

图2-57

2. 设置内容格式

输入正文内容后，接下来需要设置正文的字体格式和段落格式，具体操作方法如下。

扫码观看视频

Step 01 **设置正文字体格式。**选择所有正文内容，在“开始”选项卡中将字体设置为“宋体”，将字号设置为“小四”，如图2-58所示。

Step 02 **设置段落间距。**选择文本，打开“段落”对话框，将“段前”和“段后”间距设置为“1行”，如图2-59所示。

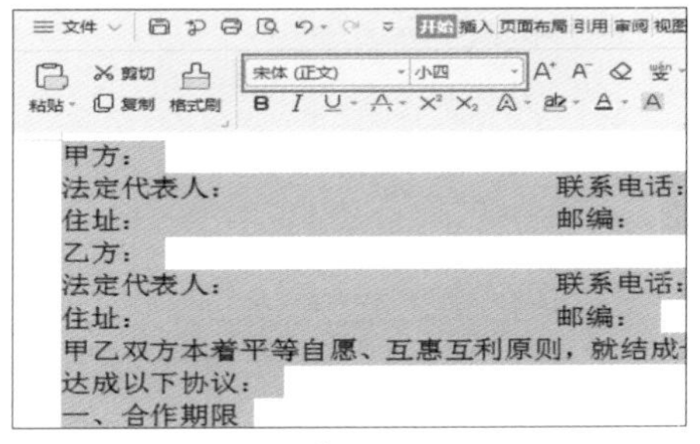

图2-58

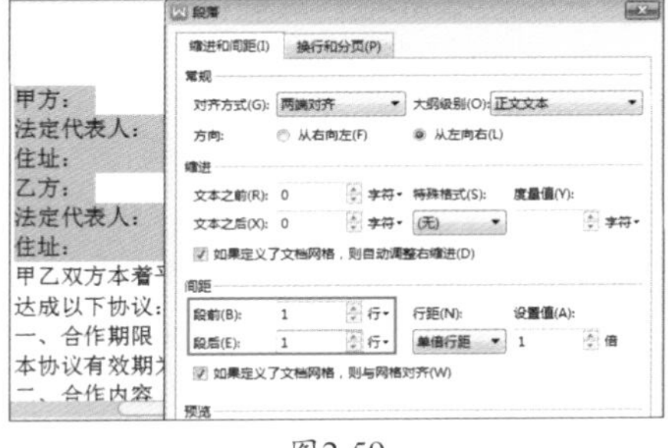

图2-59

Step 03 设置正文行距。选择文本，在“开始”选项卡中单击“行距”下拉按钮，选择“1.5”选项，如图2-60所示。

Step 04 设置首行缩进。选择文本内容，在“开始”选项卡中单击“文字工具”下拉按钮，从列表中选择“段落首行缩进2字符”选项，如图2-61所示。然后按照同样的方法，为其他段落设置首行缩进。

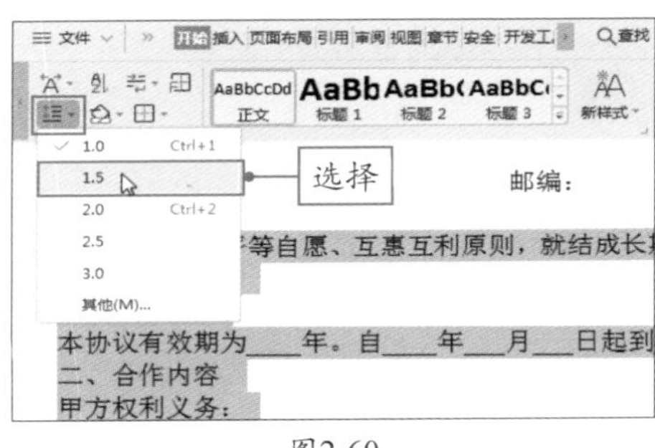

图2-60

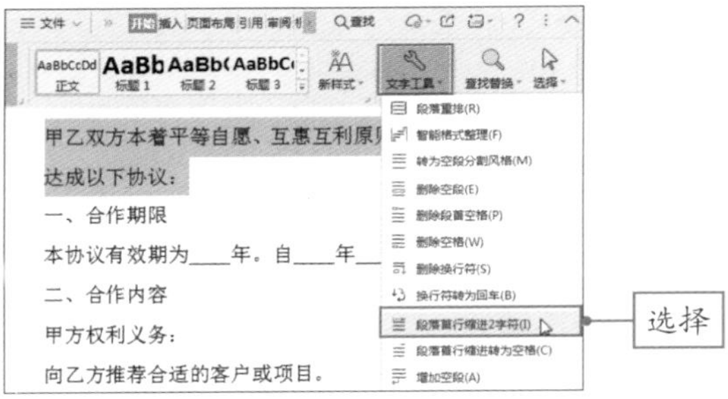

图2-61

3．添加编号和项目符号

为了使段落显得更加直观、清晰，可以为其添加编号和项目符号，具体操作方法如下。

Step 01 添加编号。选择需要添加编号的文本，在“开始”选项卡中单击“编号”下拉按钮，从列表中选择合适的编号样式，如图2-62所示。

Step 02 为其他段落添加编号。选择文本，单击“编号”下拉按钮，从列表中选择“自定义编号”选项，如图2-63所示。

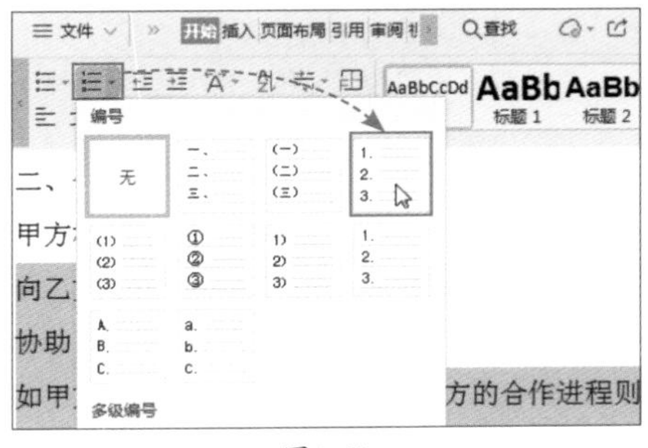

图2-62

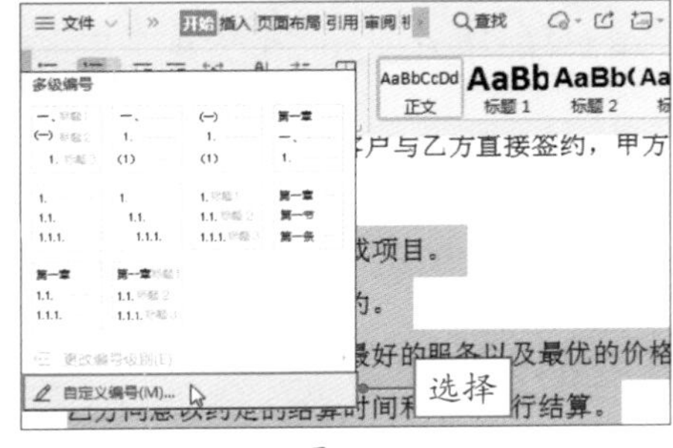

图2-63

Step 03 重新编号。打开“项目符号和编号”对话框，在“编号”选项卡中选择合适的编号样式，然后选中“重新开始编号”单选按钮，最后单击“确定”按钮，如图2-64所示。选中的段落会重新从“1”开始编号。

Step 04 添加项目符号。选择段落文本，在“开始”选项卡中单击“项目符号”下拉按钮，从列表中选择合适的样式即可，如图2-65所示。

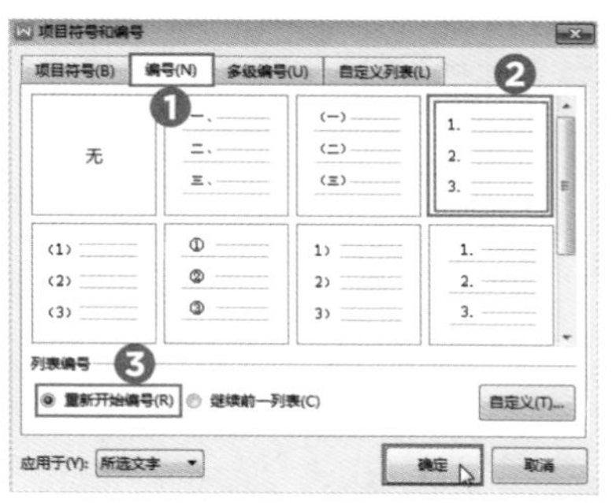

图2-64

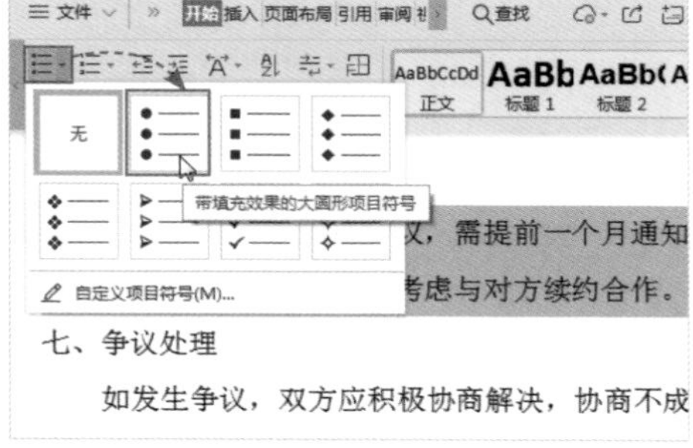

图2-65

新手误区：为段落添加编号后，要想为其他段落添加编号，需要在“项目符号和编号”对话框中选中“重新开始编号”单选按钮，否则会顺着上一段落的数字进行编号。

4．提取目录

通常在长文档中需要将对应的标题目录提取出来，以便阅读，具体操作方法如下。

Step 01 套用标题样式。选中标题文本，在“开始”选项卡中单击“标题1”样式，为所选文本套用内置的样式，如图2-66所示。

Step 02 修改字体格式。保持文本为选中状态，在“开始”选项卡中将字号修改为“小四”，如图2-67所示。

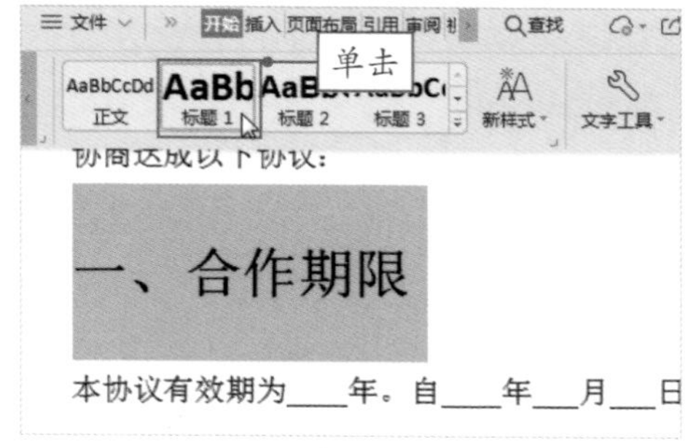

图2-66

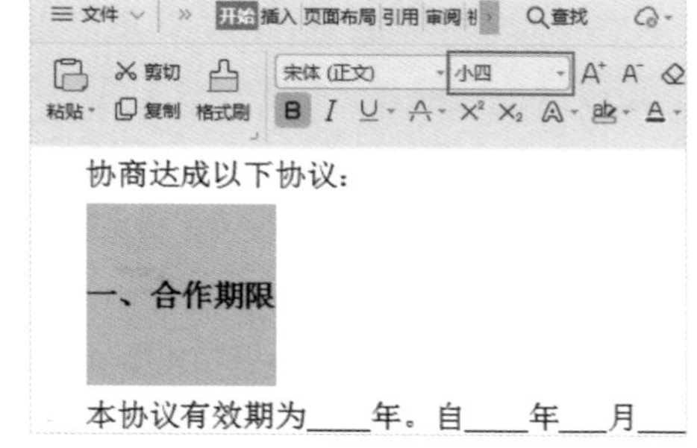

图2-67

Step 03 修改段落格式。单击“段落”对话框启动器按钮，打开“段落”对话框，将“段前”和“段后”间距设置为“0.5行”，将“行距”设置为“单倍行距”，如图2-68所示。

Step 04 复制样式。双击“格式刷”按钮，将“一、合作期限”文本的样式复制到其他标题文本上，如图2-69所示。

图2-68

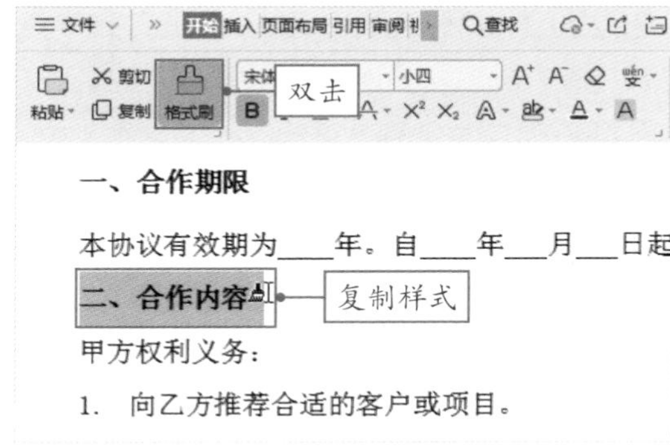

图2-69

Step 05 **提取目录。**将光标定位至“甲方：”文本前，然后打开“引用”选项卡，单击“目录”下拉按钮，从列表中选择合适的目录样式，如图2-70所示。

Step 06 **调整目录。**将目录提取出来后，设置目录的字体格式，然后单独放在一页，如图2-71所示。

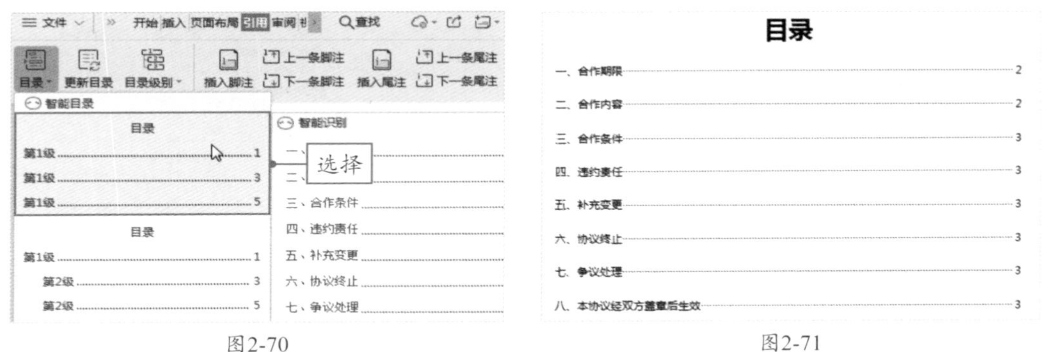

图2-70　　　　图2-71

■2.5.3　审查合作协议书内容

商务合作协议书制作完成后，需要对文档进行审查，如校对文档、为文档添加批注等。下面介绍具体的操作方法。

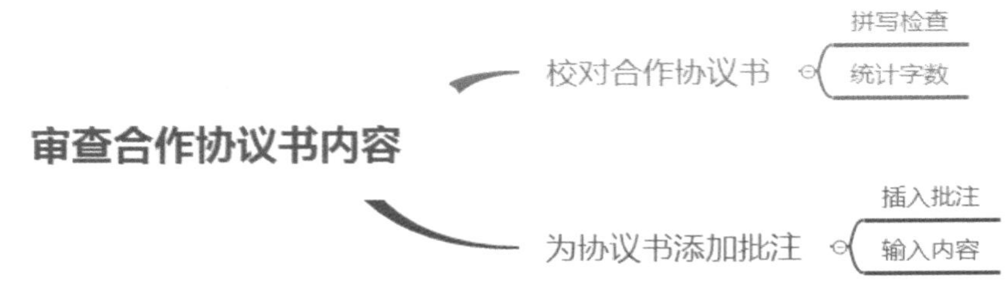

1．校对文档

文档内容输入完成后，我们可以对文档进行拼写检查或字数统计，具体操作方法如下。

Step 01 拼写检查。打开“审阅”选项卡，单击“拼写检查”下拉按钮，从列表中选择“拼写检查”选项，如图2-72所示。

Step 02 完成检查。弹出一个对话框，提示已经完成了拼写检查，如图2-73所示。

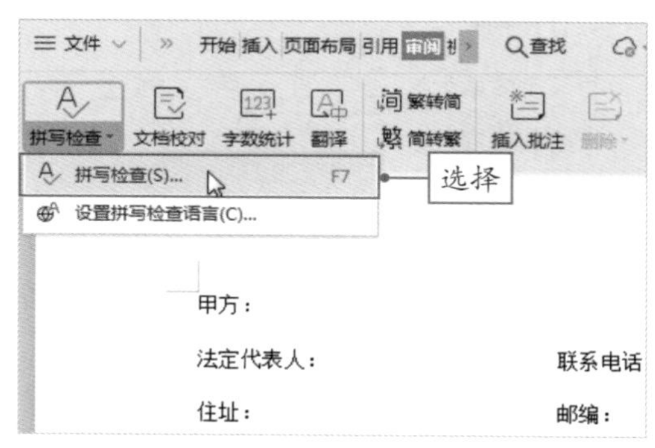

图2-72

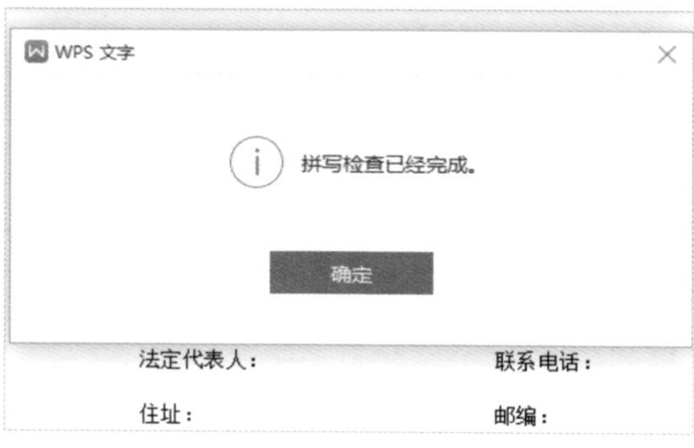

图2-73

Step 03 统计字数。在“审阅”选项卡中单击“字数统计”按钮，打开“字数统计”对话框，在该对话框中可以查看页数、字数、字符数、段落数等信息，如图2-74所示。

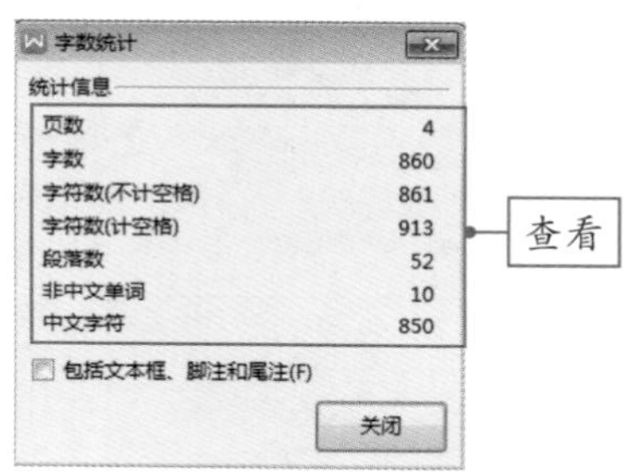

图2-74

2. 添加批注

我们可以为文档添加批注，并在批注中输入自己的意见或建议，具体操作方法如下。

Step 01 插入批注。选择文本，在“审阅”选项卡中单击“插入批注”按钮，如图2-75所示。

Step 02 输入内容。所选文本的右侧会出现一个批注框，在文本框中输入相关内容，如图2-76所示，即可完成批注的添加。

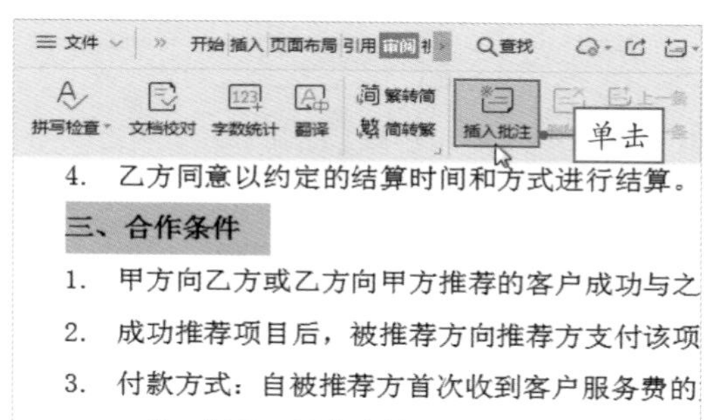

图2-75

图2-76

■2.5.4　保护商务合作协议书

为了避免合作协议书被他人随意修改，我们需要对其进行保护，限制他人的编辑权限。下面介绍具体的操作方法。

Step 01 **设置编辑权限。**在“审阅”选项卡中单击“限制编辑”按钮，弹出“限制编辑”窗格，在该窗格中勾选“设置文档的保护方式”复选框，然后选中“批注”单选按钮，设置只允许在文档中插入批注，如图2-77所示。

Step 02 **设置密码。**在“限制编辑”窗格下方单击“启动保护”按钮，弹出“启动保护”对话框，将密码设置为“123”，然后单击“确定”按钮，如图2-78所示。

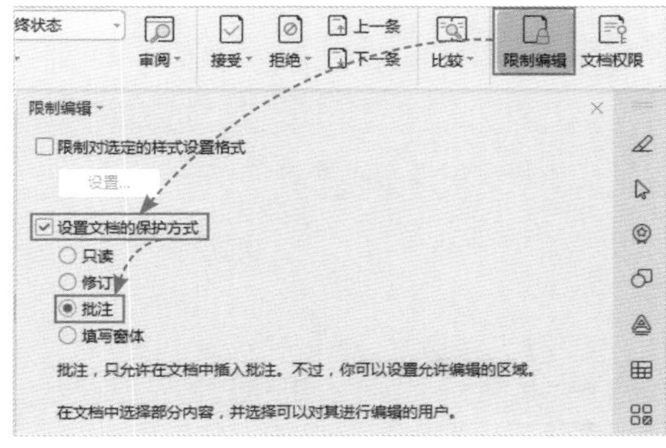

图2-77

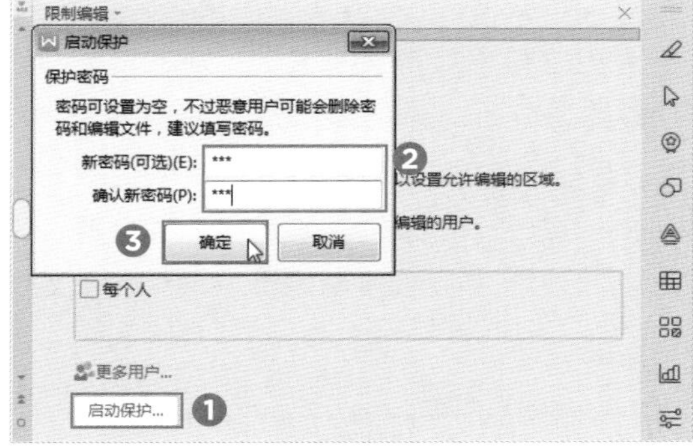

图2-78

Step 03 **查看效果。**此时，我们只能在文档中插入批注，而不能修改文本内容了。

知识拓展

如果想要取消设置的编辑权限，可以在“限制编辑”窗格中单击“停止保护”按钮，打开“取消保护文档”对话框，在“密码”文本框中输入设置的密码，然后单击“确定”按钮即可，如图2-79所示。

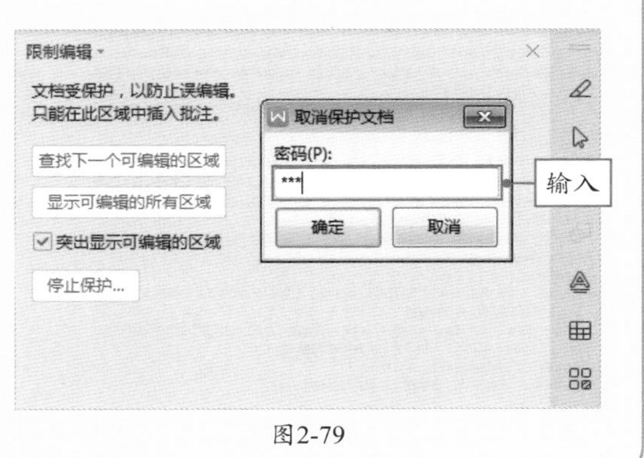

图2-79

课后作业

通过前面对知识点的介绍，相信大家已经掌握了对文档的排版、审阅和保护操作，下面就综合利用所学知识点，制作一份“离职保密协议书”。

（1）新建一个空白文档，并命名为“离职保密协议书”，并在其中输入相关内容。

（2）将标题“离职保密协议书”的字体设置为“微软雅黑”，字号设置为“小二”，加粗居中显示，并将“段后”间距设置为“1行”，将“行距”设置为“单倍行距”。

（3）将正文的字体设置为“宋体”，字号设置为“小四”，行距为1.5倍，并为相关段落设置首行缩进，为文本内容添加下划线。

（4）为正文中的标题“一、需要保密的信息”设置字体格式和段落格式，并将格式复制到其他标题文本上。

（5）为正文中的段落添加编号或自定义多级编号，并调整编号与正文之间的距离。

（6）为“一、需要保密的信息”文本添加批注信息。

（7）为文档设置限制编辑，只允许在文档中插入批注。

离职保密协议书
甲方:
乙方:　　　　　　　　身份证号:
鉴于乙方在甲方任职时，获得甲方支付的相应报酬，双方当事人就乙方在离职以后保守甲方技术秘密和其他商业秘密的有关事项，制定下列条款共同遵守:
一、需要保密的信息
本保密协议中所涉及的甲方信息资料包括但不限于:
甲方所有非公开的规章制度、管理流程以及所有下发的文件。
甲方签订的所有非公开的合同、法律文件以及其中所有非公开的数据和内容。
甲方的重要报告、重要外部来函、各类会议纪要以及其他存档材料。
甲方重要客户资料、客户统计台账等客户资料和信息。
甲方各类统计数据和报表。
甲方所有的技术资料及现有科研成果、技术秘密。
乙方在甲方认知期间接触、知悉的属于甲方或者虽属于第三方但甲方有保密义务的技术秘密和其他商业秘密信息。
保密信息的载体包括但不限于:书面、视频、音频、计算机软件以及记录甲方秘密的任何载体等。
二、保密责任
乙方必须对所有来自甲方的保密信息严格保密，包括执行有效的安全措施和操作规程。
乙方承诺，未经甲方同意，不得以泄露、告知、公布、发布、出版、传授、转让或者其他任何方式使任何第三方(包括按照保密制度的规定不得知悉该项秘密的甲方其他职员)知悉，属于甲方或者虽属于他人但甲方承诺有保密义务的技术秘密或其他商业秘密信息，也不得在履行职务之外使用这些秘密信息。
乙方不能透露涉及商业使用权、专利权、复制权、商标、技术机密、商业机密或其他归甲方专有的权利给第三方。
三、保密期限
双方同意，乙方离职之后五年内仍对其在甲方任职期间接触、知悉的属于甲方或者虽属于第三方但甲方承诺有保密义务的技术秘密和其他商业秘密信息，承担如同任职期间一样的保密义务和不擅自使用有关秘密信息的义务，而无论乙方因何种原因离职。
四、违约责任
乙方泄露甲方的秘密，根据泄密造成的损失的大小，需赔偿甲方5万－20万元，严重者甲方可按<刑法>泄密罪追究刑事责任。
五、特别约定
乙方认可，甲方在支付乙方的工资报酬时，已考虑了乙方离职后需要承担的保密义务，故而无须在乙方离职时另外支付保密费。
双方同意，本协议作为劳动合同的附件，在劳动合同终止或解除后仍独立有效至保密期满。
本协议一式两份，甲乙双方各执一份，具有同等法律效力。
本协议经双方签字或者盖章之日起生效。
本协议受中华人民共和国法律管辖，并依此作出解释。
甲方法定代表人:　　　　　　乙方:
盖章签字:
日期　　　　　　日期

原始效果

离职保密协议书

甲方：______________________

乙方：______________　身份证号：______________

鉴于乙方在甲方任职时，获得甲方支付的相应报酬，双方当事人就乙方在离职以后保守甲方技术秘密和其他商业秘密的有关事项，制定下列条款共同遵守：

一、需要保密的信息

Administrator
需要增加项数

1. 本保密协议中所涉及的甲方信息资料包括但不限于：
(1) 甲方所有非公开的规章制度、管理流程以及所有下发的文件。
(2) 甲方签订的所有非公开的合同、法律文件以及其中所有非公开的数据和内容。
(3) 甲方的重要报告、重要外部来函、各类会议纪要以及其他存档材料。
(4) 甲方重要客户资料、客户统计台账等客户资料和信息。
(5) 甲方各类统计数据和报表。
(6) 甲方所有的技术资料及现有科研成果、技术秘密。
(7) 乙方在甲方认知期间接触、知悉的属于甲方或者虽属于第三方但甲方有保密义务的技术秘密和其他商业秘密信息。
2. 保密信息的载体包括但不限于:书面、视频、音频、计算机软件以及记录甲方秘密的任何载体等。

二、保密责任

1. 乙方必须对所有来自甲方的保密信息严格保密，包括执行有效的安全措施和操作规程。
2. 乙方承诺，未经甲方同意，不得以泄露、告知、公布、发布、出版、传授、转让或者其他任何方式使任何第三方(包括按照保密制度的规定不得知悉该项秘密的甲方其他职员)知悉，属于甲方或者虽属于他人但甲方承诺有保密义务的技术秘密或其他商业秘密信息，也不得在履行职务之外使用这些秘密信息。
3. 乙方不能透露涉及商业使用权、专利权、复制权、商标、技术机密、商业机密或其他归甲方专有的权利给第三方。

最终效果

Tips

大家在学习的过程中如有疑问，可以加入学习交流群（QQ群号：728245398）进行交流。

WPS Office

第3章
文档美化的秘籍

我总觉得我制作的文档页面不是很美观，可以传授我几个美化文档页面的技巧吗?

当然可以。推荐你阅读本章内容，本章介绍了各种美化文档页面的技巧，总有一款适合你。

是吗?都有什么技巧?说来听听，看看有没有我感兴趣的。

为文档添加背景、为文档添加水印、设置稿纸效果……还会教你如何使用图片、图形、艺术字等来美化文档页面。

赞！这些我都感兴趣，都想学习！

思维导图

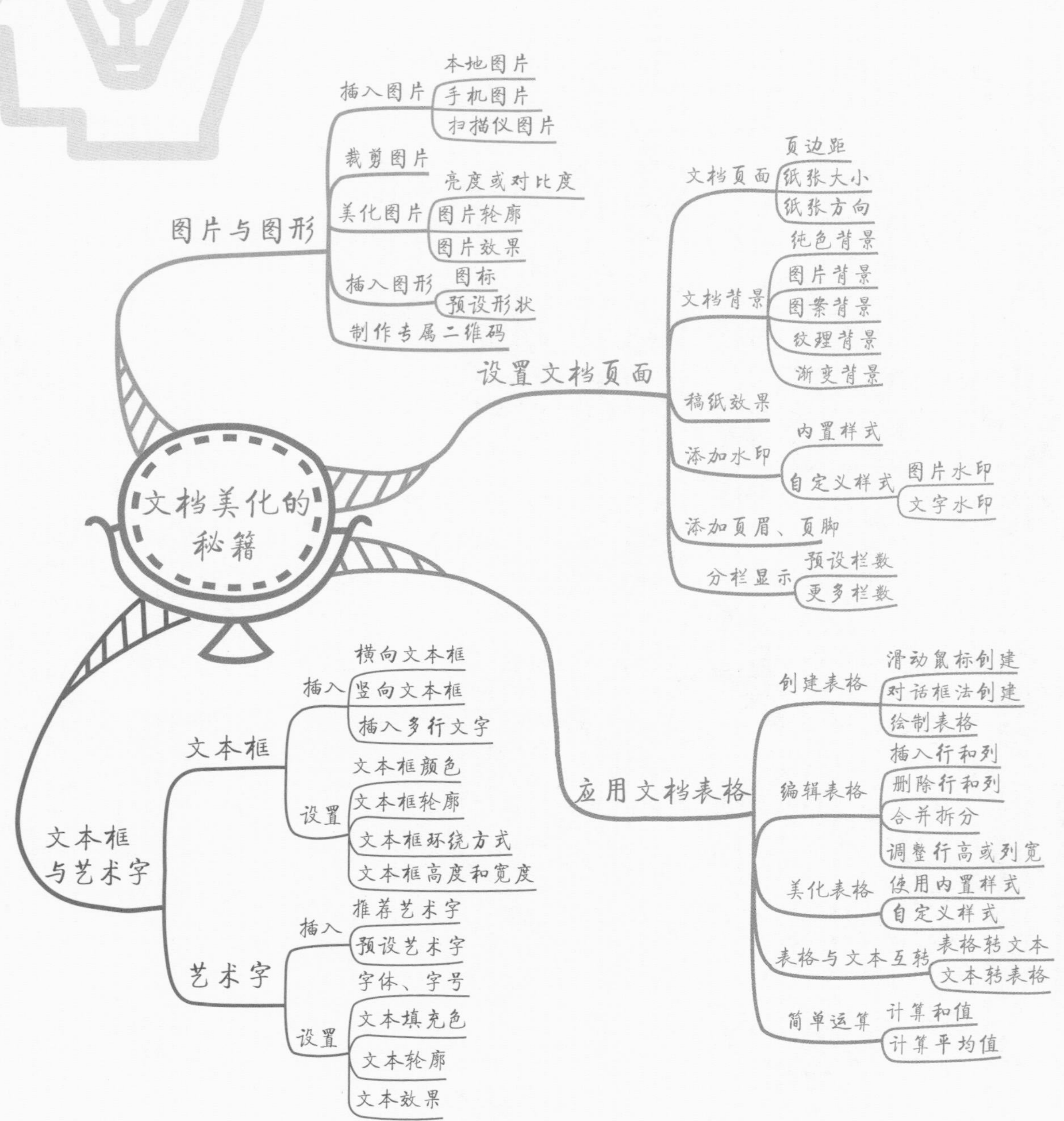

文档美化的秘籍
图片与图形
插入图片
本地图片
手机图片
扫描仪图片
裁剪图片
美化图片
亮度或对比度
图片轮廓
图片效果
插入图形
图标
预设形状
制作专属二维码
设置文档页面
文档页面
页边距
纸张大小
纸张方向
文档背景
纯色背景
图片背景
图案背景
纹理背景
渐变背景
稿纸效果
添加水印
内置样式
自定义样式
图片水印
文字水印
添加页眉、页脚
分栏显示
预设栏数
更多栏数
应用文档表格
创建表格
滑动鼠标创建
对话框法创建
绘制表格
编辑表格
插入行和列
删除行和列
合并拆分
调整行高或列宽
美化表格
使用内置样式
自定义样式
表格与文本互转
表格转文本
文本转表格
简单运算
计算和值
计算平均值
文本框与艺术字
文本框
插入
横向文本框
竖向文本框
插入多行文字
设置
文本框颜色
文本框轮廓
文本框环绕方式
文本框高度和宽度
艺术字
插入
推荐艺术字
预设艺术字
设置
字体、字号
文本填充色
文本轮廓
文本效果

知识速记

3.1 文档页面轻松调

大部分人在文档中输入文字后，只编辑一下文字格式就结束了，完全将文档当成记事本来使用，导致文档没有一点美感。其实用户不只可以在文档中输入文字，还可以为文档添加背景、添加水印、添加页眉或页脚等，下面为大家进行详细的讲解。

3.1.1 设置文档页面

新建一个文档后，用户可以对文档的纸张大小、页边距、纸张方向等进行设置，如图3-1所示。或者在“页面布局”选项卡中单击“页面设置”对话框启动器按钮，在“页面设置”对话框中进行相关设置，如图3-2所示。

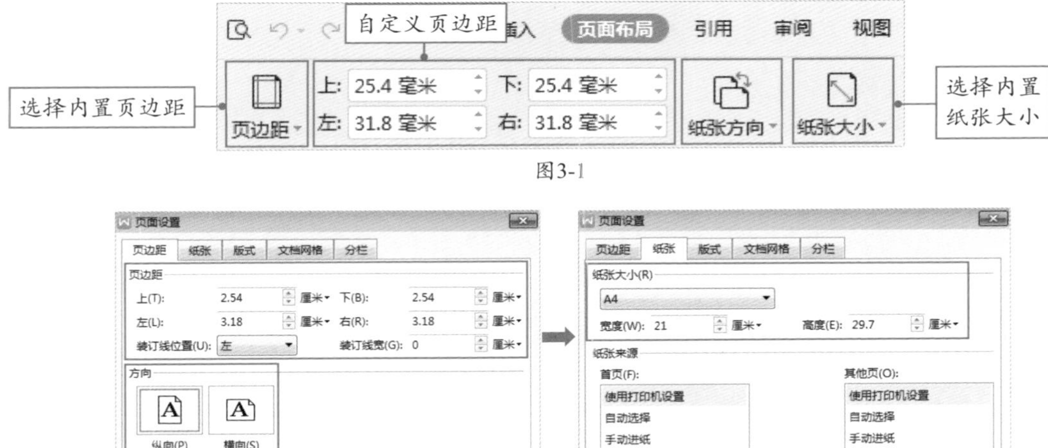

图3-1

图3-2

3.1.2 添加文档背景

在不影响阅读的情况下，用户可以为文档添加背景。在“页面布局”选项卡中单击“背景”下拉按钮，从列表中选择合适的背景颜色，即可为文档添加纯色背景。若选择的是“图片背景”选项，如图3-3所示，则打开“填充效果”对话框，在该对话框中可以为文档添加图片、图案、纹理、渐变背景效果，如图3-4所示。

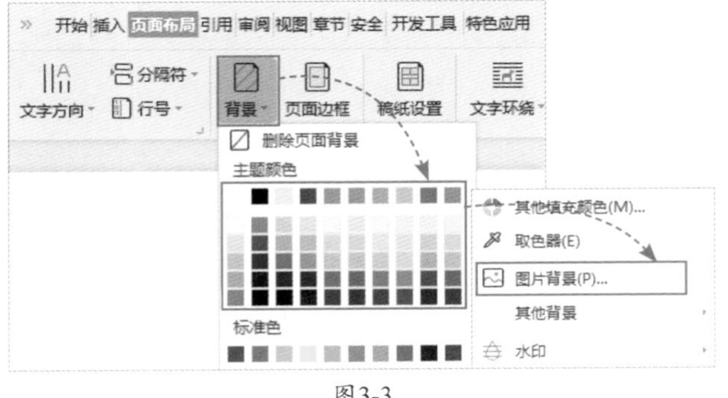

图3-3

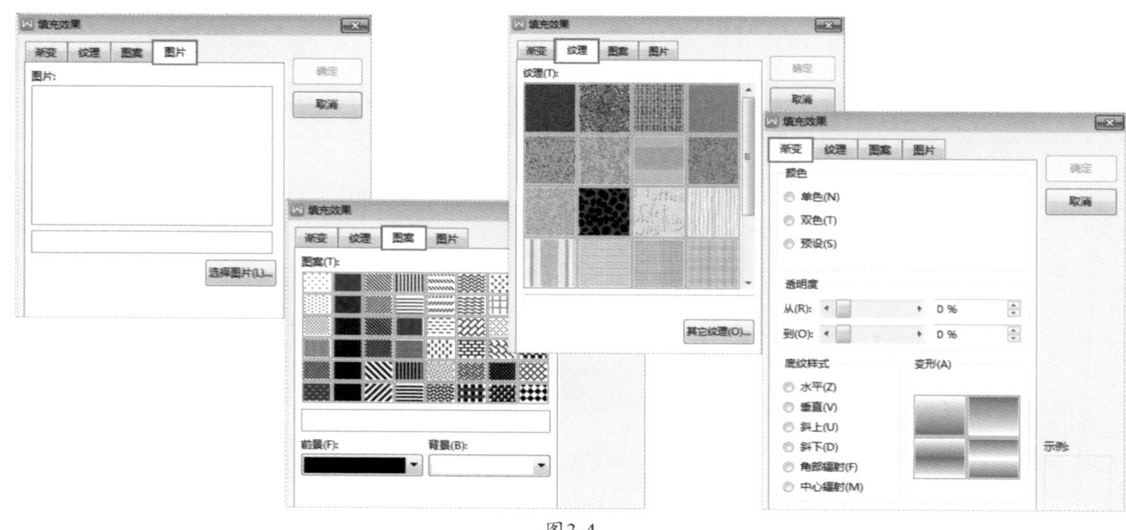

图3-4

■3.1.3　设置稿纸效果

在制作像信纸、仿古信笺之类的文档时，用户可以设置稿纸效果。在“页面布局”选项卡中单击“稿纸设置”按钮，打开“稿纸设置”对话框，在该对话框中进行相关设置，即可为文档添加稿纸效果，如图3-5所示。

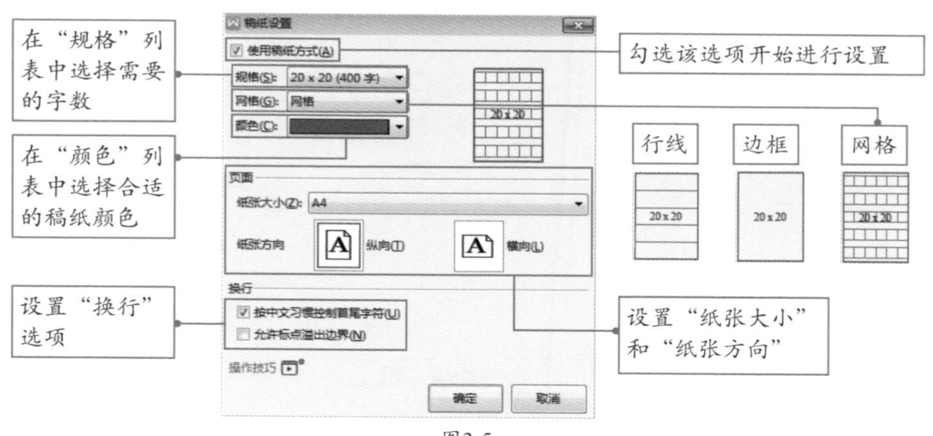

图3-5

■3.1.4　为文档添加水印

为了保护版权，防止他人盗用或篡改文档，用户有时需要为文档添加水印。在“插入”选项卡中单击“水印”下拉按钮，从中可以选择WPS Office内置的水印样式，如图3-6所示。

如果想要自定义水印样式，可以单击“自定义水印”下方的“点击添加”按钮，或者选择“插入水印”选项，在“水印”对话框中可以设置“图片水印”和“文字水印”，如图3-7所示。

如果想要了解更多精彩内容，可以在微信公众号搜索“德胜书坊”，登录“德胜书坊”线上课堂观看WPS Office文字专题课程，里面有关于添加水印的详细讲解。

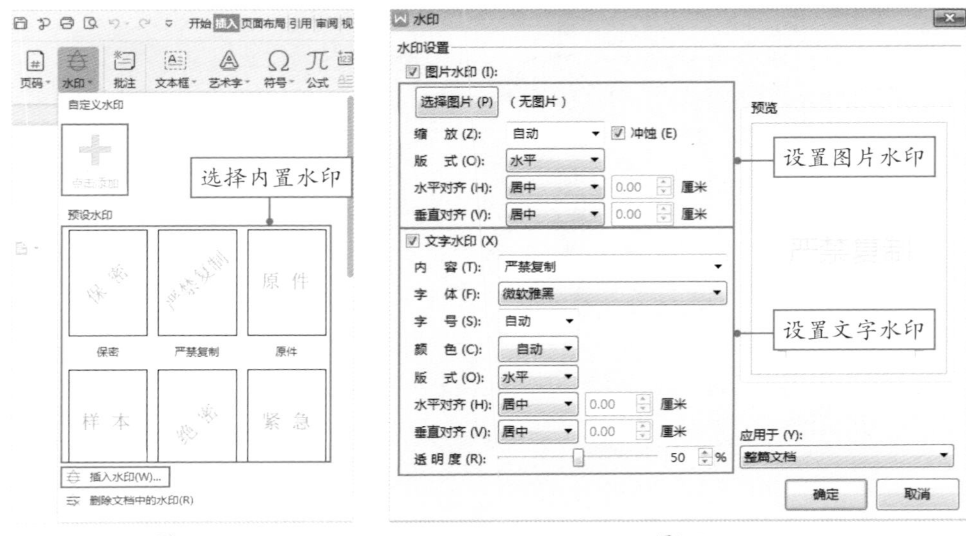

图3-6　　　　图3-7

知识拓展

若需要删除文档中的水印，只需在“水印”列表中选择“删除文档中的水印”选项即可。

■3.1.5　为文档添加页眉、页脚

通常情况下，制作合同、标书、论文等文档时，一般需要在文档中添加页眉和页脚。在“插入”选项卡中单击“页眉和页脚”按钮，如图3-8所示。进入页眉和页脚编辑状态后，将光标插入到页眉中，输入页眉内容后单击“关闭”按钮即可。

页眉和页脚处于编辑状态后，会出现“页眉和页脚”选项卡，在此，用户可以在页眉或页脚中插入“页码”“页眉横线”“日期和时间”和“图片”等，如图3-9所示。

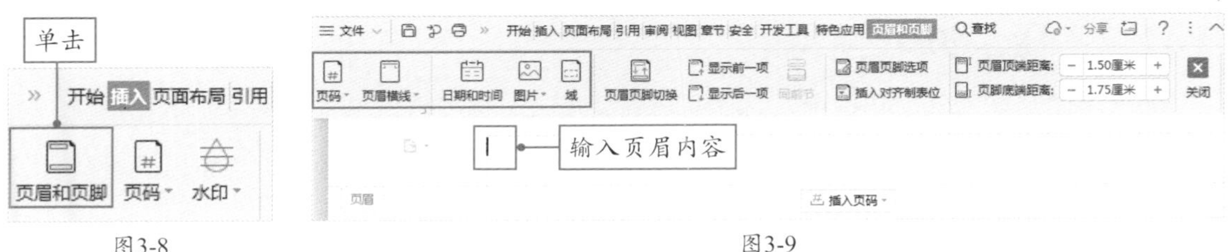

图3-8　　　　图3-9

张姐，有没有一种快速插入页眉、页脚的方法?

当然有啊！只需要在文档页面上方空白处双击鼠标，页眉和页脚即可处于编辑状态，直接输入内容就可以了。

■3.1.6　设置文档分栏显示

对文档进行排版时，有时需将内容设置成多栏显示。这时只需在“页面布局”选项卡中单击“分栏”下拉按钮，从中选择需要的栏数或“更多分栏”选项即可，如图3-10所示。在“分栏”对话框中设置“栏数”“分隔线”“宽度和间距”等来实现分栏效果，如图3-11所示。

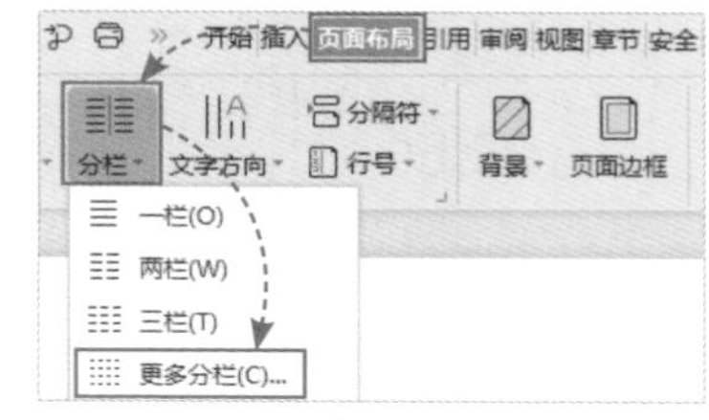

图3-10

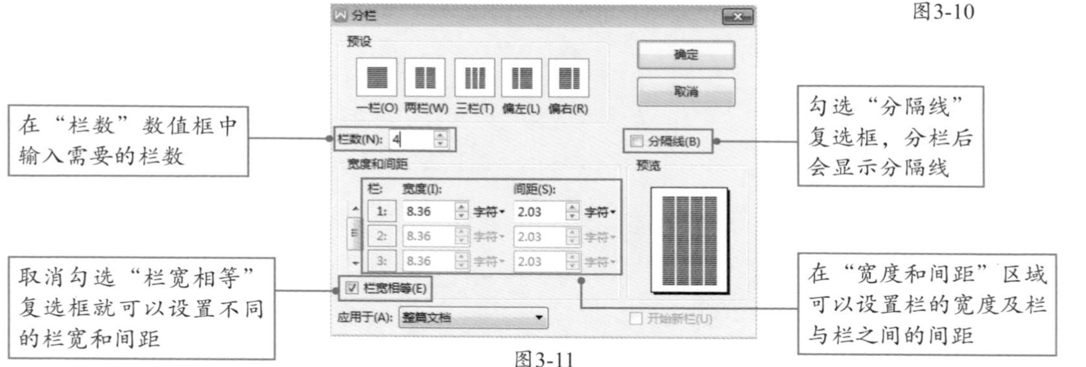

图3-11

3.2 丰富多彩的图片与图形

一份优质的文档应该以图文并茂的形式呈现。而图片和图形的使用也是有学问的，用不好反而会起到相反的效果。

■3.2.1　插入图片

如何将图片插入到文档中呢？首先需要在“插入”选项卡中单击“图片”下拉按钮，在搜索框中搜索需要的图片，再将合适的图片插入到文档中即可。除此之外，还可以插入WPS Office提供的内置图片。

如果想要插入计算机中的图片或扫描仪、手机中的图片，可以在“图片”列表上方进行选择，如图3-12所示。

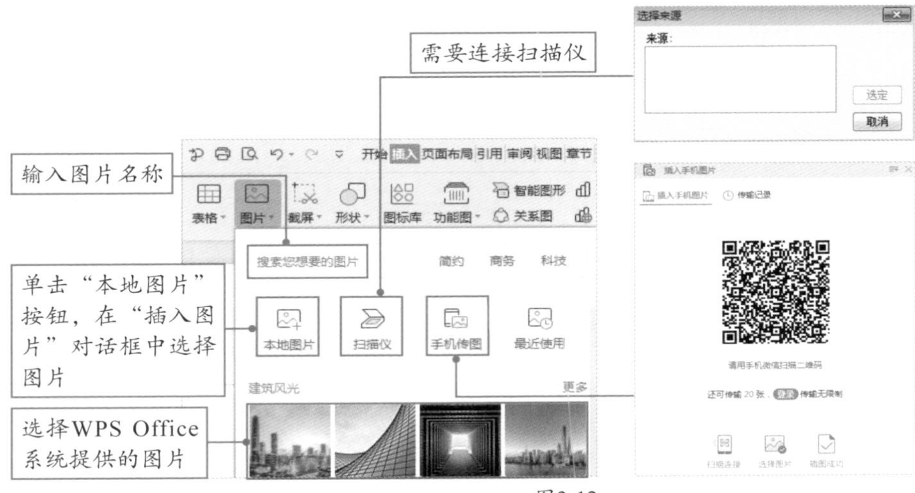

图3-12

3.2.2　裁剪图片

将图片插入到文档后，发现当前图片太大，那么就可以使用“裁剪”功能对图片进行裁剪操作。选中图片后在“图片工具”选项卡中单击“裁剪”按钮，图片即可呈现裁剪状态，如图3-13所示。

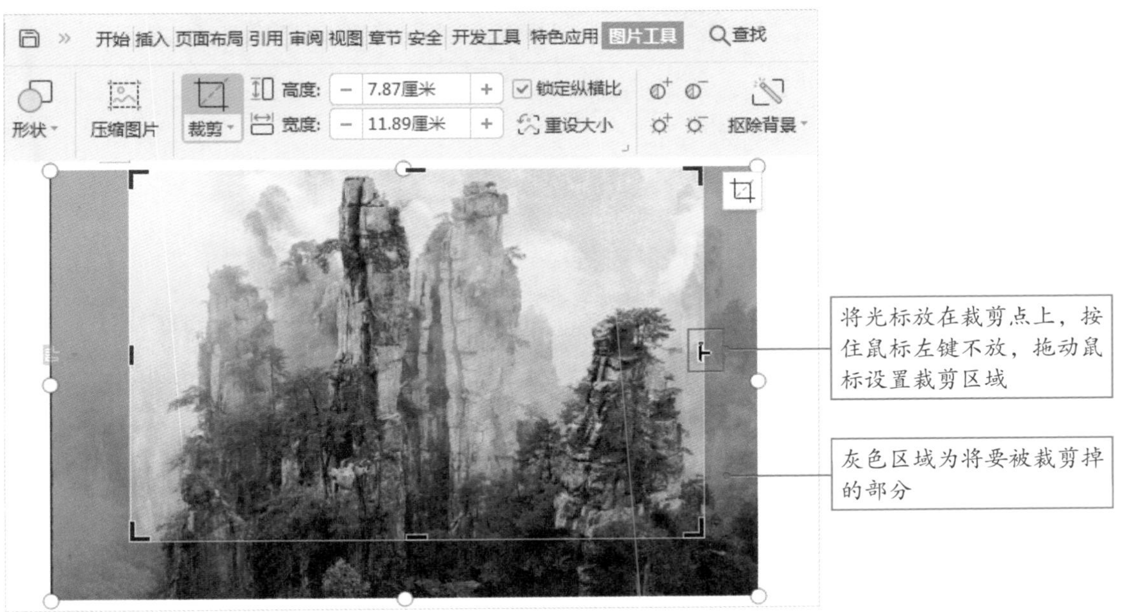

图3-13

设置好图片的裁剪区域后，按回车键或Esc键确认裁剪。

知识拓展

单击“裁剪”下拉按钮，在下拉列表的“按形状裁剪”选项卡中选择形状，即可将图片按指定的形状裁剪，如图3-14所示。

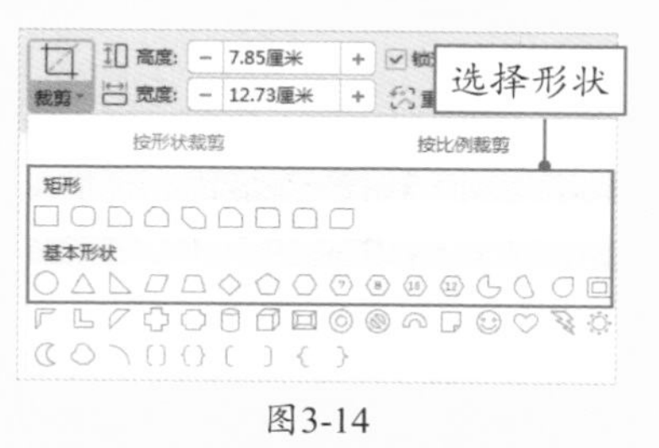

图3-14

3.2.3 美化图片

扫码观看视频

有的图片看着不是很明亮，而且效果也很单调，这时用户可以选中图片，再在“图片工具”选项卡中设置图片的亮度、对比度、图片轮廓、图片效果等，如图3-15所示。

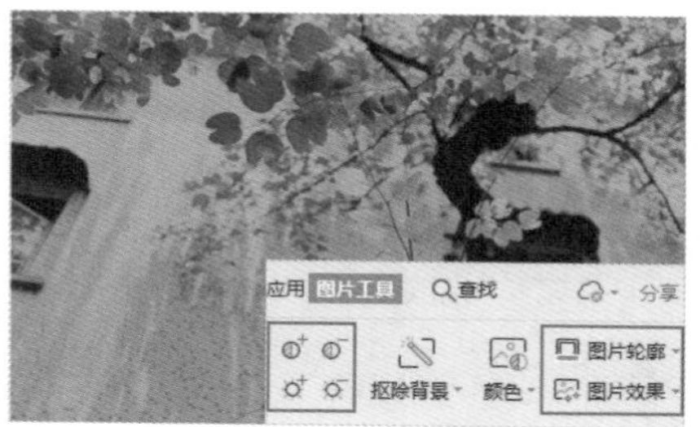

图3-15

3.2.4 插入图形

一般会在文档中使用图形装饰文档页面。那么，如何在文档中插入所需的图形呢？在“插入”选项卡中单击“形状”下拉按钮，选择要插入的形状即可，如图3-16所示。

用户如果想要插入更多的图标类型，可以在“插入”选项卡中单击“图标库”按钮，在打开的面板中根据需要进行选择即可，如图3-17所示。

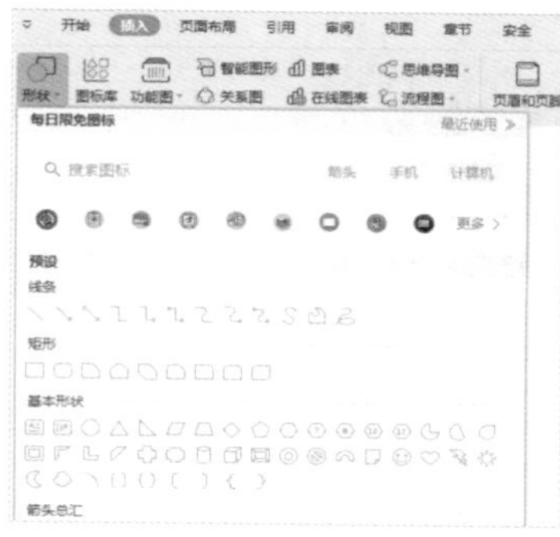

图3-16

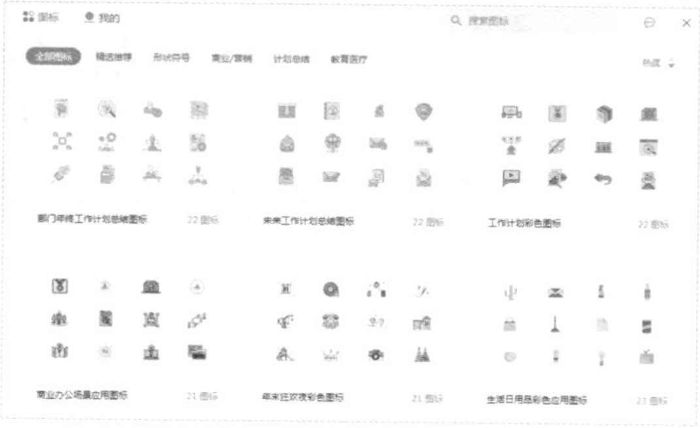

图3-17

张姐，我想用图形制作一个流程图，要怎样才能在图形中输入文字呢？

除了可以使用文本框在图形中输入文字外，我们还可以选中图形后右击，然后选择“添加文字”命令，光标就插入到图形中了，直接输入文字内容就可以了。

■3.2.5 制作专属二维码

WPS文字中有一个非常好用的功能，它就是“功能图”。使用该功能可以快速制作条形码、二维码、几何图、地图等。

如果用户想要制作一个二维码，只需在“插入”选项卡中单击“功能图”下拉按钮，从中选择“二维码”选项，在“插入二维码”对话框中进行相关设置即可，如图3-18所示。

图3-18

在“插入二维码”对话框中单击“颜色设置”面板，可以设置二维码的前景色、背景色、渐变色等；单击“嵌入Logo”面板，可以在二维码中嵌入公司Logo并调整外观；单击“嵌入文字”面板，可以嵌入并设置文字效果；单击“图案样式”面板，可以设置二维码定点样式；单击“其它设置”面板，可以设置外边距、旋转角度、纠错等级等。

3.3 文本框与艺术字的应用

制作贺卡、宣传单、邀请函等文档时，需在文档中使用文本框和艺术字元素，文本框可以让文档的版式更加灵活，而艺术字可以起到美化页面的作用，下面就向大家讲解文本框与艺术字的应用。

■3.3.1 插入与设置文本框

在文档中，用户可以根据需要插入横向或竖向文本框。在“插入”选项卡中单击“文本框”下拉按钮，在展开的列表中进行选择即可，如图3-19所示。

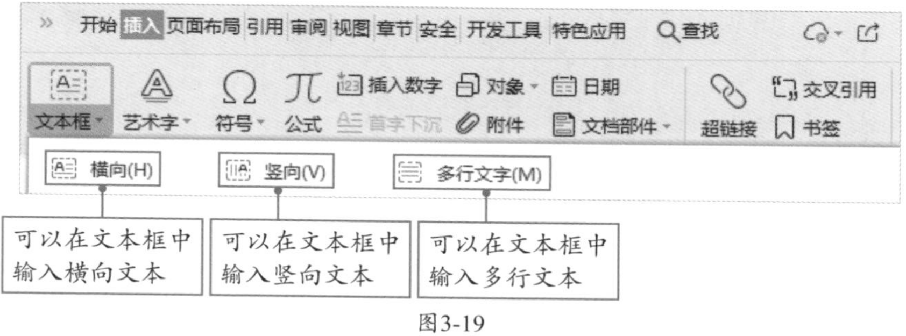

图3-19

在文档中绘制文本框后，可以在“绘图工具”选项卡中设置文本框的填充颜色、轮廓、形状效果、环绕方式、对齐方式、高度和宽度等，如图3-20所示。

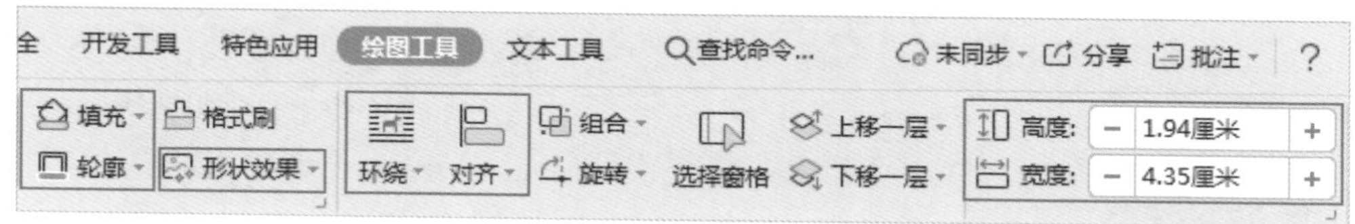

图3-20

■3.3.2 插入与设置艺术字

艺术字一般用来美化标题，以达到醒目的效果。在“插入”选项卡中单击“艺术字”下拉按钮，从中选择合适的艺术字即可，也可以选择WPS Office内置的预设样式，如图3-21所示。

扫码观看视频

图3-21

插入艺术字后，用户可以在“文本工具”选项卡中设置艺术字的字体、字号、文本填充颜色、文本轮廓、文本效果等，如图3-22所示。

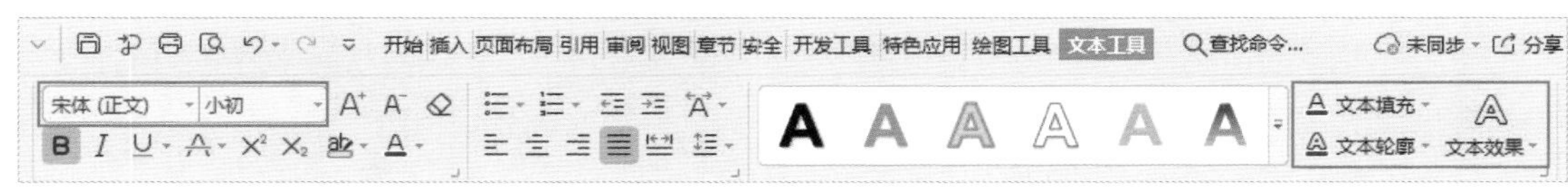

图3-22

3.4 表格在文档中的应用

大多数人会认为制作表格文档比较麻烦，费时又费力，其实利用WPS Office就可以轻松制作表格文档。

3.4.1　在文档中创建表格

在文档中创建表格的方法有很多种，在“插入”选项卡中单击“表格”下拉按钮，从中可以直接滑动鼠标创建一个8行17列以内的表格；或者选择“插入表格”选项，在“插入表格”对话框中创建表格；还可以选择“绘制表格”选项，再在文档中拖动鼠标绘制表格，如图3-23所示。

图3-23

3.4.2　编辑文档中的表格

扫码观看视频

表格创建完成后，用户可以根据需要对表格进行编辑，如插入行或列、删除行或列、合并或拆分单元格、调整表格的行高或列宽等。

选中表格后，在“表格工具”选项卡中可以进行相关编辑操作，如图3-24所示。

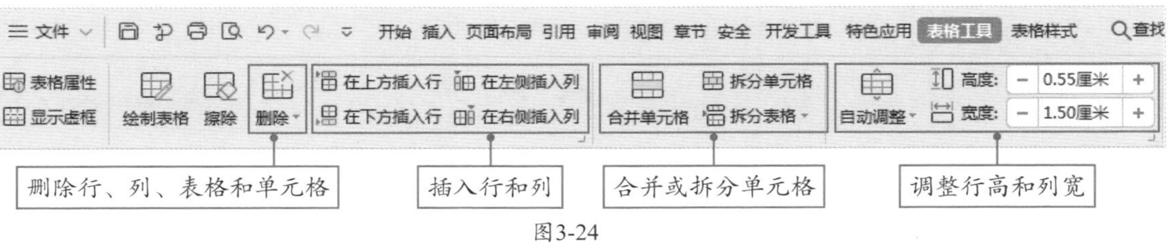

图3-24

● **新手误区：**当需要删除表格时，大多数人会选中表格后按Delete键，但这种操作根本无法删除表格，需要单击“删除”下拉按钮，从中选择“表格”选项，才可以将其删除。

■3.4.3 美化文档中的表格

创建表格后，表格边框是以默认的样式显示的，为了使表格看起来更加美观，用户可以对表格进行美化。选中表格后，在“表格样式”选项卡中可以美化表格的样式，如图3-25所示。

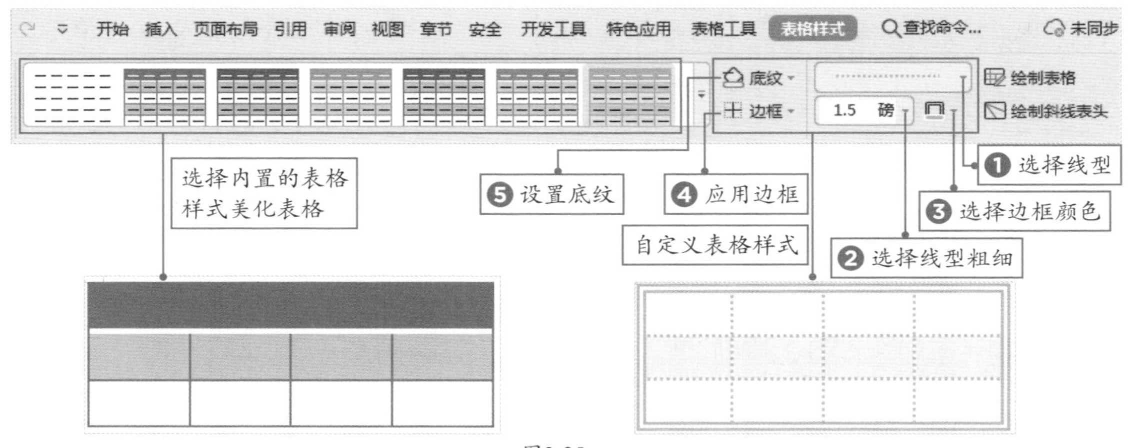

图3-25

我制作了一个课程表，但是有一个问题，那个课程表的斜线表头要怎么制作啊？

WPS Office为我们提供了一个制作斜线表头的快捷方法，只需在“表格样式”选项卡中单击“绘制斜线表头”按钮，就可以在打开的对话框中选择你所需要的斜线类型了。

■3.4.4 表格与文本的相互转换

有时需要将表格中的数据转换成文本形式或将文本转换成表格形式。在遇到这种情况时，可以在“表格工具”选项卡中单击“表格转换成文本”按钮，在打开的对话框中进行设置即可，如图3-26所示。

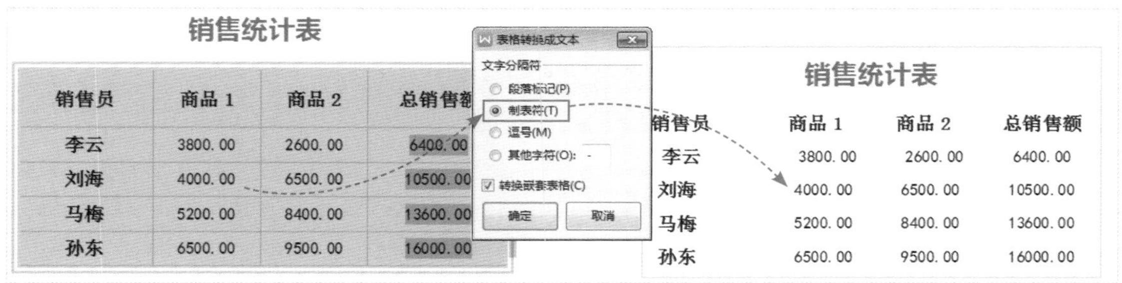

图3-26

相反，想要将文本转换成表格，则在“插入”选项卡中单击“表格”下拉按钮，选择“文本转换成表格”选项，直接单击“确定”按钮，即可将文本转换成表格，如图3-27所示。

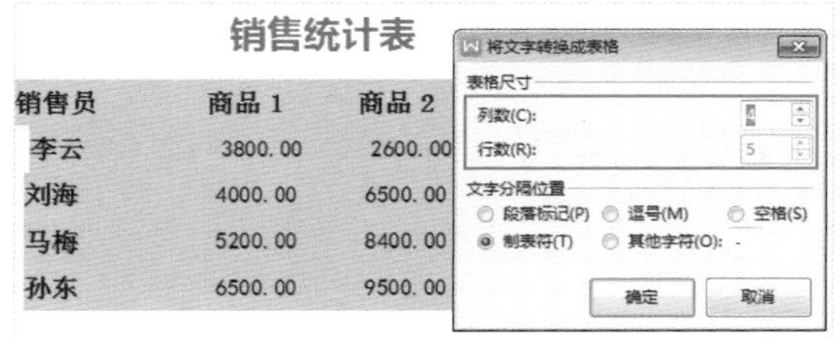

图3-27

■3.4.5　在表格中进行简单运算

扫码观看视频

用户不仅可以在WPS表格中进行运算，在WPS文字的表格中也可以进行简单运算，如计算和值、平均值等。将光标插入到需要计算和值或平均值的单元格中，在“表格工具”选项卡中单击“公式”按钮，打开“公式”对话框，在该对话框中进行相关设置即可，如图3-28所示。

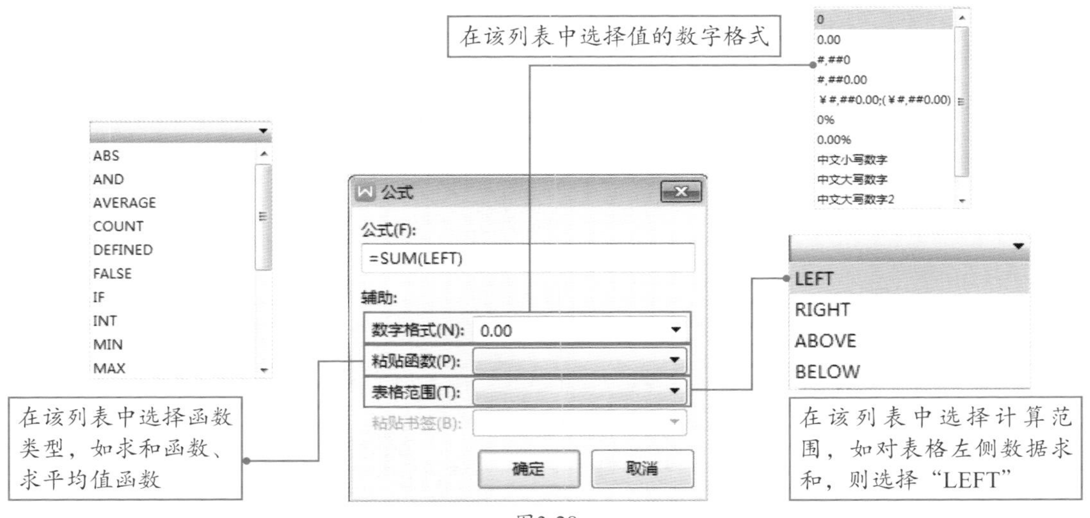

图3-28

综合实战

3.5 制作旅游宣传单

宣传单在企业产品宣传中扮演着重要角色，它信息容量大，内容丰富，比其他宣传方式更经济。下面以制作旅游宣传单为例，向大家详细介绍制作流程。在制作该案例时，涉及的操作有：插入并设置图片、绘制并编辑图形、插入文本框、插入并美化表格等。

■3.5.1　设计宣传单页头内容

宣传单页头应当简单明了，并且能够明确地体现出本次的宣传主题。可以这么说，页头制作的好坏会直接影响宣传效果，下面介绍如何制作宣传单页头内容。

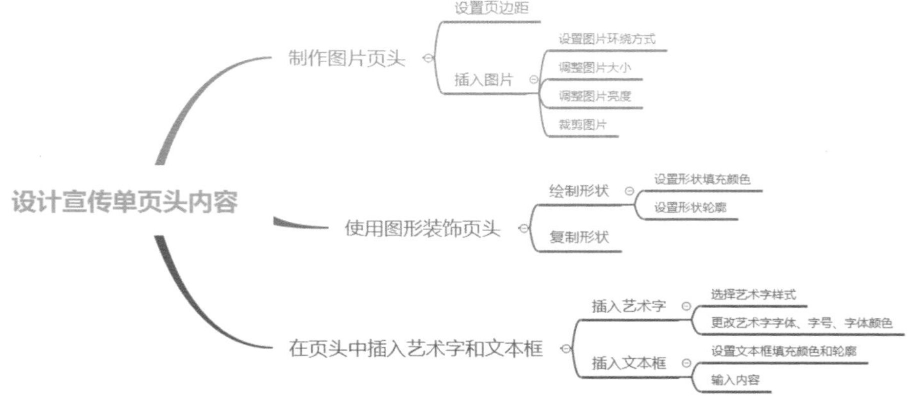

Step 01 设置页边距。新建一个空白文档，并命名为“旅游宣传单”，然后双击打开该文档。在“页面布局”选项卡中单击“页边距”下拉按钮，从列表中选择“自定义页边距”选项，打开“页面设置”对话框，在“页边距”选项卡中设置“上”“下”“左”“右”的页边距均为“1厘米”，如图3-29所示。

Step 02 插入图片。在“插入”选项卡中单击“图片”下拉按钮，选择“本地图片”选项，在打开的“插入图片”对话框中选择合适的图片，单击“打开”按钮，将其插入到文档中，如图3-30所示。

图3-29

插入图片

图3-30

Step 03 设置图片环绕方式。选择插入的图片，在“图片工具”选项卡中单击“环绕”下拉按钮，从列表中选择“衬于文字下方”选项，如图3-31所示。

Step 04 调整图片亮度。将图片调整到和页面一样的宽度，然后将图片移至页面顶端位置。选择图片，在“图片工具”选项卡中单击“增加亮度”按钮，调整图片的亮度，如图3-32所示。

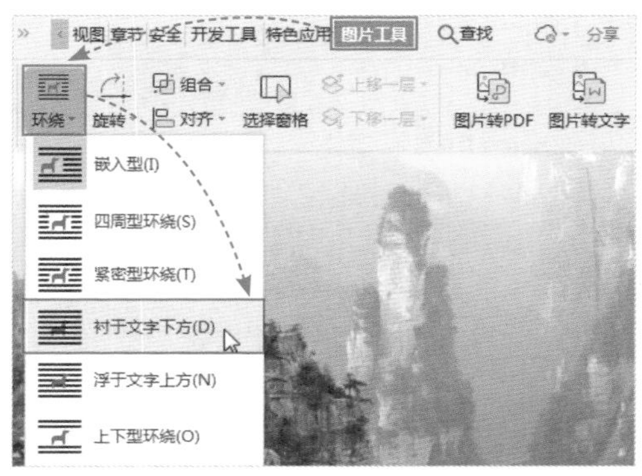

图3-31

图3-32

Step 05 裁剪图片。选择图片，在“图片工具”选项卡中单击“裁剪”按钮，然后将光标放在裁剪点上，按住鼠标左键不放，拖动鼠标裁剪图片，如图3-33所示。

Step 06 绘制形状。在“插入”选项卡中单击“形状”下拉按钮，选择“梯形”选项，然后在页面中绘制一个大小合适的梯形，如图3-34所示。

图3-33

图3-34

Step 07 设置形状填充颜色。选择梯形，在“绘图工具”选项卡中单击“填充”下拉按钮，从列表中选择“其他填充颜色”选项，打开“颜色”对话框，在“自定义”选项卡中选择合适的颜色，然后单击“确定”按钮，如图3-35所示。

Step 08 设置形状轮廓。单击“轮廓”下拉按钮，从列表中选择白色。然后再次单击“轮廓”下拉按钮，选择“线型”选项，并选择“2.25磅”，如图3-36所示。

Step 09 复制梯形。按组合键Ctrl+C和Ctrl+V，复制两个梯形，然后更改梯形的方向、填充颜色和轮廓，并移至合适的位置，如图3-37所示。

Step 10 **插入艺术字。**在“插入”选项卡中单击“艺术字”下拉按钮，从列表中选择合适的艺术字样式，然后在“开始”选项卡中更改艺术字的字体、字号、字体颜色，如图3-38所示。

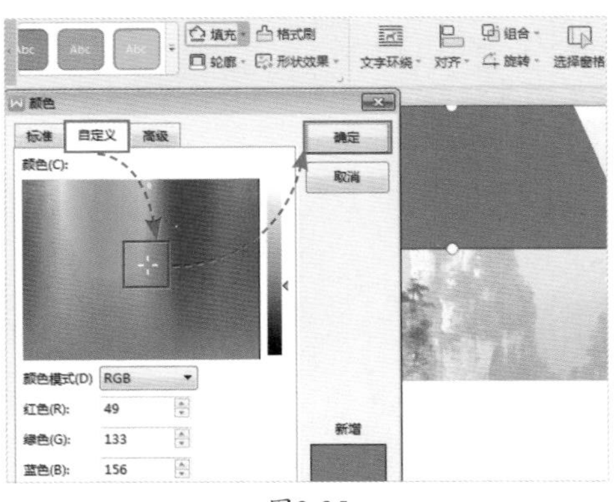

图3-35

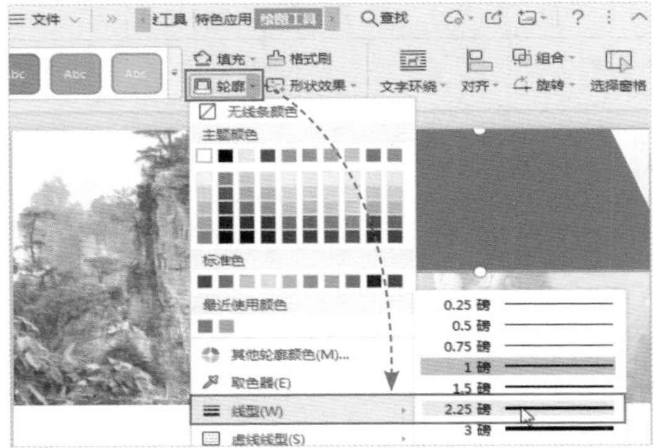

图3-36

图3-37

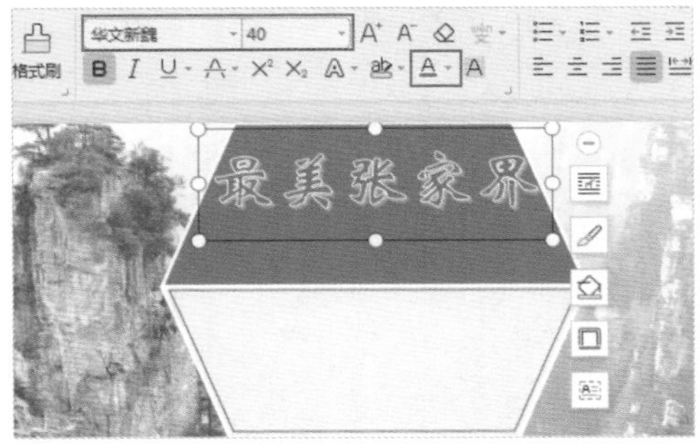

图3-38

Step 11 **插入文本框。**在“插入”选项卡中单击“文本框”下拉按钮，从列表中选择“横向”选项，绘制一个横向文本框。在文本框中输入内容，然后设置文本的字体格式，并将文本框设置为“无填充颜色”和“无线条颜色”，如图3-39所示。

Step 12 **输入其他内容。**再次绘制一个横向文本框，输入相关内容，并设置文本的字体格式和文本框的样式，将其放在页面合适的位置，如图3-40所示。

图3-39

图3-40

Step 13 查看效果。至此，旅游宣传单页头内容的制作就完成了，查看效果，如图3-41所示。

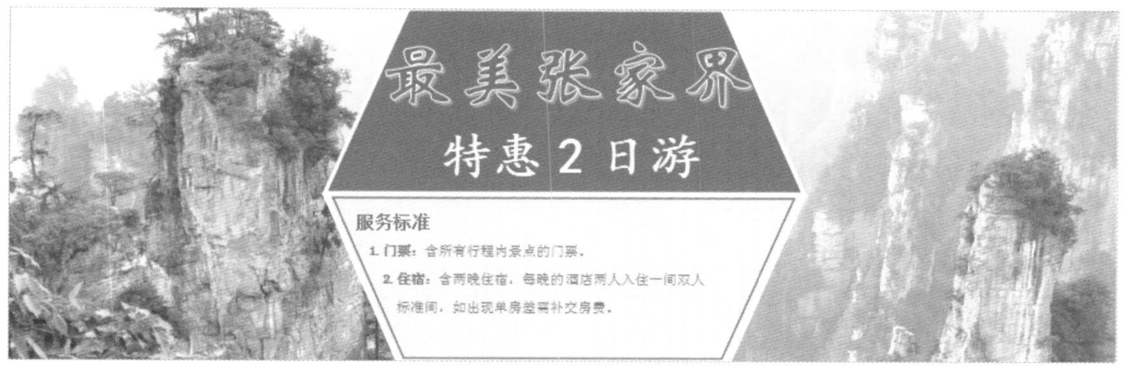

图3-41

■3.5.2 设计宣传单正文内容

扫码观看视频　扫码观看视频

制作好宣传单的页头内容后，接下来制作正文内容。正文内容主要以图片和文字为主，再以图形进行修饰，下面将介绍具体的操作方法。

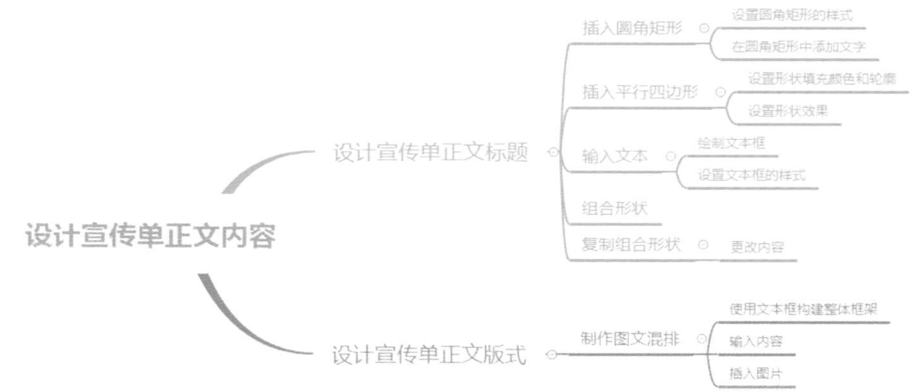

Step 01 绘制形状。在"插入"选项卡中单击"形状"下拉按钮，选择"圆角矩形"选项，在页面中绘制一个大小合适的圆角矩形，如图3-42所示。

Step 02 添加文字。为形状设置合适的填充颜色，并将形状设置为"无轮廓"。选中形状，右击，从弹出的快捷菜单中选择"添加文字"选项，光标会插入到形状中，直接输入文本内容即可，如图3-43所示。

Step 03 插入平行四边形。绘制一个平行四边形，将其放在合适的位置，然后在"绘图工具"选项卡中将填充颜色设置为白色，并设置合适的轮廓颜色。再单击"轮廓"下拉按钮，从列表中选择"虚线线型"选项，并从其级联列表中选择"圆点"线型，如图3-44所示。

Step 04 设置形状效果。在"绘图工具"选项卡中单击"形状效果"下拉按钮，从列表中选择“阴影”选项，并选择“向右偏移”阴影效果，如图3-45所示。

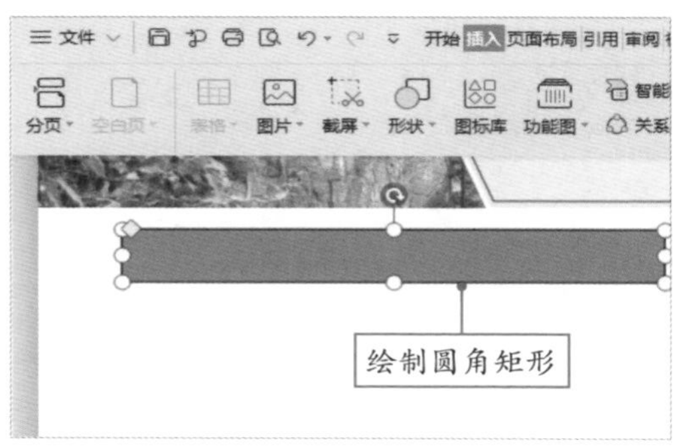

图3-42

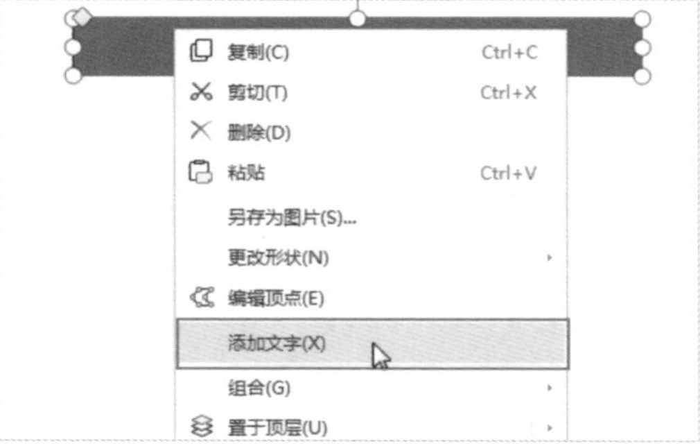

图3-43

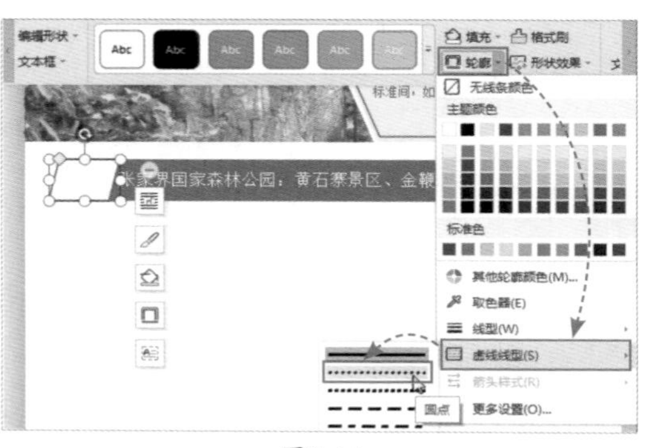

图3-44

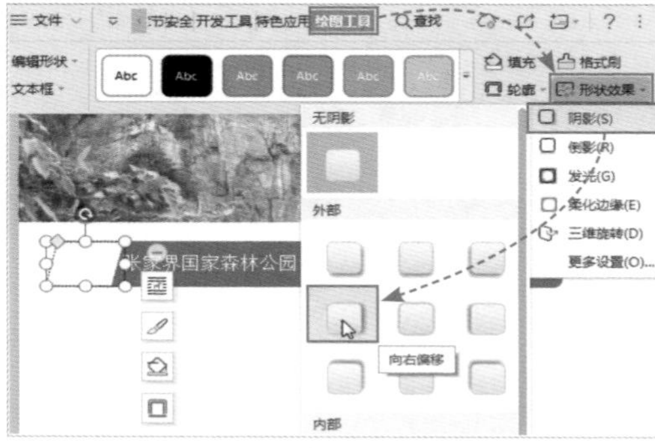

图3-45

Step 05 **输入文本。**插入一个文本框，设置文本框的样式，然后在文本框中输入内容，并设置文本的字体格式，最后将其放在平行四边形内，如图3-46所示。

Step 06 **组合形状。**按住Ctrl键的同时选中文本框和形状，右击，从弹出的快捷菜单中选择“组合”选项，并选择“组合”命令，如图3-47所示。

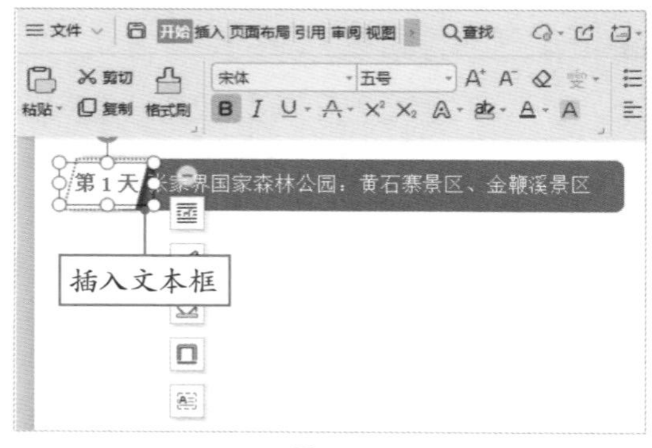

图3-46

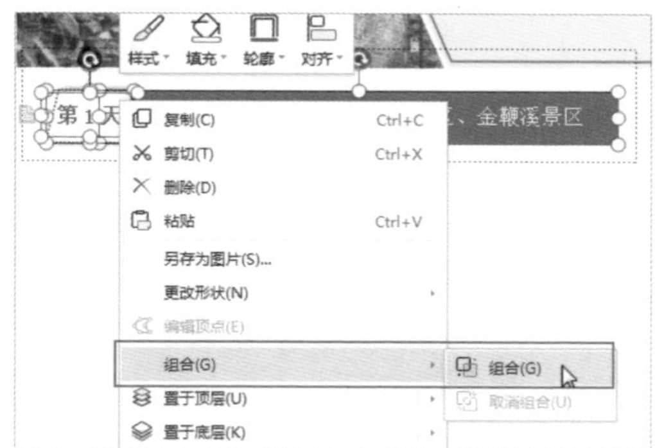

图3-47

Step 07 **复制组合形状。**选择组合后的形状，按组合键Ctrl+C和Ctrl+V复制形状，然后更改形状中的文本内容，并放在合适的位置，如图3-48所示。

Step 08 设计版式。绘制四个文本框，然后将其排列在页面中间合适的位置，如图3-49所示。

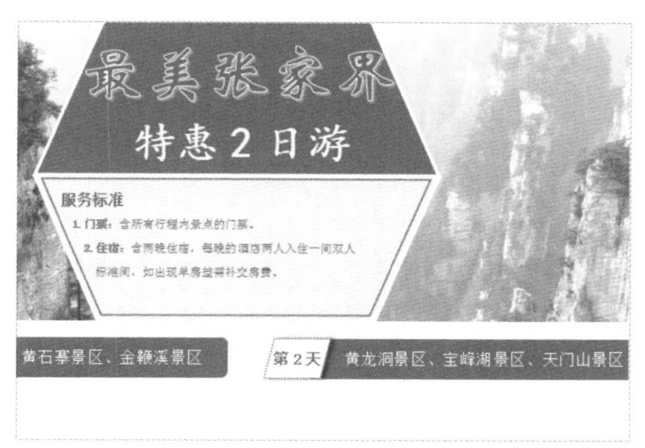

图3-48

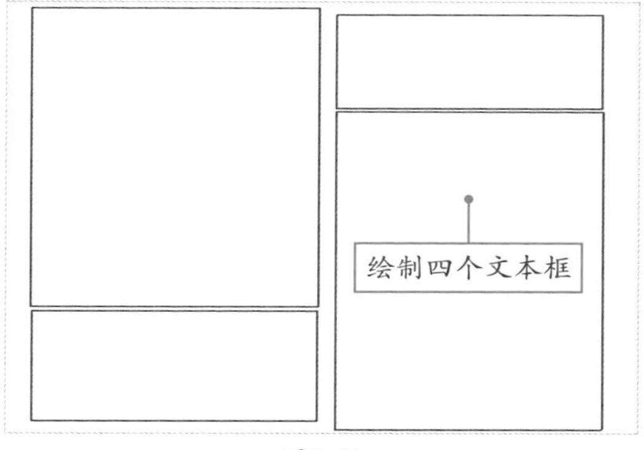

图3-49

Step 09 输入正文内容。在第一个文本框中输入相关内容，并设置文本的字体格式和段落格式，然后将文本框设置为“无填充颜色”和“无线条颜色”，如图3-50所示。

Step 10 插入图片。将光标插入到下方的文本框中，然后插入两张图片，裁剪并调整图片大小，最后设置文本框的样式，如图3-51所示。

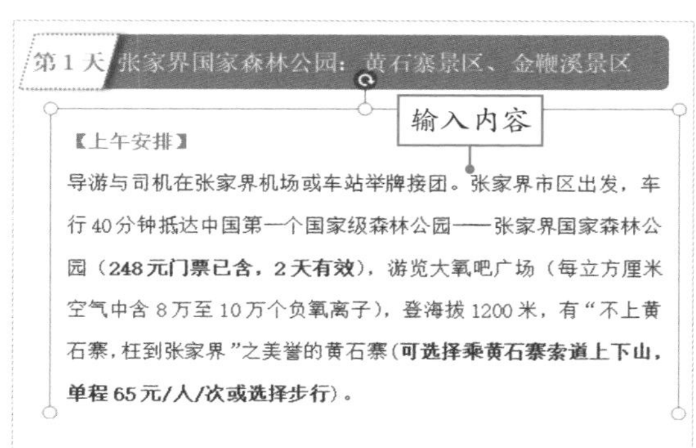

图3-50

图3-51

知识拓展

除了按组合键Ctrl+C和Ctrl+V复制形状外，用户还可以选中形状，然后按住Ctrl键不放，拖动鼠标，快速复制形状。

Step 11 设置文本框样式。选择右上方的文本框，在“绘图工具”选项卡中将文本框的填充颜色设置为“白色，背景1，深色15%”，将“轮廓”设置为“无线条颜色”，如图3-52所示。

Step 12 插入直线。在文本框上方绘制一条直线，在“绘图工具”选项卡中将直线的轮廓颜色设置为白色，将“线型”设置为“6磅”，将“虚线线型”设置为“圆点”，如图3-53所示。

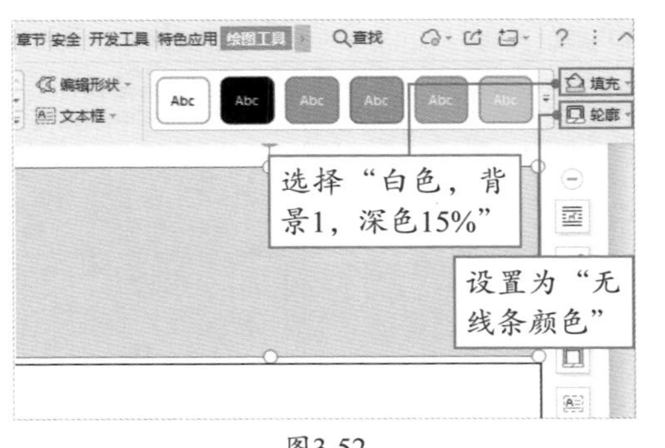

图3-52

图3-53

Step 13 **插入相关图片。**将绘制的直线进行复制，移动到文本框下方位置，然后插入三张图片并调整图片的大小，如图3-54所示。

Step 14 **输入其他文本。**将光标插入到下方的文本框中，输入相关文本内容，并设置文本的字体格式、段落格式和文本框样式，如图3-55所示。至此，宣传单正文内容的制作就完成了。

图3-54

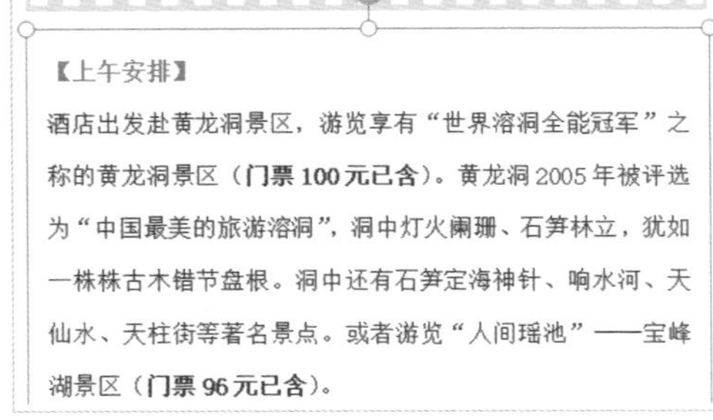

图3-55

新手误区：用户在绘制直线时，需要按住Shift键再拖动鼠标进行绘制，否则绘制的直线容易倾斜。

3.5.3 设计宣传单页尾内容

扫码观看视频

宣传单的页尾内容主要包含自费项目信息、报名地址和联系电话，这里使用“表格”功能进行制作，下面介绍具体的操作方法。

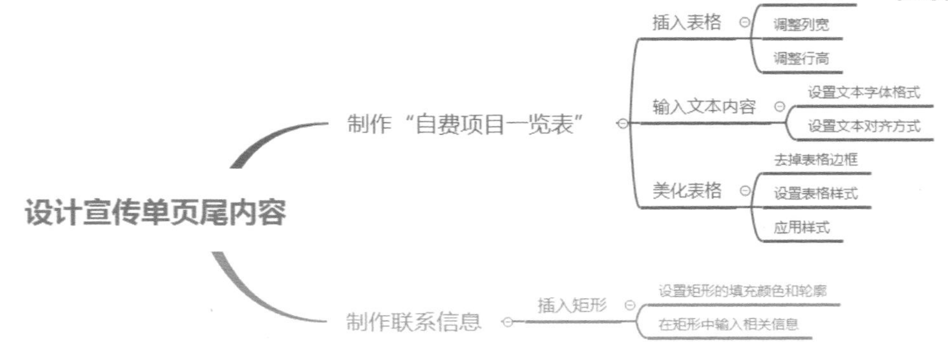

Step 01 插入表格。绘制一个文本框，将光标插入到文本框中，然后在“插入”选项卡中单击“表格”下拉按钮，从列表中滑动鼠标选取5行2列的表格，如图3-56所示。

Step 02 合并单元格。选择需要合并的单元格，在“表格工具”选项卡中单击“合并单元格”按钮，如图3-57所示。

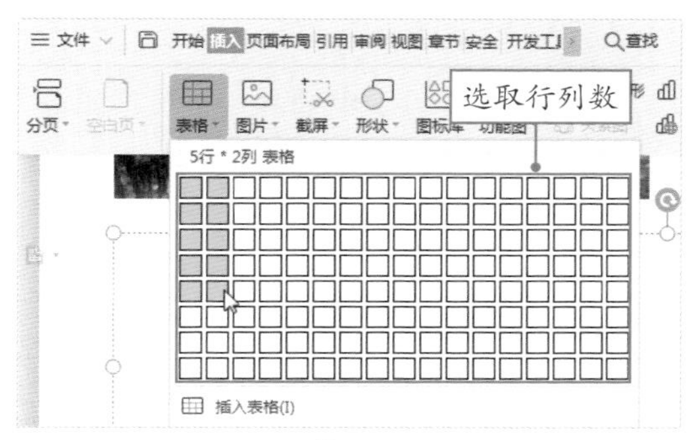

图3-56

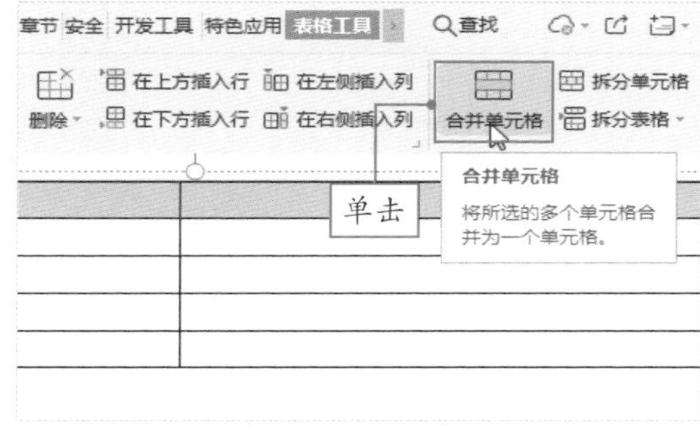

图3-57

Step 03 调整列宽。在表格中输入文本内容后，将光标放在需要调整列宽的列右侧的分割线上，然后按住鼠标左键不放，拖动鼠标至合适的宽度即可调整表格的列宽，如图3-58所示。

Step 04 调整行高。将光标放在需要调整行高的行分割线上，然后按住鼠标左键不放，拖动鼠标调整行高，如图3-59所示。

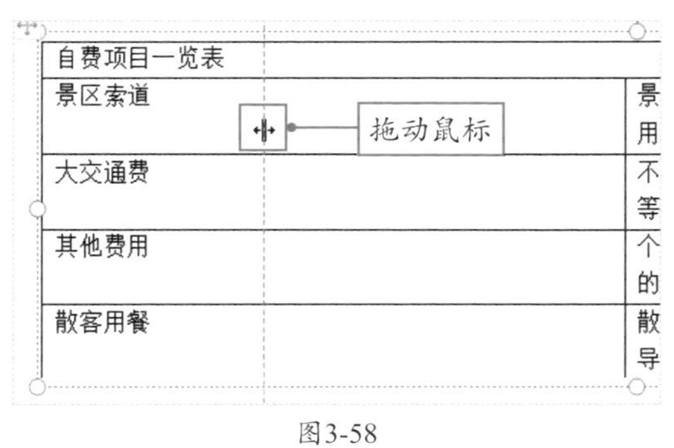
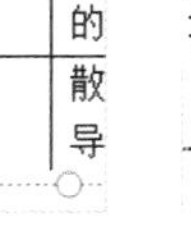

图3-58

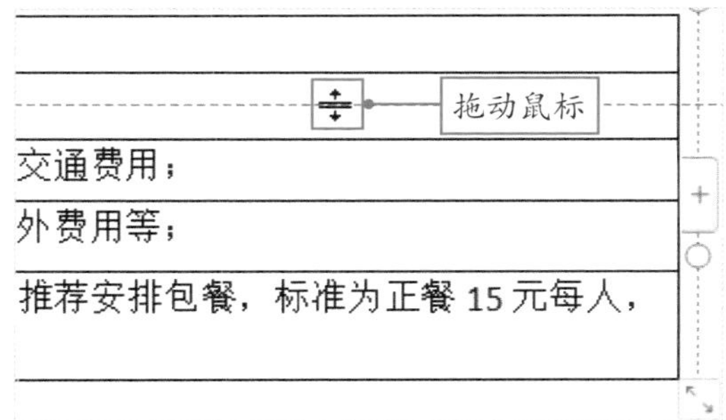

图3-59

Step 05 设置文本对齐方式。先设置文本的字体、字号和字体颜色，再选择文本，然后在“表格工具”选项卡中单击“对齐方式”下拉按钮，从列表中选择“水平居中”选项，将文本设置为居中对齐，如图3-60所示，并按此方法设置其他文本的对齐方式。

Step 06 去掉表格边框。选中表格，在“表格样式”选项卡中单击“边框”下拉按钮，从列表中选择“无框线”选项，如图3-61所示。

Step 07 美化表格。在“表格样式”选项卡中设置“线型”“线型粗细”和“边框颜色”，设置完成后，鼠标光标会变为铅笔样式，在表格框线上单击即可应用样式，如图3-62所示。

Step 08 查看效果。按照同样的方法，为表格的内部框线应用样式，最后查看美化表格的效果，如图3-63所示。

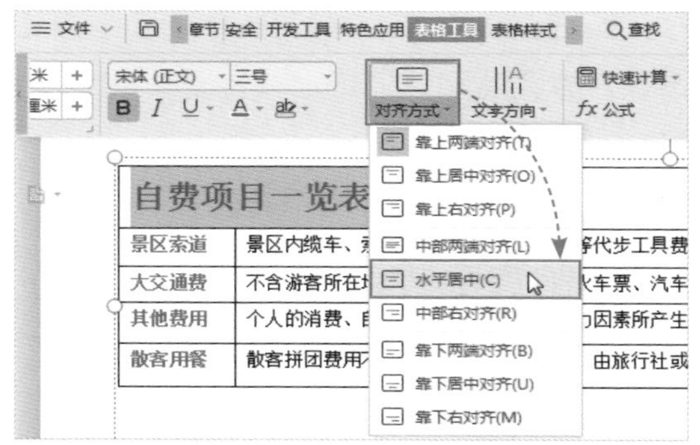

图3-60

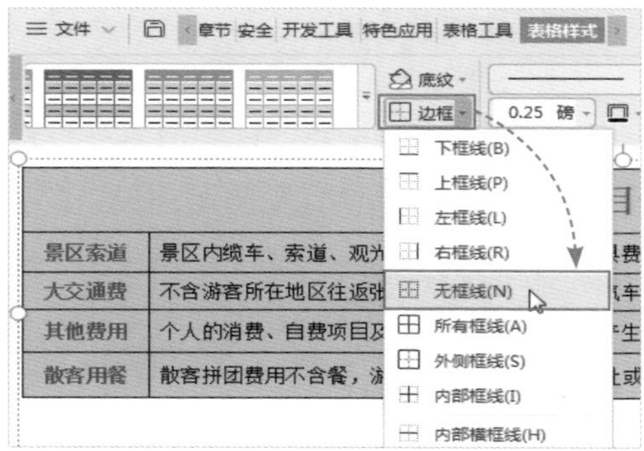

图3-61

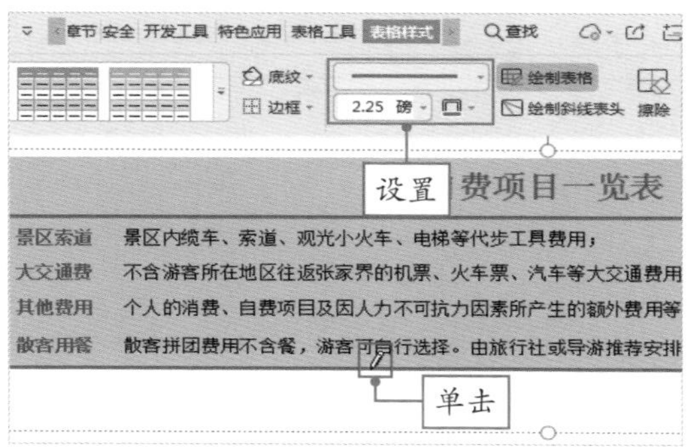

图3-62

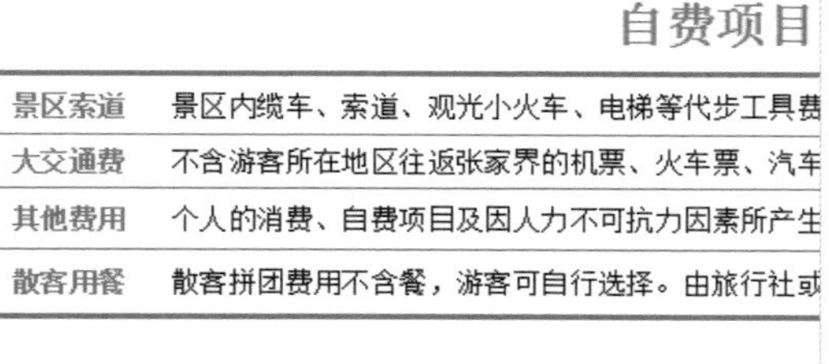

图3-63

Step 09 **完成制作。**在表格下方绘制一个矩形，接着设置矩形的填充颜色和轮廓，并在矩形中输入“报名地址”和“联系电话”。至此，完成旅游宣传单页尾内容的制作，如图3-64所示。

图3-64

课后作业

通过前面对知识点的介绍，相信大家已经掌握了美化文档的相关操作，下面就综合利用所学知识点制作一个“创意招聘海报”。

（1）新建一个空白文档，将“上”“下”“左”“右”页边距均设置为“1厘米”。

（2）为文档页面设置背景颜色，绘制形状作为页面边框，并设置形状的填充颜色和轮廓。

（3）在文档中插入“拳头”图片，设置图片的“环绕方式”，调整图片的亮度和颜色，并为图片设置“阴影”效果。

（4）在文档中插入艺术字，输入“够胆你就来”标题文本，并更改艺术字的字体、字号、文本填充颜色和轮廓，然后为艺术字设置“转换”效果。

（5）在文档中插入文本框，输入相关内容，并设置文本框的样式。

（6）在文本下方绘制直线和三角形作为装饰元素。

（7）在文档中插入矩形，在矩形中输入文字，并设置矩形的样式。

（8）在文档中插入小喇叭图片，并调整图片的大小，将其放在合适的位置。

最终效果

Tips

大家在学习的过程中如有疑问，可以加入学习交流群（QQ群号：728245398）进行交流。

WPS Office

第4章 WPS表格——数据整理高手

张姐，有件事情我很费解，同样是做报表，为什么其他同事到点下班还能在规定的时间内完成任务，而我天天加班加点，做得还不如他们快？

嗯，那我问你一个问题，如果让你在报表中输入序号1～10，你要怎么做？

当然是在单元格中按顺序一个个地输入啊！

那如果让你输入序号1～100或1～1000呢，你也一个一个地输入吗？

额……这个……

这就是你的问题所在，没有找到输入数据的诀窍。建议你仔细阅读本章内容，保证你以后在工作中能高效完成任务，告别加班！

思维导图

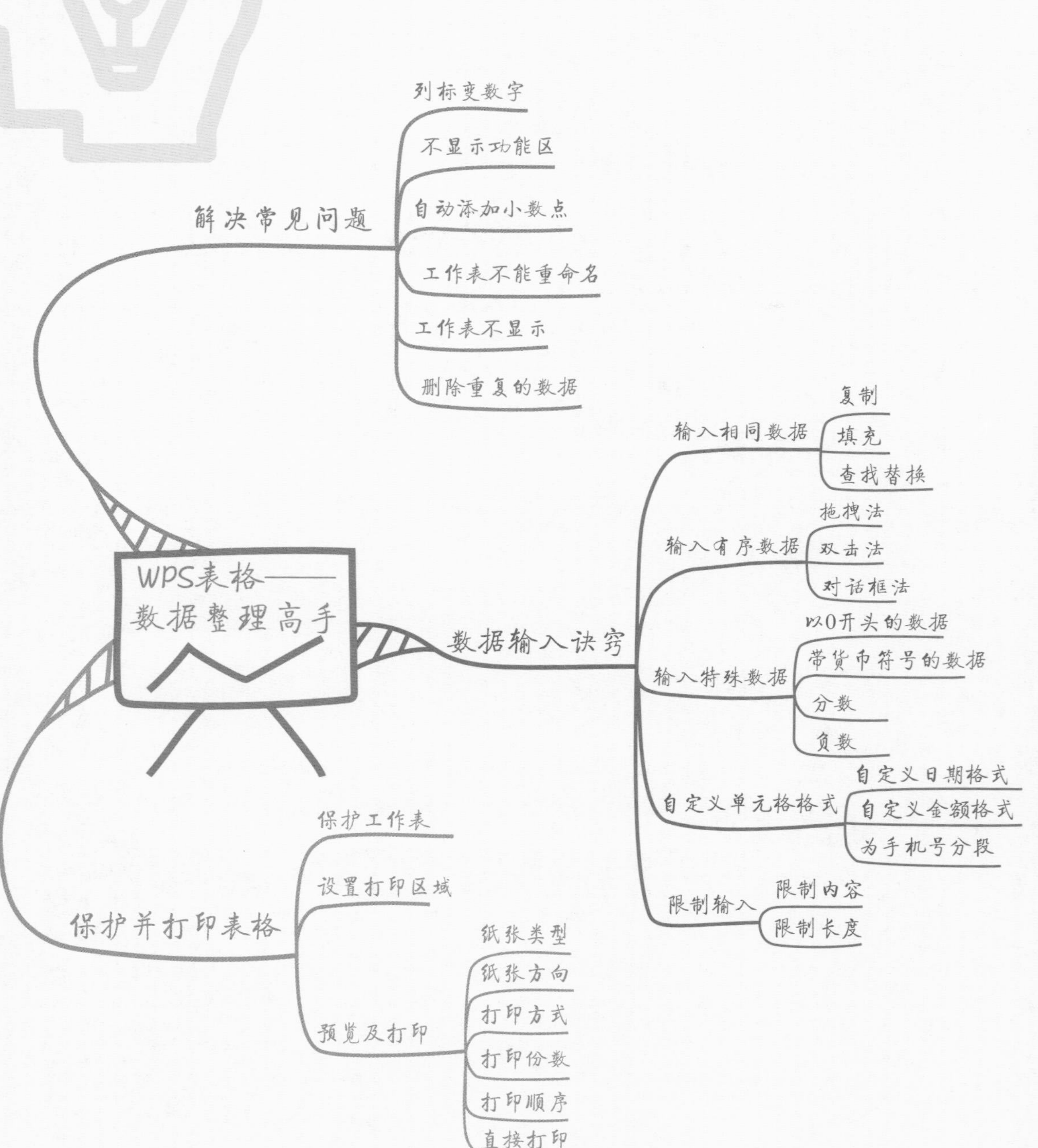

WPS表格——数据整理高手
解决常见问题
列标变数字
不显示功能区
自动添加小数点
工作表不能重命名
工作表不显示
删除重复的数据
数据输入诀窍
输入相同数据
复制
填充
查找替换
输入有序数据
拖拽法
双击法
对话框法
输入特殊数据
以0开头的数据
带货币符号的数据
分数
负数
自定义单元格格式
自定义日期格式
自定义金额格式
为手机号分段
限制输入
限制内容
限制长度
保护并打印表格
保护工作表
设置打印区域
预览及打印
纸张类型
纸张方向
打印方式
打印份数
打印顺序
直接打印

知识速记

4.1 解决数据处理的常见问题

日常工作中，表格的使用频率较高。表格的功能很强大，但用户使用的都是一些常用命令，因此在使用表格处理数据时，遇到的很多问题都无法找出原因，给工作带来了很大困扰。下面就将一些常见问题进行汇总，并提供相应的解决方法。

4.1.1 为什么工作表的列标变成了数字形式

当打开一个工作表时，发现本来应该显示为A、B、C的列标，变成了1、2、3的数字形式，如图4-1所示。这是因为对工作表设置了“R1C1引用样式”。要想将其恢复正常显示，该如何操作呢？打开“选项”对话框，在“常规与保存”选项卡中取消勾选“R1C1引用样式”复选框就可以了，如图4-2所示。

图4-1

图4-2

4.1.2 功能区不见了怎么办

在工作表中输入数据后，需要对数据进行处理，这时发现工作表的功能区不见了，只剩下了选项卡，如图4-3所示。那怎样才能让功能区显示出来呢？

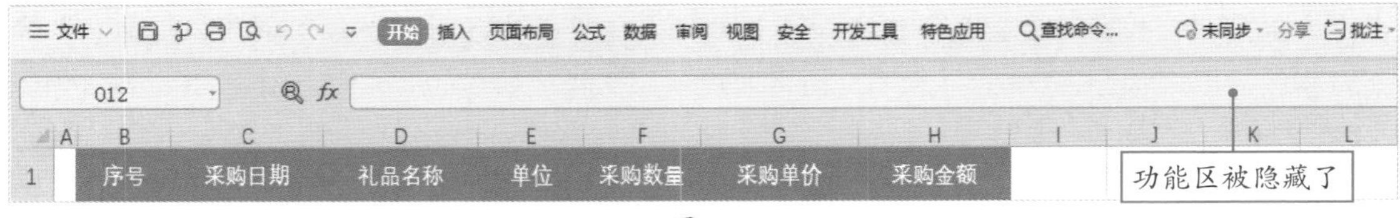

图4-3

很简单，用户只需单击工作表右上方的向下箭头，就可以让功能区显示出来，如图4-4所示。

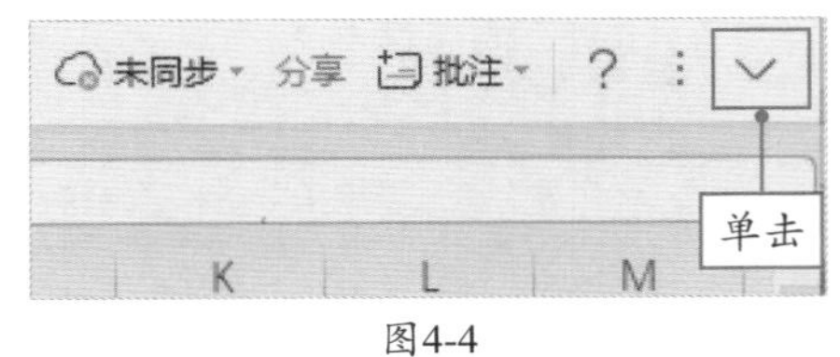

图4-4

■4.1.3 在工作表中输入数字后自动添加了小数点怎么办

有时会遇到这种情况：在单元格中输入数字，按回车键后，数字自动添加了小数点，如图4-5所示。为什么会出现这种情况呢?

D	E	F
礼品名称	单位	采购数量
挂烫机	台	10
电饭煲	台	
微波炉	台	
豆浆机	台	

D	E	F
礼品名称	单位	采购数量
挂烫机	台	0.1
电饭煲	台	
微波炉	台	

图4-5

首先检查一下是否为单元格设置了数字格式，如果单元格数字格式显示为“常规”，那么只有一种可能——工作表自动设置了小数点。在“选项”对话框中取消勾选“自动设置小数点”复选框即可，如图4-6所示。

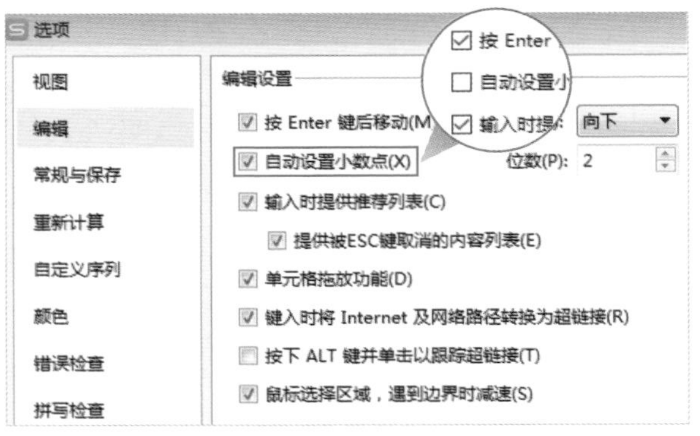

图4-6

■4.1.4 为什么不能对工作表重命名

默认情况下，工作表的名称为Sheet1、Sheet2、Sheet3等。如果一个工作簿中有多个工作表，为了方便查找，通常会为工作表命名。如果发现重新命名时右键菜单中的“重命名”命令为灰色不可用状态，如图4-7所示，而且通过双击工作表标签也不能对工作表重命名，该怎么办?

这可能是对工作簿的结构进行了保护，在“审阅”选项卡中单击“撤消工作簿保护”按钮，如图4-8所示。在弹出的对话框中输入设置的密码就可以了，如图4-9所示。

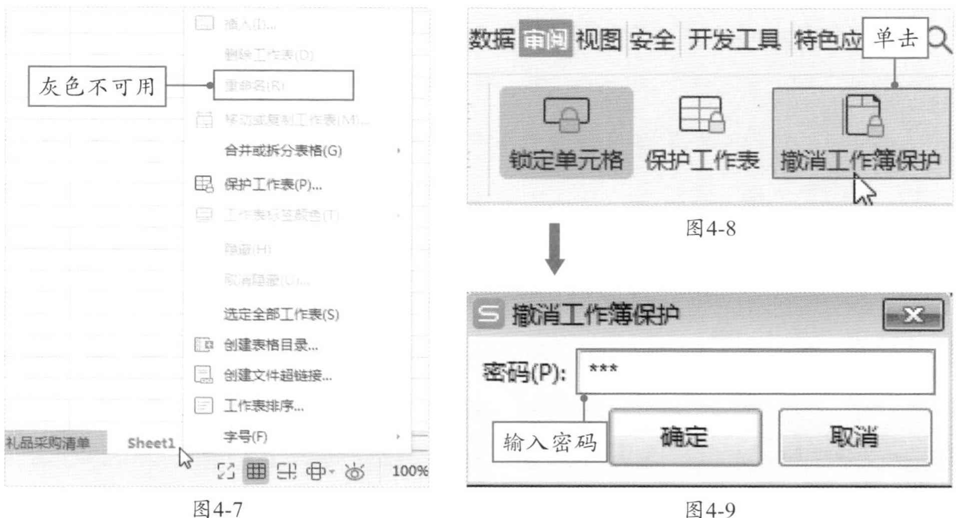

图4-7

图4-8

图4-9

■4.1.5　有些工作表为什么找不着了

当打开一个工作簿，却发现需要用的工作表不见了，这种情况可能是工作表被隐藏了。用户只需选中其他任意的工作表，右击，选择“取消隐藏”选项，如图4-10所示。在弹出的对话框中选择需要显示出来的工作表即可，如图4-11所示。

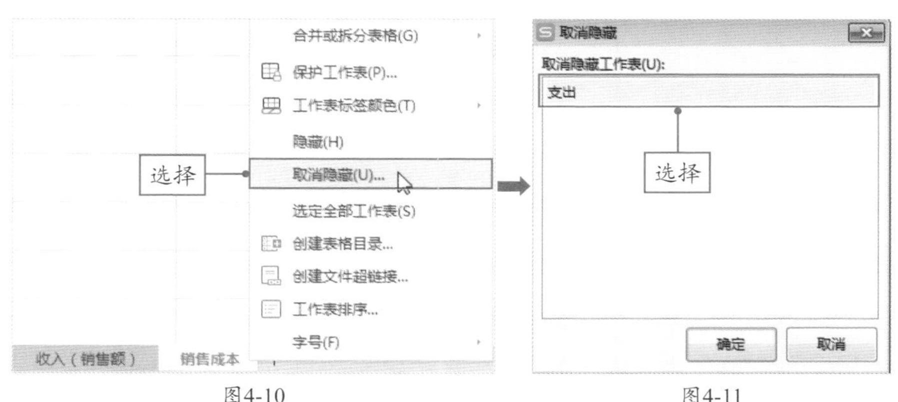

图4-10

图4-11

■4.1.6　怎么删除工作表中重复的数据

在检查工作表中是否有重复数据时，如果数据较少，可以一条一条地核对；但如果有上百条甚至上千条数据，则需要使用“删除重复项”功能来删除重复的数据。

先选择需要核对的数据范围，在“数据”选项卡中单击“删除重复项”按钮，如图4-12所示。在弹出的对话框中直接单击“删除重复项”按钮，即可删除选中范围内的重复数据，如图4-13所示。

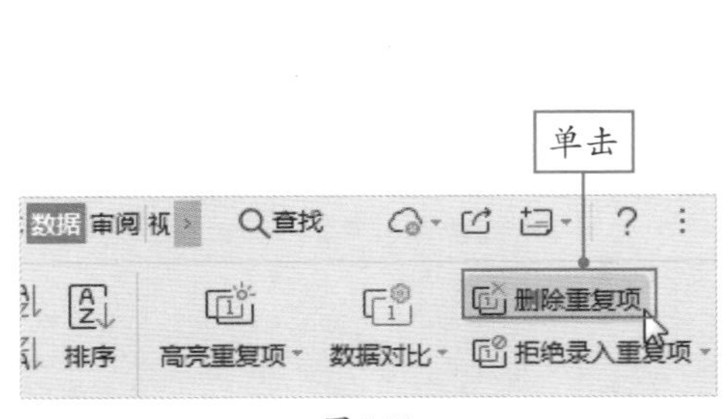

图4-12

图4-13

4.2 数据输入有诀窍

创建工作簿后，首先要做的就是在工作表中输入数据。输入数据看似很简单，其实有很多窍门。掌握了一定的技巧后，可以提高用户录入数据的速度，从而高效完成工作任务。

4.2.1 重复输入相同数据

扫码观看视频

为了避免手动输入相同数据的麻烦，用户可以用便捷的方法执行重复输入。

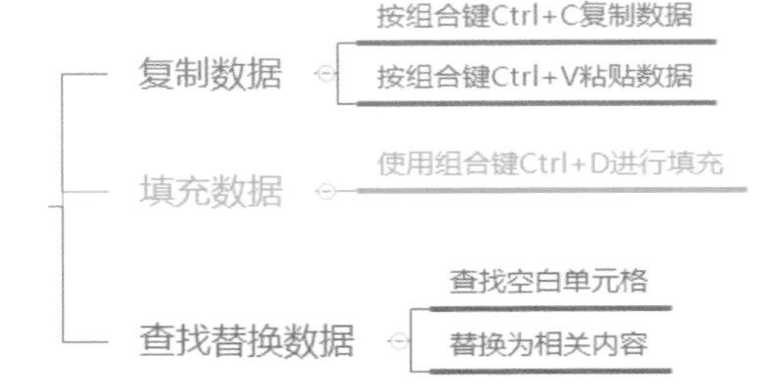

1．复制数据

选择单元格D2，按组合键Ctrl+C进行复制，接着选择单元格区域D3:D9，按组合键Ctrl+V进行粘贴即可，如图4-14所示。

图4-14

2．填充数据

选择单元格区域D2:D9，按组合键Ctrl+D即可，如图4-15所示。

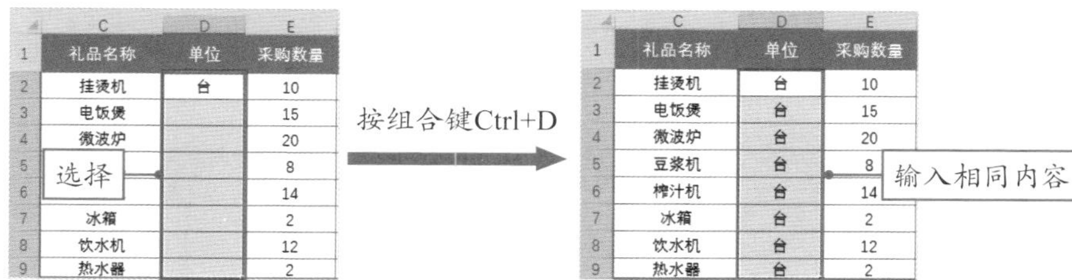

图4-15

3．查找替换数据

选择单元格区域D3:D9，按组合键Ctrl+H打开“替换”对话框，在该对话框中进行相关设置，即可快速输入相同内容，如图4-16所示。

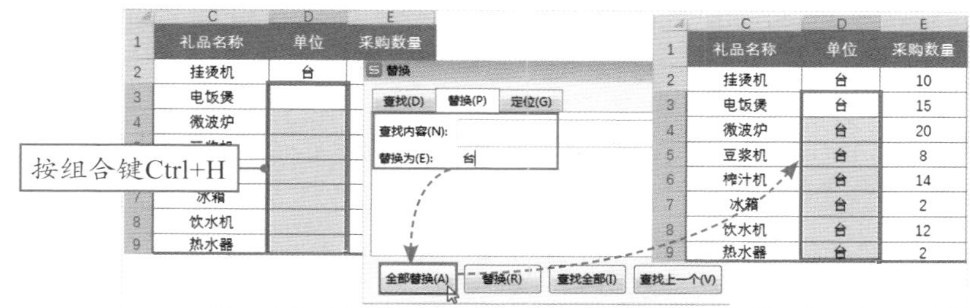

图4-16

哇哦！上面讲到的方法都很便捷，我再也不害怕在表格中输入重复数据了！

是的，这里再教你一招：选择需要输入相同数据的单元格区域后，在编辑栏中输入内容，然后按组合键Ctrl+Enter，也可以快速输入相同内容。

■4.2.2　快速输入有序数据

在填写表格时，经常会输入一些有规律的数据，如“1、2、3……”“2019/9/1、2019/9/2、2019/9/3……”等，在填写这类数据时也可以采用快捷的方法。

1．拖拽法

选择单元格A3，将光标放在单元格右下角，向下拖动鼠标进行填充，如图4-17所示。

图4-17

填充数据后会弹出一个“自动填充选项”列表，单击该选项，在列表中可以看到数据是以序列方式填充的。

2. 双击法

如果表格中的数据有成百上千条，使用鼠标拖拽法向下填充显然很麻烦，这时可以采用双击法，如图4-18所示。

	A	B	C
1	订单编号	客户姓名	所在城市
2	DS001	张子豪	上海
3		杨悦	成都
4		胡明	杭州
5		贺琪	北京
6		孙红平	重庆
7		袁吉	广州

双击鼠标

自动填充到底

	A	B	C
1	订单编号	客户姓名	所在城市
2	DS001	张子豪	上海
3	DS002	杨悦	成都
4	DS003	胡明	杭州
5	DS004	贺琪	北京
6	DS005	孙红平	重庆

图4-18

3. 对话框法

如果表格中数据的数量比较多，而且对生成的序列有明确的数量和间隔要求，可以用“序列”功能进行填充。例如，生成一个月且间隔为1的工作日日期，即可进行如图4-19所示的操作。

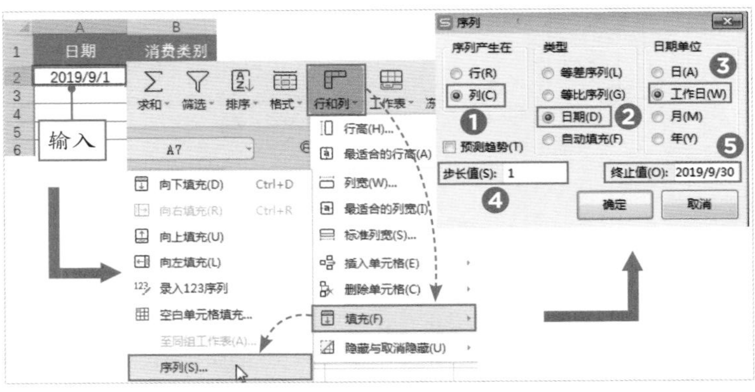

图4-19

■4.2.3 输入特殊数据

有时需要在表格中输入一些特殊数据，如输入以0开头的数据、输入带货币符号的数据、输入分数、输入负数等。

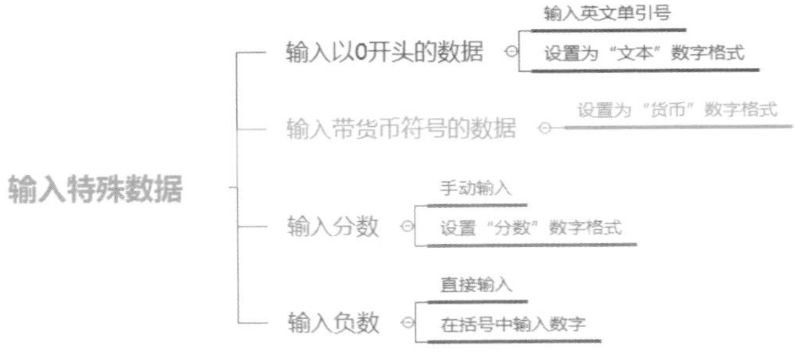

当在表格中输入以0开头的数据后，发现数字前面的0消失了，如图4-20所示。此时，用户只需在输入数据前，先输入英文单引号，再输入以0开头的数据即可，如图4-21所示。

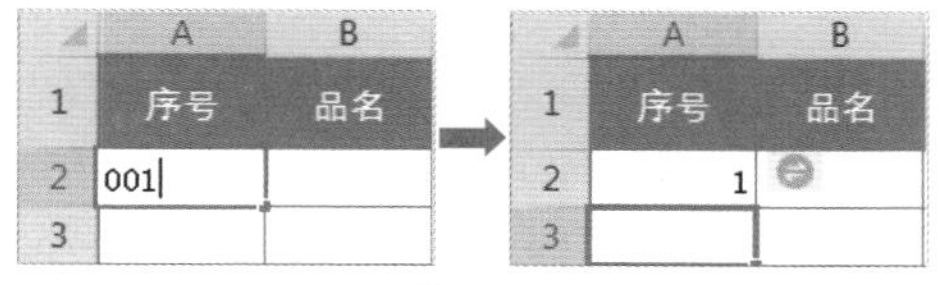
图4-20

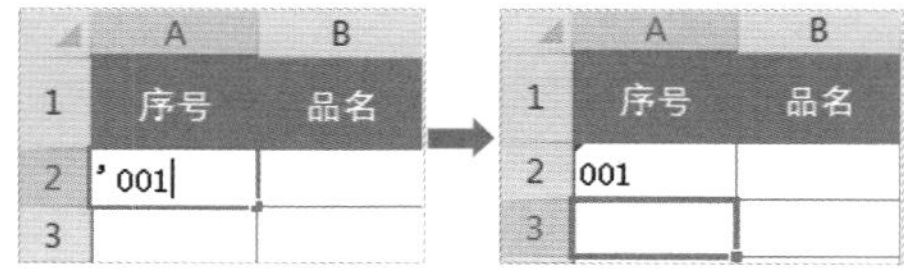
图4-21

此外，用户还可以将单元格设置为“文本”数字格式，也可以输入以0开头的数据，如图4-22所示。

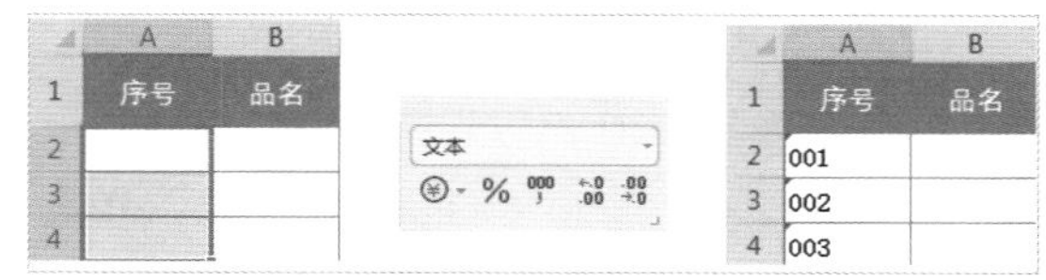
图4-22

制作有关财务、销售类的报表时，需要将表格中的金额添加货币符号。这时选中需要添加货币符号的数据区域，将单元格格式中的数字格式设置为“货币”即可，如图4-23所示。

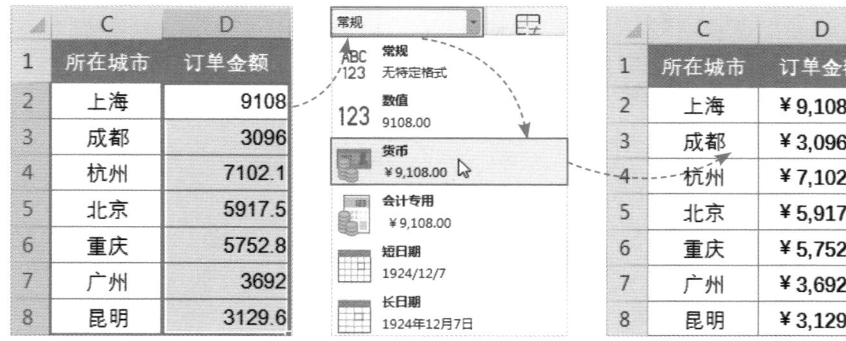
图4-23

知识拓展

用户还可以通过对话框添加货币符号。按组合键Ctrl+1打开“单元格格式”对话框，在“数字”选项卡的“分类”列表框中选择“货币”选项，并且可以设置货币的“小数位数”，如图4-24所示。

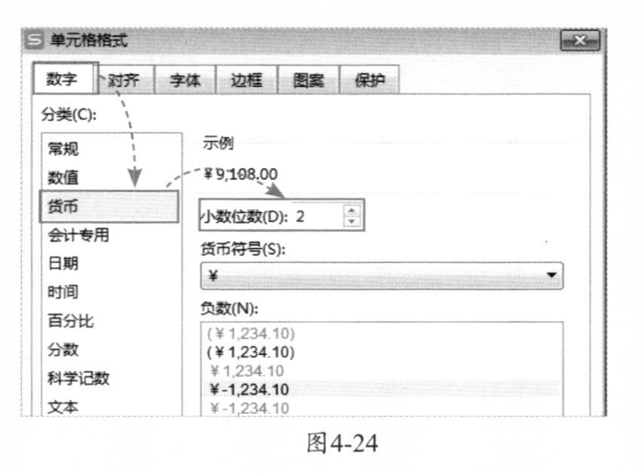
图4-24

当用户在单元格中输入分数时，发现显示的是日期格式，如图4-25所示。此时，要想让其以分数的形式显示，可以在单元格中先输入0，再按下空格键，然后输入1/2，如图4-26所示。

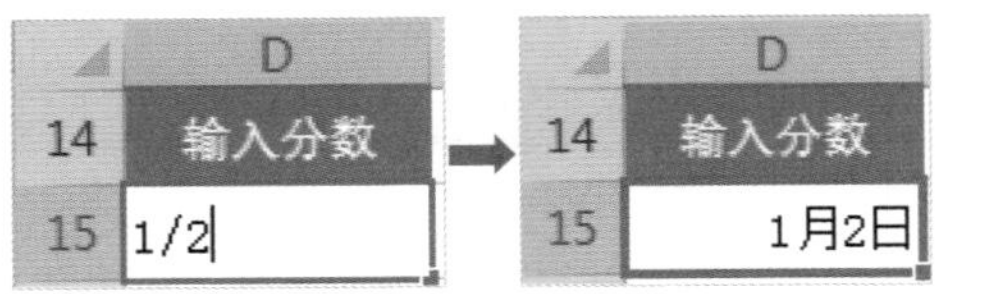

图4-25

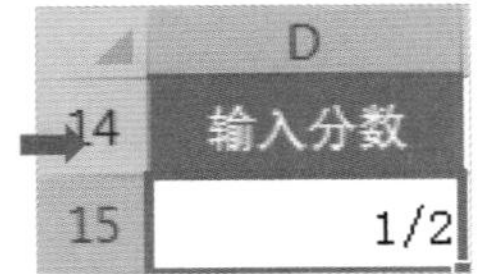

图4-26

此外，用户在“单元格格式”对话框的“数字”选项卡中选择“分数”选项，然后选择合适的分数类型，这样也可以在单元格中输入分数，如图4-27所示。

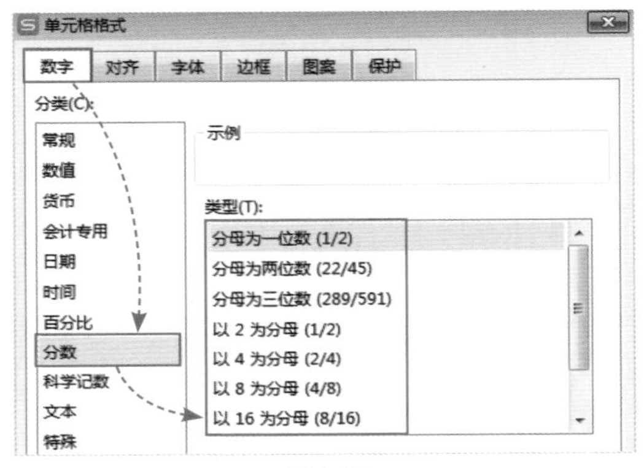

图4-27

张姐，如果我想输入$2\frac{1}{2}$这个分数，该怎么操作呢?

你可以在单元格中先输入2，按一下空格键，再输入1/2即可。

如果用户需要在单元格中输入负数，可以先输入负号，再输入相应的数字，如图4-28所示。也可以在输入数字时为其添加括号，如图4-29所示。

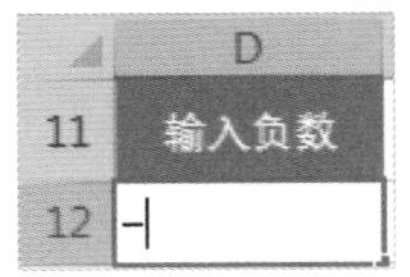

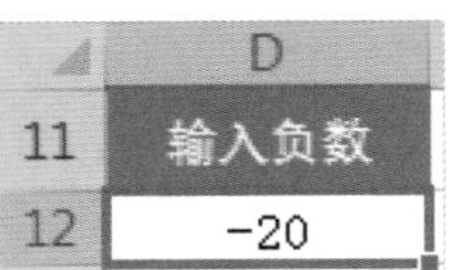

图4-28

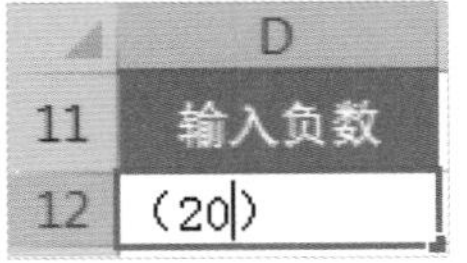

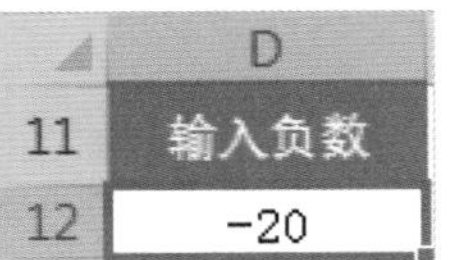

图4-29

■4.2.4 自定义单元格格式

在单元格中输入数据后，有时需要让其以特定的形式显示出来，此时就可以自定义单元格格式了。

扫码观看视频

例如，在表格中输入日期后，日期显示得参差不齐，很不美观。这时用户就可以自定义日期的显示形式，如图4-30所示。

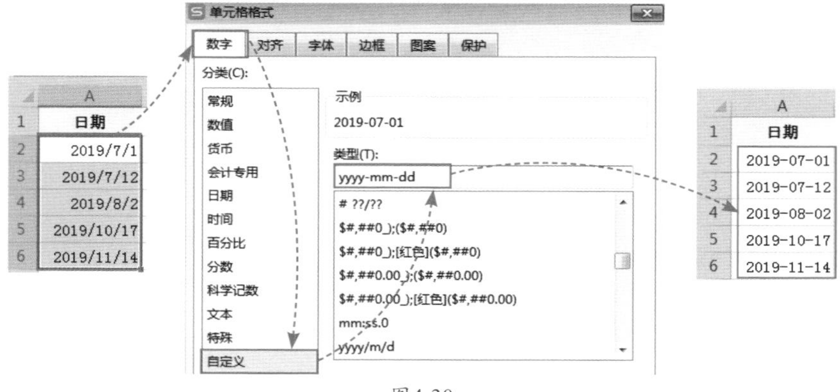

图4-30

如果需要在金额数值后面加上单位“元”，数据少的话还可以手动输入，数据较多则可以为金额自定义单元格格式，如图4-31所示。

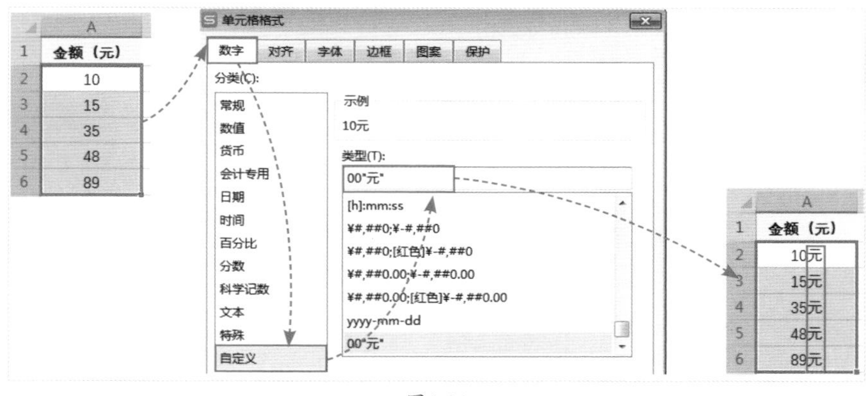

图4-31

新手误区： 自定义单元格格式时，类型“00"元"”中的文本字符要用英文双引号括起来，否则不会显示设置的效果。

此外，用户通过自定义单元格格式也可以实现为手机号码分段，只需将类型设置为“000-0000-0000”即可，如图4-32所示。

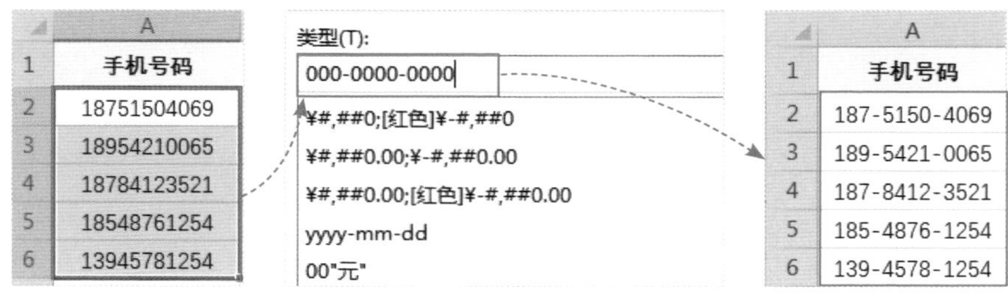

图4-32

■4.2.5 限制数据输入

为了防止输入不符合要求的数据，同时提高数据的录入速度，用户可以使用“有效性”功能来限制数据的输入。

1. 限制内容

当需要输入到表格中的内容有一个固定的范围时，用户可以为其设置下拉列表，这样只能在列表中选择数据进行输入。例如，限制输入的性别，如图4-33所示。

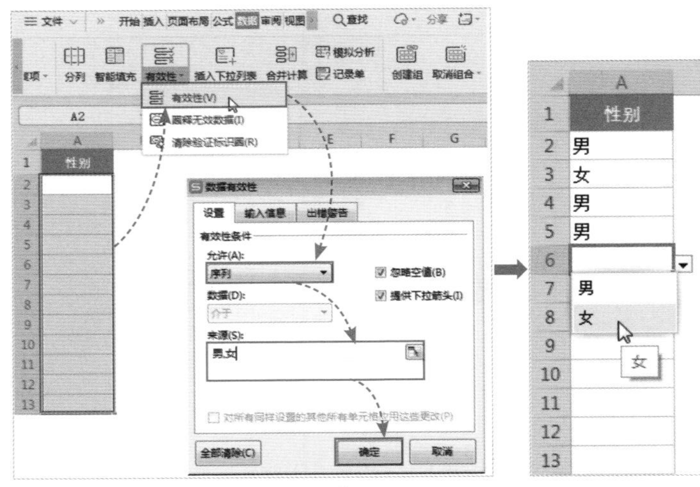

图4-33

2. 限制长度

在表格中输入多位数据时，有时会少输入一位或多输入一位，为了防止这种情况发生，可以限制输入数据的长度。例如，限制只能输入11位的手机号码，如图4-34所示。

当在单元格中输入不是11位的手机号码时，系统会弹出错误提示。

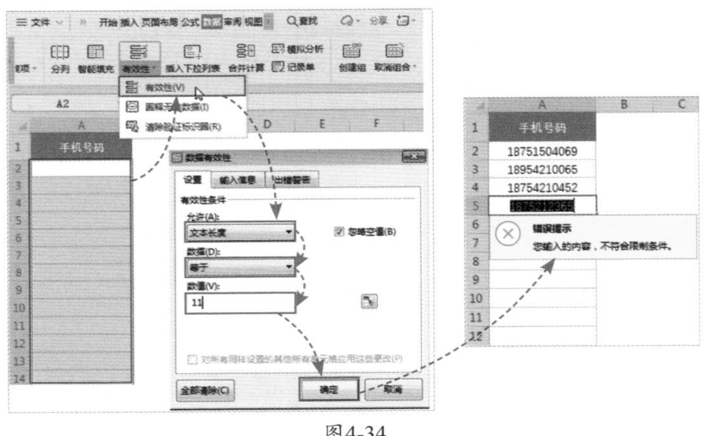

图4-34

知识拓展

如果是在表格填写完成之后才设置的数据有效性，就算有不符合条件的数据也不会弹出错误提示，这时用户可以将无效数据圈释出来。只需选择已经设置数据有效性的区域，在“数据”选项卡中单击“有效性”下拉按钮，从列表中选择“圈释无效数据”选项，不符合条件的数据就会被红色的圈标记出来，如图4-35所示。

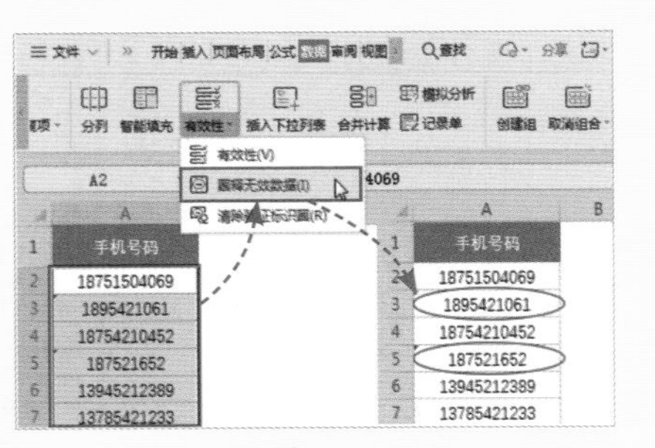

图4-35

张姐，如果我想删除设置的数据有效性，该怎么操作呢？

很简单，你只需选择设置数据有效性的区域，然后再次打开“数据有效性”对话框，从中直接单击“全部清除”按钮即可。

4.3 保护并打印表格

实际工作中制作一些含有重要信息的报表时，为了防止信息泄露，用户需要为这些报表加密。此外，有的报表还需要打印出来以供他人浏览。下面对保护并打印表格的操作进行详细介绍。

■4.3.1　保护工作表

扫码观看视频

单击“文件”按钮，选择“文档加密”选项，然后选择“密码加密”选项，在打开的“密码加密”窗格中设置“打开权限”密码和“编辑权限”密码，单击“应用”按钮，如图4-36所示。保存工作簿后，再次打开工作簿时就需要输入设置的密码才能打开了。

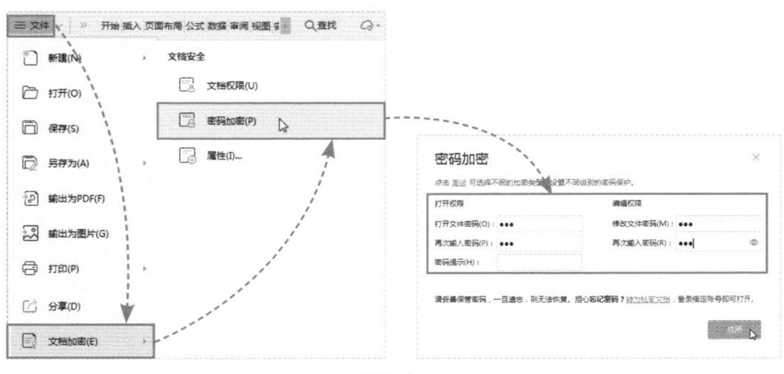

图4-36

如果只允许他人查看报表中的信息，不允许对报表中的数据进行随意更改，可以对工作表进行保护。在“审阅”选项卡中单击“保护工作表”按钮，弹出“保护工作表”对话框，在该对话框中进行相关设置，确认后弹出“确认密码”对话框，重新输入密码，如图4-37所示。确认后就只能查看工作表中的内容，而不可以修改内容了。

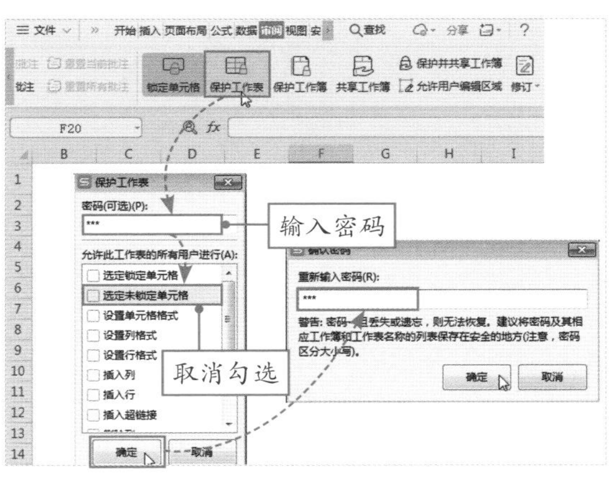

图4-37

如果我自己想要修改工作表中的内容，那么怎么撤销对工作表的保护呢？

在“审阅”选项卡中单击“撤销工作表保护”按钮，在弹出的对话框中输入设置的密码即可。

■4.3.2 设置打印区域

在对报表进行打印前，用户可以根据需要选择打印区域。选择需要打印的区域，在“页面布局”选项卡中单击“打印区域”下拉按钮，从列表中选择“设置打印区域”选项，如图4-38所示。单击“打印预览”按钮，进入预览界面，可以看到所选区域的数据内容被单独呈现了出来，如图4-39所示。

设置打印区域(S)

取消打印区域(C)

选择

序号	原料名称	规格型号	单位	采购数量	单价	金额
1	材料1	G-01	箱	50	¥33.00	¥1,650.00
2	材料2	G-02	箱	60	¥50.00	¥3,000.00
3	材料3	G-03	箱	70	¥58.00	¥4,060.00
4	材料4	G-04	箱	34	¥56.00	¥1,904.00
5	材料5	G-05	箱	60	¥40.00	¥2,400.00
6	材料6	G-06	箱	50	¥52.00	¥2,600.00
7	材料7	G-07	箱	42	¥60.00	¥2,520.00
8	材料8	G-08	箱	55	¥55.00	¥3,025.00
9	材料9	G-09	箱	60	¥45.00	¥2,700.00

图4-38

原料名称	规格型号	单位	采购数量	单价
材料1	G-01	箱	50	¥33.00
材料2	G-02	箱	60	¥50.00
材料3	G-03	箱	70	¥58.00
材料4	G-04	箱	34	¥56.00
材料5	G-05	箱	60	¥40.00
材料6	G-06	箱	50	¥52.00
材料7	G-07	箱	42	¥60.00

图4-39

■4.3.3 打印预览及打印

进入打印预览界面后，用户可以根据需要设置纸张类型、纸张方向、打印方式、打印份数、打印顺序等。设置完成后单击“直接打印”按钮即可打印报表，如图4-40所示。

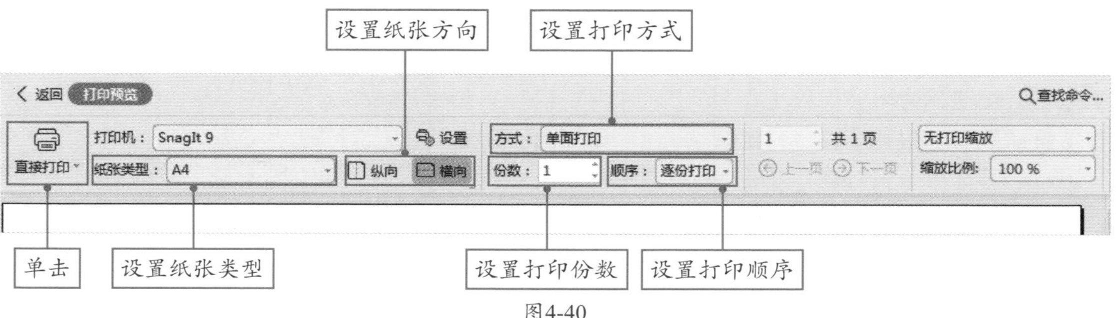

图4-40

综合实战

4.4 制作员工档案表

员工档案表是公司用来管理员工信息的，其主要包含员工姓名、性别、出生日期、学历、联系电话等信息。在制作该案例时，涉及的操作有：输入以0开头的数据、拒绝录入重复数据、限制数据输入、美化和保护表格等。下面介绍详细的操作流程。

4.4.1 创建员工档案表

扫码观看视频

扫码观看视频

制作员工档案表之前，首先要创建一个空白工作表，然后在工作表中输入相关数据，下面介绍具体的操作方法。

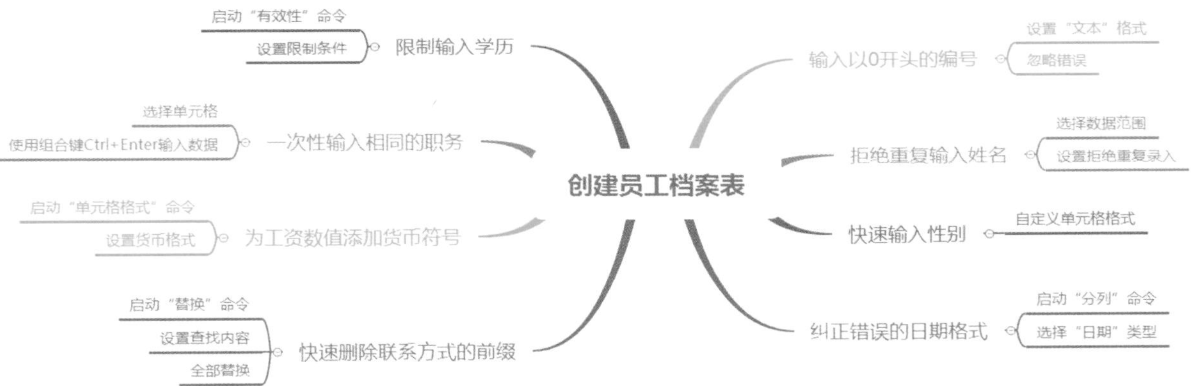

1. 输入以 0 开头的编号

在制作报表时，常常遇到需要输入以0开头的编号或其他数据的情况，这时用户就可以使用以下的方法来解决，既方便又快捷。

Step 01 创建工作簿。通过右键菜单命令创建一个空白工作簿，并命名为“员工档案表”。打开工作簿，选择单元格A1，然后输入列标题，如图4-41所示。

Step 02 设置“编号”格式。选择单元格区域A2:A20，在“开始”选项卡中单击“数字格式”下拉按钮，从列表中选择“文本”选项，如图4-42所示。

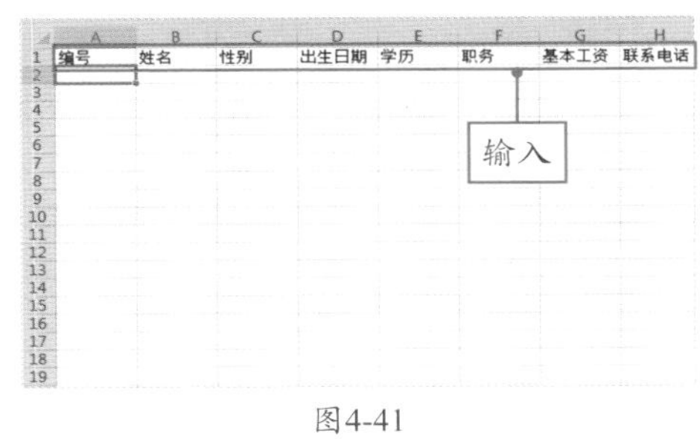

图4-41

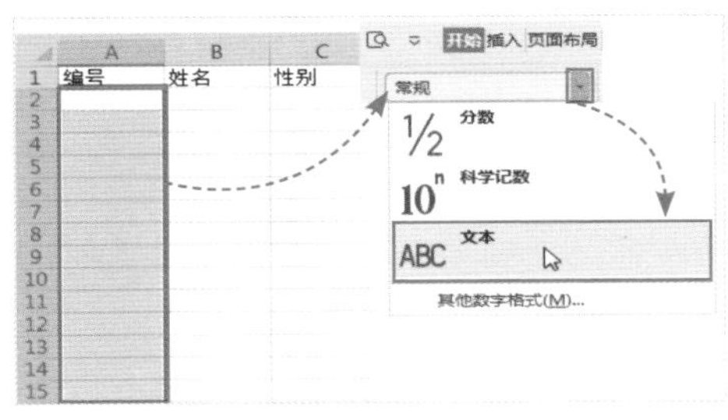

图4-42

Step 03 输入“编号”。选择单元格A2，输入001，然后再次选择单元格A2，将光标移至单元格右下角，出现填充柄后按住鼠标左键不放，向下拖动鼠标填充序列，如图4-43所示。

Step 04 忽略错误。输入“编号”后，发现数据左上角有个绿色的小三角，如果用户觉得这样影响美观，可以选择单元格区域A2:A20，单击右侧的黄色图标，从列表中选择“忽略错误”选项即可，如图4-44所示。

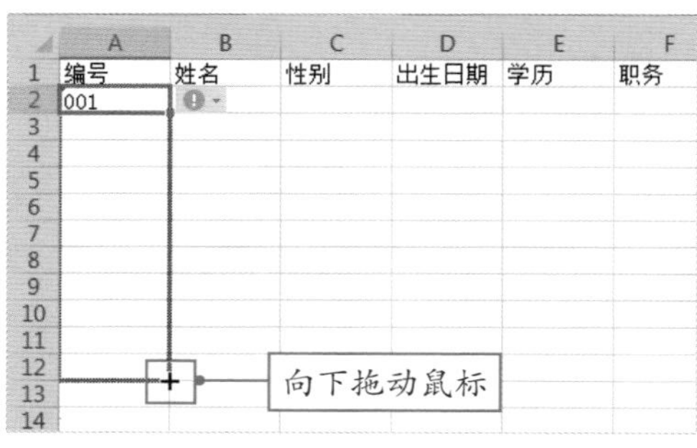

图4-43

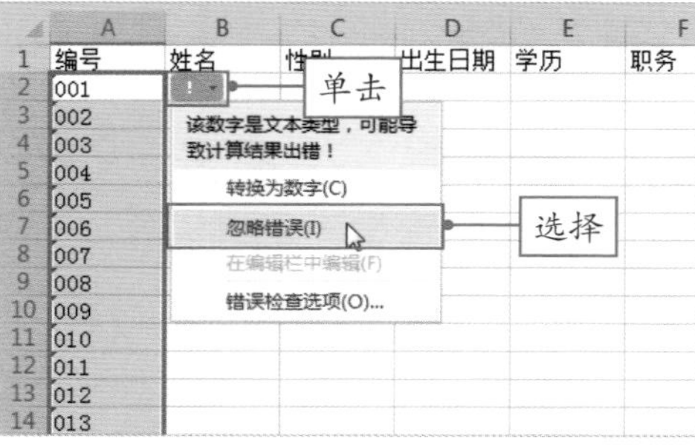

图4-44

知识拓展

除了将单元格区域设置为“文本”格式可以输入以0开头的数据外，用户还可以按组合键Ctrl+1打开“单元格格式”对话框，在“数字”选项卡中选择“自定义”选项，然后在“类型”文本框中输入“00#”，如图4-45所示，确认后即可输入以0开头的数据。

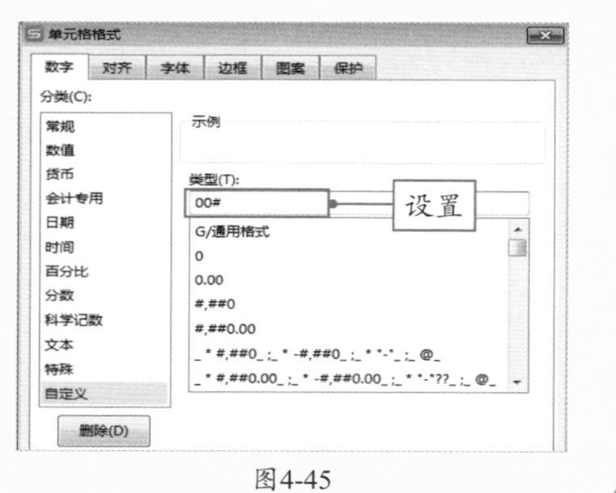

图4-45

2. 拒绝重复输入姓名

在输入员工的姓名时，有时会因为疏忽而重复输入相同的姓名。为了防止这种情况发生，用户可以利用“拒绝录入重复项”功能来进行操作。

Step 01 拒绝重复录入。选择单元格区域B2:B20，在“数据”选项卡中单击“拒绝录入重复项”下拉按钮，从列表中选择“设置”选项，如图4-46所示。

图4-46

Step 02 设置录入范围。弹出“拒绝重复输入”对话框，检查设置的录入范围是否无误，然后单击“确定”按钮，如图4-47所示。

Step 03 输入“姓名”。选择单元格B2，输入姓名，当输入重复的姓名时，系统会弹出提示，提示当前输入的内容与本区域的其他单元格内容重复，如图4-48所示。如果确认录入就按回车键，否则需要重新录入正确的姓名。

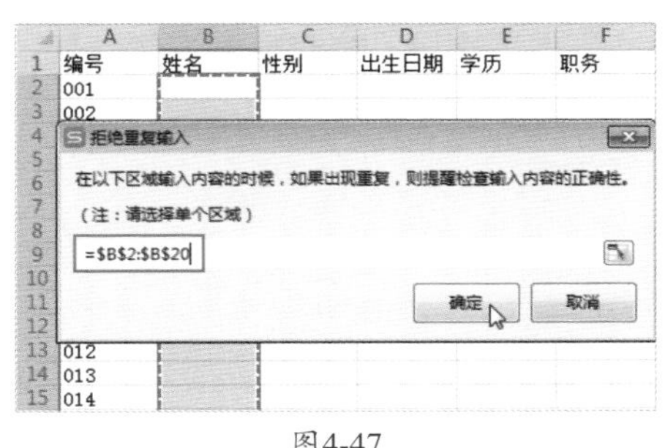

图4-47

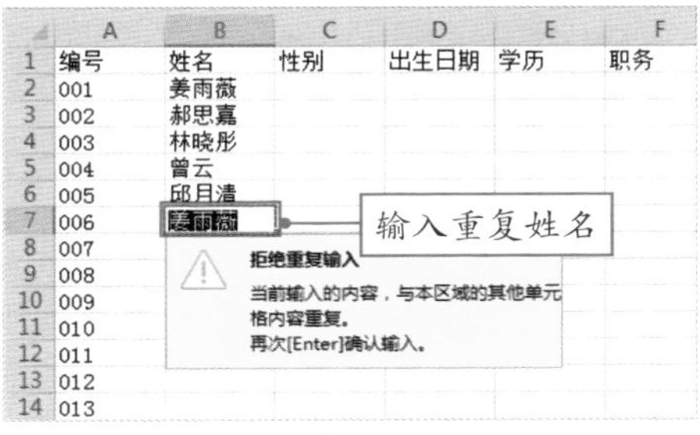

图4-48

3．快速输入性别

在报表中输入性别时，虽然只需要输入“男”或“女”，但打字也很费时间。下面就介绍一种快速录入性别的方法。

Step 01 设置单元格格式。选择单元格区域C2:C20，按组合键Ctrl+1打开“单元格格式”对话框，在“数字”选项卡中选择“自定义”选项，然后在“类型”文本框中输入“[=1]"男";[=0]"女"”，最后单击“确定”按钮，如图4-49所示。

Step 02 输入“性别”。选择单元格C2，输入0，按回车键后单元格中显示“女”，选择单元格C3，输入1，按回车键后单元格中显示“男”，按照此操作快速录入“性别”，如图4-50所示。

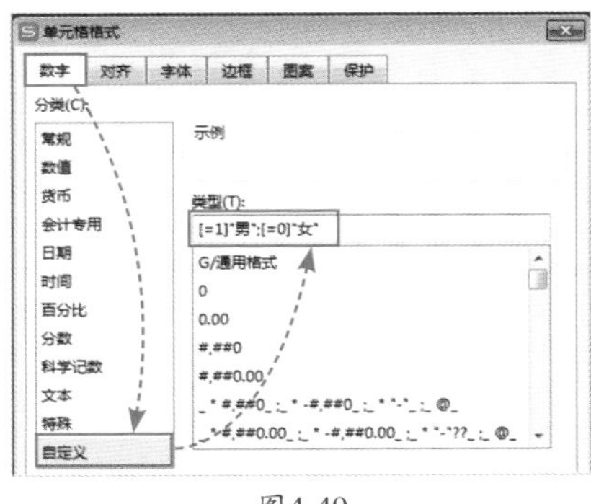

图4-49

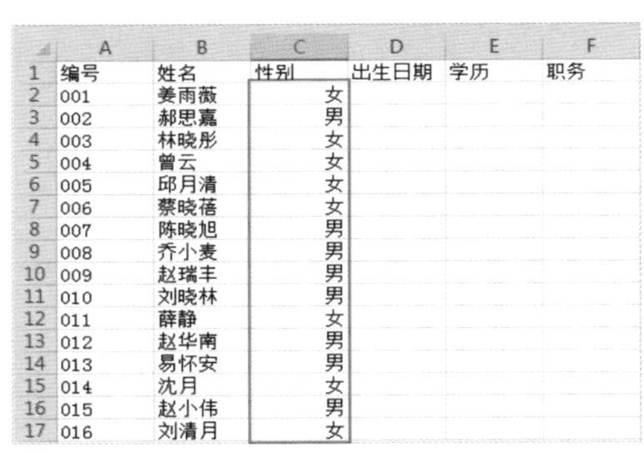

图4-50

4．纠正错误的日期格式

在录入“出生日期”后，要想将不规范的“1979.2.2”日期格式更改为“1979/2/2”日期格式，可以按照以下方法操作。

Step 01 选中日期。选择单元格区域D2:D20，打开“数据”选项卡，单击“分列”按钮，如图4-51所示。

Step 02 进入分列向导第1步。打开“文本分列向导-3步骤之1”对话框，保持各选项为默认状态，单击“下一步”按钮，如图4-52所示。

Step 03 进入分列向导第2步。弹出“文本分列向导-3步骤之2”对话框，同样不做任何更改，直接单击“下一步”按钮，如图4-53所示。

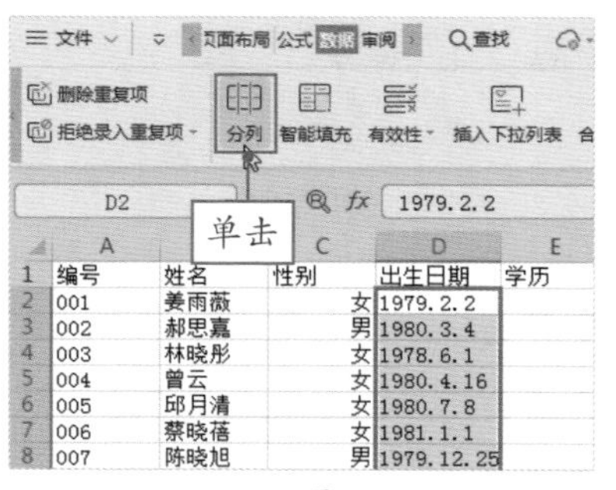

图4-51

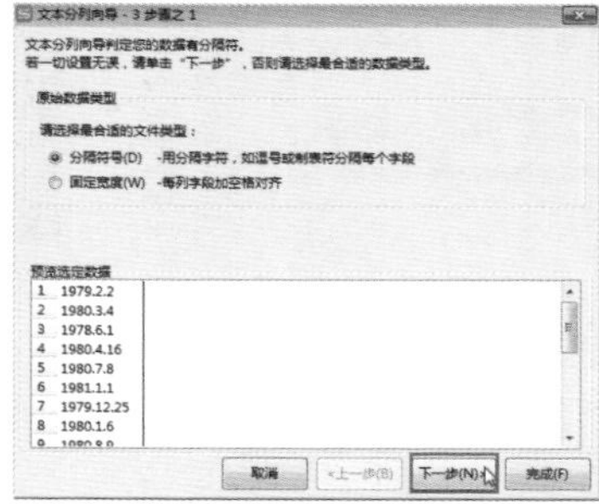

图4-52

图4-53

Step 04 选择列数据类型。弹出“文本分列向导-3步骤之3”对话框，在“列数据类型”区域选中“日期”单选按钮，然后单击“日期”后面的下拉按钮，选择“YMD”类型，最后单击“完成”按钮即可，如图4-54所示。

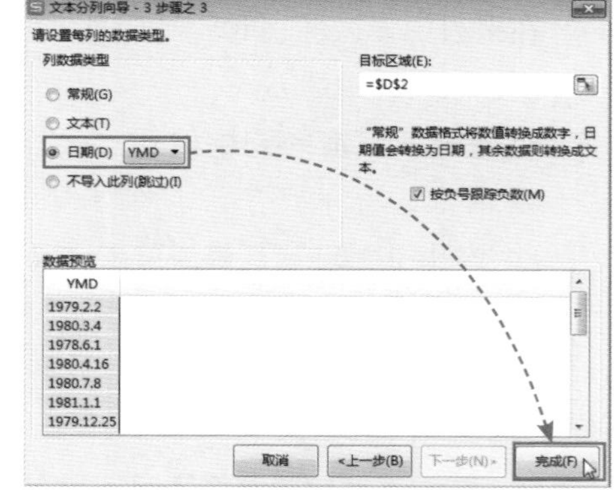

图4-54

Step 05 查看修改结果。此时可以看到表格中不规范的日期格式全部被修改为规范的日期格式了，如图4-55所示。

Step 06 更改日期格式。如果用户想要将日期格式修改为长日期类型，可以选择单元格区域D2:D20，打开“单元格格式”对话框，选择“自定义”选项，并在“类型”文本框中输入“yyyy"年"mm"月"dd"日";@”，单击“确定”按钮，如图4-56所示。

	A	B	C	D	E
1	编号	姓名	性别	出生日期	学历
2	001	姜雨薇	女	1979/2/2	
3	002	郝思嘉	男	1980/3/4	
4	003	林晓彤	女	1978/6/1	
5	004	曾云	女	1980/4/16	
6	005	邱月清	女	1980/7/8	
7	006	蔡晓蓓	女	1981/1/1	
8	007	陈晓旭	男	1979/12/25	
9	008	乔小麦	男	1980/1/6	
10	009	赵瑞丰	男	1980/8/9	
11	010	刘晓林	男	1982/7/16	
12	011	薛静	女	1983/7/5	
13	012	赵华南	男	1980/8/8	

图4-55

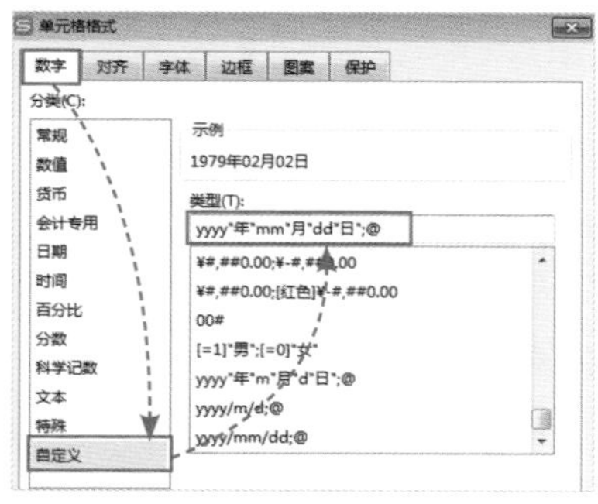

图4-56

Step 07 查看最终效果。此时可以看到，短日期格式被更改为长日期格式了，如图4-57所示。

	A	B	C	D	E
1	编号	姓名	性别	出生日期	学历
2	001	姜雨薇	女	1979年02月02日	
3	002	郝思嘉	男	1980年03月04日	
4	003	林晓彤	女	1978年06月01日	
5	004	曾云	女	1980年04月16日	
6	005	邱月清	女	1980年07月08日	
7	006	蔡晓蓓	女	1981年01月01日	
8	007	陈晓旭	男	1979年12月25日	
9	008	乔小麦	男	1980年01月06日	
10	009	赵瑞丰	男	1980年08月09日	

图4-57

5. 限制输入学历

用户在输入“学历”时，可以为其设置数据有效性，这样可以直接在列表中选择数据，提高录入速度，具体操作方法如下。

Step 01 启动“有效性”命令。选择单元格区域E2:E20，在“数据”选项卡中单击“有效性”下拉按钮，选择“有效性”选项，如图4-58所示。

Step 02 设置限制条件。打开“数据有效性”对话框，在“设置”选项卡中将“允许”设置为“序列”，在“来源”文本框中输入“专科,本科,硕士生”，然后单击“确定”按钮，如图4-59所示。

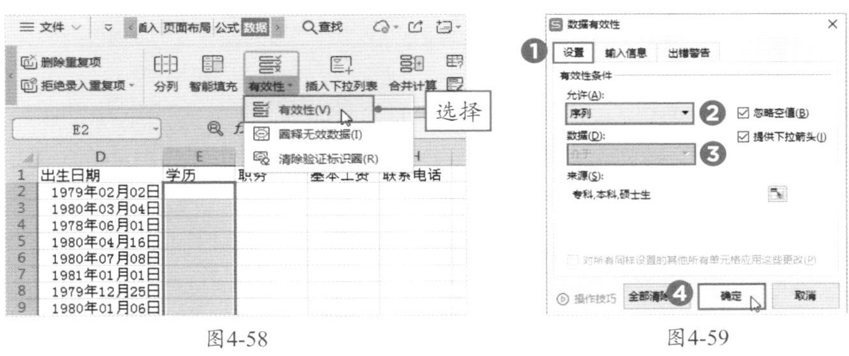

图4-58　　图4-59

新手误区：这里需要注意的是，“专科,本科,硕士生”之间是用英文半角逗号隔开的。

Step 03 输入“学历”。选择单元格E2，单击单元格右侧的下拉按钮，从列表中选择需要的选项，这里选择“硕士生”，如图4-60所示。选择的选项随即输入到单元格中。

Step 04 完成输入。按照上述方法，完成“学历”的输入，如图4-61所示。

	D	E	F	G
1	出生日期	学历	职务	基本工资
2	1979年02月02日			
3	1980年03月04日	专科		
4	1978年06月01日	本科		
5	1980年04月16日			
6	1980年07月08日	硕士生	选择	
7	1981年01月01日			
8	1979年12月25日			
9	1980年01月06日			
10	1980年08月09日			
11	1982年07月16日			

图4-60

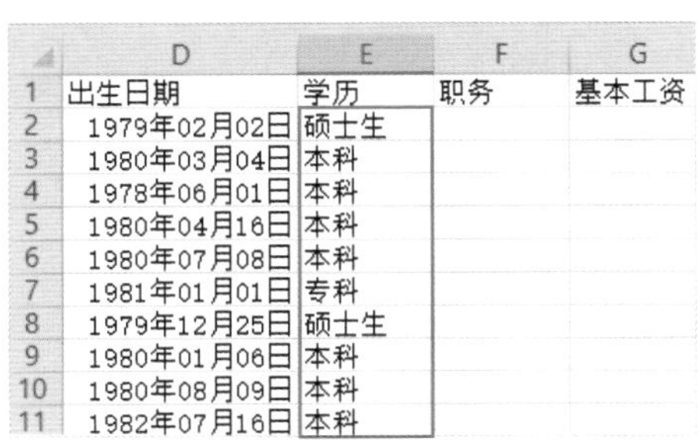

	D	E	F	G
1	出生日期	学历	职务	基本工资
2	1979年02月02日	硕士生		
3	1980年03月04日	本科		
4	1978年06月01日	本科		
5	1980年04月16日	本科		
6	1980年07月08日	本科		
7	1981年01月01日	专科		
8	1979年12月25日	硕士生		
9	1980年01月06日	本科		
10	1980年08月09日	本科		
11	1982年07月16日	本科		

图4-61

6．一次性输入相同的职务

如果需要在多个单元格中输入相同内容，用户可以选择在多个单元格中一次性地输入，具体操作方法如下。

Step 01 选择单元格。选择需要输入相同内容的单元格，这里选择单元格F2、F8、F13、F20，然后在编辑栏中输入“经理”，如图4-62所示。

Step 02 输入“职务”。按组合键Ctrl+Enter即可在选择的单元格中一次性输入“经理”，如图4-63所示。按照同样的方法，完成其他员工职务的输入。

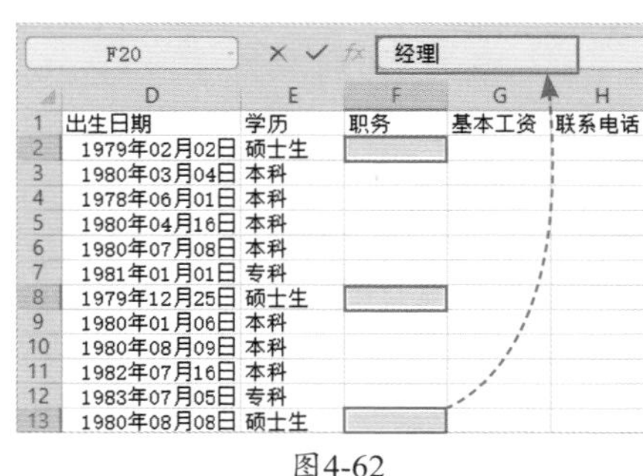

图4-62

图4-63

7．为工资数值添加货币符号

在表格中输入“基本工资”后，需要为数值添加货币符号，具体的操作方法如下。

Step 01 启动“单元格格式”命令。选择单元格区域G2:G20，在“开始”选项卡中单击“单元格格式”对话框启动器按钮，如图4-64所示。

Step 02 设置货币格式。打开“单元格格式”对话框，切换至“数字”选项卡，在“分类”列表框中选择“货币”选项，然后将“小数位数”设置为0，单击“确定”按钮，即可为数值添加货币符号，如图4-65所示。

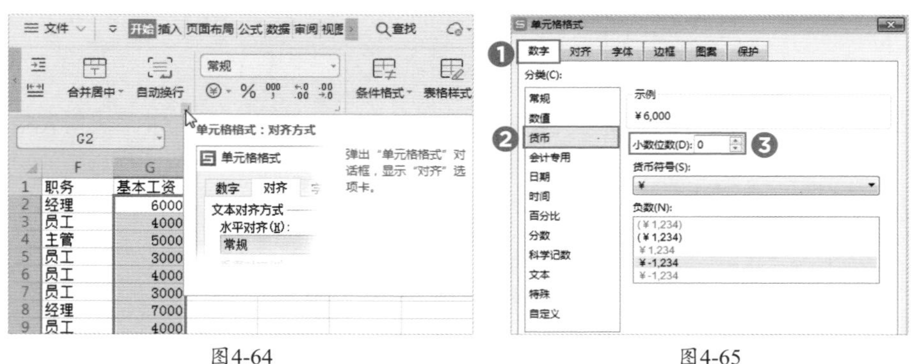

图4-64　　图4-65

8．快速删除联系方式的前缀

输入“联系电话”时在前面添加了区号，如果想要快速将区号删除，可以按照以下方法操作。

Step 01 启动“查找替换”功能。选择单元格区域H2:H20，在“开始”选项卡中单击“查找”下拉按钮，从列表中选择“替换”选项，如图4-66所示。

Step 02 设置查找内容。打开“替换”对话框，在“查找内容”文本框中输入“*-”，“替换为”文本框为空，然后单击“全部替换”按钮，如图4-67所示。如此，联系电话前面的区号就被删除掉了。

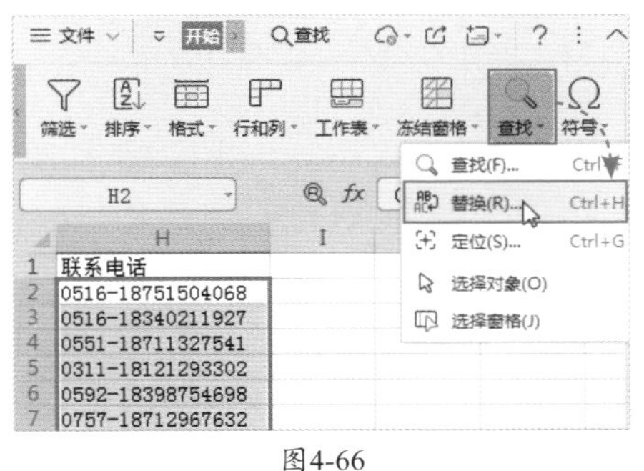

图4-66

图4-67

■4.4.2　美化员工档案表

扫码观看视频

在员工档案表中输入内容后，需要对其进行美化，包括设置数据格式、为表格添加边框和底纹，下面介绍具体的操作步骤。

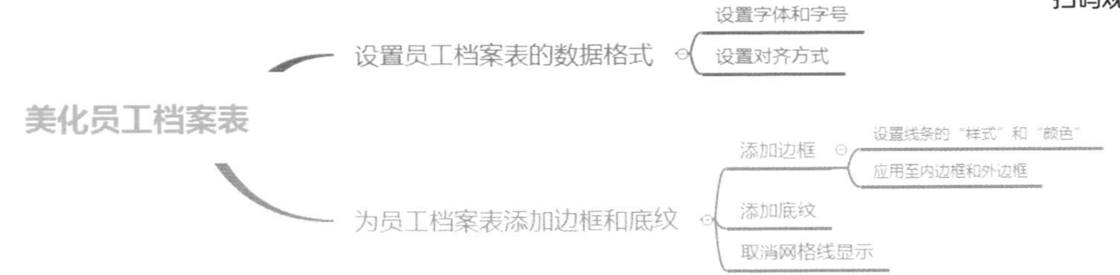

1．设置数据格式

用户需要设置数据的字体、字号和对齐方式，具体操作方法如下。

Step 01 设置字体和字号。选择单元格区域A1:H20，在“开始”选项卡中将“字体”设置为“等线”，再选择单元格区域A1:H1，将字号设置为“12”，然后加粗显示，如图4-68所示。

Step 02 设置对齐方式。选择单元格区域A1:H20，在“开始”选项卡中单击“水平居中”按钮，将数据设置为水平居中和垂直居中对齐，如图4-69所示。

图4-68

图4-69

2. 为表格添加边框和底纹

为了便于阅读表格中的数据内容，并且使表格看起来更美观、舒适，用户可以为表格添加边框和底纹，具体操作方法如下。

Step 01 添加边框。选择单元格区域A1:H20，按组合键Ctrl+1打开“单元格格式”对话框，在“边框”选项卡中设置线条的“样式”和“颜色”，然后应用到外边框和内边框上，如图4-70所示。

Step 02 添加底纹。选择单元格区域A1:H1，在“开始”选项卡中单击“填充颜色”下拉按钮，从列表中选择合适的填充颜色，如图4-71所示。

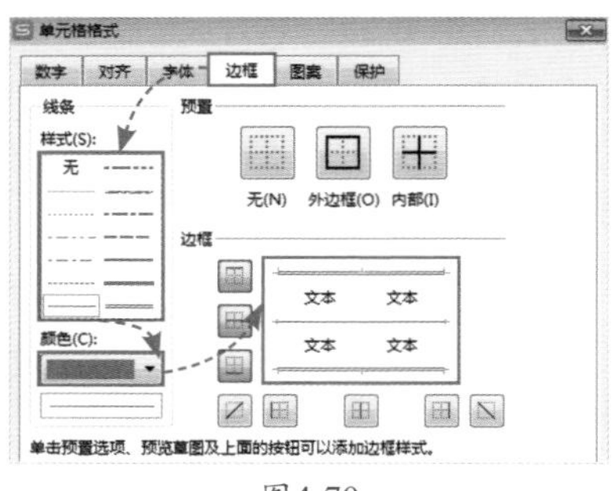

图4-70

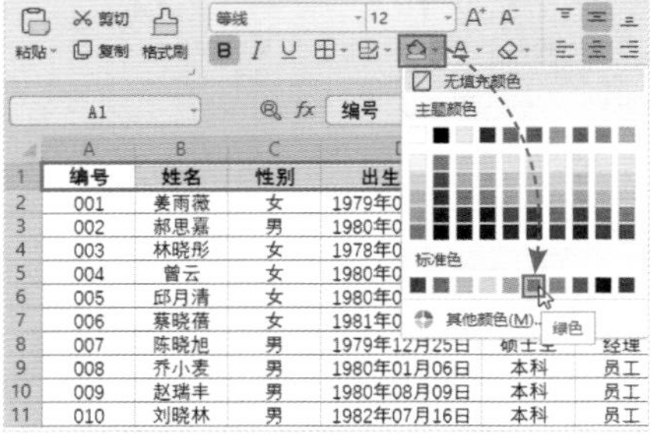

图4-71

Step 03 查看效果。将字体颜色更改为白色，然后按照同样的方法为其他单元格区域添加底纹，如图4-72所示。

Step 04 取消网格线显示。在“视图”选项卡中取消勾选“显示网格线”复选框，然后调整表格的行高和列宽，并查看最终效果，如图4-73所示。

	A	B	C	D	E
1	编号	姓名	性别	出生日期	学历
2	001	姜雨薇	女	1979年02月02日	硕士生
3	002	郝思嘉	男	1980年03月04日	本科
4	003	林晓彤	女	1978年06月01日	本科
5	004	曾云	女	1980年04月16日	本科
6	005	邱月清	女	1980年07月08日	本科
7	006	蔡晓蓓	女	1981年01月01日	专科
8	007	陈晓旭	男	1979年12月25日	硕士生
9	008	乔小麦	男	1980年01月06日	本科
10	009	赵瑞丰	男	1980年08月09日	本科
11	010	刘晓林	男	1982年07月16日	本科
12	011	薛静	女	1983年07月05日	专科
13	012	赵华南	男	1980年08月08日	硕士生
14	013	易怀安	男	1981年03月29日	本科

图4-72

	A	B	C	D	E	F
1	编号	姓名	性别	出生日期	学历	职务
2	001	姜雨薇	女	1979年02月02日	硕士生	经理
3	002	郝思嘉	男	1980年03月04日	本科	员工
4	003	林晓彤	女	1978年06月01日	本科	主管
5	004	曾云	女	1980年04月16日	本科	员工
6	005	邱月清	女	1980年07月08日	本科	员工
7	006	蔡晓蓓	女	1981年01月01日	专科	员工
8	007	陈晓旭	男	1979年12月25日	硕士生	经理
9	008	乔小麦	男	1980年01月06日	本科	员工
10	009	赵瑞丰	男	1980年08月09日	本科	员工
11	010	刘晓林	男	1982年07月16日	本科	员工
12	011	薛静	女	1983年07月05日	专科	员工
13	012	赵华南	男	1980年08月08日	硕士生	经理

图4-73

■4.4.3 保护员工档案表

制作好员工档案表后，为了防止他人随意修改表格中的信息，用户可以对表格进行保护，设置允许他人编辑区域，下面介绍具体的操作方法。

保护员工档案表

Step 01 取消锁定单元格。选择单元格区域H2:H20，在“审阅”选项卡中取消“锁定单元格”按钮的选中状态，然后单击“允许用户编辑区域”按钮，如图4-74所示。

Step 02 设置允许编辑区域。打开“允许用户编辑区域”对话框，从中单击“新建”按钮，弹出“新区域”对话框，设置标题名称，然后单击“确定”按钮，如图4-75所示。

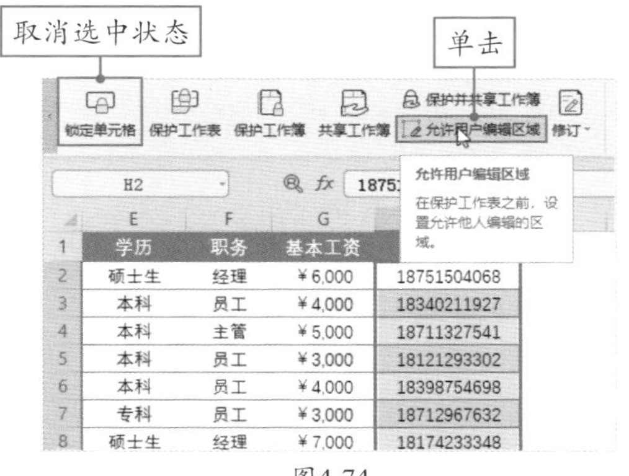

图4-74

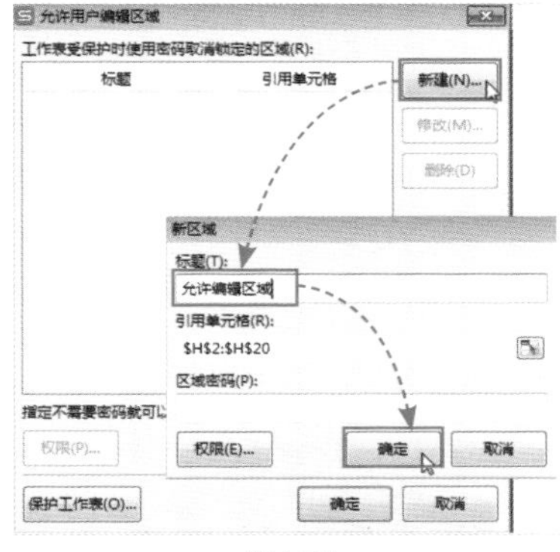

图4-75

Step 03 保护工作表。返回“允许用户编辑区域”对话框，单击“保护工作表”按钮，打开“保护工作表”对话框，在“密码”文本框中输入密码“123”，然后在“允许此工作表的所有用户进行”列表框中取消对“选定锁定单元格”复选框的勾选，最后单击“确定”按钮，如图4-76所示。

Step 04 确认密码。弹出“确认密码”对话框，在“重新输入密码”文本框中输入密码“123”，然后单击“确定”按钮，如图4-77所示。

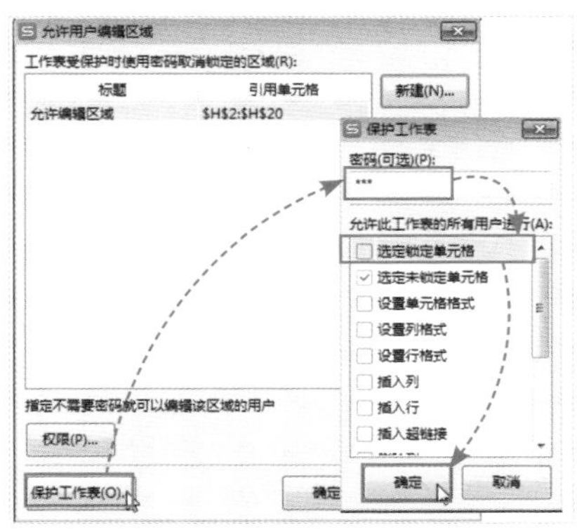

图4-76

确认密码

重新输入密码(R):

输入密码

警告：密码一旦丢失或遗忘，则无法恢复。建议将密码及其相应工作簿和工作表名称的列表保存在安全的地方(注意，密码区分大小写)。

确定 取消

图4-77

Step 05 查看效果。此时，用户无法选中其他单元格，只能选中并修改单元格区域H2:H20中的数据，如图4-78所示。

	E	F	G	H
1	学历	职务	基本工资	联系电话
2	硕士生	经理	¥6,000	18751504068
3	本科	员工	¥4,000	18340211927
4	本科	主管	¥5,000	18711327541
5	本科	员工	¥3,000	18121293302
6	本科	员工	¥4,000	18398754698
7	专科	员工	¥3,000	18712967632

图4-78

课后作业

通过前面对知识点的介绍，相信大家已经掌握了数据输入的技巧，下面就综合利用所学知识点制作一个“物品领用统计表”。

（1）新建一个空白工作表，输入列标题内容。

（2）在“序号”列中输入以0开头的有序数据。

（3）在“物品名称”列中快速输入相同的数据内容。

（4）在“领用日期”列中输入日期，并自定义日期的单元格格式。

（5）在“使用部门”列中使用“数据有效性”功能限制数据内容的输入。

（6）设置数据内容的字体格式，并为表格添加边框和底纹。

（7）将“物品领用统计表”打印出来。

	A	B	C	D	E	F	G
1	序号	物品名称	型号	数量	领用日期	使用部门	领用人签字
2	001	安全帽	EN230	100	2019-04-05	质检部门	赵明
3	002	安全帽	EN230	60	2019-04-12	生产部门	刘欢
4	003	安全帽	EN230	30	2019-04-20	生产部门	康梦想
5	004	安全帽	EN230	15	2019-05-01	质检部门	赵明
6	005	卫生帽	无纺布	25	2019-05-10	酸洗部门	马尚
7	006	卫生帽	无纺布	95	2019-05-15	打磨部门	孙可
8	007	防静电帽	T004	30	2019-05-20	生产部门	唐玲
9	008	防护眼镜	GB463	48	2019-05-25	生产部门	赵明
10	009	面罩	16-16	79	2019-05-28	酸洗部门	刘欢
11	010	面罩	16-16	20	2019-06-03	酸洗部门	朱珍
12	011	面具	GB2626	74	2019-06-10	质检部门	李梦军
13	012	面具	GB2626	66	2019-06-17	质检部门	康梦
14	013	防化手套	EN186	30	2019-06-22	酸洗部门	赵明
15	014	防化手套	EN186	45	2019-06-23	酸洗部门	刘欢
16	015	舒适防化手套	EN186	78	2019-06-28	打磨部门	李广
17	016	舒适防化手套	EN186	39	2019-06-30	打磨部门	魏征

最终效果

NOTE

Tips

大家在学习的过程中如有疑问，可以加入学习交流群（QQ群号：728245398）进行交流。

WPS Office

第5章 必备公式与函数知识

张姐，我看见一个同事在表格中输入公式后，就轻轻松松解决了一个很复杂的问题，好神奇啊！

嗯，可以说函数与公式就是WPS表格的灵魂，掌握了公式与函数，工作中的一些疑难问题就可以迎刃而解了。

我想学习公式与函数，可是……我数学不好，总感觉公式与函数好难啊！

不用担心，其实我们并不需要学会每一个函数，只要能解决问题就行。熟练运用一些常用函数，就可以解决工作中的大多数问题。

那我们在工作中经常会用到哪些函数啊?

例如，TODAY、SUMIF、IF、VLOOKUP、COUNTIF函数等都是经常会用到的，如果想要学习具体的使用方法，可以阅读本章内容。

思维导图

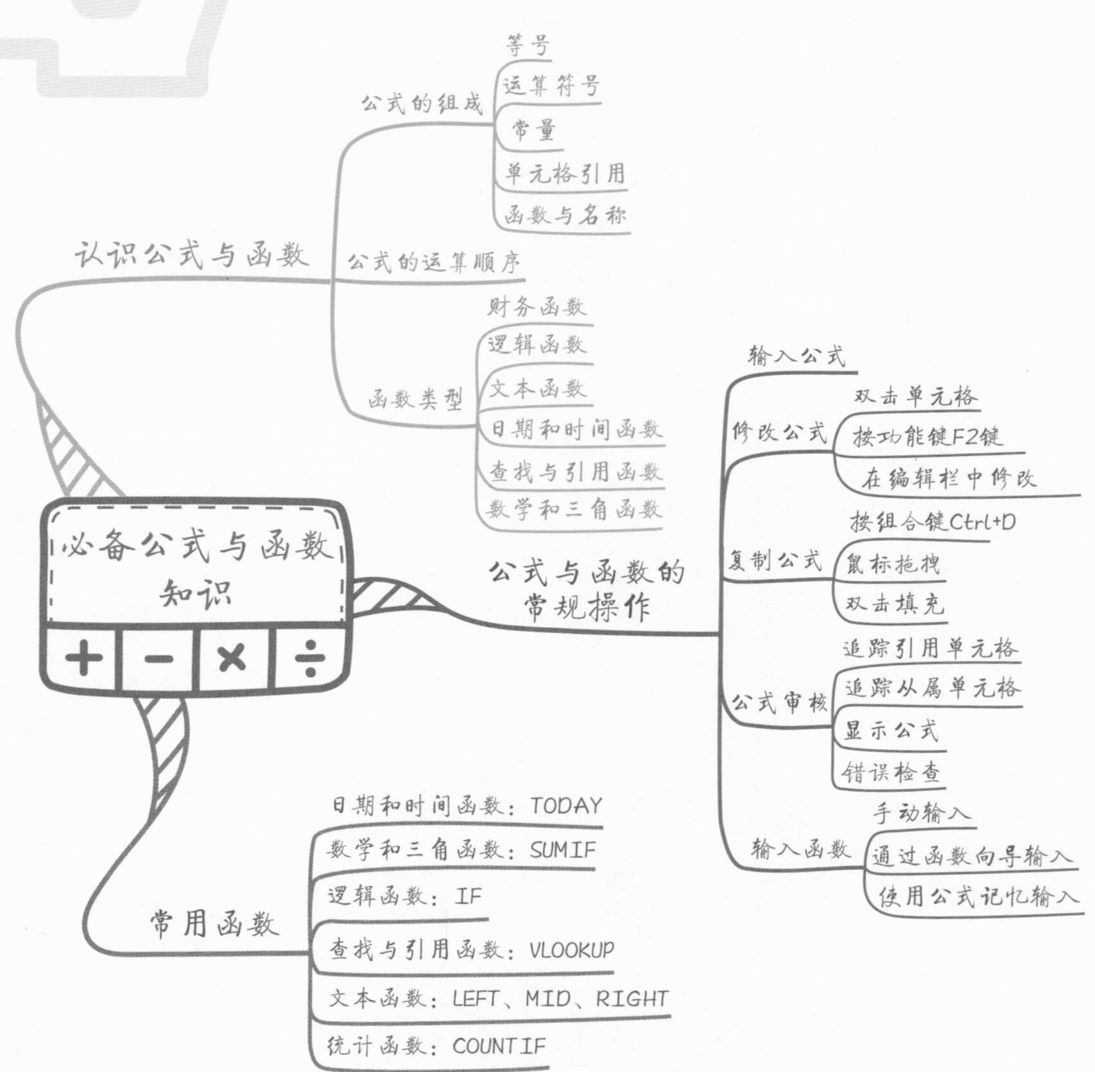

必备公式与函数知识
认识公式与函数
公式的组成
等号
运算符号
常量
单元格引用
函数与名称
公式的运算顺序
函数类型
财务函数
逻辑函数
文本函数
日期和时间函数
查找与引用函数
数学和三角函数
公式与函数的常规操作
输入公式
修改公式
双击单元格
按功能键F2键
在编辑栏中修改
复制公式
按组合键Ctrl+D
鼠标拖拽
双击填充
公式审核
追踪引用单元格
追踪从属单元格
显示公式
错误检查
输入函数
手动输入
通过函数向导输入
使用公式记忆输入
常用函数
日期和时间函数：TODAY
数学和三角函数：SUMIF
逻辑函数：IF
查找与引用函数：VLOOKUP
文本函数：LEFT、MID、RIGHT
统计函数：COUNTIF

知识速记

5.1 认识公式与函数

公式与函数相信大家都听说过，其具有超强的计算能力，是WPS表格中各种功能的左膀右臂。下面就简单介绍一下公式与函数。

5.1.1　公式的组成要素

简单来说，公式就是以“=”开始的一组运算等式。其组成要素为等号“=”、运算符号、常量、单元格引用、函数和名称等，见表5-1。

表5-1

公　式	组　成
=11*9+15*3	包含常量运算的公式
=A3*5+A4*6	包含单元格引用的公式
= 金额 * 数量	包含名称的公式
=SUM(A1:A9)	包含函数的公式

5.1.2　公式的运算顺序

公式输入完成后，在执行计算时，公式的运算是遵循特定的先后顺序的。当公式的运算顺序不同时，得到的结果也不同。通常情况下公式以从左向右的顺序进行运算，如果公式中包含多个运算符，则要按照一定规则的次序进行计算。如果公式中包含相同优先级的运算符，如包含乘和除、加和减等，则顺序为从左到右进行计算。

如果需要更改运算的顺序，可以通过添加括号的方法。例如，2+3*6计算的结果是20，该公式运算的顺序为先乘法再加法，先计算3*6，再计算2+18。如果将公式添加括号变为(2+3)*6，则计算结果为30，该公式的运算顺序为先加法再乘法，先计算2+3，再计算5*6。

5.1.3　了解函数类型

WPS表格为用户提供了6种常用的函数类型，分别为财务函数、逻辑函数、文本函数、日期和时间函数、查找与引用函数、数学和三角函数，如图5-1所示。

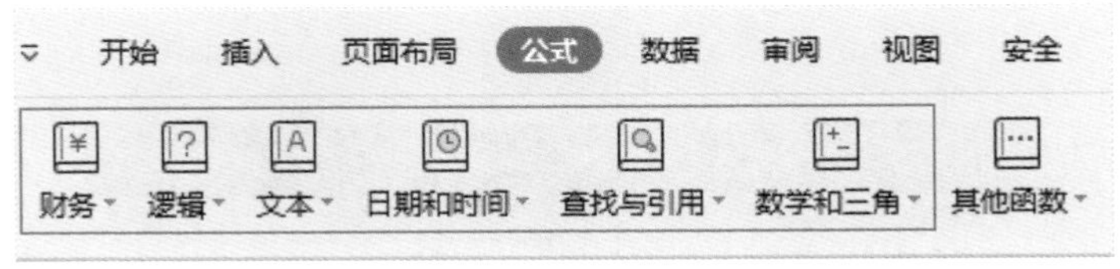

图5-1

财务函数可以满足一般的财务计算；逻辑函数可以进行真假值的判断；文本函数可以在公式中处理字符串；日期和时间函数可以处理日期型或日期时间型数据；查找与引用函数可以在数据清单或表格中查找特定的值；数学和三角函数可以处理简单的计算。

5.2 公式与函数的常规操作

了解了什么是公式与函数后，下面就来介绍一下公式与函数的常规操作。例如，如何输入公式、如何复制公式、如何输入函数等。

5.2.1 输入公式

输入公式很简单，用户可以直接在单元格中输入公式。例如，选择单元格F2后手动输入公式，如图5-2所示。

	B	C	D	E	F
1	销售商品	品牌	销售数量	销售单价	销售金额
2	洗衣机	海尔	30	¥3,500.00	=D2*E2
3	液晶电视	TCL	55	¥2,800.00	
4	空调	美的	63	¥4,500.00	
5	空调	科龙	45	¥2,600.00	

手动输入公式

图5-2

或者在单元格F2中先输入“=”，再单击选中需要引用的单元格D2，接着输入“*”，然后单击选中单元格E2，如图5-3所示。

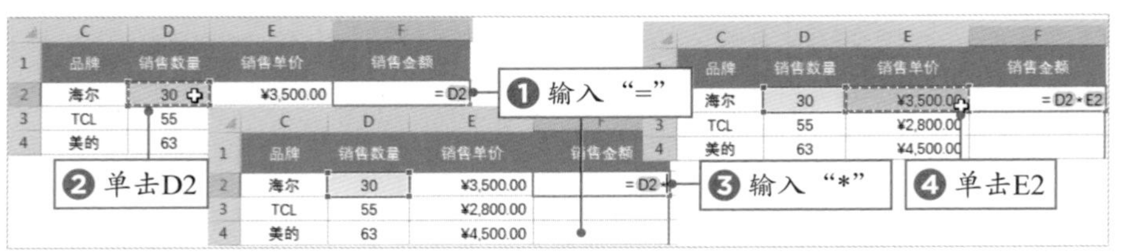

图5-3

● **新手误区：**在单元格中输入公式时，切记不要输入像“=30*3500”这样的公式，因为这种公式无法通过复制来计算其他数值。

5.2.2 修改公式

在单元格中输入公式后，当需要对公式进行编辑或修改时，可以双击单元格或按功能键F2键，如图5-4所示。

	B	C	D	E	F
1	销售商品	品牌	销售数量	销售单价	销售金额
2	洗衣机	海尔	30	¥3,500.00	=D2*E2
3	液晶电视	TCL	55	¥2,800.00	
4	空调	美的	63	¥4,500.00	

选中单元格，双击即可进入编辑状态

选中单元格，按F2键即可进入编辑状态

图5-4

此外，用户还可以选中单元格后，在编辑栏中进行修改，如图5-5所示。

F2
=D2*E2
在编辑栏中进行修改
B C D E F
1 销售商品 品牌 销售数量 销售单价 销售金额
2 洗衣机 海尔 30 ¥3,500.00 ¥105,000.00
选中单元格

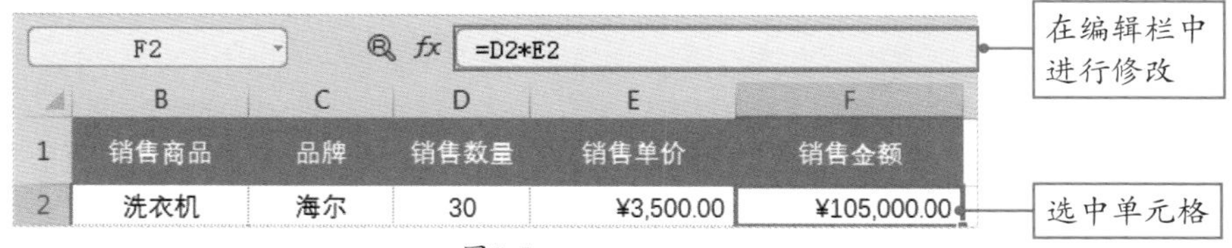

图5-5

■5.2.3 复制公式

当需要对表格中的某列或某行应用相同的公式时，通常采用复制公式的方法。用户可以使用填充命令法、鼠标拖拽法、双击填充法复制公式。

选择包含公式的单元格区域，按组合键Ctrl+D向下复制公式，如图5-6所示。

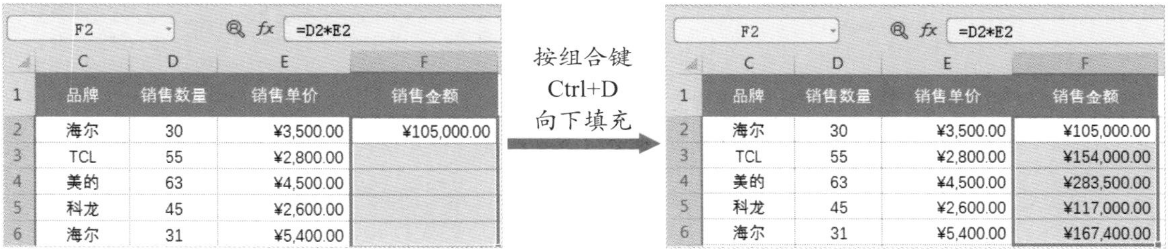

F2
=D2*E2
C D E F
1 品牌 销售数量 销售单价 销售金额
2 海尔 30 ¥3,500.00 ¥105,000.00
3 TCL 55 ¥2,800.00
4 美的 63 ¥4,500.00
5 科龙 45 ¥2,600.00
6 海尔 31 ¥5,400.00
按组合键
Ctrl+D
向下填充
F2
=D2*E2
C D E F
1 品牌 销售数量 销售单价 销售金额
2 海尔 30 ¥3,500.00 ¥105,000.00
3 TCL 55 ¥2,800.00 ¥154,000.00
4 美的 63 ¥4,500.00 ¥283,500.00
5 科龙 45 ¥2,600.00 ¥117,000.00
6 海尔 31 ¥5,400.00 ¥167,400.00

图5-6

选择包含公式的单元格，将鼠标光标移至单元格的右下角，待光标变为黑色十字的填充柄后，按住鼠标左键不放，向下拖动鼠标复制公式，如图5-7所示。

F2
=D2*E2
C D E F
1 品牌 销售数量 销售单价 销售金额
2 海尔 30 ¥3,500.00 ¥105,000.00
3 TCL 55 ¥2,800.00
4 美的 63 ¥4,500.00
5 科龙 45 ¥2,600.00
6 海尔 31 ¥5,400.00
F
销售金额
¥105,000.00
F
销售金额
¥105,000.00
¥154,000.00
¥283,500.00
¥117,000.00
¥167,400.00

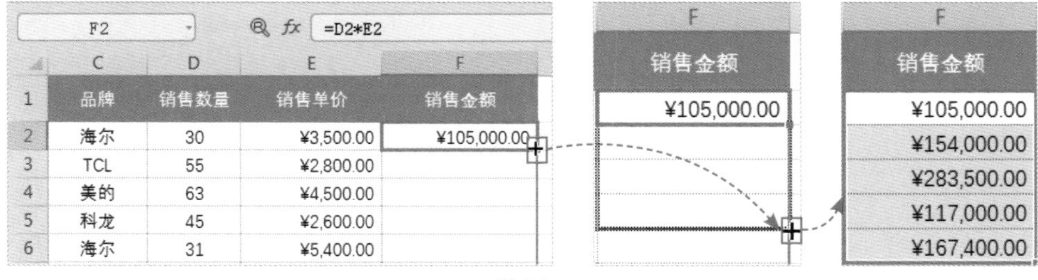

图5-7

选择包含公式的单元格，将光标移至单元格的右下角，双击鼠标即可复制公式，如图5-8所示。

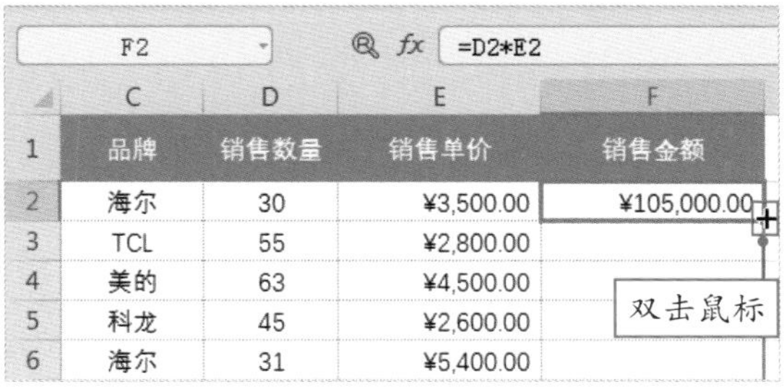

F2
=D2*E2
C D E F
1 品牌 销售数量 销售单价 销售金额
2 海尔 30 ¥3,500.00 ¥105,000.00
3 TCL 55 ¥2,800.00
4 美的 63 ¥4,500.00
5 科龙 45 ¥2,600.00
6 海尔 31 ¥5,400.00
双击鼠标

图5-8

■5.2.4 公式审核

在“公式”选项卡中有一系列的公式审核、查错工具，如追踪引用单元格、追踪从属单元格、显示公式、错误检查等，如图5-9所示。当用户的公式出现问题时，可以尝试利用这些工具进行排查。

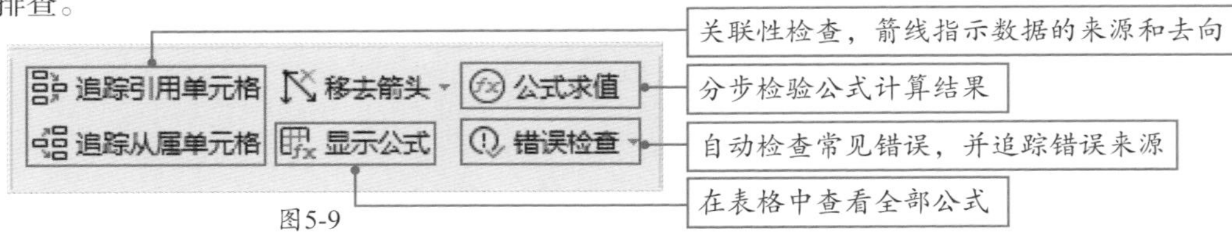

图5-9

“追踪引用单元格”用于指示哪些单元格会影响当前所选单元格的值。例如，选择单元格G2，在“公式”选项卡中单击“追踪引用单元格”按钮，从出现的蓝色箭头可以看出由单元格G2所引用的单元格，如图5-10所示。

G2 =E2*F2

	D	E	F	G
1	品牌	销售数量	销售单价	销售金额
2	海尔	25	¥2,676.00	¥66,900.00
3	TCL	30	¥1,999.00	¥59,970.00

图5-10

检查好公式后，要怎样把蓝色箭头清除呢?

在“公式”选项卡中单击“移去箭头”按钮或单击“保存”按钮，蓝色箭头就会消失。

“追踪从属单元格”用于指示哪些单元格受当前所选单元格的值的影响。例如，选中单元格B6，单击“追踪从属单元格”按钮，从蓝色箭头的指向可以看出受单元格B6影响的单元格，如图5-11所示。

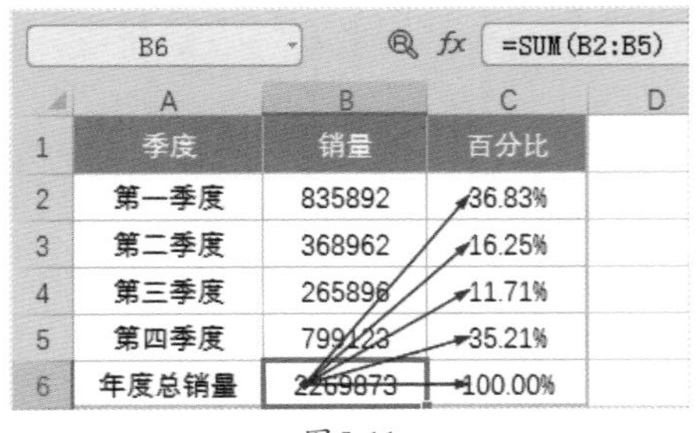

B6 =SUM(B2:B5)

	A	B	C
1	季度	销量	百分比
2	第一季度	835892	36.83%
3	第二季度	368962	16.25%
4	第三季度	265896	11.71%
5	第四季度	799123	35.21%
6	年度总销量	2269873	100.00%

图5-11

在“显示公式”模式下，用户可以在表格中看到全部公式。如果无法看到公式，只需在“公式”选项卡中单击“显示公式”按钮即可，如图5-12所示。

移去箭头　显示公式

	C	D	E	F	G
	部门	工作能力得分	责任感得分	积极性得分	总分
2	销售部	89	78	71	=SUM(D2:F2)
3	财务部	65	88	90	=SUM(D3:F3)
4	研发部	70	75	85	=SUM(D4:F4)
5	行政部	85	63	75	=SUM(D5:F5)
6	财务部	79	93	80	=SUM(D6:F6)
7	行政部	71	68	89	=SUM(D7:F7)

图5-12

“错误检查”功能能够及时地检查出表格中存在问题的公式，以便修正。如果检查出错误，系统会自动弹出“错误检查”对话框，在该对话框中显示公式出错的原因。核实后再对错误公式进行编辑，或者直接忽略错误，如图5-13所示。

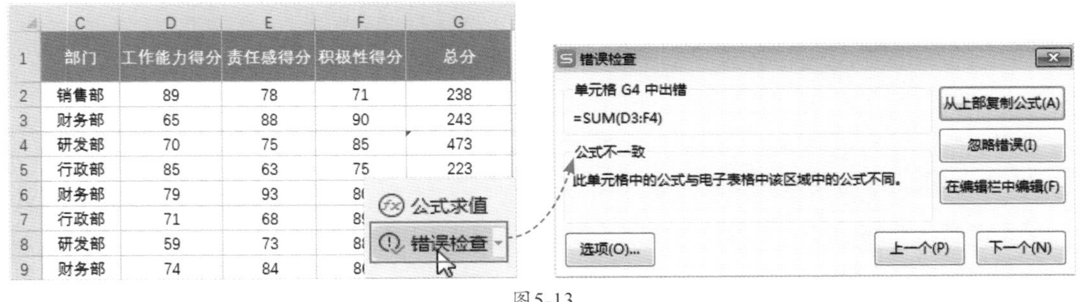

	C	D	E	F	G
1	部门	工作能力得分	责任感得分	积极性得分	总分
2	销售部	89	78	71	238
3	财务部	65	88	90	243
4	研发部	70	75	85	473
5	行政部	85	63	75	223
6	财务部	79	93	8	
7	行政部	71	68	8	
8	研发部	59	73	8	
9	财务部	74	84	8	

图5-13

知识拓展

WPS表格本身就带有后台检索错误公式的功能，当在单元格中输入有问题的公式时，单元格的左上角会出现一个绿色的三角形。选中这个包含错误公式的单元格后，单元格左侧会出现一个警告标志，单击这个标志，在展开的下拉列表中可以查看公式错误的原因，也可以从列表提供的选项中对公式进行设置，如图5-14所示。

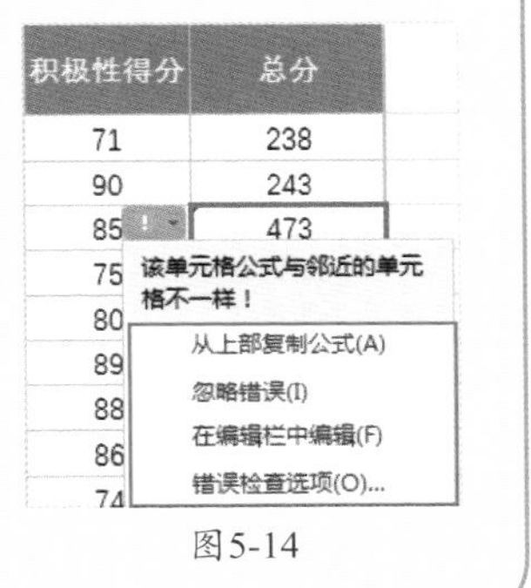

图5-14

■5.2.5　输入函数

函数是预先定义好的公式，使用函数可以提高编辑速度。当使用函数计算相关数据时，首先需要输入函数，这里介绍几种输入函数的方法。

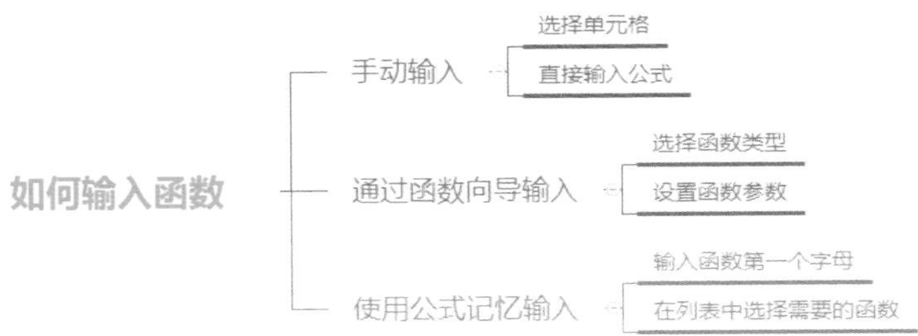

对于一些简单的函数，如果熟悉其语法和参数，用户可以直接在单元格中手动输入。例如，选择单元格H2，直接输入公式“=SUM(C2:G2)”即可，如图5-15所示。

	B	C	D	E	F	G	H
1	电器	星期一	星期二	星期三	星期四	星期五	生产总量
2	电视机	3564	2325	5103	7784		=SUM(C2:G2)
3	空调	3236	2035	3365	1655	4520	
4	冰箱	1108	1325	3398	2302	3214	
5	洗衣机	2740	1365	1845	1289	5874	
6	热水器	3210	4875	2349	2014	4589	

手动输入函数

图5-15

对于一些比较复杂的函数，用户往往不清楚如何正确输入函数的表达式，此时可以通过函数向导来完成函数的输入。

单击编辑栏左侧的“插入函数”按钮，或者在“公式”选项卡中单击“插入函数”按钮，如图5-16所示。打开“插入函数”对话框，选择函数的类别，然后找到需要的函数，在弹出的“函数参数”对话框中设置其函数的相关参数即可，如图5-17所示。

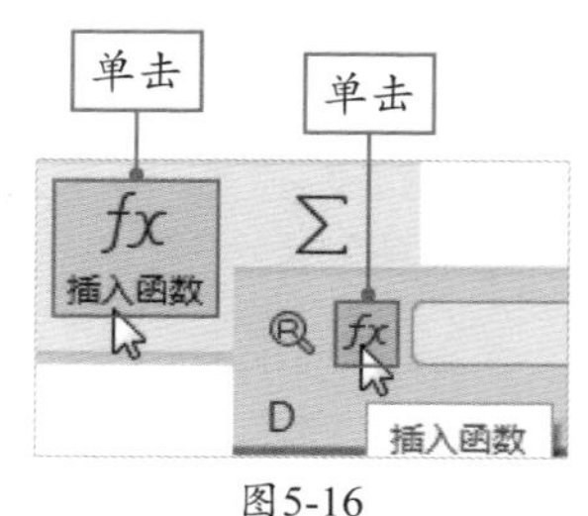

图5-16

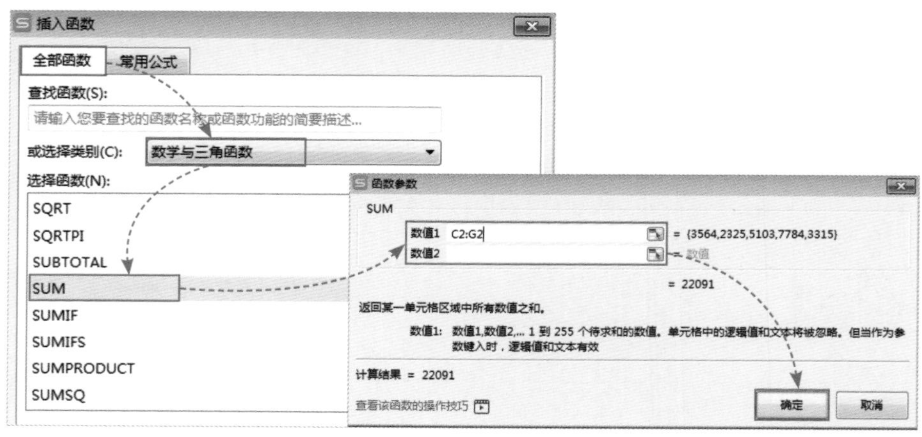

图5-17

此外，用户还可以使用公式记忆输入。当在单元格中输入函数的第一个字母时，系统会自动在其单元格下方列出以该字母开头的函数列表，在列表中选择需要的函数输入即可，如图5-18所示。需要注意的是，在可以拼写出函数的前几个字母的情况下，再选择使用这种方法。

	B	C	D	E	F	G	H	I	J
1	电器	星期一	星期二	星期三	星期四	星期五	生产总量		
2	电视机	3564	2325	5103	7784	3315	=S		
3	空调	3236	2035	3365	1655	4520			
4	冰箱	1108	1325	3398	2302	3214			
5	洗衣机	2740	1365	1845	1289	5874			
6	热水器	3210	4875	2349	2014	4589			
7									
8									

fx STEYX
fx SUBSTITUTE
fx SUBTOTAL
fx SUM
fx SUMIF

输入函数的第一个字母

在列表中选择需要的函数

图5-18

知识拓展

在“公式”选项卡中还提供了一些对数据进行求和、求平均值、求最大值、求最小值的自动计算功能选项。用户可以直接进行计算，而无需输入相应的参数即可得到结果，如图5-19所示。

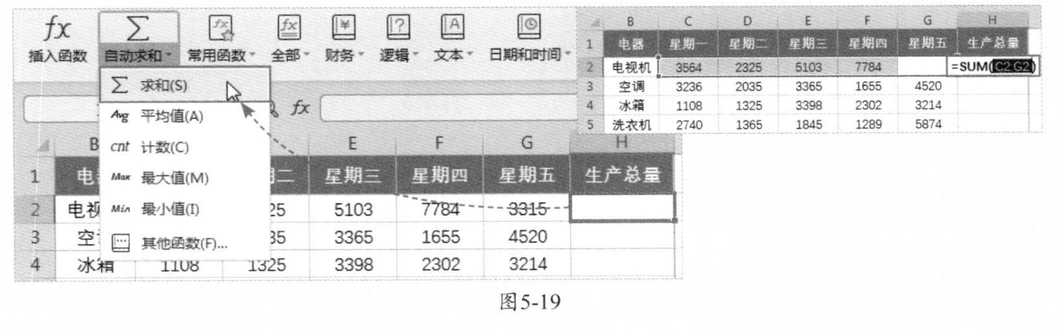

图5-19

5.3 常用函数的应用

WPS表格提供了9种函数类型，如财务函数、逻辑函数、文本函数、日期和时间函数等。用户不需要学会每一个函数，只要掌握一些工作中常用的函数，就可以帮助用户提高工作效率，下面就向大家介绍一些常用函数及其应用。

5.3.1 日期和时间函数：TODAY

日期和时间函数是指在公式中用来分析和处理日期值和时间值的函数。TODAY函数就是经常用到的日期和时间函数之一。

TODAY函数的作用是返回当前日期，在使用时不需要任何参数。

TODAY函数的语法格式为：

=TODAY()

例如，为报表添加制作日期。选择单元格B2，输入公式“=TODAY()”，按回车键后即可显示结果，如图5-20所示。

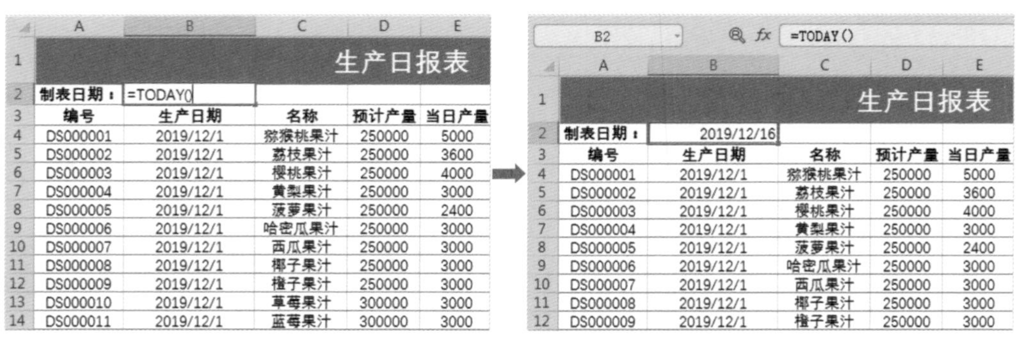

	A	B	C	D	E
1	生产日报表				
2	制表日期：	=TODAY()			
3	编号	生产日期	名称	预计产量	当日产量
4	DS000001	2019/12/1	猕猴桃果汁	250000	5000
5	DS000002	2019/12/1	荔枝果汁	250000	3600
6	DS000003	2019/12/1	樱桃果汁	250000	4000
7	DS000004	2019/12/1	黄梨果汁	250000	3000
8	DS000005	2019/12/1	菠萝果汁	250000	2400
9	DS000006	2019/12/1	哈密瓜果汁	250000	3000
10	DS000007	2019/12/1	西瓜果汁	250000	3000
11	DS000008	2019/12/1	椰子果汁	250000	3000
12	DS000009	2019/12/1	橙子果汁	250000	3000
13	DS000010	2019/12/1	草莓果汁	300000	3000
14	DS000011	2019/12/1	蓝莓果汁	300000	3000

B2 =TODAY()

	A	B	C	D	E
1	生产日报表				
2	制表日期：	2019/12/16			
3	编号	生产日期	名称	预计产量	当日产量
4	DS000001	2019/12/1	猕猴桃果汁	250000	5000
5	DS000002	2019/12/1	荔枝果汁	250000	3600
6	DS000003	2019/12/1	樱桃果汁	250000	4000
7	DS000004	2019/12/1	黄梨果汁	250000	3000
8	DS000005	2019/12/1	菠萝果汁	250000	2400
9	DS000006	2019/12/1	哈密瓜果汁	250000	3000
10	DS000007	2019/12/1	西瓜果汁	250000	3000
11	DS000008	2019/12/1	椰子果汁	250000	3000
12	DS000009	2019/12/1	橙子果汁	250000	3000

图5-20

此外，TODAY函数还可以和其他函数嵌套使用，如计算倒计时。选择单元格A2，输入公式“=TEXT(C2-TODAY(), "00")&"天"”，如图5-21所示。

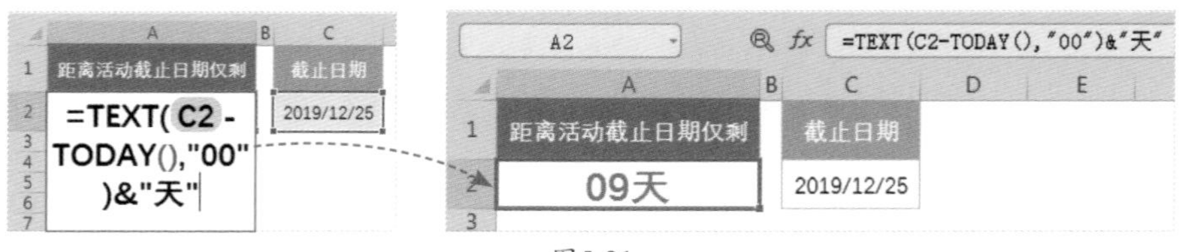

图5-21

知识拓展

倒计时=截止日期-TODAY()（假设当天日期为2019/12/16），最后用文本函数TEXT将计算的数值转换为按指定数字格式表示的文本。

■5.3.2　数学和三角函数：SUMIF

扫码观看视频

使用数学和三角函数可以处理一些简单的数据运算。SUMIF函数是常用到的数学和三角函数之一。

SUMIF函数的作用是根据指定条件对若干单元格、区域或引用求和。

SUMIF函数的语法格式为：

SUMIF(range, criteria, sum_range)

参数说明：

range：条件区域，用于条件判断的单元格区域。

criteria：求和条件，由数字、逻辑表达式等组成的判定条件，可以使用通配符。

sum_range：实际求和区域，需要求和的单元格、区域或引用。省略时，条件区域就是实际的求和区域。

例如，计算华为手机的总销量。选择单元格D2，输入公式“=SUMIF(A2:A10,"华为",B2:B10)”，如图5-22所示。

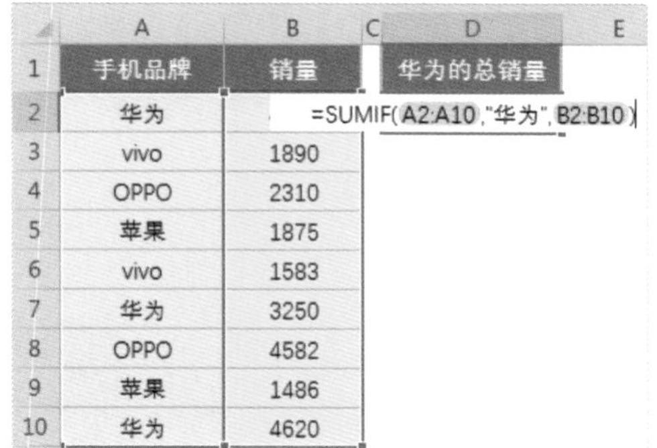

	A	B	C	D	E
1	手机品牌	销量		华为的总销量	
2	华为	=SUMIF(A2:A10,"华为",B2:B10)			
3	vivo	1890			
4	OPPO	2310			
5	苹果	1875			
6	vivo	1583			
7	华为	3250			
8	OPPO	4582			
9	苹果	1486			
10	华为	4620			

D2　fx　=SUMIF(A2:A10,"华为",B2:B10)

	A	B	C	D	E	F
1	手机品牌	销量		华为的总销量		
2	华为	4820		12690		
3	vivo	1890				
4	OPPO	2310				
5	苹果	1875				
6	vivo	1583				
7	华为	3250				
8	OPPO	4582				
9	苹果	1486				
10	华为	4620				

图5-22

知识拓展

上述公式中，“A2:A10”为判断是否为华为的条件区域；“"华为"”为求和条件；“B2:B10”为实际求和区域。

■5.3.3　逻辑函数：IF

使用逻辑函数可以进行真假值的判断。IF函数为常用的逻辑函数之一。

IF函数的作用是根据指定的条件来判断其“真”（TRUE）、“假”（FALSE），根据逻辑计算的真假值，从而返回相应的内容。可以使用IF函数对数值和公式进行条件检测。

IF函数的语法格式为：

IF(logical_test, value_if_true, value_if_false)

参数说明：

logical_test：表示计算结果为TRUE或FALSE的任意值或表达式。

value_if_true：logical_test为TRUE时返回的值。

value_if_false：logical_test为FALSE时返回的值。

例如，判断面试成绩是否合格。选择单元格C2，输入公式“=IF(B2>70,"合格","不合格")”，如图5-23所示。

张姐，上面的公式是什么意思啊？

意思就是，当面试成绩大于70时为合格，否则为不合格。

	A	B	C	D
1	姓名	面试成绩	是否合格	
2	刘佳	=IF(B2>70,"合格","不合格")		
3	张华	65		
4	李雪	75		
5	赵敏	56		
6	孙林	71		

C2 =IF(B2>70,"合格","不合格")

	A	B	C	D	E
1	姓名	面试成绩	是否合格		
2	刘佳	80	合格		
3	张华	65	不合格		
4	李雪	75	合格		
5	赵敏	56	不合格		
6	孙林	71	合格		

图5-23

■5.3.4 查找与引用函数：VLOOKUP

扫码观看视频

使用查找与引用函数可以查找表格中特定的数值或某一单元格的引用。VLOOKUP函数为常用的查找与引用函数。

VLOOKUP函数用于按列进行查找，最终返回该列所需查询列序所对应的值；与之对应的HLOOKUP是按行查找的。

VLOOKUP函数的语法格式为：

VLOOKUP(lookup_value, table_array, col_index_num, range_lookup)

参数说明：

lookup_value：需要在数据表第一列中进行查找的数值。lookup_value可以为数值、引用或文本字符串。当VLOOKUP函数的第一参数省略查找值时，表示用0查找。

table_array：需要在其中查找数据的数据表。使用对区域或区域名称的引用。

col_index_num：表示在table_array中查找数据的数据列序号。col_index_num为1时，返回table_array第一列的数值；col_index_num为2时，返回table_array第二列的数值；依此类推。如果col_index_num小于1，VLOOKUP函数返回错误值#VALUE!；如果col_index_num大于table_array的列数，VLOOKUP函数返回错误值#REF!。

range_lookup：逻辑值，指明VLOOKUP函数查找时是精确匹配还是近似匹配。如果为FALSE或0，则返回精确匹配；如果找不到，则返回错误值#N/A；如果为TRUE或1，VLOOKUP函数将查找近似匹配值，也就是说，如果找不到精确匹配值，则返回小于lookup_value的最大数值。如果range_lookup省略，则默认为近似匹配。

例如，根据书名查找出对应的出版社。选择单元格G2，输入公式“=VLOOKUP(F2,A2:B11,2,FALSE)”，如图5-24所示。

G2 =VLOOKUP(F2,A2:B11,2,FALSE)

	A	B	C	D	E	F	G
1	书名	出版社	册数	定价		书名	出版社
2	Photoshop CS6商业应用案例实战	清华大学出版社	1	99.00		PPT2016实战技巧精粹词典	中国青年出版社
3	Excel电子表格与数据处理一本通	电脑报电子音像出版社	1	25.00			
4	PPT2016实战技巧精粹词典	中国青年出版社	1	79.90			
5	Dreamweaver CS4中文版完全自学教程	中国水利水电出版社	1	49.00			
6	Word/Excel/PPT高效办公自学经典	清华大学出版社	4	59.80			

图5-24

■5.3.5　文本函数：LEFT、MID、RIGHT

文本函数是指可以在公式中处理文字串的函数（可以改变大小写或确定文字串的长度）。常用的文本函数包括LEFT函数、MID函数、RIGHT函数等。

LEFT函数用来返回字符串左侧，指定个数的字符。

LEFT函数的语法格式为：

LEFT(string, n)

参数说明：

string：需要返回字符的字符串表达式。如果string包含Null，将返回Null。

n：指出将返回多少个字符。如果为0，则返回零长度字符串("")；如果大于或等于string的字符数，则返回整个字符串。

例如，使用LEFT函数提取“地址”列中的省份。选择单元格C3，输入公式“=LEFT(B3,3)”，如图5-25所示。

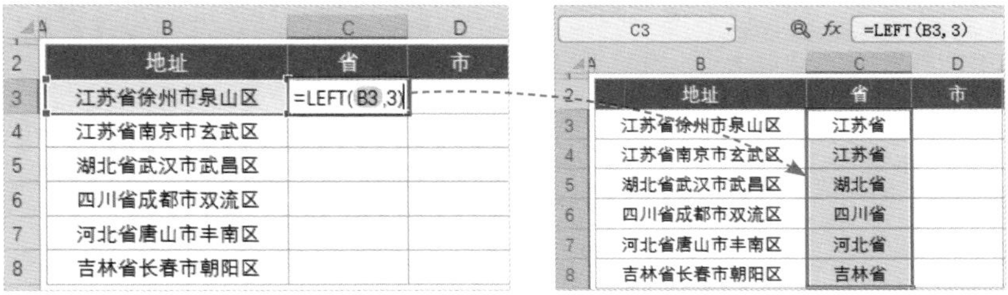

	B	C	D
2	地址	省	市
3	江苏省徐州市泉山区	=LEFT(B3,3)	
4	江苏省南京市玄武区		
5	湖北省武汉市武昌区		
6	四川省成都市双流区		
7	河北省唐山市丰南区		
8	吉林省长春市朝阳区		

C3　=LEFT(B3,3)

	B	C	D
2	地址	省	市
3	江苏省徐州市泉山区	江苏省	
4	江苏省南京市玄武区	江苏省	
5	湖北省武汉市武昌区	湖北省	
6	四川省成都市双流区	四川省	
7	河北省唐山市丰南区	河北省	
8	吉林省长春市朝阳区	吉林省	

图5-25

MID函数用来从指定的字符串中截取出指定数量的字符。

MID函数的语法格式为：

MID(string, start_num, num_chars)

参数说明：

string：表示需要进行截取的字符串。

start_num：表示从左数的第几位开始截取。

num_chars：表示截取的长度。

例如，使用MID函数提取“地址”列中的城市。选中单元格D3，输入公式“=MID(B3,4,3)”，如图5-26所示。

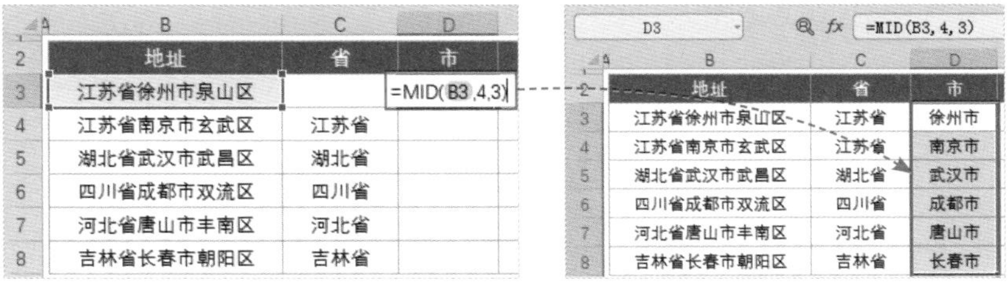

	B	C	D
2	地址	省	市
3	江苏省徐州市泉山区		=MID(B3,4,3)
4	江苏省南京市玄武区	江苏省	
5	湖北省武汉市武昌区	湖北省	
6	四川省成都市双流区	四川省	
7	河北省唐山市丰南区	河北省	
8	吉林省长春市朝阳区	吉林省	

D3　=MID(B3,4,3)

	B	C	D
2	地址	省	市
3	江苏省徐州市泉山区	江苏省	徐州市
4	江苏省南京市玄武区	江苏省	南京市
5	湖北省武汉市武昌区	湖北省	武汉市
6	四川省成都市双流区	四川省	成都市
7	河北省唐山市丰南区	河北省	唐山市
8	吉林省长春市朝阳区	吉林省	长春市

图5-26

RIGHT函数用来返回字符串右侧指定个数的字符。

RIGHT函数的语法格式为：

RIGHT(string, n)

参数说明：

string：需要返回字符的字符串表达式。如果string包含Null，将返回Null。

n：指出将返回多少个字符。如果为0，则返回零长度字符串("")；如果大于或等于string的字符数，则返回整个字符串。

例如，使用RIGHT函数提取“地址”列中的区名。选中单元格E3，输入公式“=RIGHT(B3,3)”，如图5-27所示。

	B	C	D	E
2	地址	省	市	区
3	江苏省徐州市泉山区	江苏省		=RIGHT(B3,3)
4	江苏省南京市玄武区	江苏省	南京市	
5	湖北省武汉市武昌区	湖北省	武汉市	
6	四川省成都市双流区	四川省	成都市	
7	河北省唐山市丰南区	河北省	唐山市	
8	吉林省长春市朝阳区	吉林省	长春市	

E3 =RIGHT(B3,3)

	B	C	D	E
2	地址	省	市	区
3	江苏省徐州市泉山区	江苏省	徐州市	泉山区
4	江苏省南京市玄武区	江苏省	南京市	玄武区
5	湖北省武汉市武昌区	湖北省	武汉市	武昌区
6	四川省成都市双流区	四川省	成都市	双流区
7	河北省唐山市丰南区	河北省	唐山市	丰南区
8	吉林省长春市朝阳区	吉林省	长春市	朝阳区

图5-27

■5.3.6 统计函数：COUNTIF

扫码观看视频

统计函数包含很多计数函数，如COUNT函数、COUNTIF函数、COUNTIFS函数等。

COUNTIF函数用来统计满足给定条件的单元格个数。

COUNTIF函数的语法格式为：

COUNTIF(range, criteria)

参数说明：

range：表示对其进行计数的单元格区域，如数字、名称、数组或包含数字的引用。

criteria：表示对某些单元格进行计数的条件，其形式为数字、表达式、单元格的引用或文本字符串。

例如，统计面试成绩在80分以上的人数。选择单元格D2，输入公式“=COUNTIF(B2:B10,">80")”，如图5-28所示。

	A	B	C	D
1	姓名	面试成绩		面试成绩在80分以上的人数
2	刘佳	81		=COUNTIF(B2:B10,">80")
3	张华	65		
4	李雪	75		
5	赵敏	56		
6	孙林	71		
7	孙悦	83		
8	张宇	74		
9	朱燕	96		
10	赵权	66		

D2 =COUNTIF(B2:B10,">80")

	A	B	C	D
1	姓名	面试成绩		面试成绩在80分以上的人数
2	刘佳	81		3
3	张华	65		
4	李雪	75		
5	赵敏	56		
6	孙林	71		
7	孙悦	83		
8	张宇	74		
9	朱燕	96		
10	赵权	66		

图5-28

综合实战

5.4 制作工资条

每月公司都会向员工发放工资，所以制作工资条是财务人员必须做的工作。本案例旨在讲解公式与函数的使用方法，所以表格中都是一些虚拟数据，可能会和实际情况存在差异。制作本案例涉及的函数有：DATEDIF函数、IF函数、VLOOKUP函数、OFFSET函数等。下面介绍详细的操作流程。

5.4.1　计算工资表中的相关数据

在制作工资条之前，用户需要创建一个工资表，并在其中输入相关数据，然后根据工资表生成工资条，下面介绍具体的操作方法。

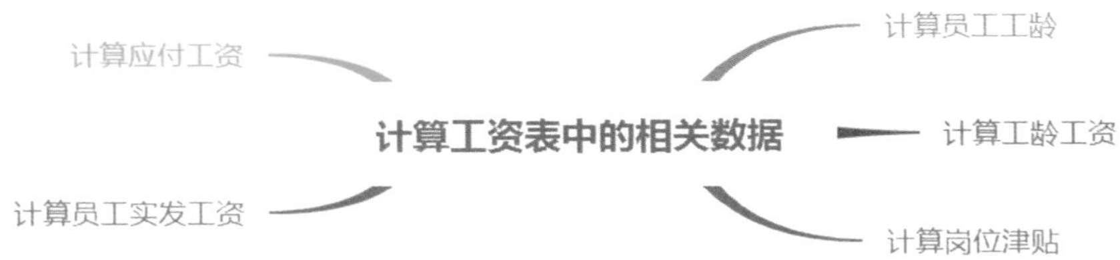

1．计算员工工龄

用户需要使用DATEDIF函数和TODAY函数计算员工工龄，具体操作如下。

Step 01 新建工作表。新建一个“员工工资表”工作表，并在其中输入相关数据，然后为表格添加边框和底纹，如图5-29所示。

Step 02 输入公式。选择单元格H3，输入公式“=DATEDIF(F3,TODAY(),"Y")”，如图5-30所示。

	B	C	D	E	F	G	H
2	工号	姓名	部门	职务	入职时间	基本工资	工龄
3	DS001	张小燕	财务部	经理	2008/8/1	¥8,000	
4	DS002	顾玲	研发部	员工	2014/10/12	¥4,000	
5	DS003	李佳明	生产部	主管	2010/3/9	¥6,000	
6	DS004	顾君名	行政部	经理	2009/9/1	¥7,000	
7	DS005	周齐	人事部	经理	2008/11/10	¥6,000	
8	DS006	张得群	设计部	经理	2008/10/1	¥7,500	
9	DS007	邓洁	研发部	主管	2009/4/6	¥6,000	
10	DS008	舒小英	采购部	经理	2010/6/2	¥7,000	
11	DS009	李军	研发部	员工	2013/9/8	¥4,000	
12	DS010	何明天	生产部	员工	2017/2/1	¥3,000	
13	DS011	王林	人事部	主管	2011/9/1	¥6,000	
14	DS012	赵燕	设计部	主管	2012/6/8	¥6,500	

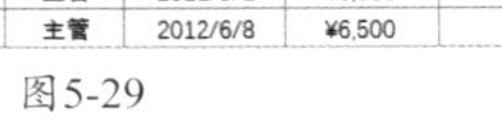

图5-29

SUMIF　× ✓ fx　=DATEDIF(F3,TODAY(),"Y")

	E	F	G	H	I
2	职务	入职时间	基本工资	工龄	工龄工资
3	经理	2008/8/1	=DATEDIF(F3,TODAY(),"Y")		
4	员工	2014/10/12	¥4,000		
5	主管	2010/3/9	¥6,000		
6	经理	2009/9/1	¥7,000		
7	经理	2008/11/10	¥6,000		
8	经理	2008/10/1	¥7,500		
9	主管	2009/4/6	¥6,000		
10	经理	2010/6/2	¥7,000		

输入公式

图5-30

Step 03 填充公式。按回车键确认，计算出“工龄”，然后再次选择单元格H3，将光标移至单元格的右下角，待光标变成填充柄后，按住鼠标左键不放，向下拖动鼠标填充公式，计算其他员工的工龄，如图5-31所示。

Step 04 查看结果。此时可以看到，已经计算出所有员工的工龄了，如图5-32所示。

H3 fx =DATEDIF(F3,TODAY(),"Y")

	E	F	G	H	I
2	职务	入职时间	基本工资	工龄	工龄工资
3	经理	2008/8/1	¥8,000	11	
4	员工	2014/10/12	¥4,000		
5	主管	2010/3/9	¥6,000		
6	经理	2009/9/1	¥7,000		
7	经理	2008/11/10	¥6,000		
8	经理	2008/10/1	¥7,500		
9	主管	2009/4/6	¥6,000		
10	经理	2010/6/2	¥7,000		
11	员工	2013/9/8	¥4,000		

图5-31

H3 fx =DATEDIF(F3,TODAY(),"Y")

	E	F	G	H	I
2	职务	入职时间	基本工资	工龄	工龄工资
3	经理	2008/8/1	¥8,000	11	
4	员工	2014/10/12	¥4,000	5	
5	主管	2010/3/9	¥6,000	9	
6	经理	2009/9/1	¥7,000	10	
7	经理	2008/11/10	¥6,000	11	
8	经理	2008/10/1	¥7,500	11	
9	主管	2009/4/6	¥6,000	10	
10	经理	2010/6/2	¥7,000	9	
11	员工	2013/9/8	¥4,000	6	

图5-32

知识拓展

DATEDIF函数可以用于计算两个日期之间的天数、月数或年数。公式中，“F3”是开始日期，“TODAY()”是终止日期，“"Y"”是比较单位，所需信息的返回类型是“年”。

2. 计算员工工龄工资

工龄工资是企业按照员工的工作年龄、工作经验及劳动贡献的累积给予一定的经济补偿。下面假设工龄在4年以内的，工龄工资每年增加100元；工龄在4年以上的（包含4年），工龄工资每年增加400元。具体计算方法如下。

Step 01 **输入公式。**选择单元格I3，输入公式“=IF(H3<4,H3*100,H3*400)”，如图5-33所示。

Step 02 **查看结果。**按回车键确认，计算出“工龄工资”，然后将公式向下填充，计算出其他员工的工龄工资，如图5-34所示。

SUMIF fx =IF(H3<4,H3*100,H3*400)

	F	G	H	I	J
2	入职时间	基本工资	工龄	工龄工资	岗位津贴
3	2008/8/1	¥8,000	=IF(H3<4,H3*100,H3*400)		
4	2014/10/12	¥4,000	5		
5	2010/3/9	¥6,000	9		
6	2009/9/1	¥7,000	10		
7	2008/11/10	¥6,000	11		
8	2008/10/1	¥7,500	11		
9	2009/4/6	¥6,000	10		
10	2010/6/2	¥7,000	9		
11	2013/9/8	¥4,000	6		

图5-33

I3 fx =IF(H3<4,H3*100,H3*400)

	F	G	H	I	J
2	入职时间	基本工资	工龄	工龄工资	岗位津贴
3	2008/8/1	¥8,000	11	¥4,400	
4	2014/10/12	¥4,000	5	¥2,000	
5	2010/3/9	¥6,000	9	¥3,600	
6	2009/9/1	¥7,000	10	¥4,000	
7	2008/11/10	¥6,000	11	¥4,400	
8	2008/10/1	¥7,500	11	¥4,400	
9	2009/4/6	¥6,000	10	¥4,000	
10	2010/6/2	¥7,000	9	¥3,600	
11	2013/9/8	¥4,000	6	¥2,400	

图5-34

3. 计算岗位津贴

岗位津贴是指为了补偿职工在某些特殊劳动岗位的额外消耗而建立的津贴，下面介绍计算方法。

Step 01 新建"津贴标准"工作表。将"员工工资表"中的"部门"一列内容复制粘贴至当前的工作表中，如图5-35所示。

Step 02 启动"删除重复项"命令。选择单元格区域A3:A32，在"数据"选项卡中单击"删除重复项"按钮，如图5-36所示。

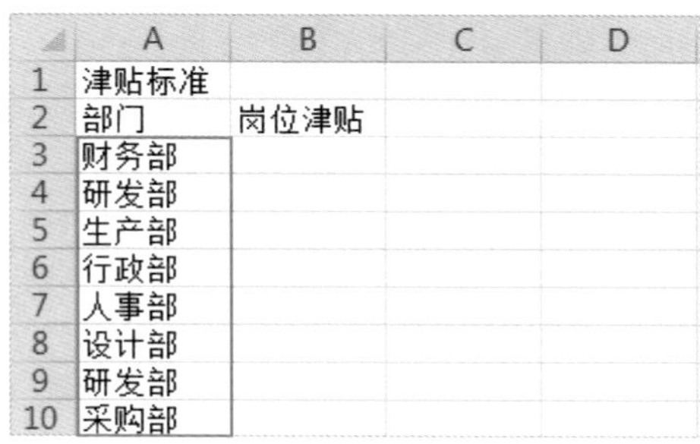

图5-35

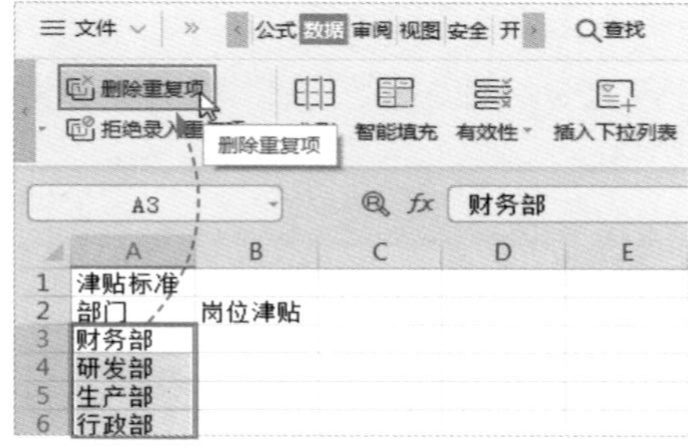

图5-36

Step 03 删除重复项。弹出"删除重复项警告"对话框，从中选择"当前选定区域"单选按钮，单击"删除重复项"按钮，如图5-37所示。再次弹出一个对话框，直接单击"删除重复项"按钮即可，如图5-38所示。

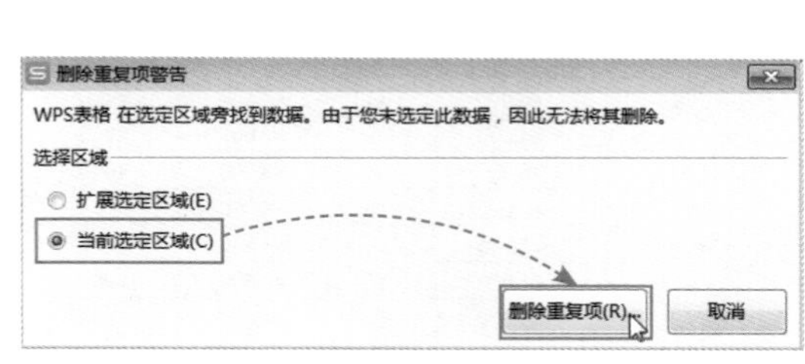

图5-37

图5-38

Step 04 输入内容。在"岗位津贴"列中输入相关数据内容，然后为表格添加边框和底纹，美化一下表格，如图5-39所示。

Step 05 插入函数。切换至"员工工资表"工作表，选择单元格J3，单击编辑栏左侧的"插入函数"按钮，如图5-40所示。

	A	B	C	D
1	津贴标准			
2	部门	岗位津贴		
3	财务部	700		
4	研发部	800		
5	生产部	600		
6	行政部	700		
7	人事部	600		
8	设计部	900		
9	采购部	800		

图5-39

J3　fx　插入函数

	G	H	I	J	K
2	基本工资	工龄	工龄工资	岗位津贴	应付工资
3	¥8,000	11	¥4,400		
4	¥4,000	5	¥2,000		
5	¥6,000	9	¥3,600		
6	¥7,000	10	¥4,000		
7	¥6,000	11	¥4,400		
8	¥7,500	11	¥4,400		
9	¥6,000	10	¥4,000		
10	¥7,000	9	¥3,600		
11	¥4,000	6	¥2,400		

图5-40

Step 06 选择函数。打开“插入函数”对话框，在“或选择类别”列表中选择“查找与引用”选项，然后在“选择函数”列表框中选择VLOOKUP函数，单击“确定”按钮，如图5-41所示。

Step 07 设置函数参数。弹出“函数参数”对话框，从中设置“查找值”“数据表”“列序数”“匹配条件”选项，设置完成后单击“确定”按钮，如图5-42所示。

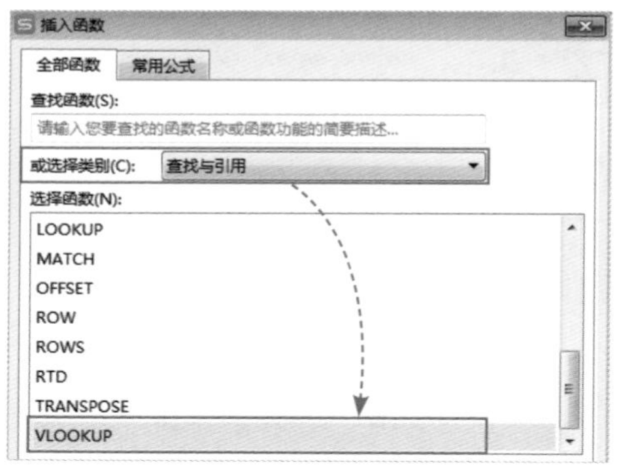

图5-41

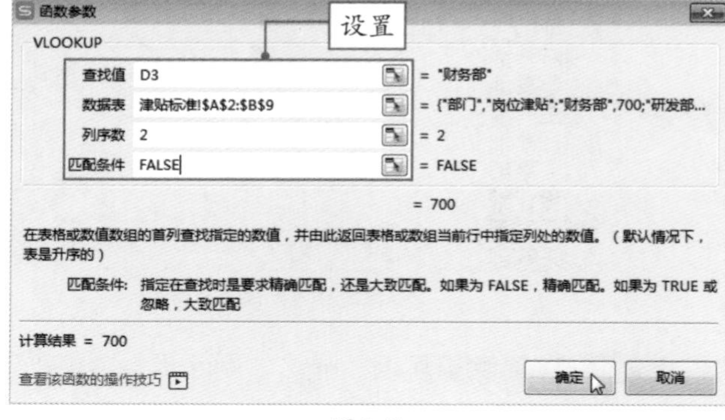

图5-42

Step 08 查看结果。计算出第一位员工的“岗位津贴”后，将公式向下填充，计算出其他员工的岗位津贴，如图5-43所示。

J3　=VLOOKUP(D3, 津贴标准!$A$2:$B$9, 2, FALSE)

	G	H	I	J	K
2	基本工资	工龄	工龄工资	岗位津贴	应付工资
3	¥8,000	11	¥4,400	¥700	
4	¥4,000	5	¥2,000	¥800	
5	¥6,000	9	¥3,600	¥600	
6	¥7,000	10	¥4,000	¥700	
7	¥6,000	11	¥4,400	¥600	
8	¥7,500	11	¥4,400	¥900	
9	¥6,000	10	¥4,000	¥800	
10	¥7,000	9	¥3,600	¥800	
11	¥4,000	6	¥2,400	¥800	

图5-43

知识拓展

VLOOKUP函数是在表格或数值数组的首列查找指定的数值，并由此返回表格或数组当前行中指定列处的数值。本公式使用VLOOKUP函数引用“津贴标准”工作表中第2列中的数据，FALSE是指精确匹配。

4．计算应付工资

应付工资=基本工资+工龄工资+岗位津贴。下面介绍具体的计算方法。

Step 01 输入公式。选择单元格K3，输入公式“=G3+I3+J3”，如图5-44所示。

Step 02 查看结果。按回车键确认，计算出“应付工资”，然后将公式向下填充，计算出其他员工的应付工资，如图5-45所示。

VLOOKUP　=G3+I3+J3

	G	H	I	J	K
2	基本工资	工龄	工龄工资	岗位津贴	应付工资
3	¥8,000	11	¥4,400	¥700	=G3+I3+J3
4	¥4,000	5	¥2,000	¥800	
5	¥6,000	9	¥3,600	¥600	
6	¥7,000	10	¥4,000	¥700	
7	¥6,000	11	¥4,400	¥600	
8	¥7,500	11	¥4,400	¥900	
9	¥6,000	10	¥4,000	¥800	
10	¥7,000	9	¥3,600	¥800	
11	¥4,000	6	¥2,400	¥800	

输入公式

图5-44

K3　=G3+I3+J3

	G	H	I	J	K
2	基本工资	工龄	工龄工资	岗位津贴	应付工资
3	¥8,000	11	¥4,400	¥700	¥13,100
4	¥4,000	5	¥2,000	¥800	¥6,800
5	¥6,000	9	¥3,600	¥600	¥10,200
6	¥7,000	10	¥4,000	¥700	¥11,700
7	¥6,000	11	¥4,400	¥600	¥11,000
8	¥7,500	11	¥4,400	¥900	¥12,800
9	¥6,000	10	¥4,000	¥800	¥10,800
10	¥7,000	9	¥3,600	¥800	¥11,400
11	¥4,000	6	¥2,400	¥800	¥7,200

图5-45

5．计算员工实发工资

实发工资=应付工资－社保扣款－应扣所得税。这里的“社保扣款”和“应扣所得税”需要单独计算，由于各个地区的社保扣款比例不同，这里就不再介绍计算方法了。

Step 01 **输入公式。**选择单元格N3，输入公式“=K3-L3-M3”，如图5-46所示。

Step 02 **查看结果。**按回车键计算出结果，然后将公式向下填充，计算出其他员工的“实发工资”，如图5-47所示。

SUM　=K3-L3-M3

	K	L	M	N	O
2	应付工资	社保扣款	应扣所得税	实发工资	员工签字
3	¥13,100	¥1,869	¥377.3	=K3-L3-M3	
4	¥6,800	¥1,258	¥92.2		
5	¥10,200	¥1,517	¥213.3		
6	¥11,700	¥1,795	¥280.6		
7	¥11,000	¥1,850	¥340.0		
8	¥12,800	¥1,998	¥465.4		
9	¥10,800	¥1,813	¥343.7		
10	¥11,400	¥1,924	¥440.2		
11	¥7,200	¥1,332	¥101.8		

输入公式

图5-46

N3　=K3-L3-M3

	K	L	M	N	O
2	应付工资	社保扣款	应扣所得税	实发工资	员工签字
3	¥13,100	¥1,869	¥377.3	¥10,854.2	
4	¥6,800	¥1,258	¥92.2	¥5,449.8	
5	¥10,200	¥1,517	¥213.3	¥8,469.7	
6	¥11,700	¥1,795	¥280.6	¥9,625.0	
7	¥11,000	¥1,850	¥340.0	¥8,810.0	
8	¥12,800	¥1,998	¥465.4	¥10,336.6	
9	¥10,800	¥1,813	¥343.7	¥8,643.3	
10	¥11,400	¥1,924	¥440.2	¥9,035.8	
11	¥7,200	¥1,332	¥101.8	¥5,766.2	

图5-47

5.4.2　查询员工工资

扫码观看视频

员工工资表计算完成后，如果想要查看某位员工的工资明细，可以制作一个工资查询表，快速查看相关数据，下面介绍具体的操作方法。

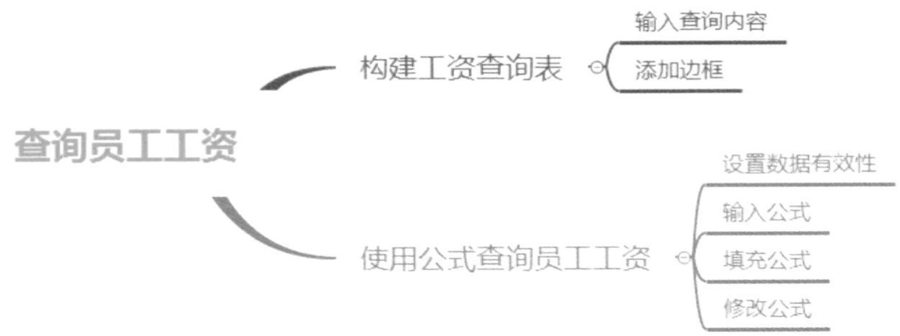

Step 01 新建工资查询表。在工作表中输入需要查询的内容，然后为表格添加边框和底纹，构建表格框架，如图5-48所示。

Step 02 启动“数据有效性”命令。选择单元格B3，在“数据”选项卡中单击“有效性”按钮，如图5-49所示。

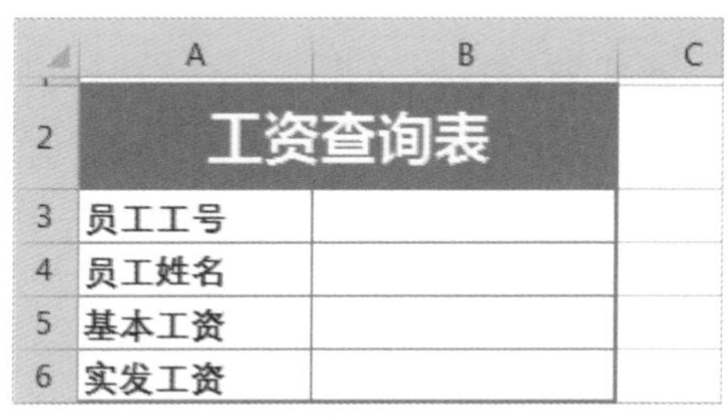

图5-48

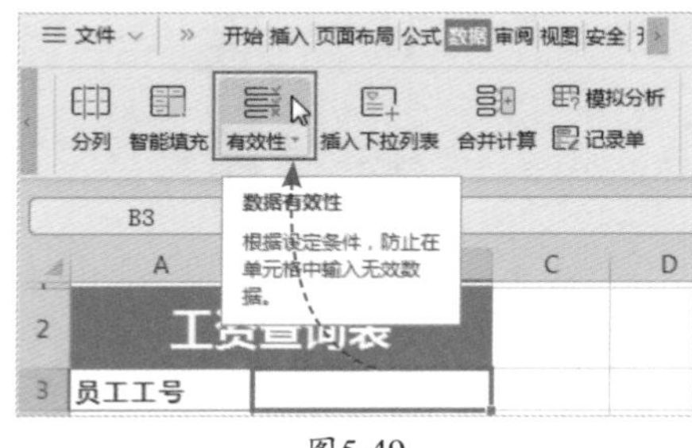

图5-49

Step 03 设置数据有效性。打开“数据有效性”对话框，在“设置”选项卡中将“允许”设置为“序列”，在“来源”文本框中输入“员工工资表”中的“工号”单元格区域，如图5-50所示。

Step 04 设置输入信息。切换至“输入信息”选项卡，在“标题”和“输入信息”文本框中输入相关内容，单击“确定”按钮，如图5-51所示。

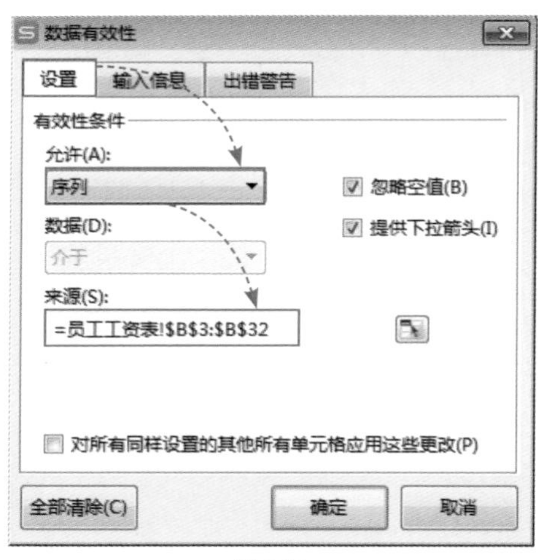

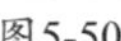

图5-50

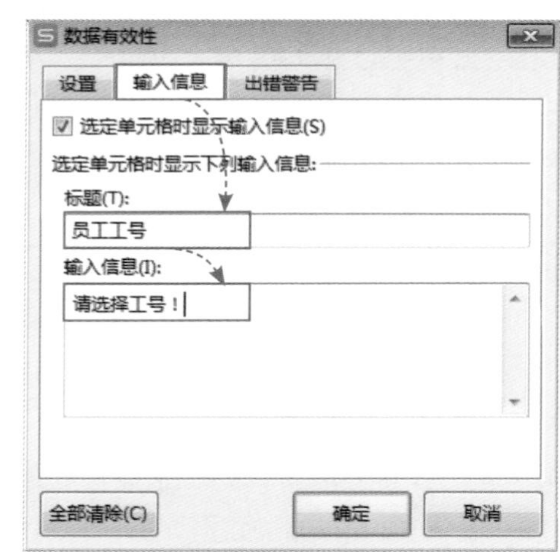

图5-51

Step 05 选择工号。选择单元格B3，可以看到单元格下方出现了提示信息，如图5-52所示。单击单元格右侧的下拉按钮，从列表中选择需要查询的工号，这里选择“DS003”，如图5-53所示。

Step 06 引用“员工姓名”。选择单元格B4，输入公式“=VLOOKUP($B$3,员工工资表!$B$2:$O$32,2,FALSE)”，如图5-54所示。

Step 07 查看结果。按回车键确认，引用“员工工资表”中的姓名，如图5-55所示。

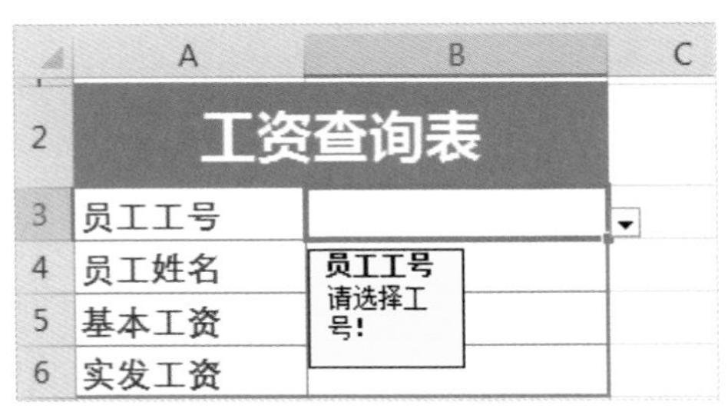

图5-52

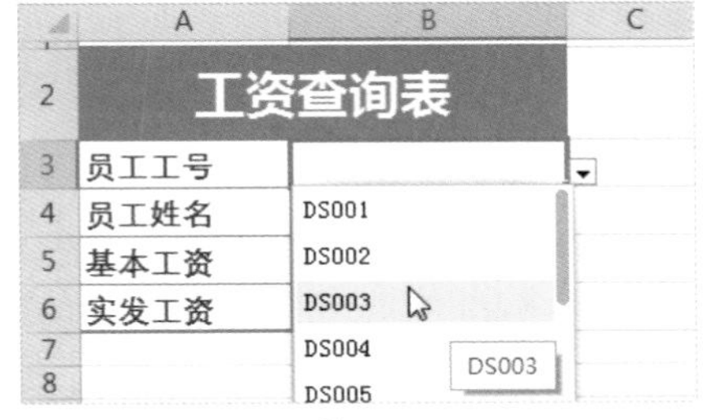

图5-53

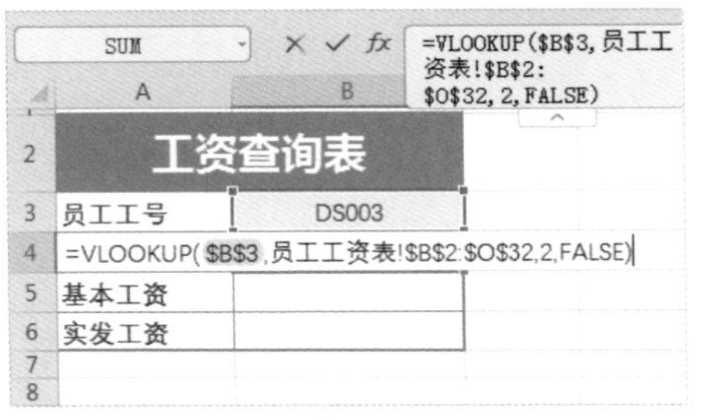

图5-54

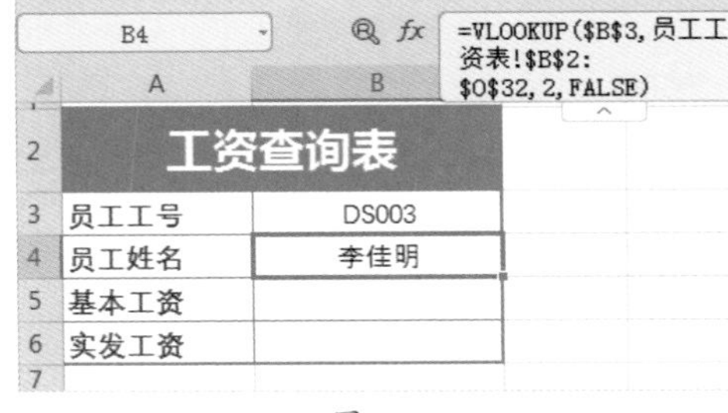

图5-55

Step 08 复制公式。将单元格B4中的公式复制到单元格B5、B6，并修改单元格B5、B6中的公式，即可将“DS003”工号所对应的相关信息查找出来，如图5-56所示。

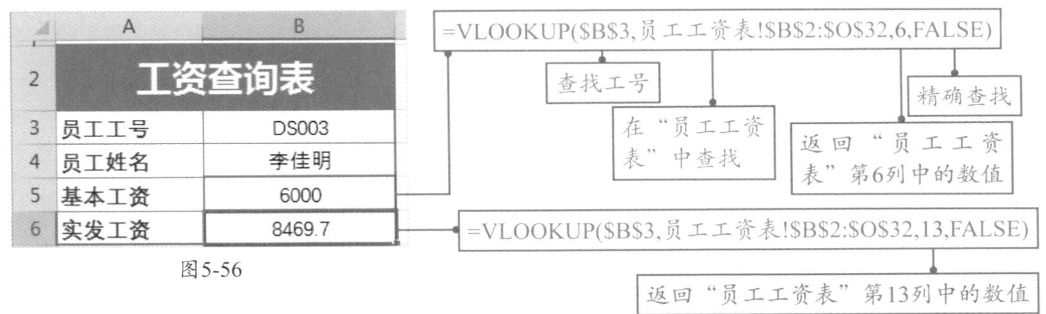

图5-56

■5.4.3　制作并打印工资条

扫码观看视频

制作好员工工资表后，需要根据工资表制作工资条。由于每个员工的工资都是保密的，所以需要将工资条打印出来，制作成单独的密封文件分发到每个员工手中，下面介绍如何制作并打印工资条。

1．制作工资条

用户可以使用OFFSET函数引用员工工资表中的数据，具体操作方法如下。

Step 01 新建“工资条”工作表。将“员工工资表”中的列标题复制粘贴到该工作表中，并为表格添加边框，构建表格框架，如图5-57所示。

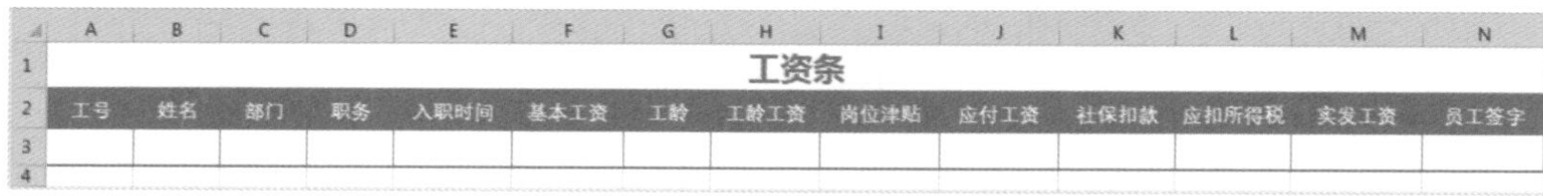

图5-57

Step 02 引用“工号”数据。选择单元格A3，输入公式“=OFFSET(员工工资表!$B$1,ROW()/3+1,COLUMN()-1)”，如图5-58所示。

Step 03 查看结果。按回车键确认，即可引用员工工资表中的“工号”，如图5-59所示。

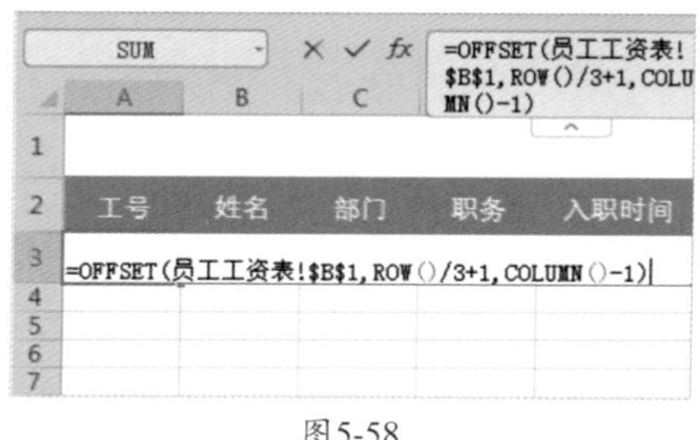

图5-58

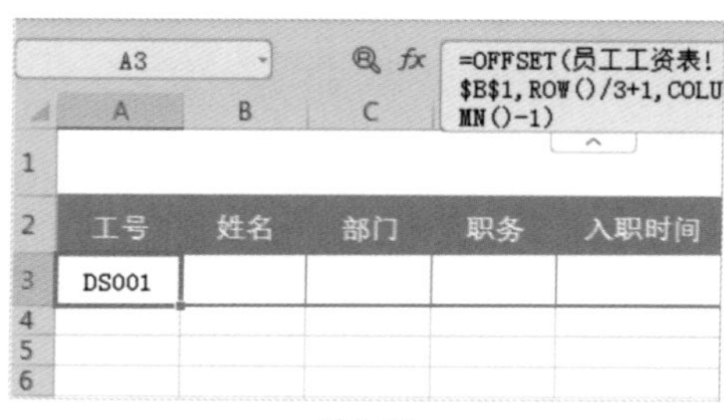

图5-59

Step 04 复制公式。选择单元格A3，将公式向右填充至单元格M3，并将“入职时间”设置为“短日期”数字格式，如图5-60所示。

N3　=OFFSET(员工工资表!$B$1,ROW()/3+1,COLUMN()-1)

工资条													
工号	姓名	部门	职务	入职时间	基本工资	工龄	工龄工资	岗位津贴	应付工资	社保扣款	应扣所得税	实发工资	员工签字
DS001	张小燕	财务部	经理	2008/8/1	8000	11	4400	700	13100	1868.5	377.3	10854.2	

图5-60

Step 05 完成工资条的制作。选择单元格区域A1:N3，将光标移至单元格区域的右下角，待光标变为填充柄后按住鼠标左键不放，向下拖动鼠标，完成工资条的制作，如图5-61所示。

工资条													
工号	姓名	部门	职务	入职时间	基本工资	工龄	工龄工资	岗位津贴	应付工资	社保扣款	应扣所得税	实发工资	员工签字
DS001	张小燕	财务部	经理	2008/8/1	8000	11	4400	700	13100	1868.5	377.3	10854.2	
工资条													
工号	姓名	部门	职务	入职时间	基本工资	工龄	工龄工资	岗位津贴	应付工资	社保扣款	应扣所得税	实发工资	员工签字
DS002	顾玲	研发部	员工	2014/10/12	4000	5	2000	800	6800	1258	92.2	5449.8	
工资条													
工号	姓名	部门	职务	入职时间	基本工资	工龄	工龄工资	岗位津贴	应付工资	社保扣款	应扣所得税	实发工资	员工签字
DS003	李佳明	生产部	主管	2010/3/9	6000	9	3600	600	10200	1517	213.3	8469.7	

图5-61

2．打印工资条

工资条制作完成后，接下来需要将其打印出来，具体操作方法如下。

Step 01 设置打印页面。打开“视图”选项卡，单击“分页预览”按钮，进入分页预览状态，如图5-62所示。将光标放在蓝色虚线上，按住鼠标左键不放，向右拖动鼠标，将其与右侧的蓝色实线重合，如图5-63所示。

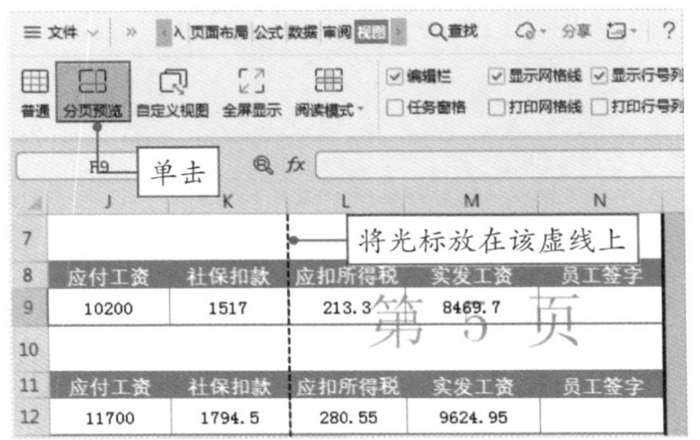

图5-62

图5-63

Step 02 直接打印。单击“普通”按钮，恢复到普通视图，然后单击“打印预览”按钮，进入预览界面，再单击“直接打印”按钮进行打印即可，如图5-64所示。

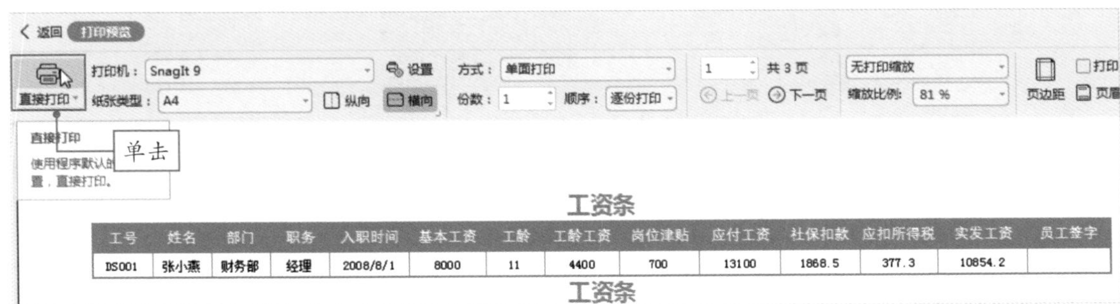

图5-64

课后作业

通过前面对知识点的介绍，相信大家已经掌握了一些常用函数的应用，下面就综合利用所学知识点制作一个“员工信息统计表”。

（1）根据“身份证号码”计算“性别”。

（2）根据“身份证号码”计算“出生日期”。

（3）根据“出生日期”计算“年龄”。

（4）使用函数为“手机号码”打码。

	B	C	D	E	F	G	H	I
2	工号	姓名	性别	年龄	出生日期	身份证号码	入职时间	手机号码
3	DS01	张强				120321199204301431	2015/8/1	18754521035
4	DS02	李华				220321199105281412	2011/12/1	18745321736
5	DS03	李小				320321198901301473	2009/3/9	18731912353
6	DS04	杨荣				420321198802281424	2003/9/1	18798742138
7	DS05	艾佳				520321199110301455	2010/11/10	18739874175
8	DS06	华龙				620321199211241496	2013/10/1	18776332185
9	DS07	叶容				720321198708261467	2005/4/6	18754538741
10	DS08	汪蓝				820321198809131418	2001/6/2	18772313942
11	DS09	贺宇				920321198911021439	2010/9/8	18702345219
12	DS10	张年				520321199207201491	2014/2/1	18763212533
13	DS11	林恪				420321199111251477	2016/9/1	18774210941
14	DS12	何华				320321198611021486	2006/6/8	18719623928
15	DS13	尹锋				220321199108091415	2013/1/1	18742332079
16	DS14	丁娜				520321199206281464	2014/9/10	18732810233
17	DS15	贾静				320321198904281423	2008/9/11	18702975241
18	DS16	王锷				220321198803151472	2009/9/12	18754528650
19	DS17	陈扬				120321199112231431	2015/9/13	18754875074

原始效果

	B	C	D	E	F	G	H	I
2	工号	姓名	性别	年龄	出生日期	身份证号码	入职时间	手机号码
3	DS01	张强	男	27岁	1992年04月30日	120321199204301431	2015/8/1	187****1035
4	DS02	李华	男	28岁	1991年05月28日	220321199105281412	2011/12/1	187****1736
5	DS03	李小	男	30岁	1989年01月30日	320321198901301473	2009/3/9	187****2353
6	DS04	杨荣	女	31岁	1988年02月28日	420321198802281424	2003/9/1	187****2138
7	DS05	艾佳	男	28岁	1991年10月30日	520321199110301455	2010/11/10	187****4175
8	DS06	华龙	男	27岁	1992年11月24日	620321199211241496	2013/10/1	187****2185
9	DS07	叶容	女	32岁	1987年08月26日	720321198708261467	2005/4/6	187****8741
10	DS08	汪蓝	男	31岁	1988年09月13日	820321198809131418	2001/6/2	187****3942
11	DS09	贺宇	男	30岁	1989年11月02日	920321198911021439	2010/9/8	187****5219
12	DS10	张年	男	27岁	1992年07月20日	520321199207201491	2014/2/1	187****2533
13	DS11	林恪	男	28岁	1991年11月25日	420321199111251477	2016/9/1	187****0941
14	DS12	何华	女	33岁	1986年11月02日	320321198611021486	2006/6/8	187****3928
15	DS13	尹锋	男	28岁	1991年08月09日	220321199108091415	2013/1/1	187****2079
16	DS14	丁娜	女	27岁	1992年06月28日	520321199206281464	2014/9/10	187****0233
17	DS15	贾静	女	30岁	1989年04月28日	320321198904281423	2008/9/11	187****5241
18	DS16	王锷	男	31岁	1988年03月15日	220321198803151472	2009/9/12	187****8650
19	DS17	陈扬	男	28岁	1991年12月23日	120321199112231431	2015/9/13	187****5074

最终效果

Tips

大家在学习的过程中如有疑问，可以加入学习交流群（QQ群号：728245398）进行交流。

WPS Office

第6章 对报表数据进行处理

我问你，我们把数据录入表格后的最终目的是什么?

是不是方便对数据进行排序和筛选?

对，但不仅仅是对数据进行排序和筛选，还可以对数据进行其他分析处理，如分类汇总，创建数据透视表、数据透视图，插入图表等。

插入图表我知道，数据透视表是啥?听都没听说过。

数据透视表是表格的“终极武器”，它比函数更简便，只需拖拽几下鼠标，就可以实现大量数据的分析汇总。

哇哦!那我学会了数据透视表，岂不是再也不用为大量的数据分析头疼了，太好了!

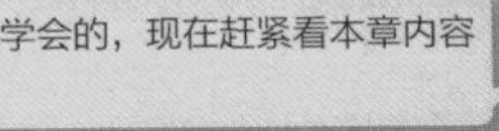

它虽然听着很简单，但也不是一时半会儿就能学会的，现在赶紧看本章内容去学习吧!

思维导图

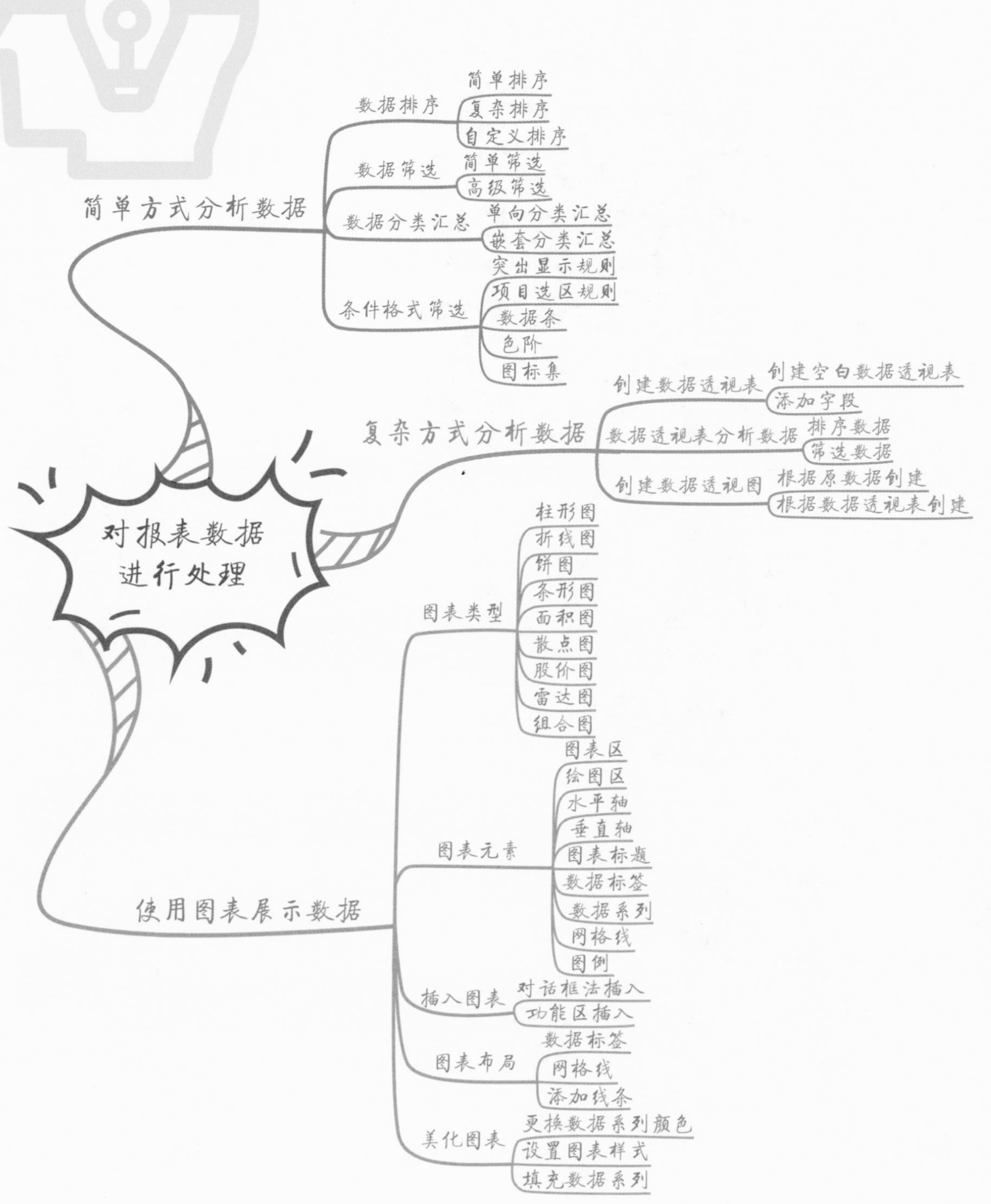

对报表数据进行处理
简单方式分析数据
数据排序
简单排序
复杂排序
自定义排序
数据筛选
简单筛选
高级筛选
数据分类汇总
单向分类汇总
嵌套分类汇总
条件格式筛选
突出显示规则
项目选区规则
数据条
色阶
图标集
复杂方式分析数据
创建数据透视表
创建空白数据透视表
添加字段
数据透视表分析数据
排序数据
筛选数据
创建数据透视图
根据原数据创建
根据数据透视表创建
使用图表展示数据
图表类型
柱形图
折线图
饼图
条形图
面积图
散点图
股价图
雷达图
组合图
图表元素
图表区
绘图区
水平轴
垂直轴
图表标题
数据标签
数据系列
网格线
图例
插入图表
对话框法插入
功能区插入
图表布局
数据标签
网格线
添加线条
美化图表
更换数据系列颜色
设置图表样式
填充数据系列

知识速记

6.1 通过简单方式分析数据

即使对WPS表格再不熟悉的人，也肯定听说过排序和筛选，它们是对工作表中的数据进行处理最常用到的工具，也是WPS表格中最基本的分析操作。

■6.1.1　对数据进行排序

排序是指按照指定的顺序将数据重新排列组合，是数据整理的一种重要手段。常见的排序方式有：简单排序、复杂排序和自定义排序。

简单排序多指对表格中的某一列数据进行排序。只需选中某一列中的任意单元格，在“数据”选项卡中单击“升序”或“降序”按钮，如图6-1所示。

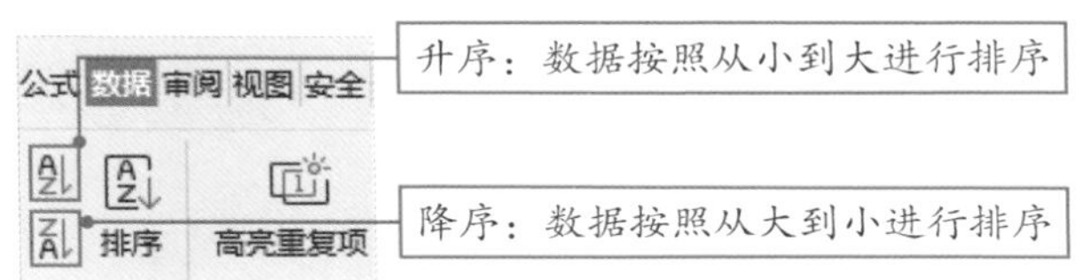

图6-1

复杂排序是对工作表中的数据按照两个或两个以上的关键字进行排序。需要单击“数据”选项卡中的“排序”按钮，在打开的“排序”对话框中进行设置，如图6-2所示。

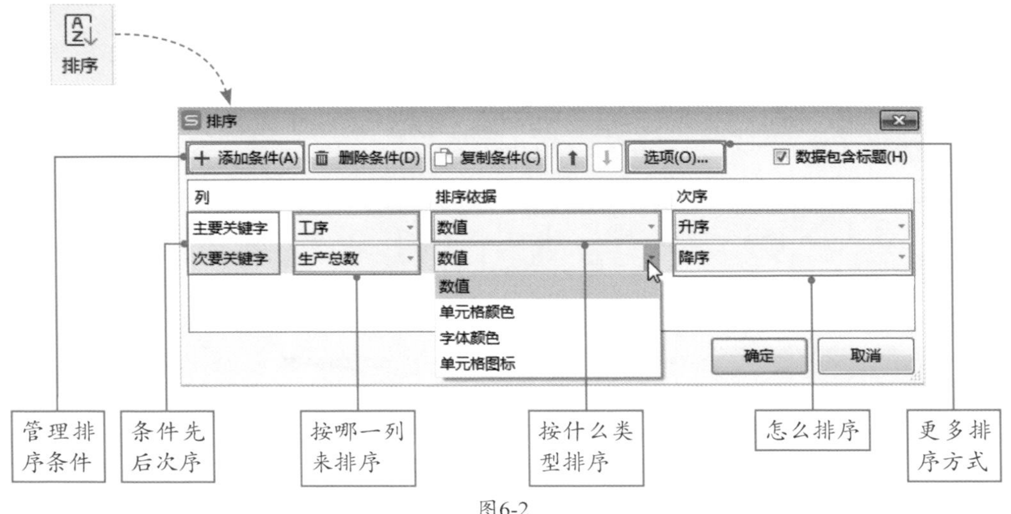

图6-2

有时对某些有固定顺序的文本进行排序时，WPS表格内置的排序方式根本无能为力。例如，将“等级”列中的数据按照“优、良、中、不合格”的顺序进行排序，此时需要用到自定义序列排序的方法，如图6-3所示。

图6-3

知识拓展

如果需要对汉字进行排序，如对“姓名”“部门”等进行排序，需要在“排序”对话框中单击“选项”按钮，在打开的“排序选项”对话框中选择“拼音排序”或“笔画排序”选项，如图6-4所示。

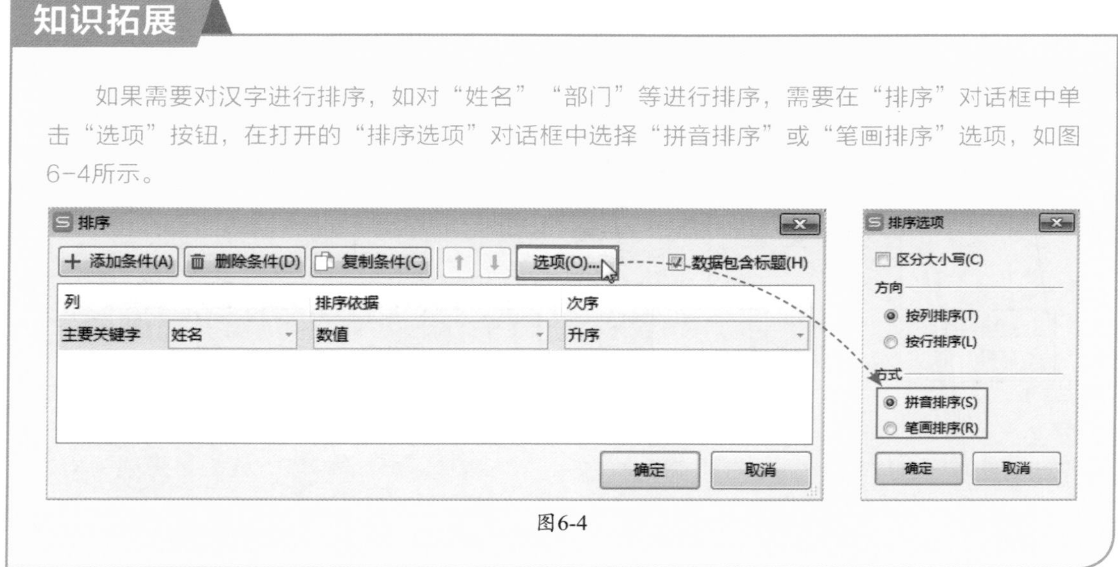

图6-4

■6.1.2　对数据进行筛选

筛选就是从众多的数据中将符合条件的数据快速查找并显示出来。用户可以对数据进行基本筛选和高级筛选。

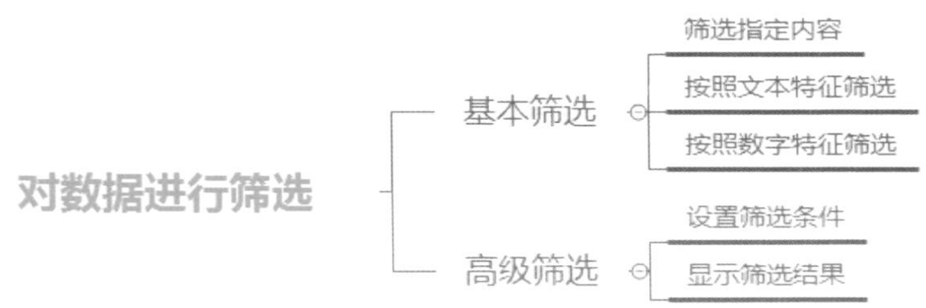

基本筛选一般是筛选条件比较简单的数据。用户可以筛选指定内容，或者按照文本和数字特征进行筛选。

筛选表格中的指定内容，如将“毕业院校”是“清华大学”的人员的相关信息筛选出来，如图6-5所示。

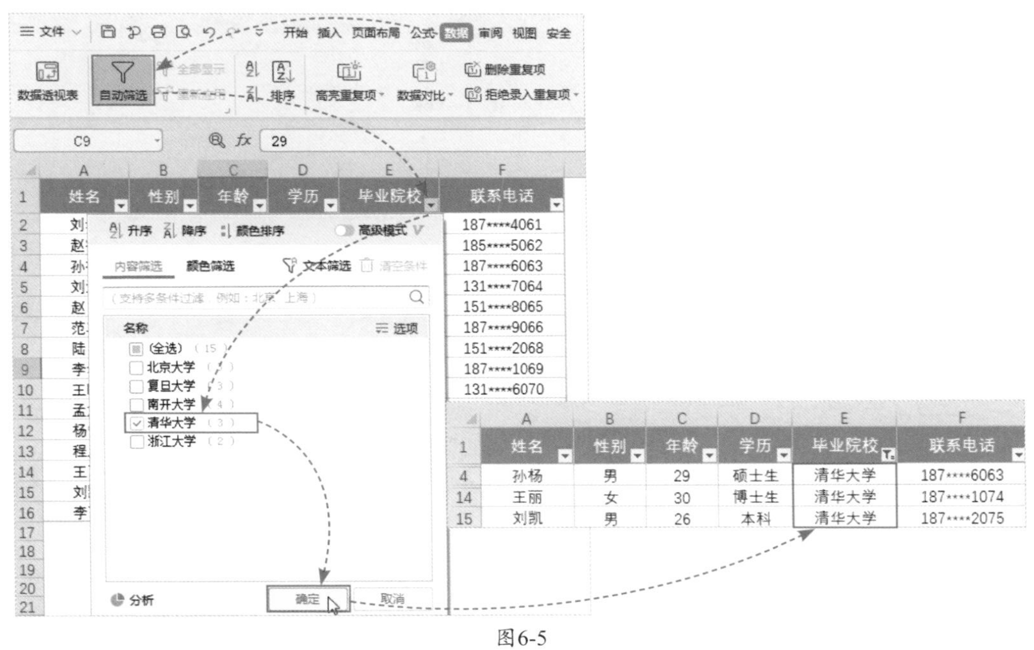

图6-5

我将需要的信息筛选出来，查看后想要恢复原来的状态，该怎么办啊？

对数据进行筛选后，“自动筛选”按钮是呈现选中状态的，我们再次单击这个按钮，取消选中状态，就可以清除筛选、恢复原本状态了。

如果要对指定形式或包含指定字符的文本进行筛选，可以借助通配符进行筛选。例如，将姓“孙”的人员的相关信息筛选出来，如图6-6所示。

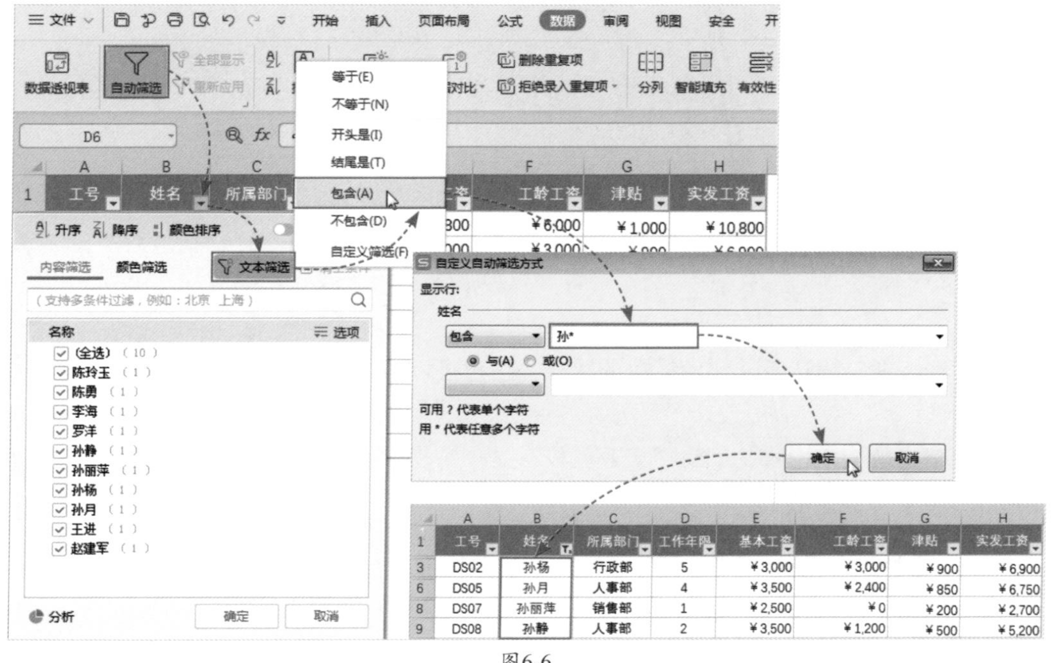

图6-6

用户可以利用“数字筛选”功能对数值型字段进行筛选，例如，将“领导评分”大于8分的人员的相关信息筛选出来，如图6-7所示。

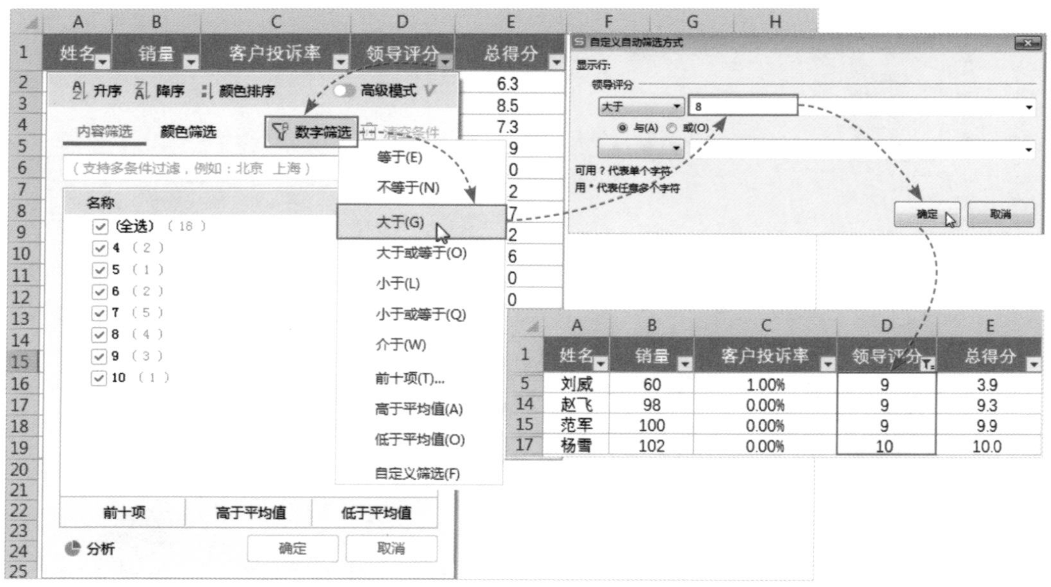

图6-7

知识拓展

上述案例就使用了通配符进行筛选，其中，“孙”后面的“*”表示任意多个字符，而“? ”表示任意单个字符，并且符号必须在英文状态下输入。

当进行条件更复杂的筛选时，可以使用“高级筛选”功能。例如，将“性别”为“女”且“年龄”小于“30”或“毕业院校”是“清华大学”的人员的相关信息筛选出来，如图6-8所示。

高级筛选

弹出“高级选项”对话框，可以选择筛选不重复记录等选项。

	A	B	C	D	E	F
1	姓名	性别			毕业院校	联系电话
2	刘华	男	26	本科	南开大学	187****4061
3	赵宇	男	26	本科	浙江大学	185****5062
4	孙杨	男	32	硕士生	清华大学	187****6063
5	刘涛	女	32	本科	南开大学	131****7064
6	赵明	男	29	硕士生	北京大学	151****8065
7	范军	男	32	博士生	南开大学	187****9066
8	陆明	男	25	本科	北京大学	151****2068
9	李华	男	29	硕士生	南开大学	187****1069
10	王晓	女	31	本科	北京大学	131****6070
11	孟旭	男	33	博士生	浙江大学	139****7071
12	杨雪	女	26	本科	南开大学	187****8072
13	程晨	男	28	硕士生	复旦大学	131****3073
14	王丽	女	30	博士生	清华大学	187****1074
15	刘		29	本科	清华大学	187****2075
16	李		33	博士生		
17						
18	性别	年龄	毕业院校			
19	女	<30				
20			清华大学			

设置筛选条件

高级筛选

方式

在原有区域显示筛选结果(F)

将筛选结果复制到其它位置(O)

列表区域(L): 表 (2)'!$A$1:$F$16

条件区域(C): 表 (2)'!$A$18:$C$20

复制到(T):

扩展结果区域，可能覆盖原有数据(V)

选择不重复的记录(R)

确定 取消

	A	B	C	D	E	F
1	姓名	性别	年龄	学历	毕业院校	联系电话
4	孙杨	男	32	硕士生	清华大学	187****6063
12	杨雪	女	26	本科	南开大学	187****8072
14	王丽	女	30	博士生	清华大学	187****1074
15	刘凯	男	29	本科	清华大学	187****2075

图6-8

知识拓展

进行高级筛选后，在“数据”选项卡中单击“全部显示”按钮，即可清除筛选结果，如图6-9所示。

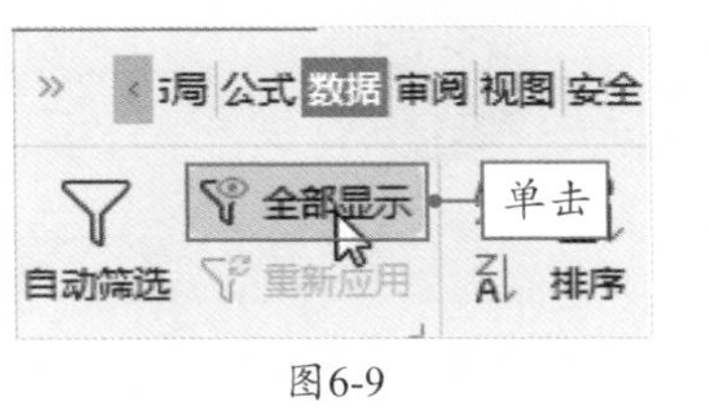

图6-9

■6.1.3 对数据进行分类汇总

在工作中有时需要对表格中的数据进行汇总统计，这时可以使用“分类汇总”功能，对单列数据或多列数据进行分类汇总。

单项分类汇总是按照某一个字段的内容进行分类，并统计出汇总结果。在“数据”选项卡中单击“分类汇总”按钮，如图6-10所示。在打开的“分类汇总”对话框中设置“分类字段”“汇总方式”和“选定汇总项”即可，如图6-11所示。

图6-10

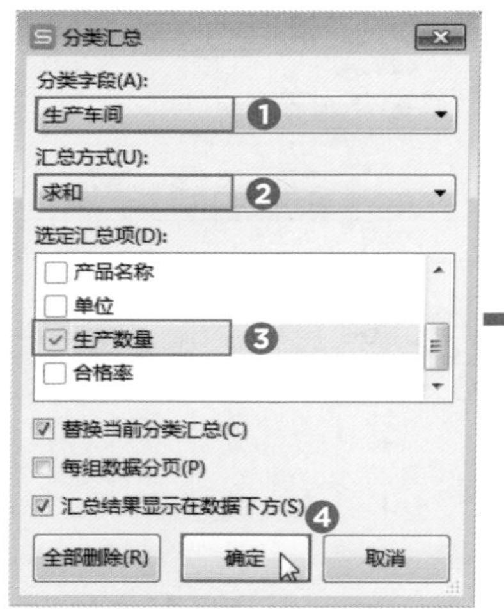

	B	C	D	E	F	G	H
1	产品代码	生产车间	生产时间	产品名称	单位	生产数量	合格率
2	SP001	第1车间	2018/1/17	山楂片	袋	35000	93%
3	SP006	第1车间	2018/1/17	豆腐干	袋	27000	90%
4	SP013	第1车间	2018/2/17	辣条	袋	15800	97%
5		第1车间 汇总				77800	
6	SP002	第2车间	2018/3/6	小米锅巴	袋	17500	90%
7	SP003	第2车间	2018/3/6	通心卷	袋	28790	100%
8	SP011	第2车间	2018/4/6	巧克力豆	袋	7000	96%
9	SP012	第2车间	2018/4/6	海苔	袋	29800	92%
10		第2车间 汇总				83090	
11	SP008	第3车间	2018/5/20	薯条	袋	25000	96%
12	SP009	第3车间	2018/5/20	沙琪玛	袋	15000	100%
13	SP010	第3车间	2018/6/20	早餐饼干	袋	12000	93%
14		第3车间 汇总				52000	
15	SP004	第4车间	2018/7/10	跳跳糖	袋	12000	99%
16	SP005	第4车间	2018/8/10	旺仔饼干	袋	15000	92%
17	SP007	第4车间	2018/8/10	薯片	袋	34000	94%
18		第4车间 汇总				61000	
19		总计				273890	

图6-11

咦，为什么我汇总出来的结果和前面讲述的不一样呢?

那是因为你在对某个字段分类汇总前，没有对这个字段进行排序。只有对该字段进行了“升序”或“降序”排序，才可以进行分类汇总。

嵌套分类汇总是在一个分类汇总的基础上，对其他字段进行再次分类汇总。在分类汇总前，用户需要对分类汇总的字段进行排序，如图6-12所示。

在“分类汇总”对话框中设置好第一个分类字段后，再次打开“分类汇总”对话框，设置第二个分类字段，如图6-13所示。

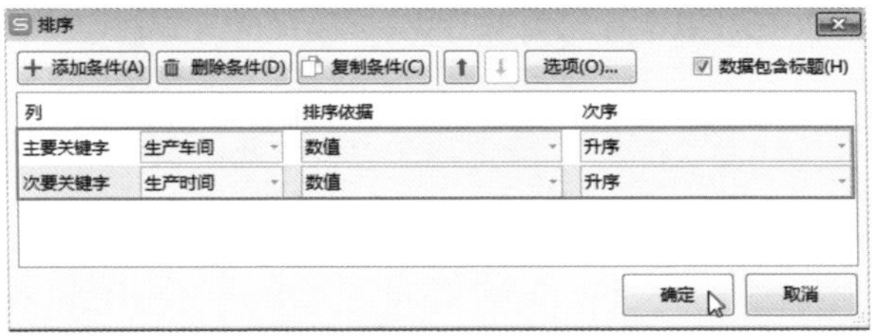

图6-12

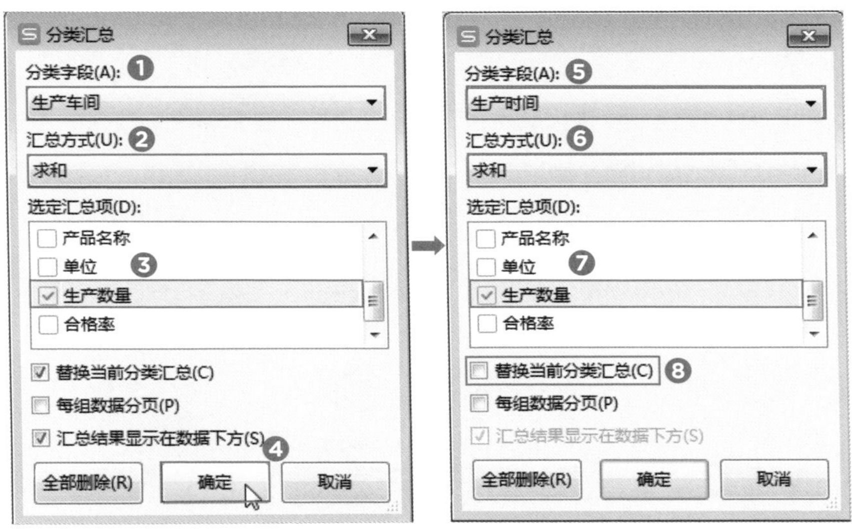

图6-13

知识拓展

如果用户想要删除分类汇总的结果，需要再次打开“分类汇总”对话框，单击“全部删除”按钮即可。

新手误区：在设置第二个分类字段时，需要在“分类汇总”对话框中取消勾选“替换当前分类汇总”复选框，否则该字段的分类汇总结果会覆盖上一次的分类汇总结果。

6.1.4　用条件格式筛选数据

在表格中使用条件格式也能筛选数据，其“突出显示单元格规则”命令可以将符合条件的数据突出显示出来。例如，将“工作能力得分”大于80分的数据突显出来。首先要选择“工作能力得分”列中的数据区域，在“开始”选项卡中单击“条件格式”下拉按钮，如图6-14所示。

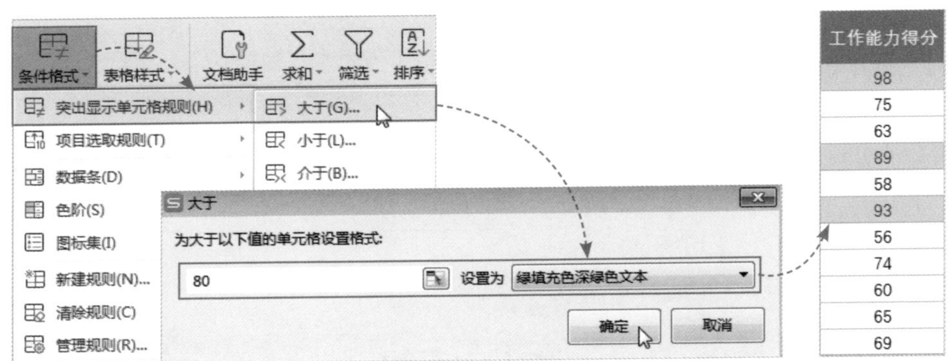

图6-14

此外，用户还可以使用“项目选取规则”命令，来突出显示特定的数据。例如，将“销售排名”列中的前3名突出显示出来，如图6-15所示。

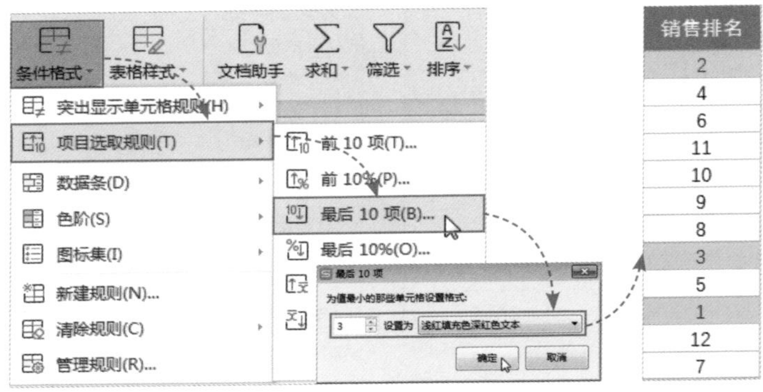

图6-15

在“条件格式”列表中还有“数据条”“色阶”“图标集”等命令，使用这些命令可以更直观地展示数据。

为数据添加数据条，可以快速为一组数据插入底纹颜色，并根据数值的大小自动调整长度。数值越大，数据条越长；数值越小，数据条越短，如图6-16所示。

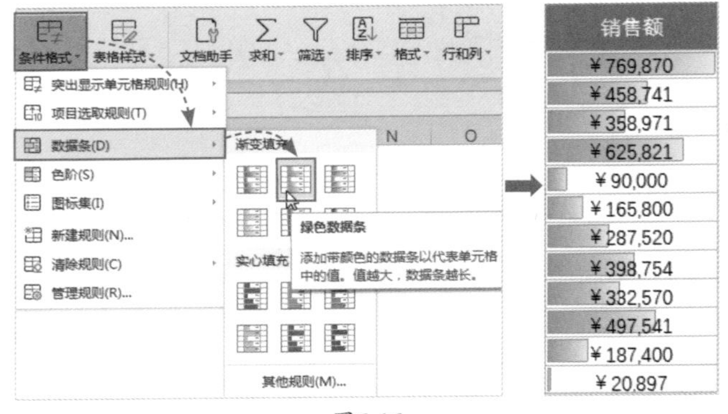

图6-16

为数据添加色阶，可以更直观地了解数据整体的分布情况，如图6-17所示。

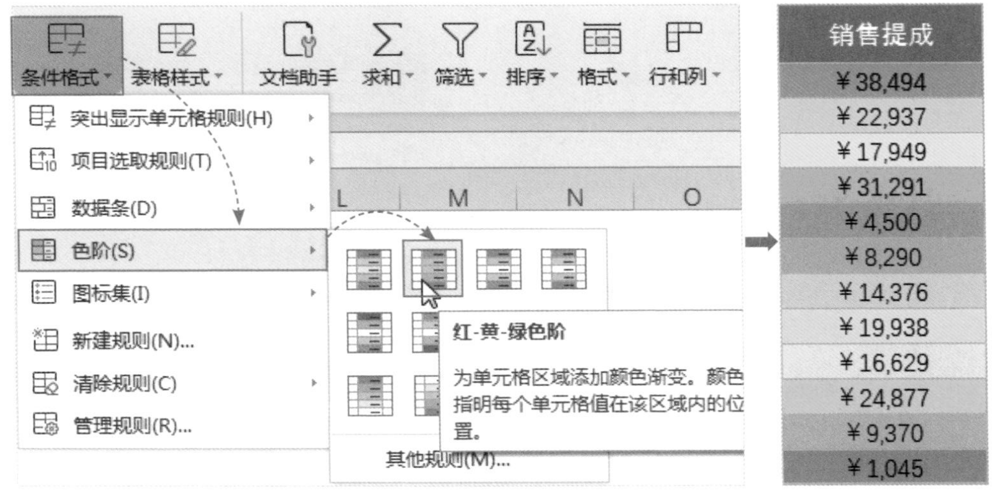

图6-17

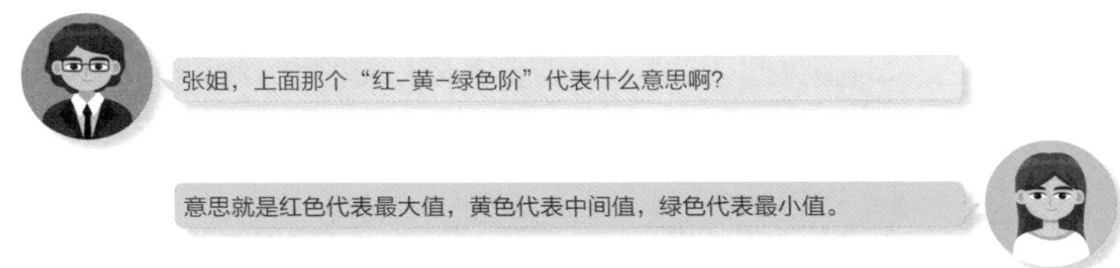

为数据添加图标集，可以对数据进行等级划分，使数据的分布情况一目了然，如图6-18所示。

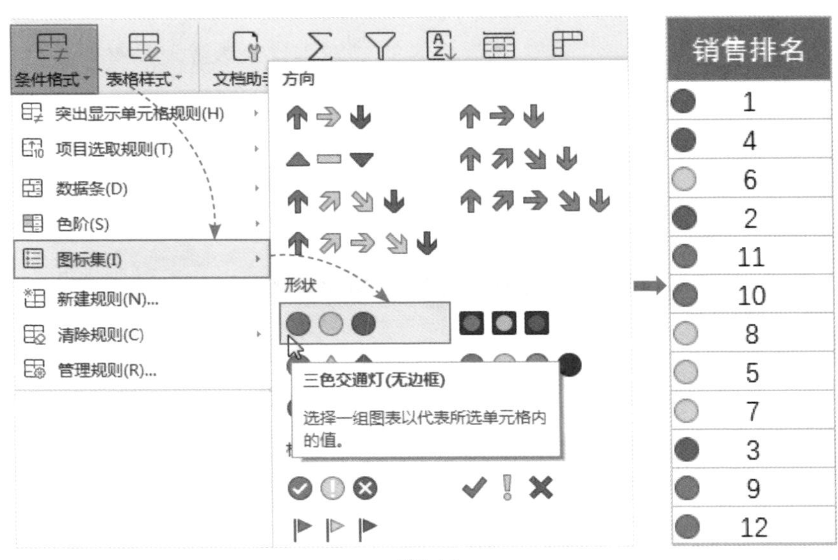

图6-18

知识拓展

如果用户想要清除设置的条件格式，可以选择设置了条件格式的数据区域，在“开始”选项卡中单击“条件格式”下拉按钮，从列表中选择“清除规则”选项，并根据需要选择合适的选项即可，如图6-19所示。

图6-19

6.2 通过复杂方式分析数据

除了对数据进行排序、筛选等简单的分析之外，用户还可以使用数据透视表分析大量且复杂的数据，下面向大家进行详细介绍。

■6.2.1 创建数据透视表

扫码观看视频

数据透视表最便捷之处，就在于简单的操作可以实现全方位的分析，并且创建一张数据透视表也非常简单，只需选中原表格中任意的单元格，在“插入”选项卡中单击“数据透视表”按钮，在打开的“创建数据透视表”对话框中进行设置即可，如图6-20所示。

	B	C	D	E	F	G	H
1	日期	车间	工序	型号	生产总数	报废数量	报废率
2	2019/11/1	电极车间	制片	CD50B正	7442	3	0.04%
3	2019/11/1	电极车间	制片	CD80C负	399	6	1.50%
4	2019/11/1	电极车间	制片	CD105C	2854	10	0.35%
5	2019/11/1	电芯车间	维护	CD80B	5652	40	0.71%
6	2019/11/1	装配车间	注液	CD50B	3219	15	0.47%
7	2019/11/1	装配车间	干电芯处理	CD80A	2324	9	0.39%
8	2019/11/2	电极车间	制片	CD80C正	3131	12	0.38%
9	2019/11/2	电极车间	涂布	CD50B负	7199	8	0.11%
10	2019/11/2	电极车间	涂布	CD80A负	6124	20	0.33%
11	2019/11/2	电芯车间	分容	CD105B	2873	9	0.31%
12	2019/11/2	电芯车间	老化	CD105A	3512	3	0.09%
13	2019/11/2	电芯车间	老化	CD105C	1422	7	0.49%
14	2019/11/2	电芯车间	化成	CD50B	3023	6	0.20%
15	2019/11/2	装配车间	注液	CD50B	1155	5	0.43%
16	2019/11/2	装配车间	注液	CD105C	3576	85	2.38%
17	2019/11/3	电极车间	涂布	NE42B	5222	8	0.15%
18	2019/11/3	电极车间	制片	CD80A负	6846	10	0.15%
19	2019/11/3	电极车间	涂布	CD105C正	2393	94	3.93%

图6-20

此时生成一张新工作表，该表包含空白的数据透视表，右侧有一个“数据透视表”字段窗格，在“将字段拖动至数据透视表区域”列表框中分别勾选需要的字段，在数据透视表中将会显示相应的汇总数据，如图6-21所示。

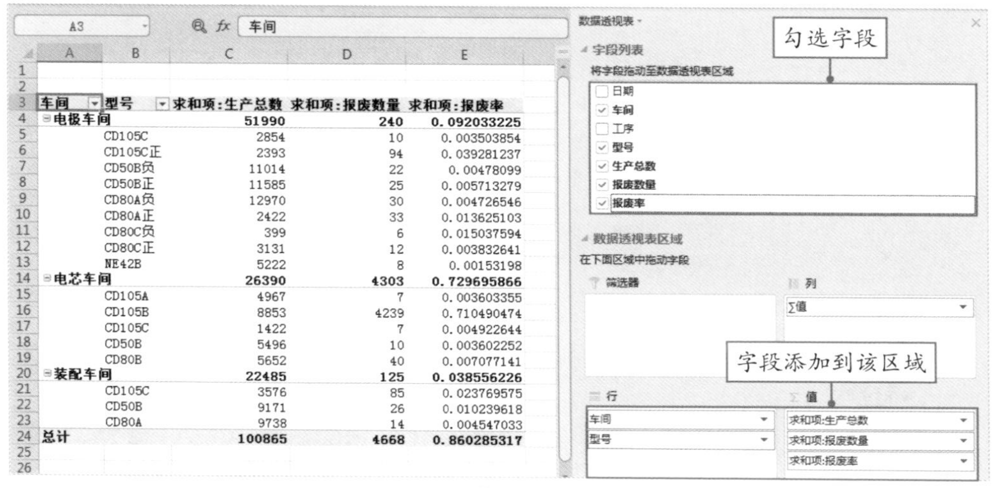

车间	型号	求和项:生产总数	求和项:报废数量	求和项:报废率
电极车间		51990	240	0.092033225
	CD105C	2854	10	0.003503854
	CD105C正	2393	94	0.039281237
	CD50B负	11014	22	0.00478099
	CD50B正	11585	25	0.005713279
	CD80A负	12970	30	0.004726546
	CD80A正	2422	33	0.013625103
	CD80C负	399	6	0.015037594
	CD80C正	3131	12	0.003832641
	NE42B	5222	8	0.00153198
电芯车间		26390	4303	0.729695866
	CD105A	4967	7	0.003603355
	CD105B	8853	4239	0.710490474
	CD105C	1422	7	0.004922644
	CD50B	5496	10	0.003602252
	CD80B	5652	40	0.007077141
装配车间		22485	125	0.038556226
	CD105C	3576	85	0.023769575
	CD50B	9171	26	0.010239618
	CD80A	9738	14	0.004547033
总计		100865	4668	0.860285317

图6-21

■6.2.2　用数据透视表分析数据

扫码观看视频

创建数据透视表后，用户可以在数据透视表中对数据进行分析，如排序和筛选数据。

如果用户想要按照“车间”字段筛选数据，可以将“车间”字段移动至“筛选器”区域列表框中，如图6-22所示。

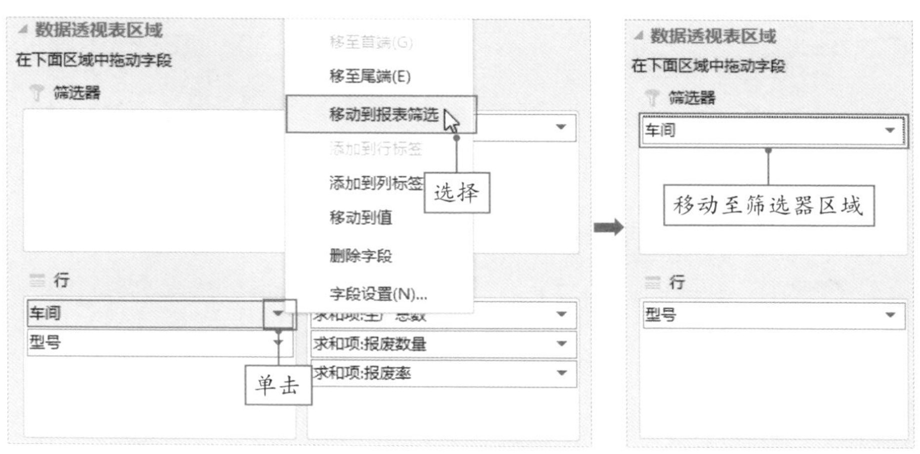

图6-22

在数据透视表中会出现“车间”筛选字段，单击“车间”字段右侧的筛选按钮，在列表中进行选择，即可筛选出相应的信息，如图6-23所示。

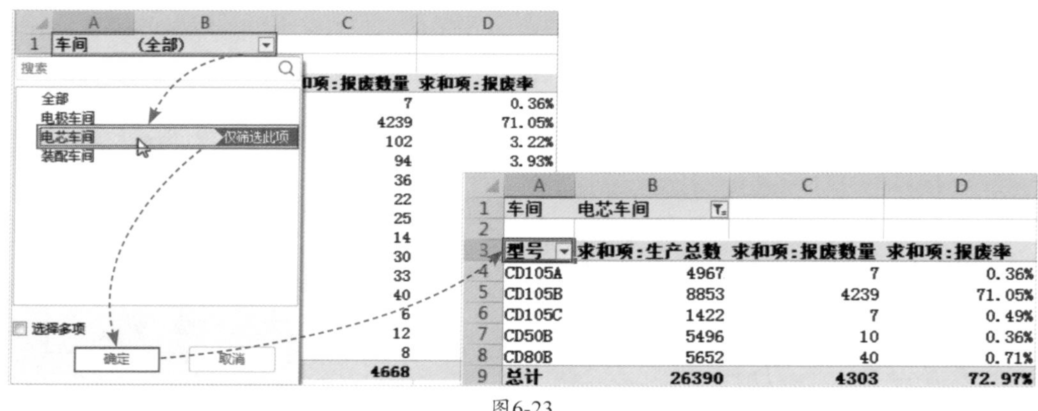

图6-23

如果我想要清除数据透视表中的筛选结果，该怎么操作呢？

你需要打开“分析”选项卡，单击“清除”下拉按钮，从列表中选择“清除筛选”选项即可。

如果用户需要对数据透视表中的“报废数量”字段进行排序，可以选中“报废数量”列中任意的单元格，右击，在弹出的快捷菜单中选择“排序”命令，接着在其级联菜单中选择“升序”选项，即可将“求和项：报废数量”列中的数据进行升序排序，如图6-24所示。

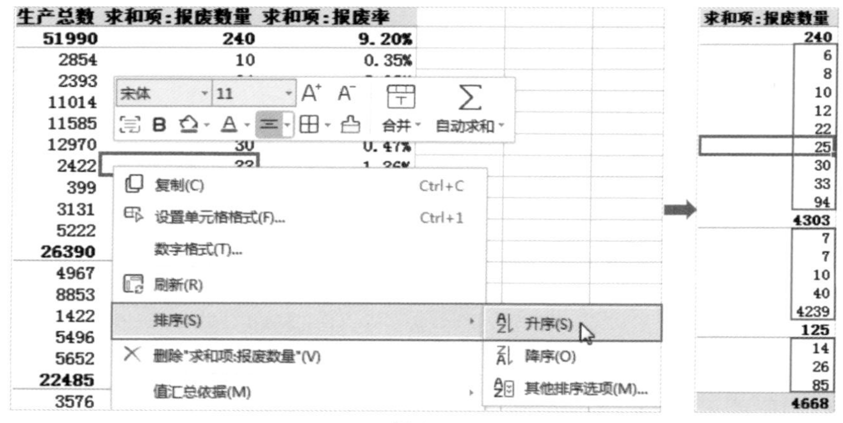

图6-24

■6.2.3 创建数据透视图

用户除了创建数据透视表来分析数据外，还可以创建数据透视图。在“插入”选项卡中单击“数据透视图”按钮，在打开的“创建数据透视图”对话框中进行设置。此时，会在新的工作表中创建一个空白的数据透视表和数据透视图，并弹出“数据透视图”字段窗格，在“将字段拖动至数据透视图区域”列表框中勾选需要的字段，工作表中会显示相应的数据透视表和数据透视图，如图6-25所示。

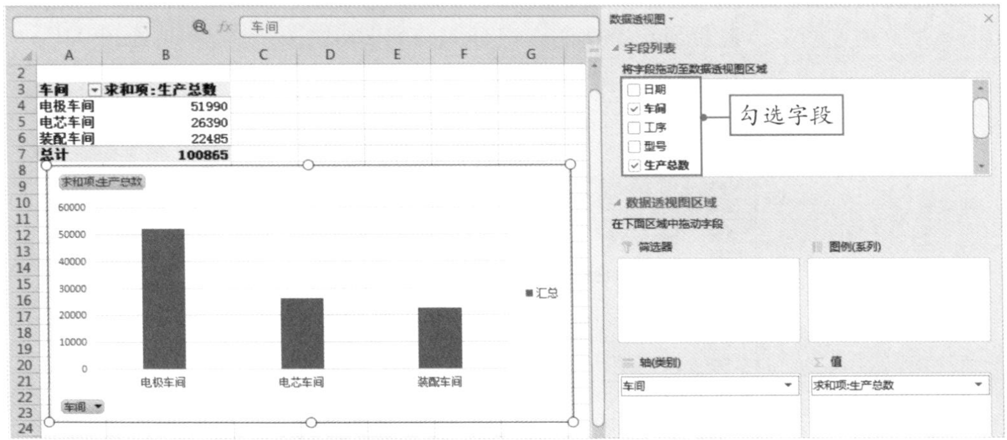

图6-25

知识拓展

用户还可以直接根据数据透视表中的数据创建数据透视图，只需打开“分析”选项卡，单击“数据透视图”按钮，在打开的“插入图表”对话框中选择合适的图表类型即可，如图6-26所示。

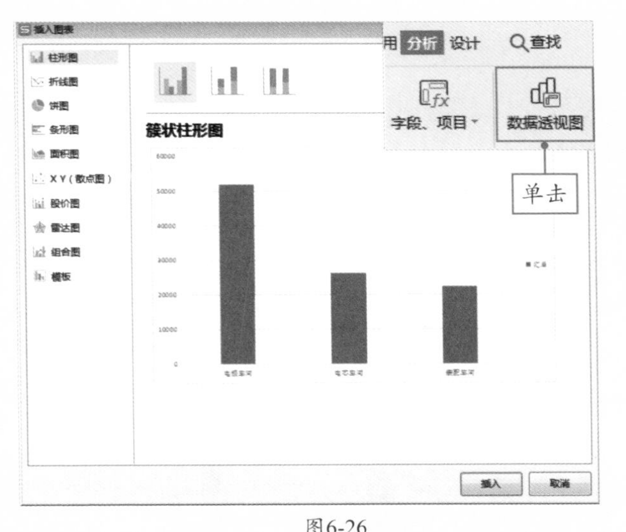

图6-26

6.3 使用图表展示数据

大家肯定听说过“文不如表，表不如图”这个说法。可以这么说，图形是人类的共同语言，而图表是数据的共同语言。用图表来展示数据，可以帮助大家更好地理解和记忆，使枯燥乏味的数据更加生动形象。

■6.3.1 图表类型

扫码观看视频

WPS表格提供了9种图表类型，分别为柱形图、折线图、饼图、条形图、面积图、XY（散点图）、股价图、雷达图、组合图，如图6-27所示。其中，使用频率最高的要数柱形图、折线图和饼图。

在“插入图表”对话框中，用户还可以在“在线图表”选项卡中选择插入网络上的图表。

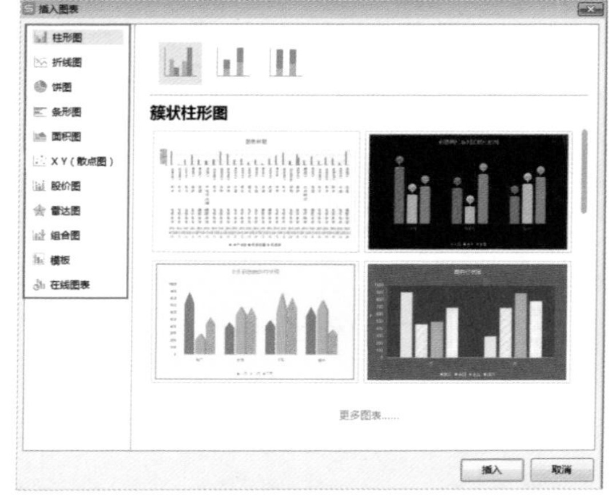

图6-27

■6.3.2 图表的组成元素

扫码观看视频

一张图表一般由多种元素组成，如图表标题、图表区、绘图区、数据标签、数据系列、网格线、水平（类别）轴、垂直（值）轴、图例等元素，如图6-28所示。这些元素起到了视觉引导或辅助理解的作用。

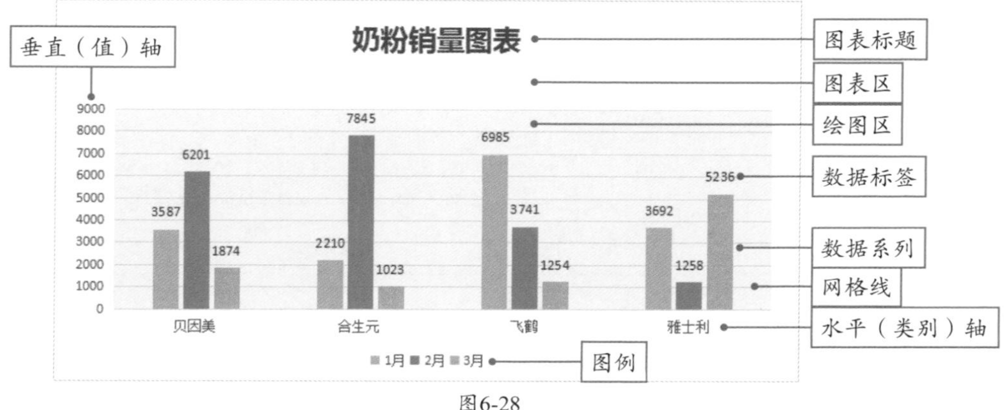

图6-28

■6.3.3 插入图表

插入图表其实很简单，用户只需要选择数据区域后，在“插入”选项卡中单击“全部图表”按钮，在打开的“插入图表”对话框中选择需要的图表类型即可，或者直接在功能区中选择合适的图表类型，如图6-29所示。

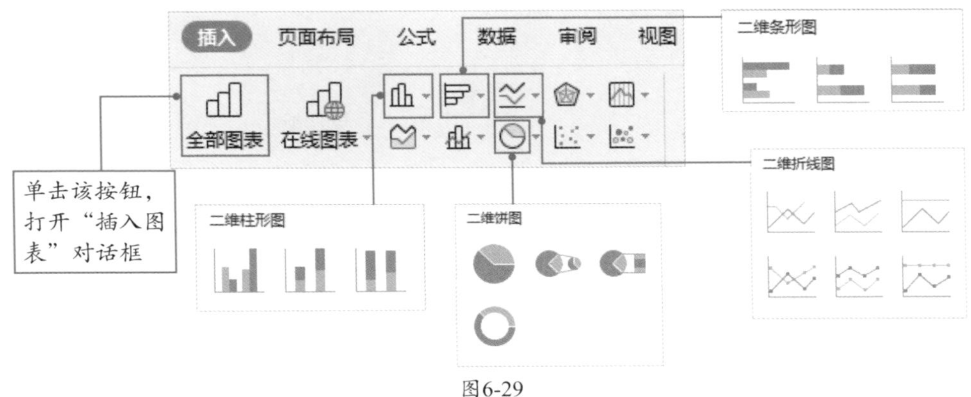

图6-29

■6.3.4　修改图表布局

创建图表后，图表显示为系统默认的样式，用户可以根据需要对图表的布局进行修改，如添加数据标签、添加或删除网格线、添加线条等。

选中图表后，在“图表工具”选项卡中单击“添加元素”下拉按钮，可以为图表添加数据标签，如图6-30所示。

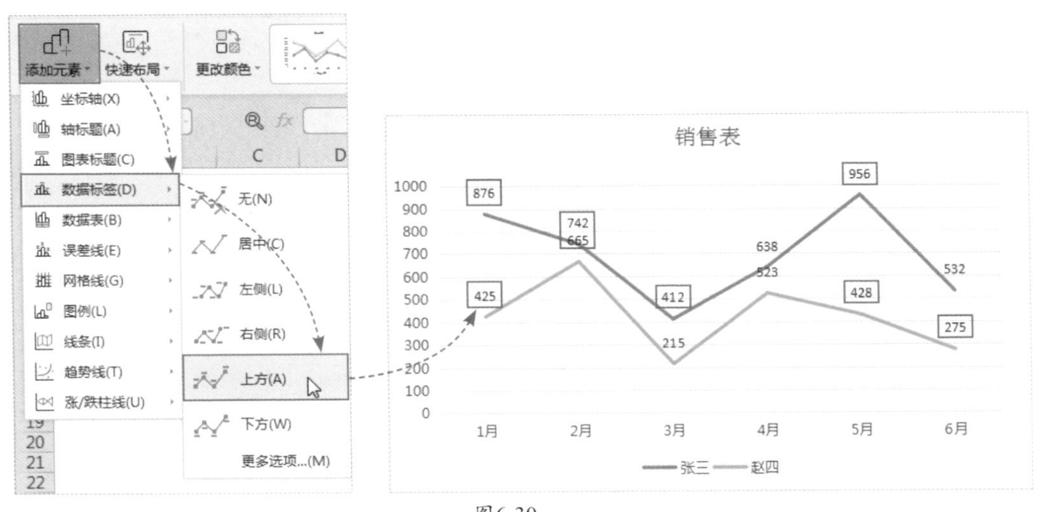

图6-30

在“添加元素”下拉列表中选择“网格线”选项，在其级联列表中选择或取消选择网格线类型，可以为图表添加或删除网格线，如图6-31所示。

在“添加元素”下拉列表中选择“线条”选项，可以为图表添加线条类型，如图6-32所示。

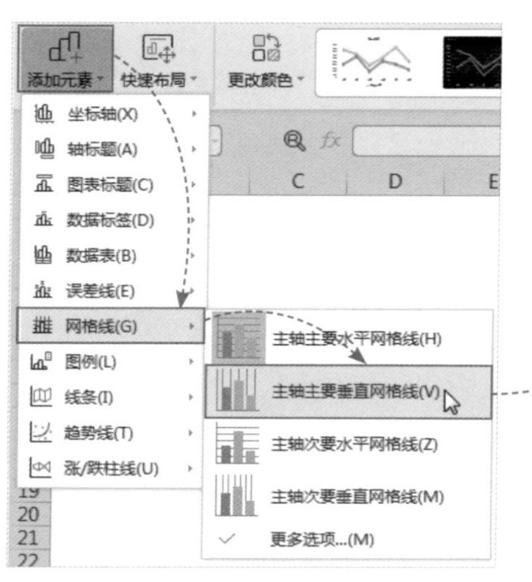

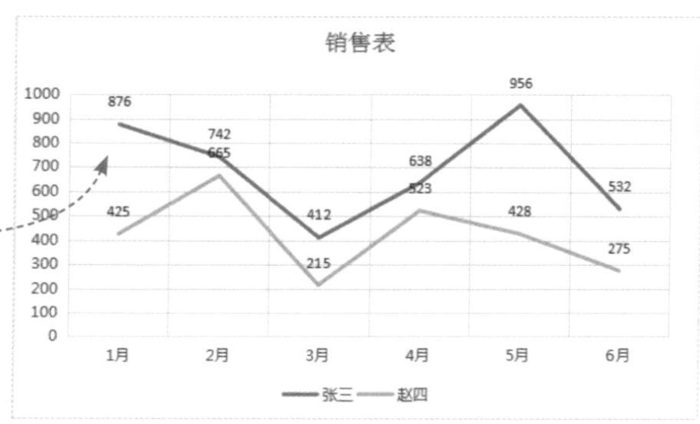

图6-31

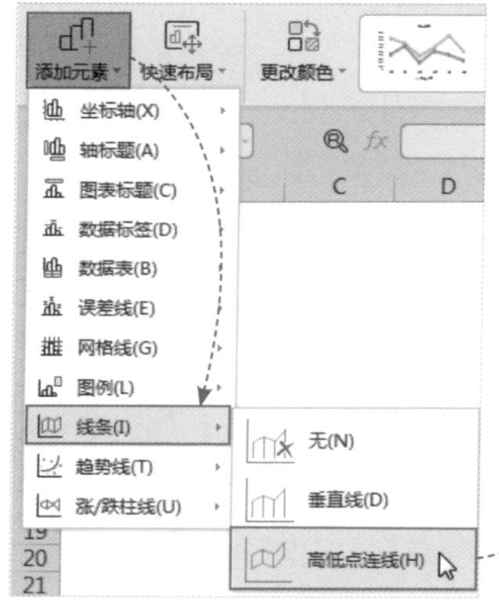

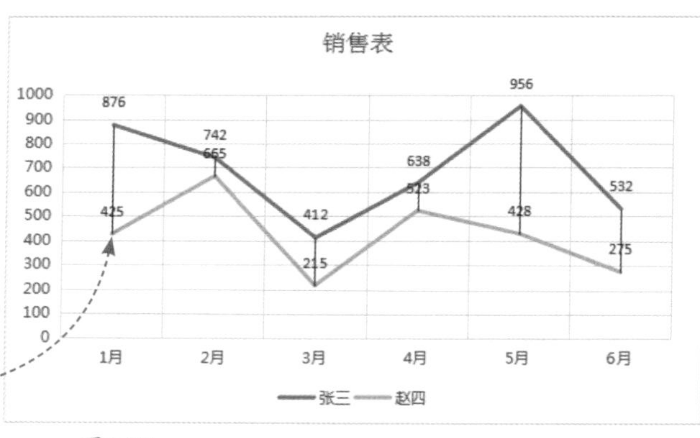

图6-32

哎！我比较懒，不想一步步修改，有没有快速修改图表布局的方法啊？

有！在“添加元素”按钮旁边有一个“快速布局”按钮，单击它，在列表中选择需要的布局类型就可以快速修改图表的布局了。

■6.3.5　美化图表

一般创建的图表默认显示的样式不是很美观，为了使其看起来更加赏心悦目，用户可以对图表进行美化。

用户可以对图表的数据系列的颜色进行更改，在“图表工具”选项卡中单击“更改颜色”下拉按钮，从列表中可以选择系统内置的配色，如图6-33所示。

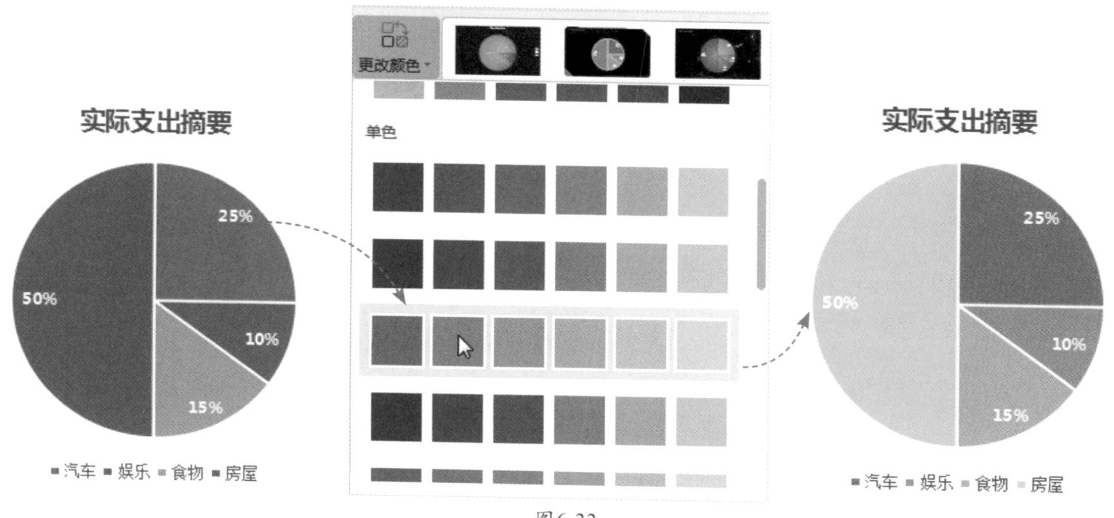

图6-33

WPS表格提供了多种内置的图表样式，用户可以直接将样式应用到创建的图表上。在“图表工具”选项卡中单击“样式”按钮，在列表中可以选择免费的样式，或者注册会员后选择为会员提供的专属样式，快速美化图表，如图6-34所示。

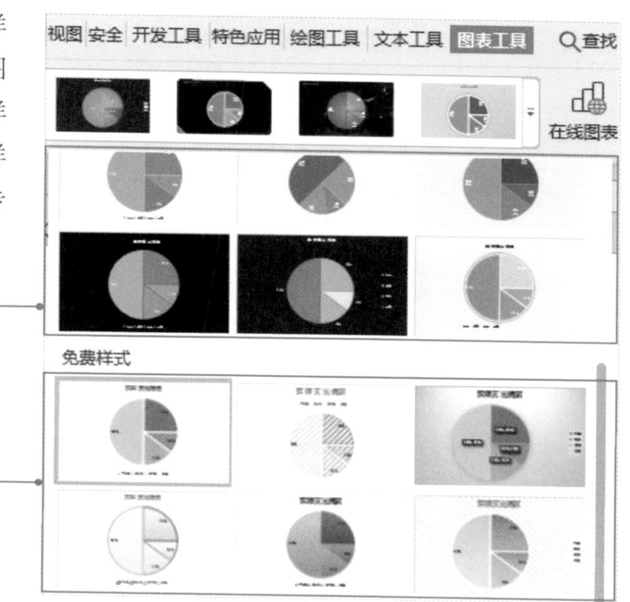

图6-34

用户还可以为数据系列进行一些可视化的修饰，如为数据系列填充“笑脸”图片。

Step 01 选择数据系列，右击，选择“设置数据系列格式”命令，打开“属性”窗格，在“填充与线条”选项卡中选中“图片或纹理填充”单选按钮，单击“图片填充”下拉按钮，选择“本地文件”选项，如图6-35所示。

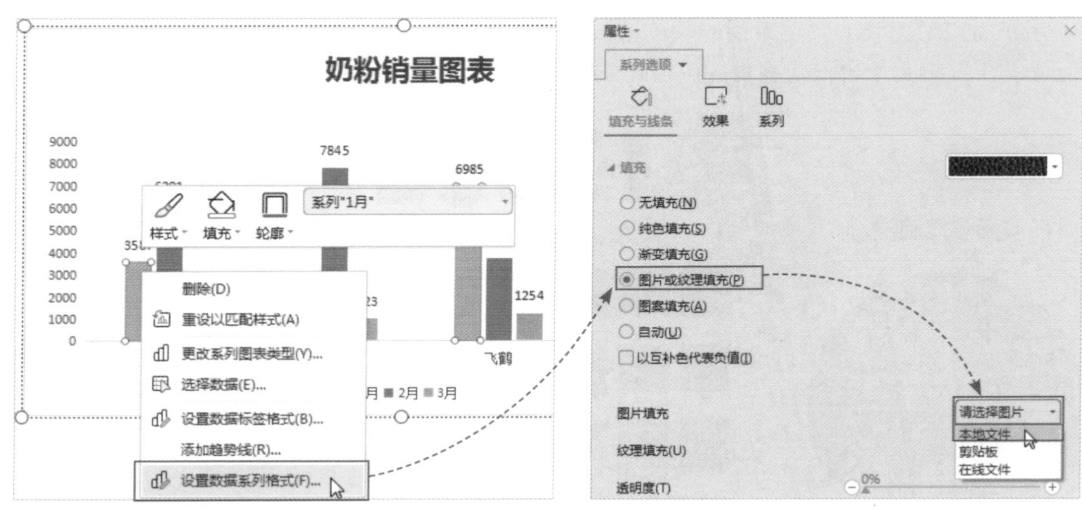

图6-35

Step 02 在打开的“选择纹理”对话框中选择“笑脸”图片，此时数据系列就填充了所选的图片，但图片发生了变形，如图6-36所示。这时在“属性”窗格中单击“层叠”单选按钮，图片填充即可恢复正常，如图6-37所示。

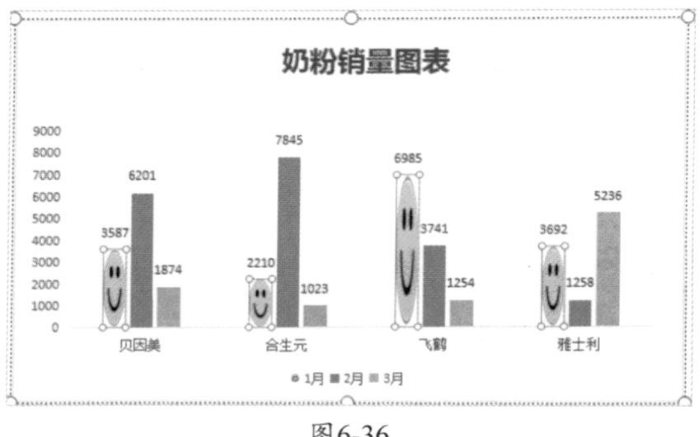

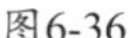
图6-36

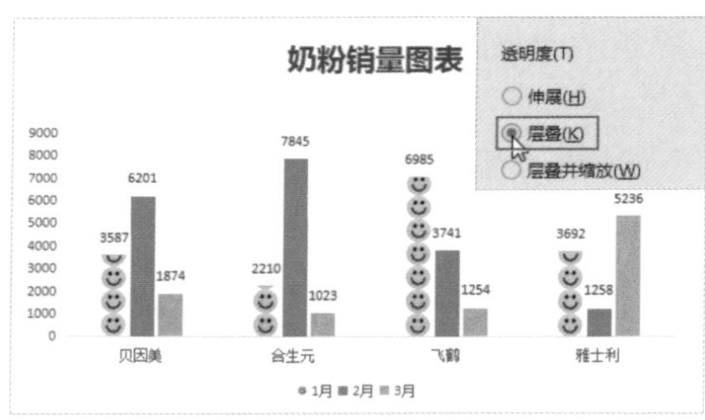

图6-37

综合实战

6.4 制作产品销售分析图表

制作产品销售分析图表可以直观地展示数据变化。制作本案例涉及的操作有：分类汇总、插入图表、美化图表、在图表上进行筛选等。下面介绍详细的操作流程。

6.4.1 制作产品销售汇总表

扫码观看视频

用户需要先对表格中的数据进行分类汇总，然后复制汇总的结果制作成图表。下面介绍具体的操作方法。

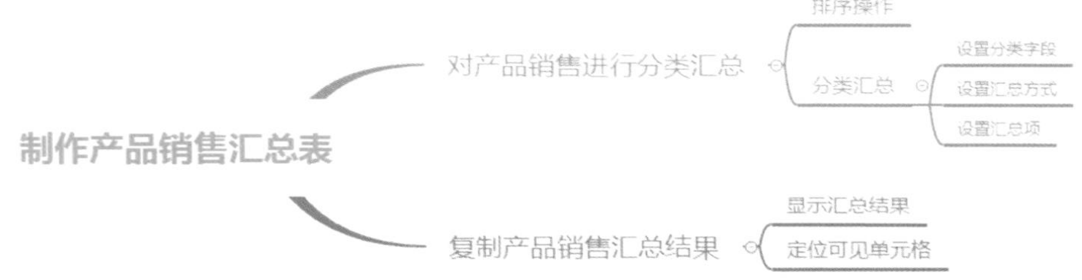

1．分类汇总

下面根据“薯片品牌”字段，对四个季度的销售额进行分类汇总，具体操作如下。

Step 01 **排序。**选择“薯片品牌”列的任意单元格，在“数据”选项卡中单击“升序”按钮，如图6-38所示。

Step 02 **启动“分类汇总”命令。**进行升序排序后，接着单击“分类汇总”按钮，如图6-39所示。

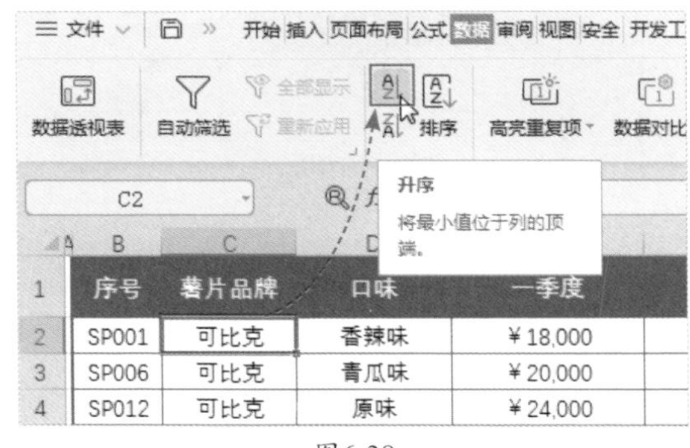

图6-38

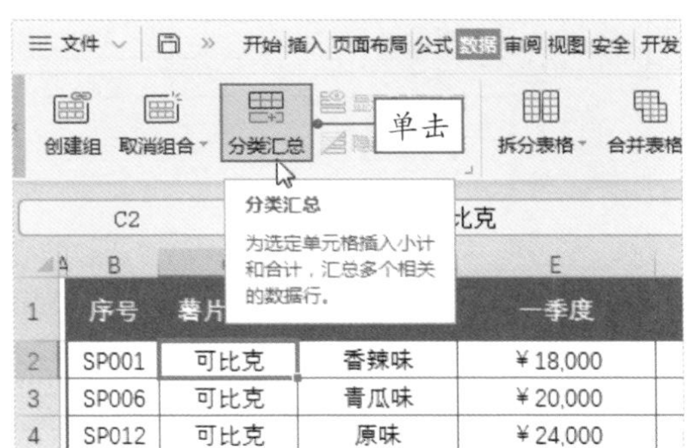

图6-39

Step 03 **设置分类字段。**打开“分类汇总”对话框，将“分类字段”设置为“薯片品牌”，将“汇总方式”设置为“求和”，在“选定汇总项”列表框中勾选“一季度”“二季度”“三季度”“四季度”复选框，单击“确定”按钮，如图6-40所示。

Step 04 查看汇总结果。此时可以看到，表格已经按照“薯片品牌”字段对四个季度的销售额进行了汇总，如图6-41所示。

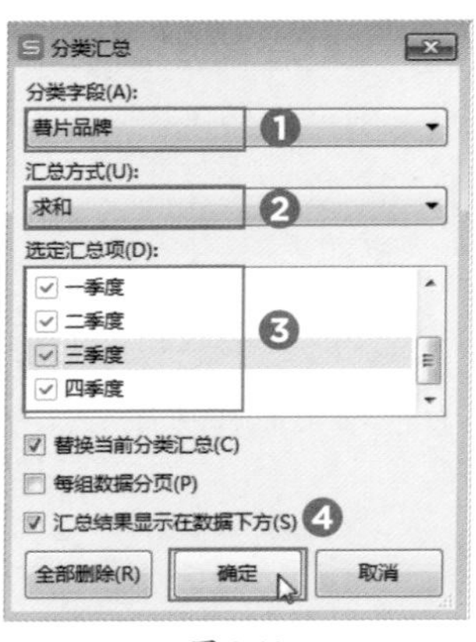

图6-40

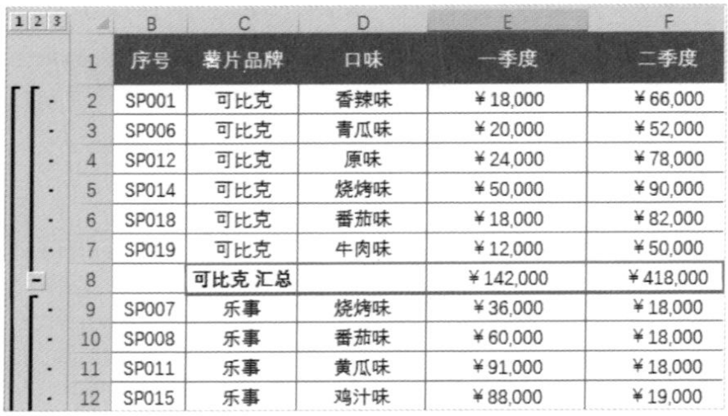

	B	C	D	E	F
1	序号	薯片品牌	口味	一季度	二季度
2	SP001	可比克	香辣味	¥18,000	¥66,000
3	SP006	可比克	青瓜味	¥20,000	¥52,000
4	SP012	可比克	原味	¥24,000	¥78,000
5	SP014	可比克	烧烤味	¥50,000	¥90,000
6	SP018	可比克	番茄味	¥18,000	¥82,000
7	SP019	可比克	牛肉味	¥12,000	¥50,000
8		可比克 汇总		¥142,000	¥418,000
9	SP007	乐事	烧烤味	¥36,000	¥18,000
10	SP008	乐事	番茄味	¥60,000	¥18,000
11	SP011	乐事	黄瓜味	¥91,000	¥18,000
12	SP015	乐事	鸡汁味	¥88,000	¥19,000

图6-41

2．复制汇总结果

对销售额进行分类汇总后，需要将汇总的结果复制到新工作表中，具体操作方法如下。

Step 01 显示汇总结果。单击工作表左上角的“2”按钮，让表格只显示汇总结果，如图6-42所示。

Step 02 定位单元格。选择汇总数据，在“开始”选项卡中单击“查找”下拉按钮，从列表中选择“定位”选项，如图6-43所示。

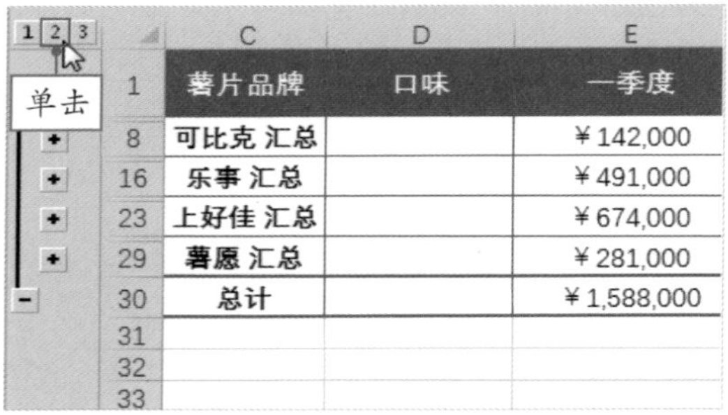

单击

	C	D	E
1	薯片品牌	口味	一季度
8	可比克 汇总		¥142,000
16	乐事 汇总		¥491,000
23	上好佳 汇总		¥674,000
29	薯愿 汇总		¥281,000
30	总计		¥1,588,000
31			
32			
33			

图6-42

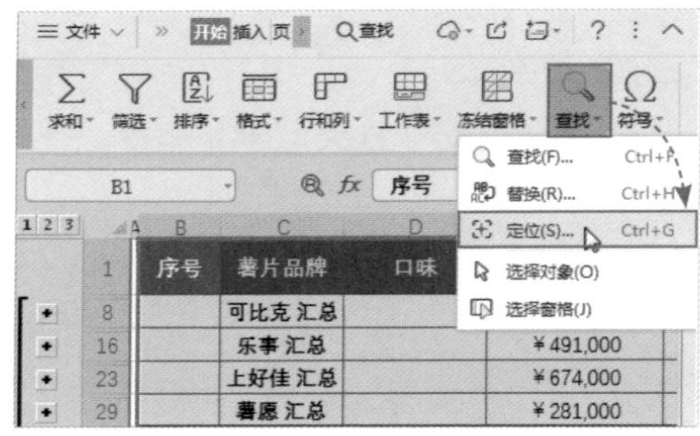

图6-43

Step 03 定位可见单元格。打开“定位”对话框，在“定位”选项卡中选中“可见单元格”单选按钮，单击“定位”按钮，如图6-44所示。

Step 04 复制汇总数据。此时，所选的单元格区域中各单元格周围出现灰色边框，按组合键Ctrl+C进行复制，如图6-45所示。

新手误区：如果不定位可见单元格就直接复制汇总数据，则复制的数据会带有明细数据，而不只是汇总数据。

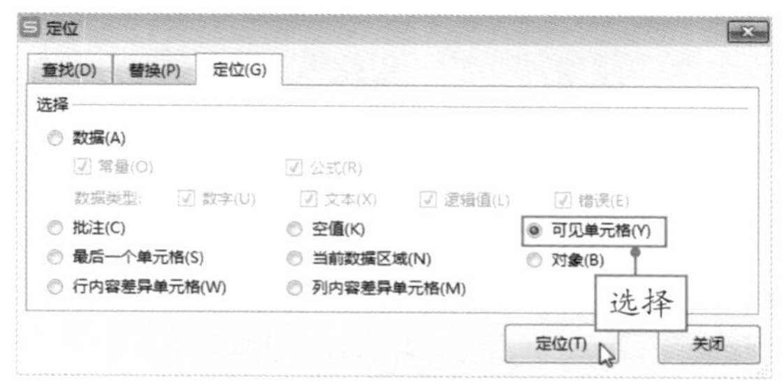

图6-44

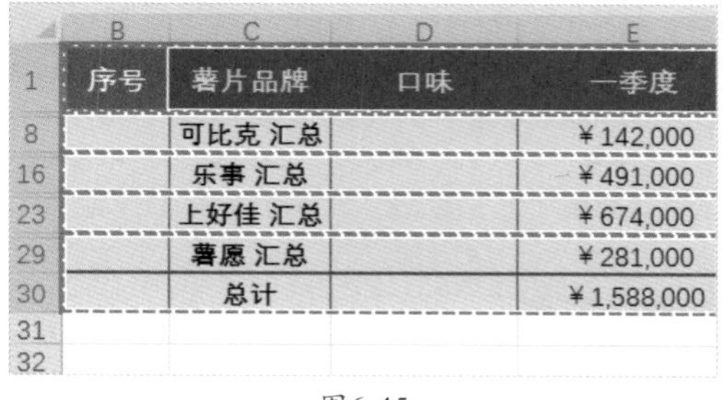

	B	C	D	E
1	序号	薯片品牌	口味	一季度
8		可比克 汇总		¥142,000
16		乐事 汇总		¥491,000
23		上好佳 汇总		¥674,000
29		薯愿 汇总		¥281,000
30		总计		¥1,588,000
31				
32				

图6-45

Step 05 **粘贴汇总数据。**新建一个工作表，选择单元格A1，按组合键Ctrl+V进行粘贴，删除不需要的数据，重新美化一下表格即可，如图6-46所示。

	A	B	C	D	E
1	薯片品牌	一季度	二季度	三季度	四季度
2	可比克	¥142,000	¥418,000	¥564,000	¥226,000
3	乐事	¥491,000	¥191,000	¥174,000	¥695,000
4	上好佳	¥674,000	¥517,000	¥313,000	¥164,000
5	薯愿	¥281,000	¥260,000	¥292,000	¥352,000

图6-46

■6.4.2　创建产品销售分析图表

扫码观看视频

将汇总数据复制到新工作表后，用户可以根据汇总数据创建一个图表，在图表上对销售数据进行分析，下面介绍具体的操作方法。

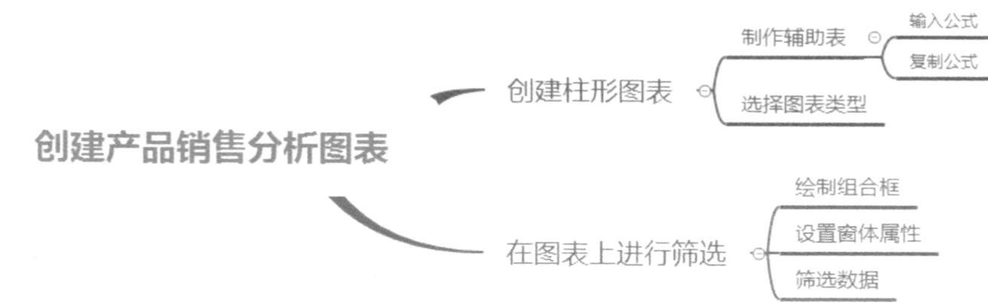

1．创建图表

用户可以根据需要创建不同类型的图表，这里创建一个簇状柱形图，具体操作方法如下。

Step 01 **制作辅助表。**在单元格区域A7:B11制作一个辅助表，如图6-47所示。

Step 02 **输入公式。**选择单元格B8，输入公式“=INDEX(B2:E2,B$7)”，如图6-48所示。

Step 03 **查看结果。**按回车键确认，然后将公式向下填充，接着在单元格B7中输入1，如图6-49所示。

Step 04 **选择图表类型。**在单元格区域D7:D10输入季度，选择单元格区域A8:B11，在“插入”选项卡中单击“插入柱形图”下拉按钮，如图6-50所示。

	A	B	C	D
1	薯片品牌	一季度	二季度	三季度
2	可比克	¥142,000	¥418,000	¥564,000
3	乐事	¥491,000	¥191,000	¥174,000
4	上好佳	¥674,000	¥517,000	¥313,000
5	薯愿	¥281,000	¥260,000	¥292,000
6				
7	薯片品牌			
8	可比克			
9	乐事			
10	上好佳			
11	薯愿			

制作辅助表

图6-47

	A	B	C	D
1	薯片品牌	一季度	二季度	三季度
2	可比克	¥142,000	¥418,000	¥564,000
3	乐事	¥491,000	¥191,000	¥174,000
4	上好佳	¥674,000	¥517,000	¥313,000
5	薯愿	¥281,000	¥260,000	¥292,000
6				
7	薯片品牌			
8	可比克	=INDEX(B2:E2, B$7)		
9	乐事			
10	上好佳			
11	薯愿			

输入公式

图6-48

	A	B	C	D
1	薯片品牌	一季度	二季度	三季度
2	可比克	¥142,000	¥418,000	¥564,000
3	乐事	¥491,000	¥191,000	¥174,000
4	上好佳	¥674,000	¥517,000	¥313,000
5	薯愿	¥281,000	¥260,000	¥292,000
6				
7	薯片品牌	1		
8	可比克	142000		
9	乐事	491000		
10	上好佳	674000		
11	薯愿	281000		

图6-49

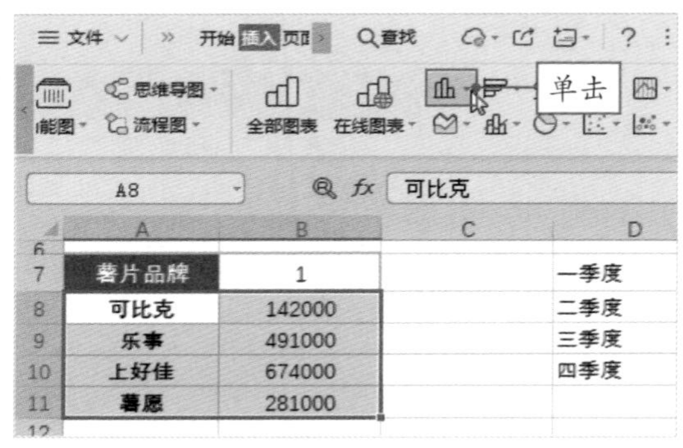

图6-50

Step 05 创建柱形图表。从展开的列表中选择“簇状柱形图”选项，即可创建一个柱形图表，最后输入图表标题，如图6-51所示。

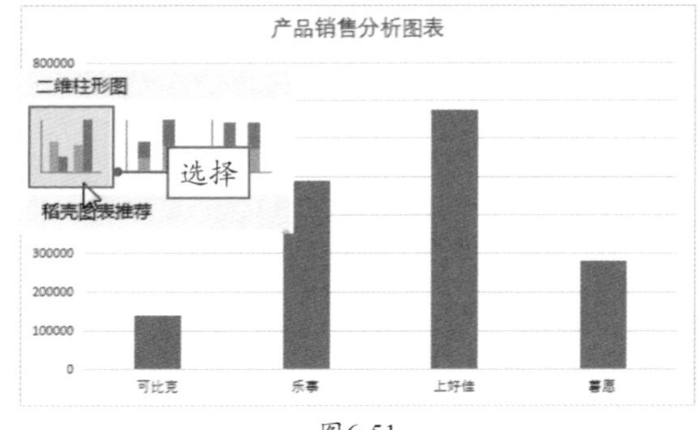

图6-51

2．在图表上进行筛选

创建柱形图表后，用户可以在图表上进行筛选，实现数据的动态分析，具体操作方法如下。

Step 01 启动“组合框”命令。在“插入”选项卡中单击“组合框”按钮，如图6-52所示。

Step 02 绘制组合框。鼠标光标变为十字形，按住鼠标左键不放，拖动鼠标，在图表上方绘制一个组合框控件，如图6-53所示。

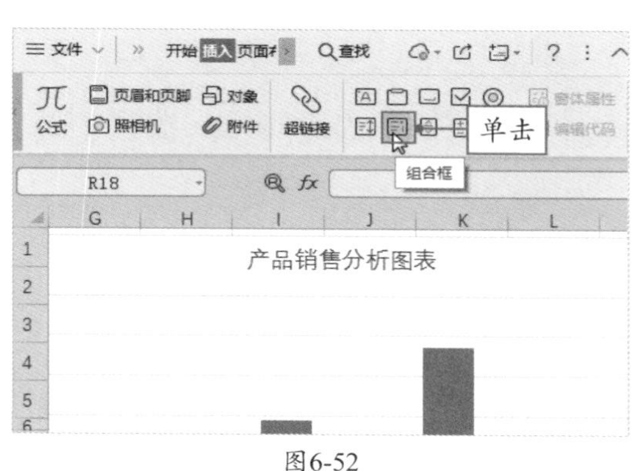

图6-52

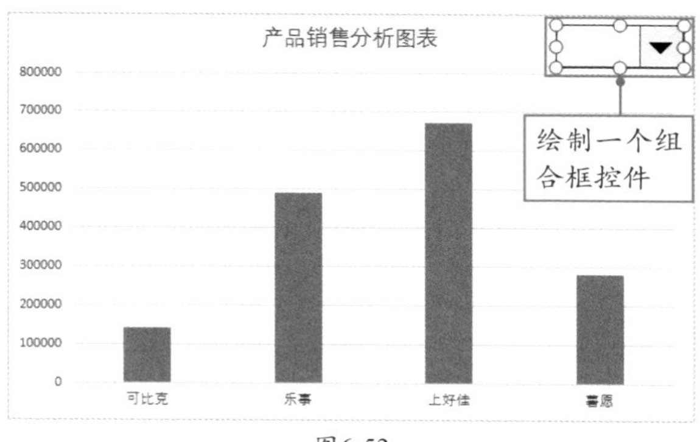

图6-53

Step 03 启动"窗体属性"命令。在"插入"选项卡中单击"窗体属性"按钮，如图6-54所示。

Step 04 设置窗体属性。打开"设置对象格式"对话框，在"控制"选项卡中设置"数据源区域""单元格链接"和"下拉显示项数"，设置完成后单击"确定"按钮，如图6-55所示。

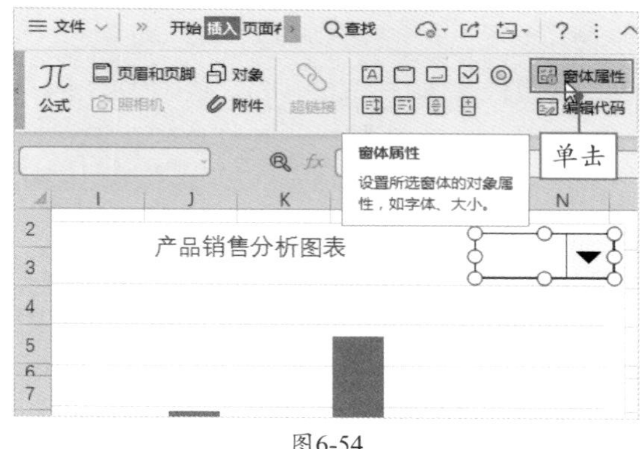

图6-54

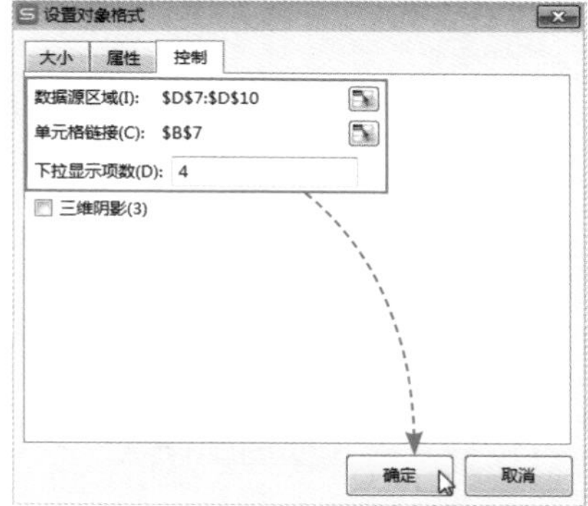

图6-55

Step 05 筛选数据。单击图表中的窗体控件下拉按钮，从列表中选择"二季度"选项，如图6-56所示，即可将二季度的销售数据筛选出来，如图6-57所示。

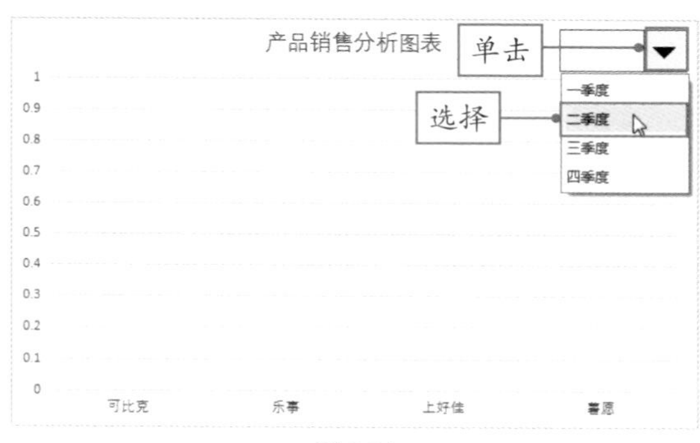

图6-56

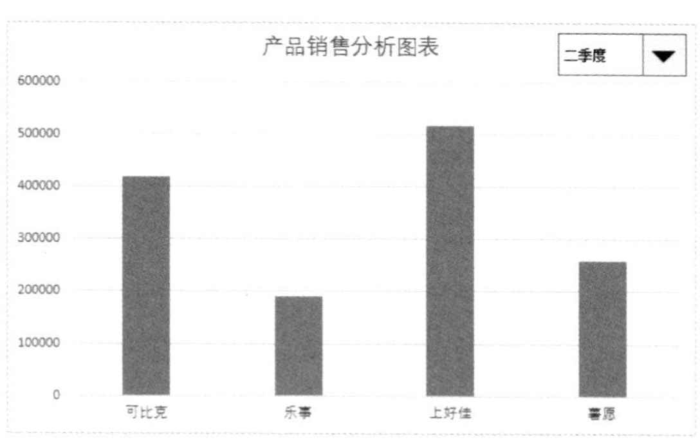

图6-57

■6.4.3 美化产品销售分析图表

创建好产品销售分析图表后，如果用户觉得图表不是很美观，可以对图表进行美化，更改一下图表的布局，下面介绍具体的操作方法。

1．更改图表布局

用户可以设置图表的坐标轴、数据标签和网格线，具体操作方法如下。

Step 01 **添加数据标签。**选中图表，在“图表工具”选项卡中单击“添加元素”下拉按钮，从列表中选择“数据标签”选项，然后从其级联列表中选择“数据标签外”选项，如图6-58所示。

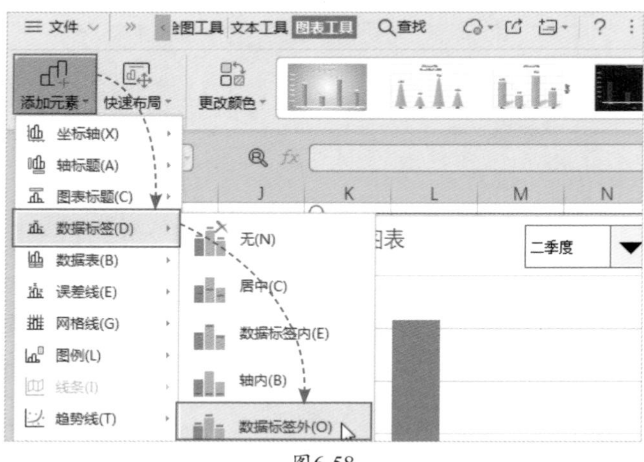

图6-58

Step 02 **去掉网格线。**再次单击“添加元素”下拉按钮，从列表中选择“网格线”选项，然后从其级联列表中选择“主轴主要水平网格线”选项，如图6-59所示。

Step 03 **隐藏垂直轴。**单击“添加元素”下拉按钮，从列表中选择“坐标轴”选项，并从其级联列表中选择“主要纵向坐标轴”选项，如图6-60所示。

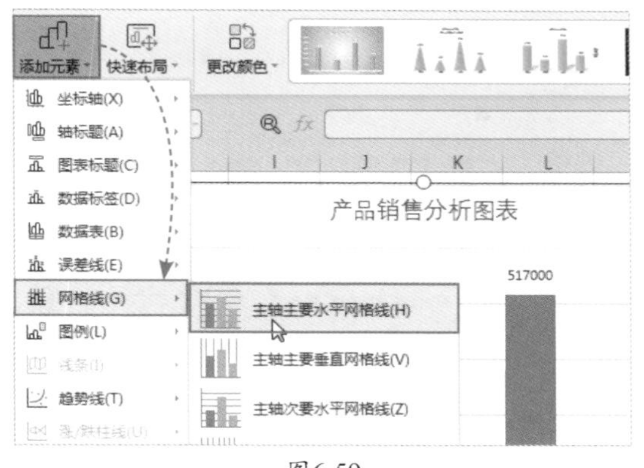
图6-59

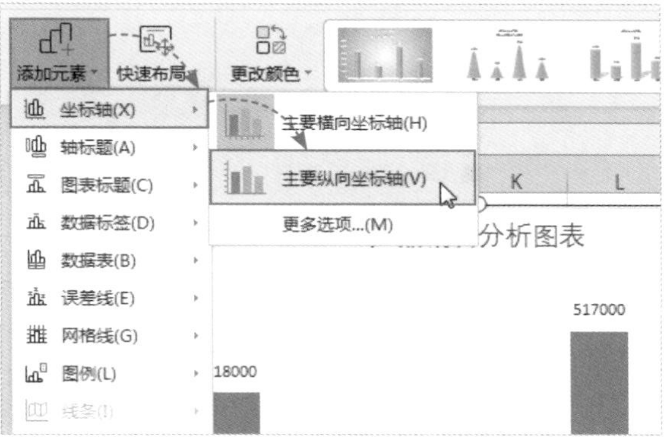
图6-60

2．设置图表样式

更改图表的布局后，接下来对图表进行美化，设置一下图表的样式，具体操作方法如下。

Step 01 **设置标题字体格式。**选中标题文本，在“开始”选项卡中将字体设置为“微软雅黑”，将字号设置为“28”，加粗显示，如图6-61所示。

Step 02 **设置数据系列填充。**选择“可比克”系列，在“绘图工具”选项卡中单击“填充”下拉按钮，从列表中选择合适的填充颜色，如图6-62所示。

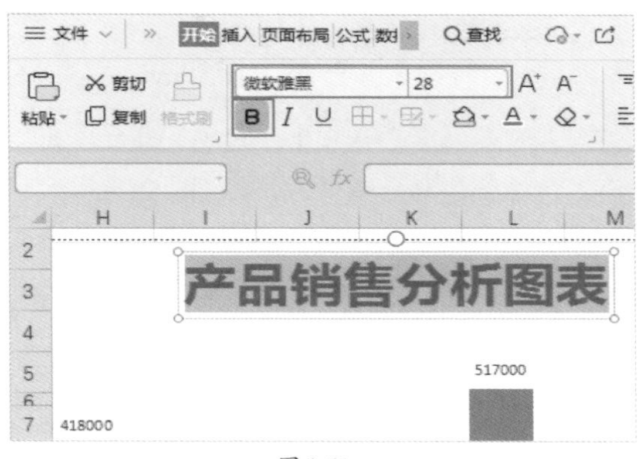
图6-61

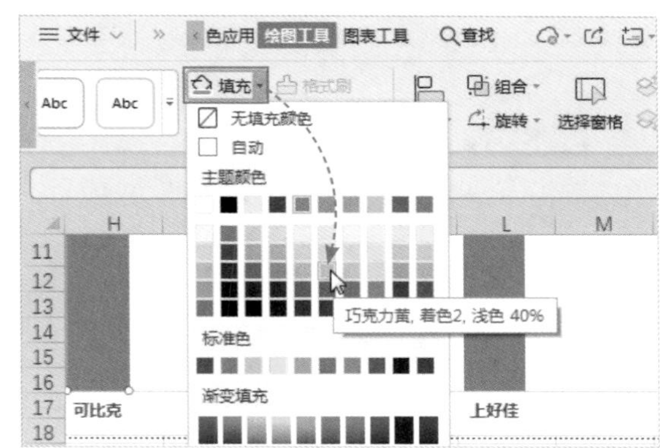
图6-62

Step 03 **设置数据系列轮廓。**单击“轮廓”下拉按钮，从列表中选择“黑色，文本1”选项，如图6-63所示。

Step 04 **设置轮廓粗细。**再次单击“轮廓”下拉按钮，从列表中选择“线条样式”选项，并从其级联列表中选择“2.25磅”，如图6-64所示。

Step 05 **查看效果。**按照上述方法，设置其他数据系列的填充颜色和轮廓，如图6-65所示。

Step 06 **设置图表背景填充。**选中图表，右击，从弹出的快捷菜单中选择“设置图表区域格式”命令，如图6-66所示。

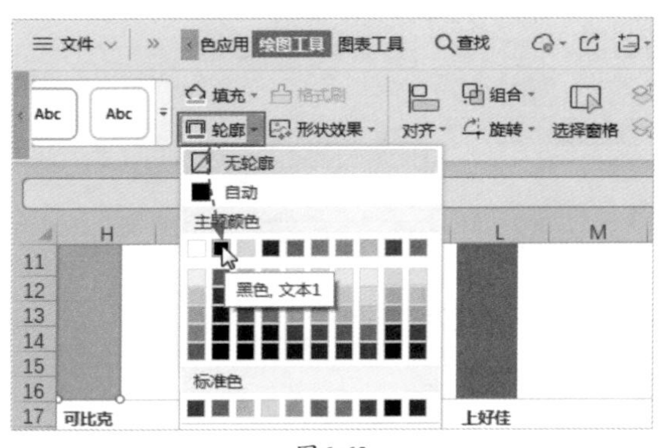

图6-63

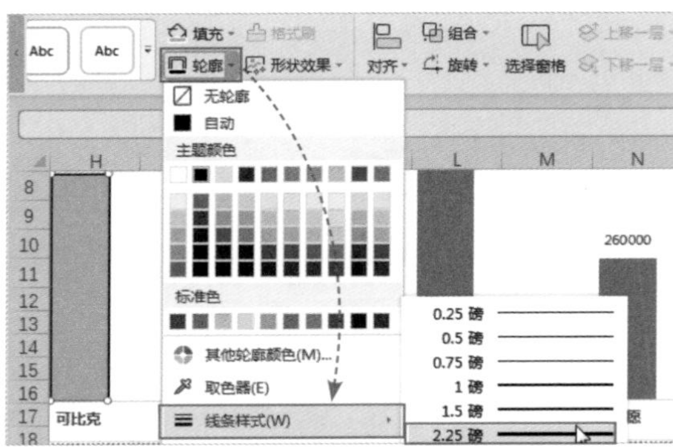

图6-64

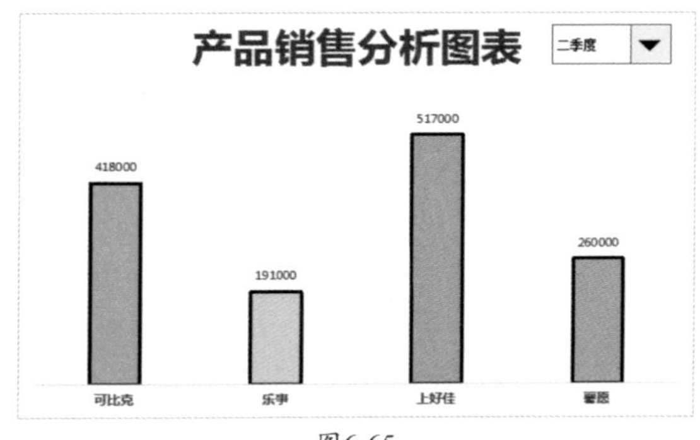

图6-65

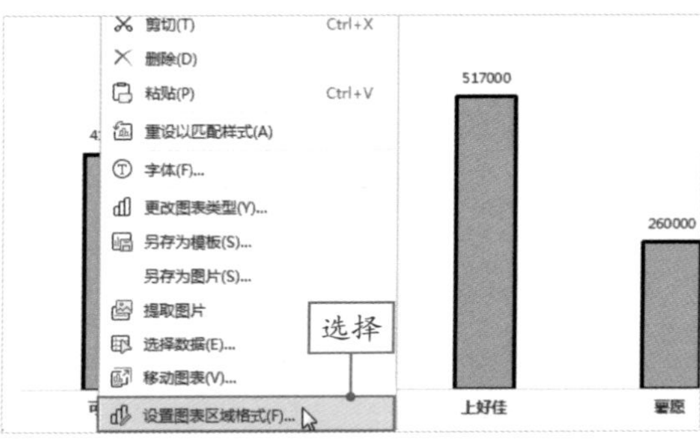

图6-66

Step 07 设置渐变填充。打开“属性”窗格，在“填充与线条”选项卡中选中“渐变填充”单选按钮，如图6-67所示。然后在下方的色标条上设置色标颜色和渐变样式，如图6-68所示。

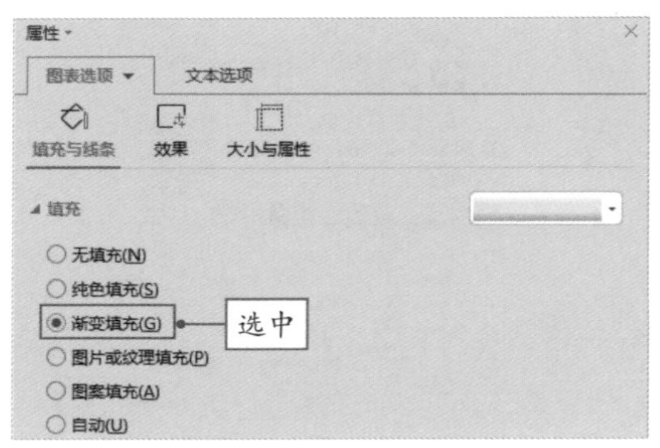

图6-67

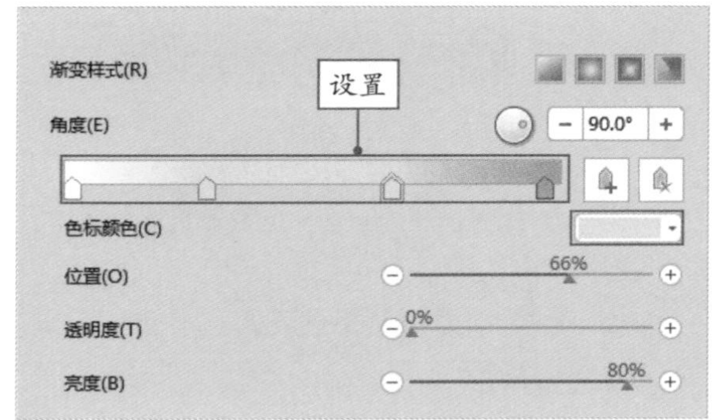

图6-68

Step 08 设置绘图区颜色。关闭窗格，选择绘图区，在“绘图工具”选项卡中单击“填充”下拉按钮，从列表中选择“白色，背景1”选项，如图6-69所示。

Step 09 查看效果。最后调整一下图表的整体布局，完成图表美化操作，如图6-70所示。

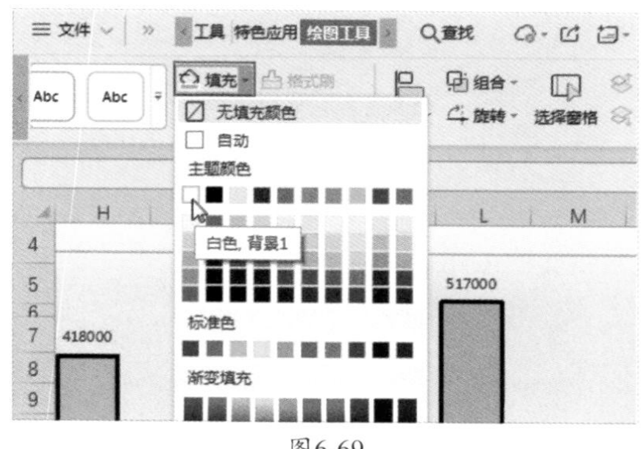

图6-69

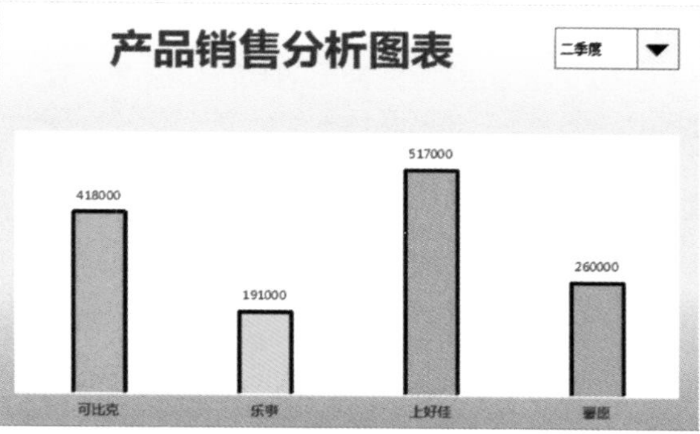

图6-70

知识拓展

用户如果想选中绘图区，除了直接在图表上选择绘图区外，还可以在“图表工具”选项卡中单击“图表元素”下拉按钮，从列表中选择“绘图区”选项，如图6-71所示。

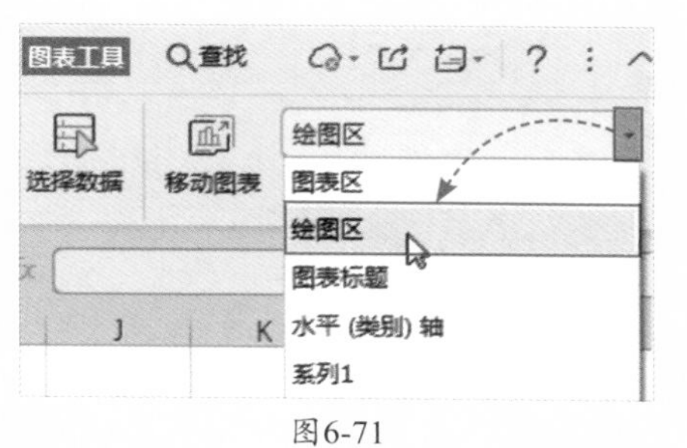

图6-71

课后作业

通过前面对知识点的介绍，相信大家已经掌握了一些数据处理分析操作，下面就综合利用所学知识点制作一个组合图表。

（1）根据工作表中的数据创建一个簇状柱形图和折线图的组合图。

（2）输入图表标题，删除网格线，添加数据标签，隐藏垂直轴和次要垂直轴。

（3）为数据系列设置填充颜色，并设置折线图的标记。

（4）设置折线图数据标签的填充颜色。

（5）为绘图区填充合适的背景颜色。

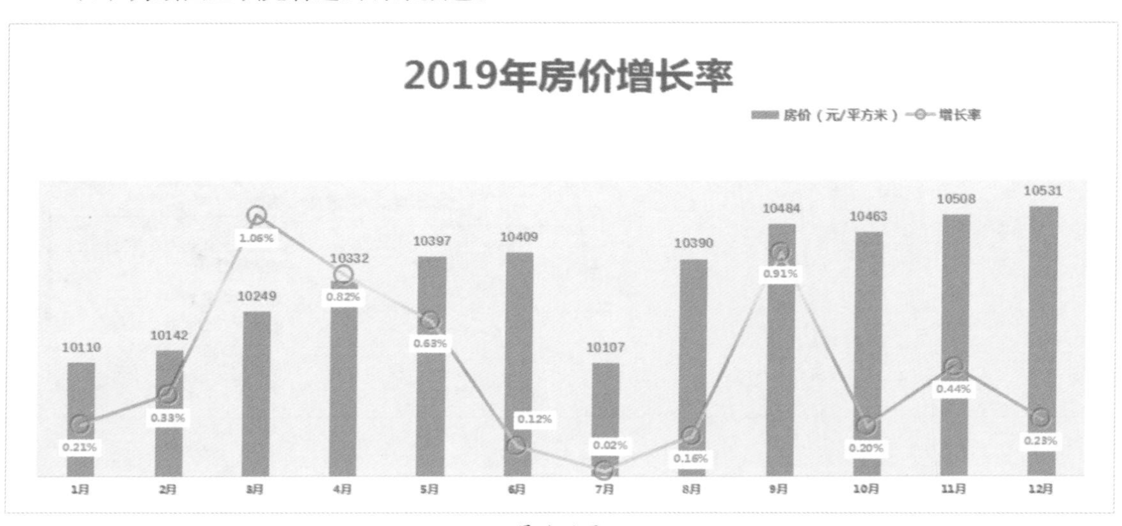

最终效果

NOTE 

Tips

大家在学习的过程中如有疑问，可以加入学习交流群（QQ群号：728245398）进行交流。

WPS Office

第 7 章

演示文稿的设计与制作

张姐，怎样才能制作出一个“高大上”的演示文稿啊，我看着自己制作的演示文稿都觉得“辣眼睛”！

制作一个演示文稿看似简单，其实也是有很多学问的。你制作的演示文稿之所以看着“辣眼睛”，是因为你没有注重排版。

啊？制作演示文稿还要进行排版啊？我都是把文字复制过去，然后配上图片就完事了。

对！排版很重要，你知道制作一个演示文稿需要用到哪些元素吗？

我最常用到的就是文字和图片了，还有其他元素吗？

图片是其中之一，此外我们还需要用到图形、表格、音频、视频等。合理设计和运用这些元素，才能使你的演示文稿大放光彩！

思维导图

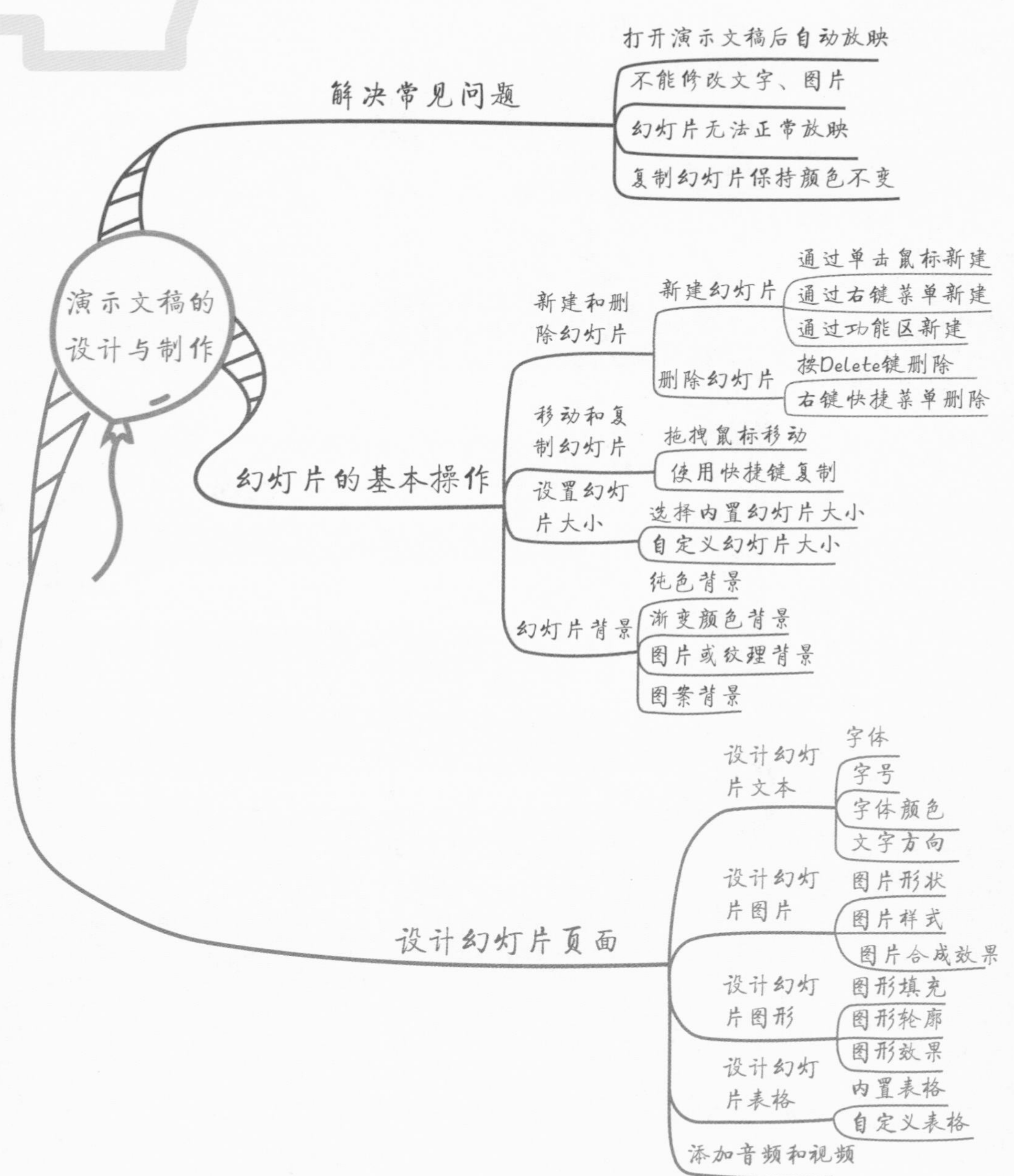
演示文稿的设计与制作
解决常见问题
打开演示文稿后自动放映
不能修改文字、图片
幻灯片无法正常放映
复制幻灯片保持颜色不变
幻灯片的基本操作
新建和删除幻灯片
新建幻灯片
通过单击鼠标新建
通过右键菜单新建
通过功能区新建
删除幻灯片
按Delete键删除
右键快捷菜单删除
移动和复制幻灯片
拖拽鼠标移动
使用快捷键复制
设置幻灯片大小
选择内置幻灯片大小
自定义幻灯片大小
幻灯片背景
纯色背景
渐变颜色背景
图片或纹理背景
图案背景
设计幻灯片页面
设计幻灯片文本
字体
字号
字体颜色
文字方向
设计幻灯片图片
图片形状
图片样式
图片合成效果
设计幻灯片图形
图形填充
图形轮廓
图形效果
设计幻灯片表格
内置表格
自定义表格
添加音频和视频

知识速记

7.1 解决幻灯片设计的常见问题

在进行演讲、教学等活动时，经常会用到演示文稿，一个优秀的演示文稿更容易打动观众、吸引观众的注意力。但在制作演示文稿的过程中经常会遇到一些问题，下面就介绍一些常见问题及解决方法。

7.1.1 为什么演示文稿打开后会自动放映

当用户打开一个演示文稿后，发现演示文稿自动进入了放映状态，这是因为在保存演示文稿时，将其保存为放映模式了，也就是将演示文稿另存为“Microsoft PowerPoint 97-2003放映文件（*.pps）”类型了，如图7-1所示。用户只需选择演示文稿，按F2键进入重命名状态，将文件类型修改为“pptx”，即可取消自动放映，如图7-2所示。

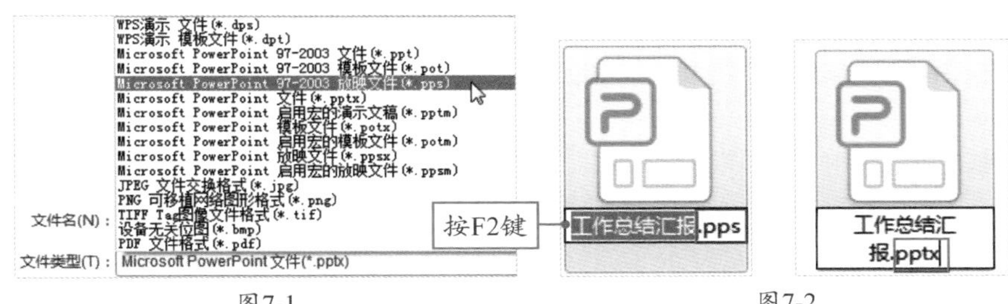

图7-1　　图7-2

7.1.2 为什么下载的演示文稿模板中的文字、图片等不能修改

用户在网上下载了一个演示文稿模板，想要修改其中的文字和图片，发现根本无法选中文字和图片，这是为什么呢？这可能是因为原作者利用了母版来制作演示文稿。用户只需打开“视图”选项卡，单击“幻灯片母版”按钮，进入母版模式，选中需要修改图片或文字的幻灯片版式进行修改即可，如图7-3所示。

图7-3

■7.1.3　为什么有的幻灯片在放映时显示不出来

在放映幻灯片时，有时明明演示文稿中有这张幻灯片，但在放映时却没有显示。这可能是因为该幻灯片被隐藏了。被隐藏的幻灯片的序号上会出现一条斜线。用户右击被隐藏的幻灯片，选择“隐藏幻灯片”命令，取消其选中状态即可取消隐藏，如图7-4所示。

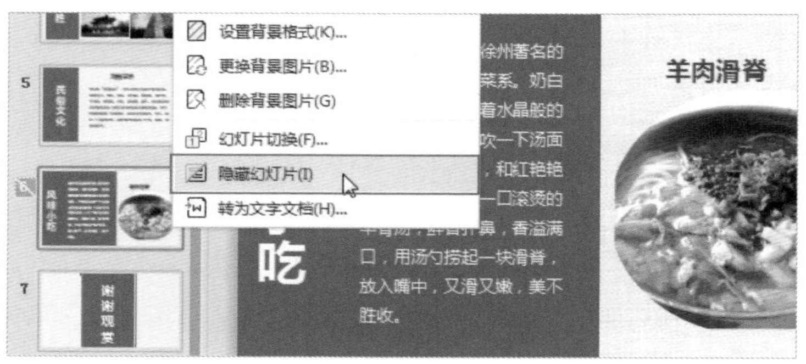

图7-4

■7.1.4　如何在复制别人的幻灯片时保持颜色不变

将一个演示文稿中的内容复制到另一个演示文稿中后，发现幻灯片的背景会发生改变，如图7-5所示。如果要想将幻灯片原样复制过去，那么只需在粘贴时右击，选择“带格式粘贴”命令即可，如图7-6所示。

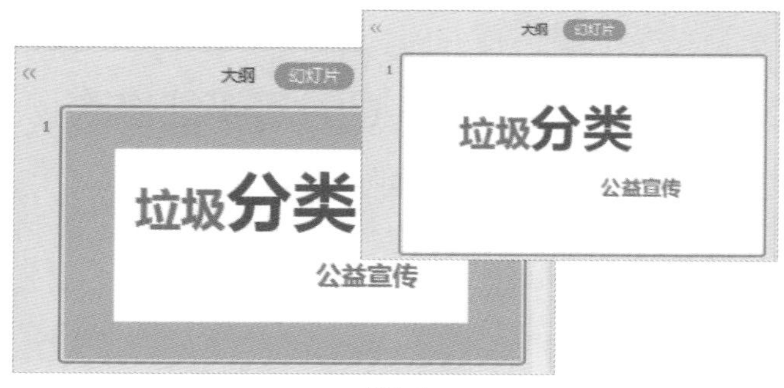

图7-5

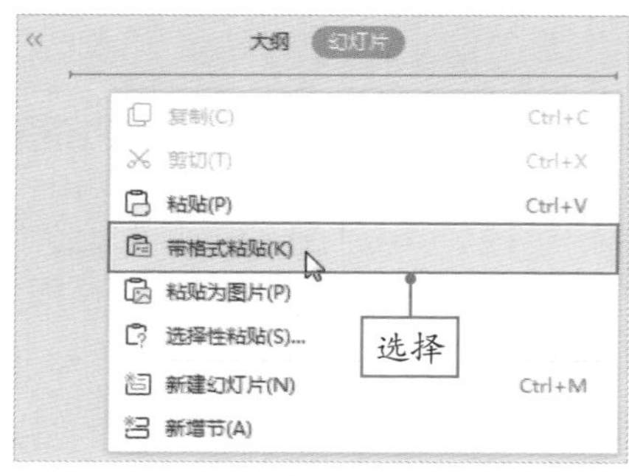

图7-6

7.2 幻灯片的基本操作

制作一个演示文稿，首先需要掌握幻灯片的一些基本操作技巧，如新建和删除幻灯片、复制和移动幻灯片、为幻灯片添加背景等。

■7.2.1　新建和删除幻灯片

创建演示文稿后，默认情况下只会显示一张幻灯片，很明显一张幻灯片是不够用的，这时用户可以新建幻灯片来满足制作演示文稿的需求。单击演示文稿中“单击此处添加第一张幻灯片”文本新建幻灯片，如图7-7所示。然后在预览窗格中右击，选择“新建幻灯片”命令，如图7-8所示。

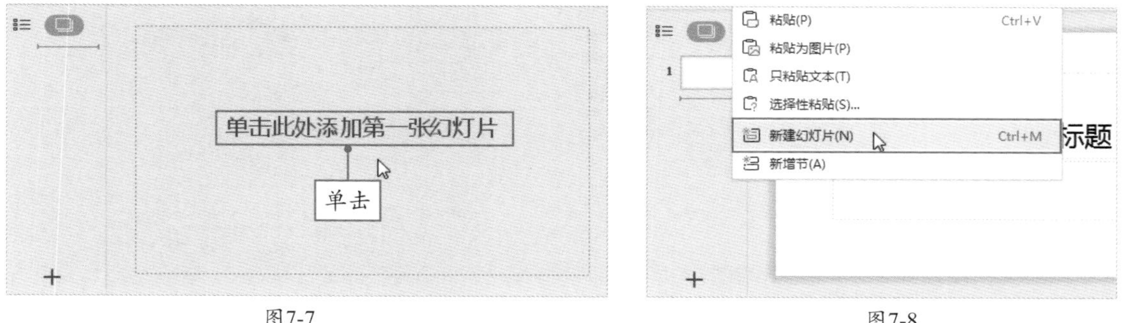

图7-7　　图7-8

此外，用户还可以单击“新建幻灯片”下拉按钮，从列表中选择需要的幻灯片版式插入幻灯片，如图7-9所示。

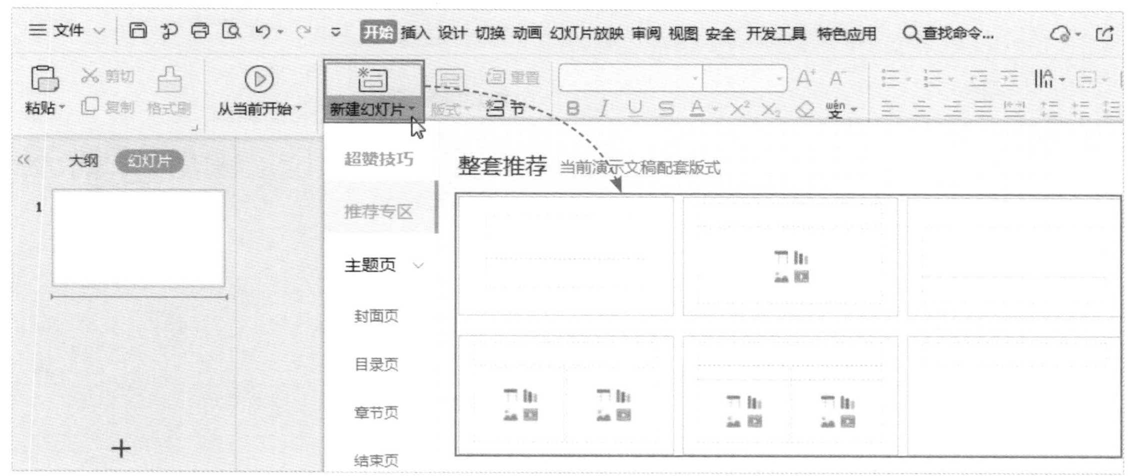

图7-9

知识拓展

用户新建一张幻灯片后，选中幻灯片，直接按下回车键即可在所选幻灯片下方再新建一张幻灯片。

当演示文稿中的幻灯片较多，需要删除一些幻灯片时，可以在预览窗格中通过右键的快捷菜单或直接按Delete键来删除幻灯片，如图7-10所示。

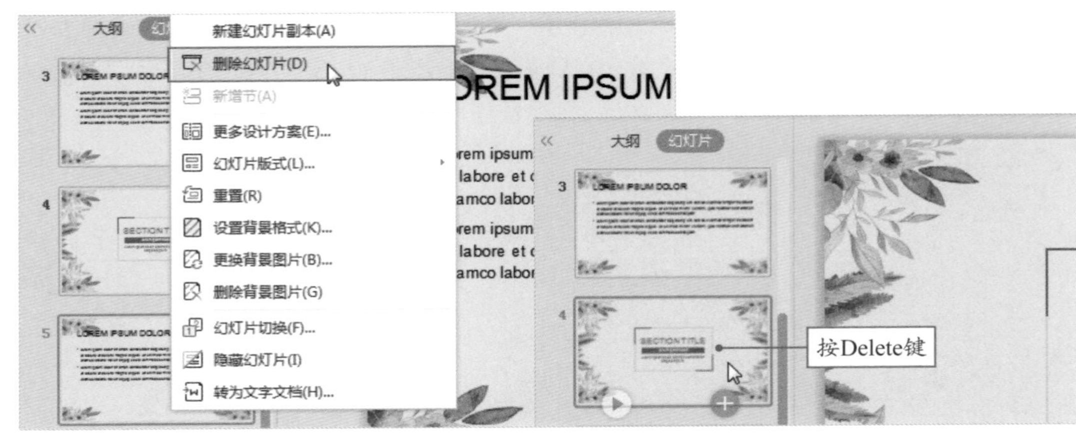

图7-10

■7.2.2　移动和复制幻灯片

如果需要对幻灯片的位置进行调整，可以对幻灯片进行移动。在预览窗格中选择幻灯片，按住鼠标左键不放，将其拖至目标位置即可，如图7-11所示。

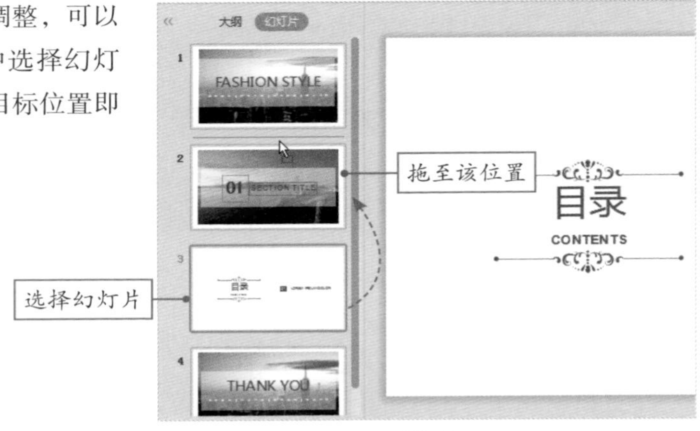

图7-11

复制幻灯片我知道，按组合键Ctrl+C和Ctrl+V就可以。

嗯，除此之外，还可以在预览窗格中选择幻灯片，右击，选择“新建幻灯片副本”命令，也可以复制幻灯片。

■7.2.3　设置幻灯片大小

在演示文稿中新建一个幻灯片的默认大小是16:9，用户可以根据需要设置幻灯片的大小。在“设计”选项卡中单击“幻灯片大小”下拉按钮，在列表中可以将幻灯片的大小更改为“标准（4:3）”，或者自定义幻灯片的大小，如图7-12所示。

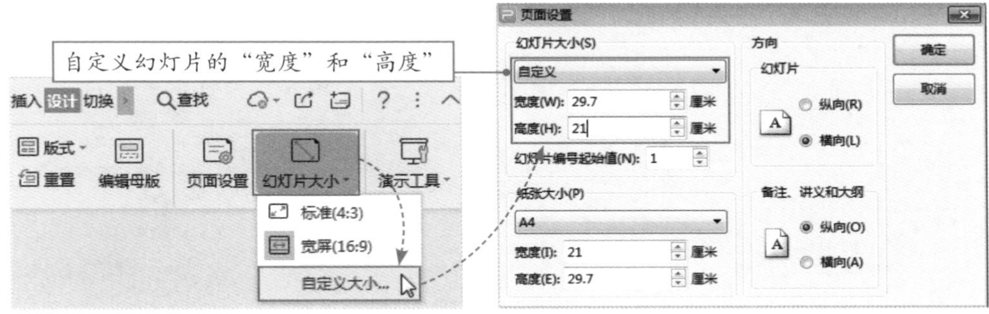

图7-12

7.2.4　添加幻灯片背景

设计幻灯片时，用户可以为幻灯片添加背景。在“设计”选项卡中单击“背景”下拉按钮，在列表中选择内置的渐变填充颜色，可以为幻灯片添加渐变背景。若选择“背景”选项，打开“对象属性”窗格，在“填充”选项卡中可以为幻灯片添加纯色背景、渐变颜色背景、图片或纹理背景及图案背景，如图7-13所示。

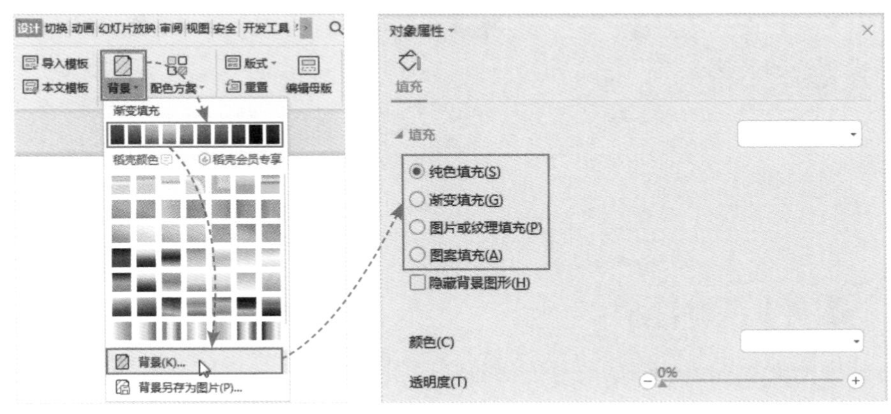

图7-13

7.3 设计幻灯片页面

一个完整的演示文稿会涉及多种元素的使用，如文字、图片、图形、表格、音频、视频等。合理设计和应用这些元素，可以使幻灯片页面更加出彩。下面将介绍这几种元素的设计与应用方法。

7.3.1　设计幻灯片文本

扫码观看视频

在幻灯片中输入文本后，用户可以对文本的字体、字号、颜色、方向等进行设计，如图7-14所示。

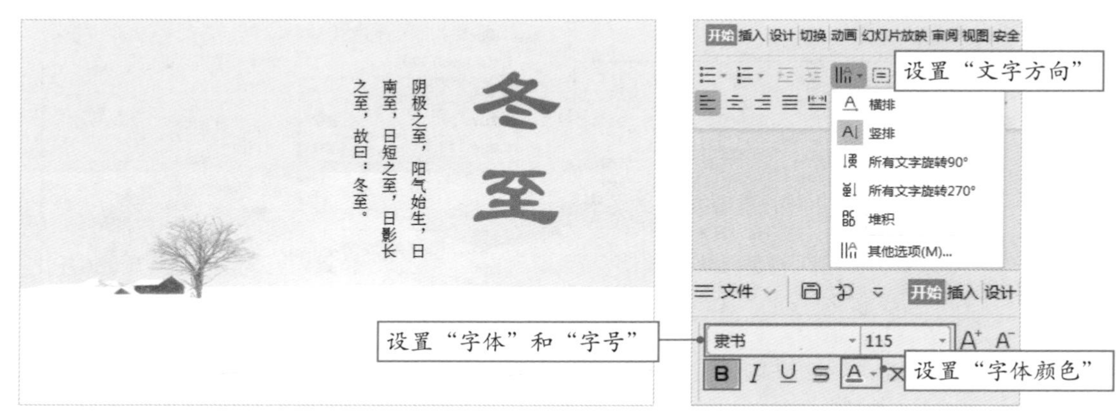

图7-14

此外，在“文本工具”选项卡中，用户还可以设置“文本填充”“文本轮廓”“文本效果”等，如图7-15所示。

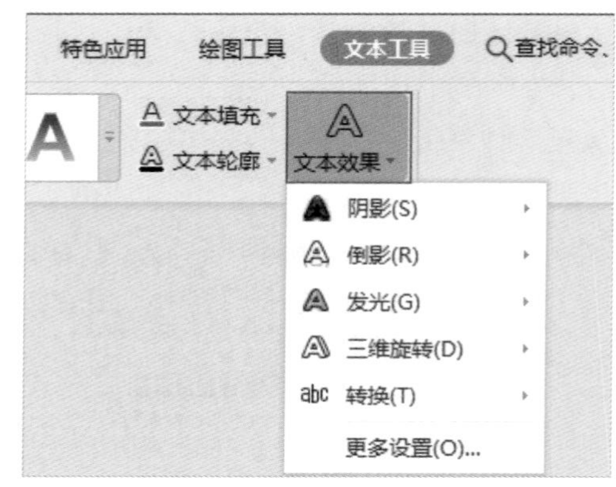

图7-15

7.3.2 设计幻灯片图片

为幻灯片中的文字配上恰当的图片能够迅速吸引别人的注意力。一般情况下，图片插入后还需要对图片进行一系列美化加工。

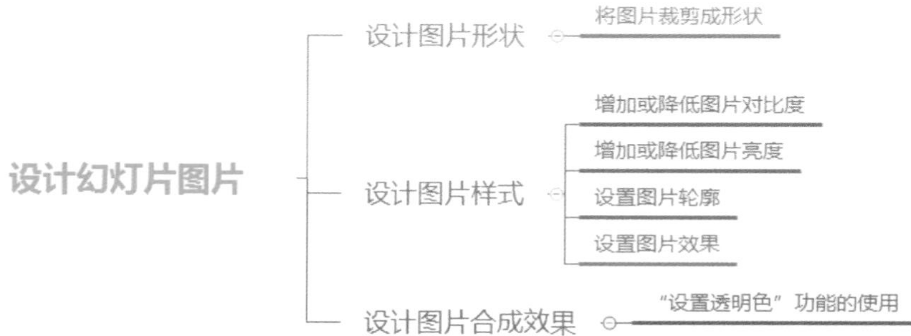

用户可以对图片的形状进行设计，在“图片工具”选项卡中单击“裁剪”下拉按钮，可以将图片裁剪成所选形状，如图7-16所示。

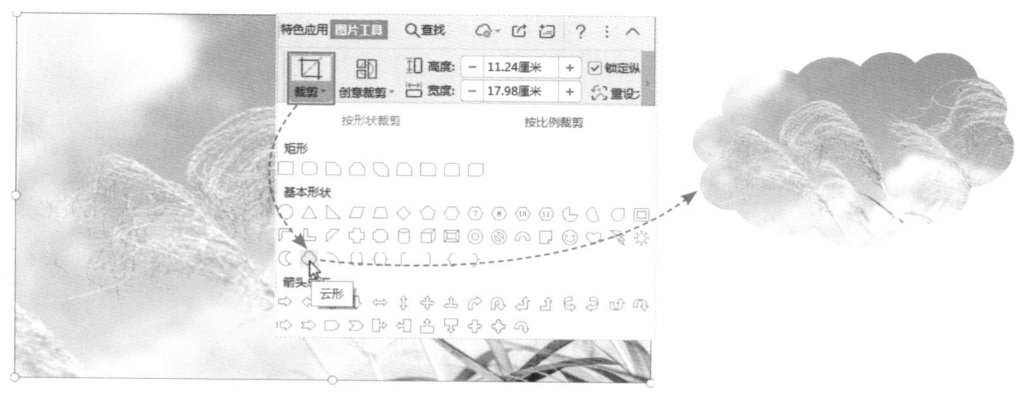

图7-16

用户还可以在“图片工具”选项卡中对图片的样式进行设计，如增加或降低图片对比度、增加或降低图片亮度、设置图片轮廓和效果等，如图7-17所示。如果用户需要删除图片的背景，只需使用“智能抠除背景”功能将图片区域抠出来即可。

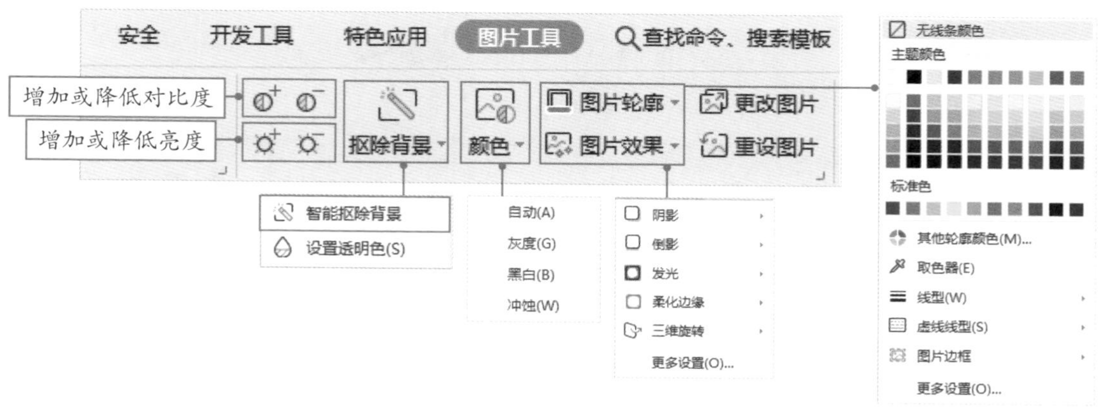

图7-17

使用“设置透明色”功能可以设计出图片合成效果，下面简单介绍一下制作方法。

Step 01 在幻灯片中插入一张墨迹图片，在“图片工具”选项卡中单击“抠除背景”下拉按钮，选择“设置透明色”选项，此时鼠标光标变为吸管形状，单击图片上的黑色区域，将其设置为透明效果，如图7-18所示。

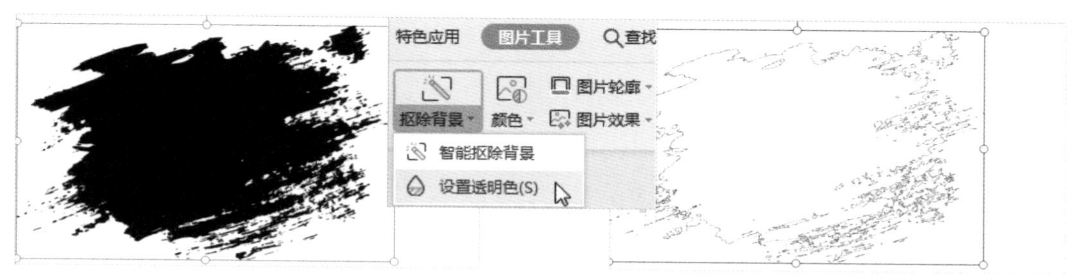

图7-18

Step 02 选中图片，右击，选择“设置对象格式”命令，如图7-19所示。打开“对象属性”窗格，在“填充与线条”选项卡中单击“图片或纹理填充”单选按钮，并单击下方的“图片填充”下拉按钮，选择“本地文件”选项，如图7-20所示。打开“选择纹理”对话框，从中选择合适的图片即可。

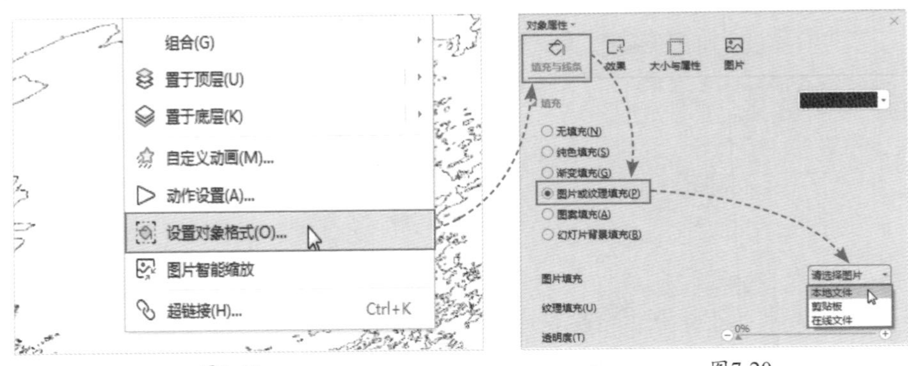

图7-19　　图7-20

张姐，我对图片进行了一系列设计后，发现效果不是很好，想要将图片恢复到原始状态重新设计，要怎么做呢？

很简单，只需选中图片，在“图片工具”选项卡中单击“重设图片”按钮，图片就恢复到原始状态了。

此时，可以看到所选图片就被填充到墨迹图片中形成图片合成效果了，如图7-21所示。

图7-21

新手误区： 在使用“设置透明色”功能时，所选图片必须是JPG格式，否则无法实现图片合成效果。

■7.3.3　设计幻灯片图形

图形在幻灯片中起到装饰页面的作用。在幻灯片中绘制图形后，用户可以设计图形的样式，如在“绘图工具”选项卡中通过“填充”命令为图形设置填

扫码观看视频

充色，如图7-22所示。

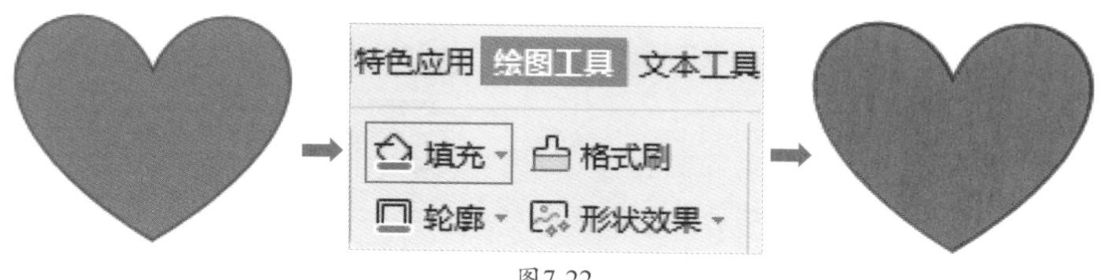

图7-22

使用“轮廓”命令可以设置图形的轮廓颜色、轮廓粗细、轮廓线型等，如图7-23所示。

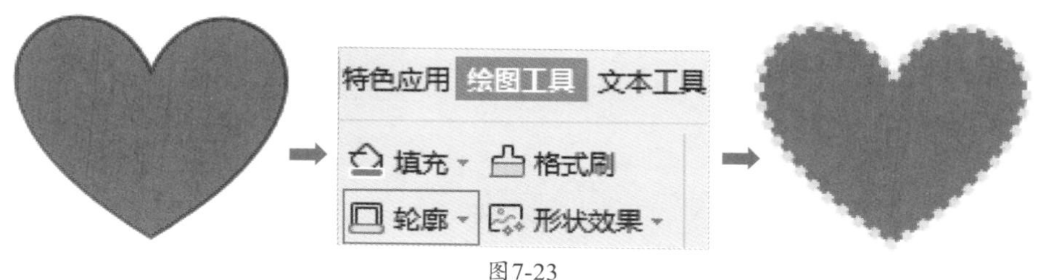

图7-23

此外，用户在“形状效果”列表中可以为图形设置合适的阴影、倒影、发光、柔化边缘等效果，如图7-24所示。

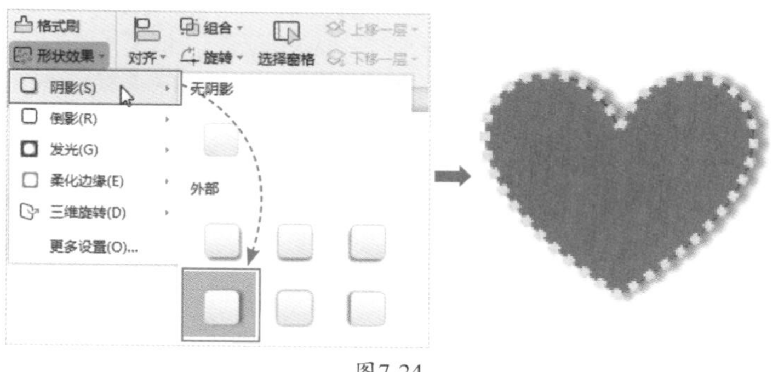

图7-24

知识拓展

绘制图形后，右击，选择“编辑顶点”命令，可以对图形的顶点进行编辑，改变图形的形状，如图7-25所示。

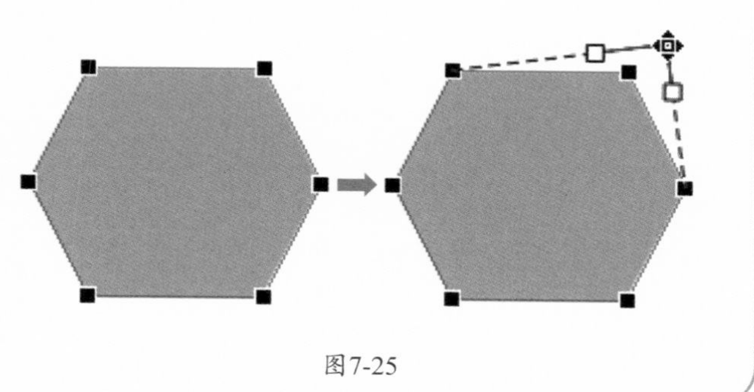

图7-25

7.3.4 设计幻灯片表格

在幻灯片中想要进行数据展示或图片排版时，表格是最好的选择。

一个美观的表格，可以在一定程度上吸引他人的目光。所以在幻灯片中插入表格后，用户还要对表格的样式进行设计。

在“表格样式”选项卡中单击内置的样式按钮，选择合适的样式，可以快速更改表格的样式，如图7-26所示。

用户也可以在“表格样式”选项卡中自己设计表格的样式，如图7-27所示。

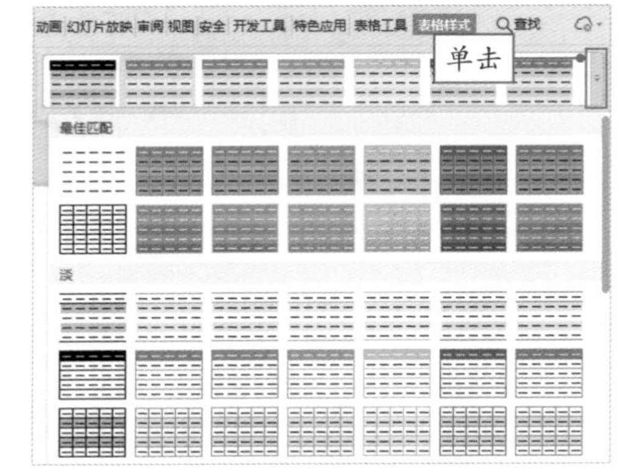

图7-26

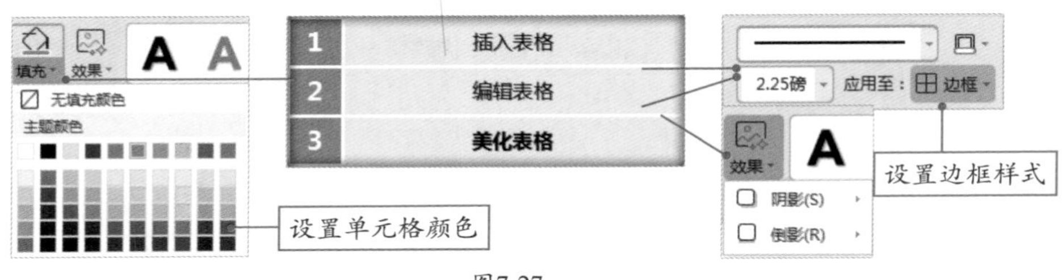

图7-27

7.3.5 添加音频和视频

制作像教学课件、旅游相册等类型的演示文稿时，一般需要在幻灯片中插入背景音乐或视频来辅助展示或烘托氛围。用户只需在“插入”选项卡中单击“音频”或“视频”下拉按钮，即可在幻灯片中嵌入或链接到音频或视频，如图7-28所示。

图7-28

综合实战

7.4 制作旅行日记

在旅行中会遇到许多美好的事物与人，因此制作一个旅行日记，将旅途中美好的画面和感悟记录下来，是非常有意义的一件事。制作本案例涉及的操作有：设计幻灯片母版、图片的应用、图形的应用和表格的应用，下面介绍详细的操作流程。

7.4.1 设计旅行日记内容幻灯片版式

新建幻灯片后，用户可以直接在幻灯片中设计内容页版式。这里将使用“幻灯片母版”功能设计内容幻灯片版式。下面介绍具体的操作方法。

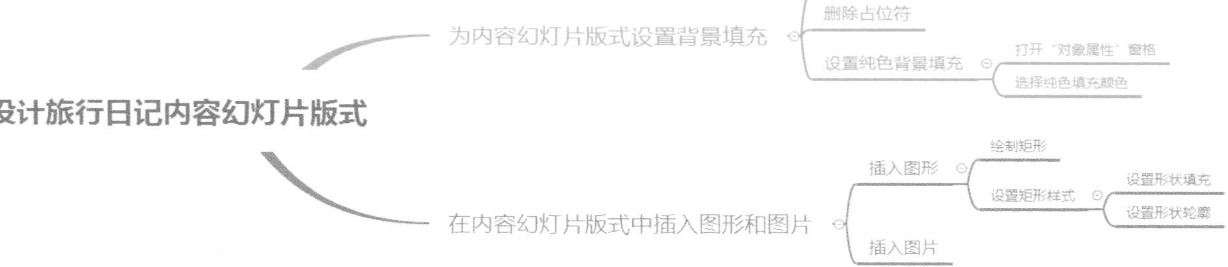

Step 01 进入母版视图。 通过右键菜单命令，新建一个空白演示文稿，并命名为“旅行日记”。打开该演示文稿，在“视图”选项卡中单击“幻灯片母版”按钮，如图7-29所示。

Step 02 删除占位符。 进入母版视图后，选择“Office主题母版”，然后选择母版幻灯片中所有的占位符，按Delete键删除，如图7-30所示。

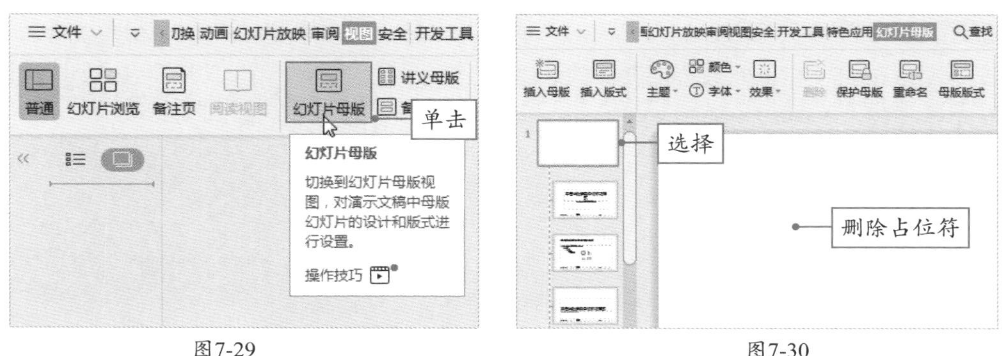

图7-29　　图7-30

Step 03 设置背景填充颜色。 在“幻灯片母版”选项卡中单击“背景”按钮，打开“对象属性”窗格，在“填充”选项卡中单击“纯色填充”单选按钮，在“颜色”列表中选择合适的填充颜色，如图7-31所示。

Step 04 绘制矩形。 关闭窗格，打开“插入”选项卡，单击“形状”下拉按钮，从中选择

“矩形”选项，然后拖动鼠标，在幻灯片中绘制一个大小合适的矩形，如图7-32所示。

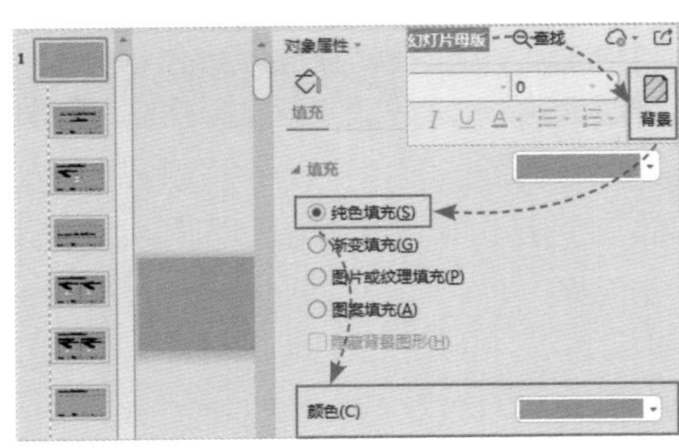

图7-31

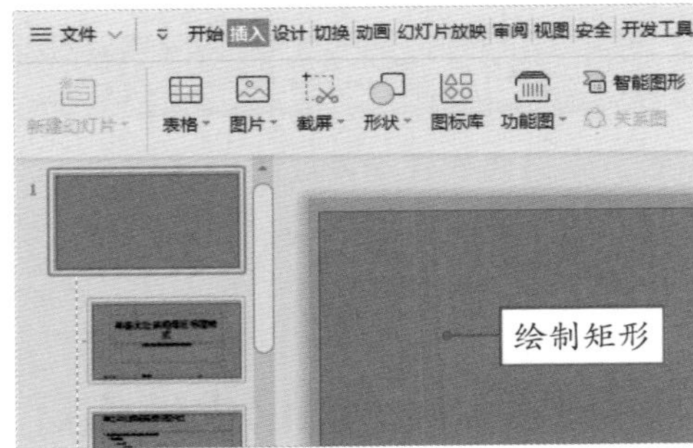

图7-32

Step 05 设置矩形样式。选中矩形，在“绘图工具”选项卡中将填充颜色设置为“白色，背景1”，将“轮廓”设置为“无线条颜色”，如图7-33所示。

Step 06 再次绘制矩形。使用“矩形”命令再绘制一个矩形，在“绘图工具”选项卡中单击“设置形状格式”对话框启动器按钮，如图7-34所示。

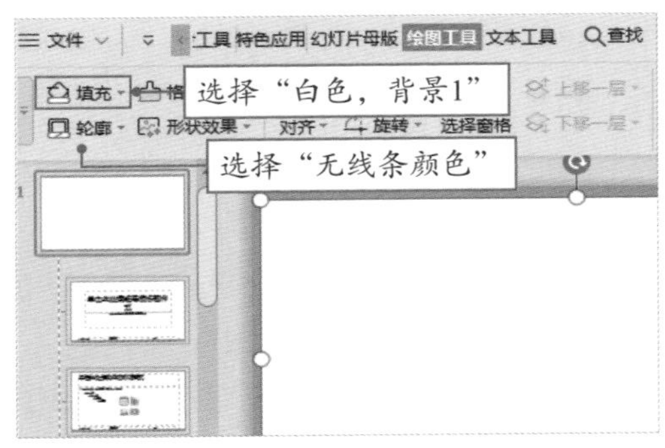

图7-33

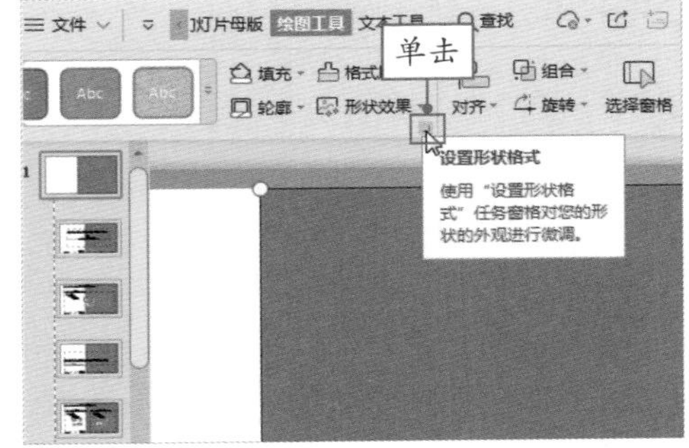

图7-34

Step 07 设置填充和线条。打开“对象属性”窗格，在“填充与线条”选项卡中选中“渐变填充”单选按钮，在下方设置渐变样式和颜色，如图7-35所示。在“线条”选项中选中“无线条”单选按钮，如图7-36所示。

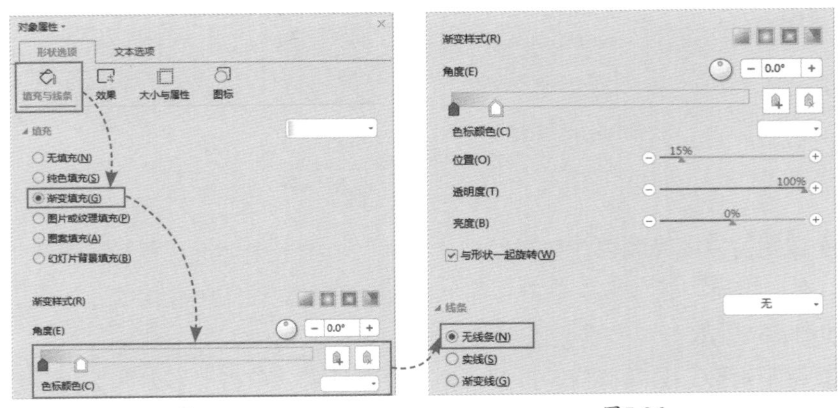

图7-35

图7-36

Step 08 **插入图片。**在“插入”选项卡中单击“图片”下拉按钮，选择“本地图片”选项，在“插入图片”对话框中选择需要的图片，将其插入到幻灯片中，复制图片，并放在页面中的合适位置，如图7-37所示。至此，完成内容幻灯片版式的设计。

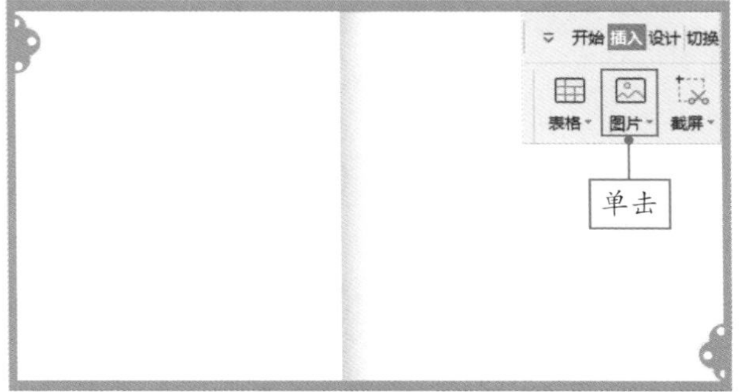

图7-37

■7.4.2　设计旅行日记标题幻灯片版式

设计好内容版式后，下面将对标题幻灯片版式进行设计，并制作标题内容。具体操作步骤如下。

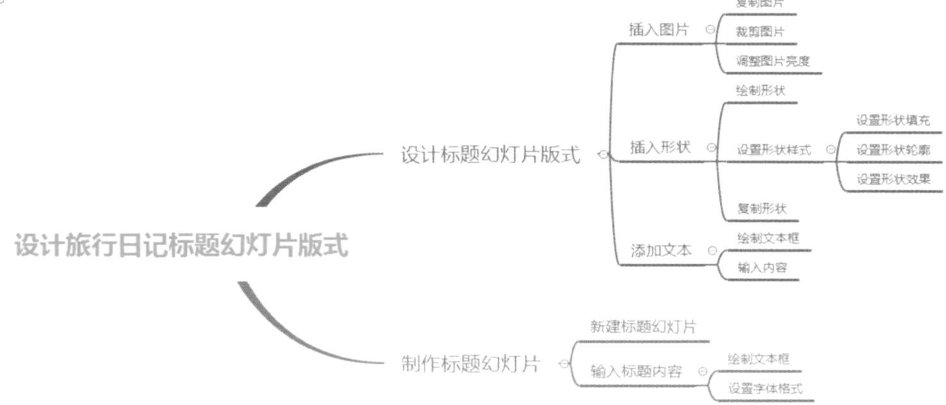

Step 01 **隐藏背景图形。**选择标题幻灯片版式，在“幻灯片母版”选项卡中单击“背景”按钮，打开“对象属性”窗格，在“填充”选项卡中勾选“隐藏背景图形”复选框，将背景填充颜色设置为白色，并删除幻灯片中的所有占位符，如图7-38所示。

Step 02 **插入图片。**在幻灯片中插入一张图片，并将其大小调整到与页面大小相同，如图7-39所示。

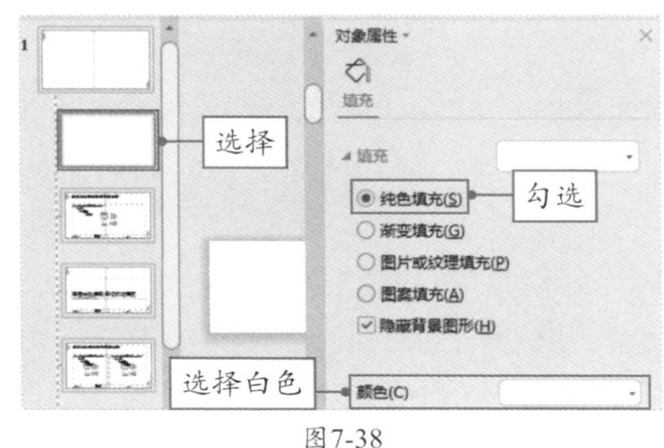

图7-38

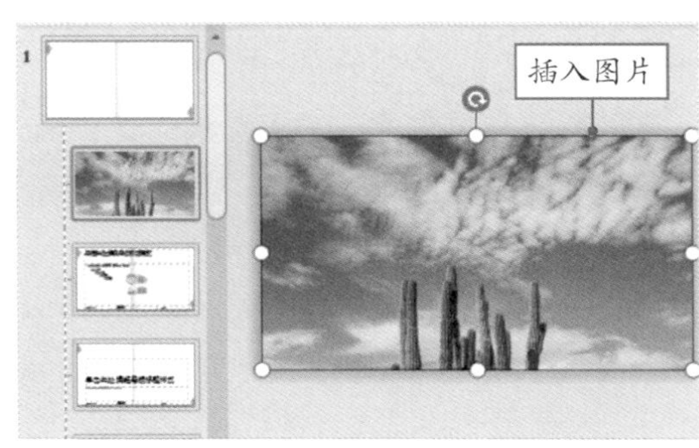

图7-39

Step 03 裁剪图片。选中图片，按组合键Ctrl+C和Ctrl+V复制粘贴图片，并将复制的图片和原图片重合。选中复制的图片，在“图片工具”选项卡中单击“裁剪”按钮，对复制的图片进行裁剪，如图7-40所示。

Step 04 调整图片亮度。裁剪完成后按回车键确认，在“图片工具”选项卡中单击“增加亮度”或“降低亮度”按钮，调整原图片和裁剪后图片的亮度，如图7-41所示。

图7-40

图7-41

Step 05 绘制形状。在“插入”选项卡中单击“形状”下拉按钮，从列表中选择“L形”选项，绘制该形状并对其进行适当的编辑。调整形状的大小和方向，再将其放在幻灯片页面中的合适位置，如图7-42所示。

Step 06 设置形状样式。选中形状，在“绘图工具”选项卡中将“填充”设置为“黑色，文本1”，将“轮廓”设置为“无线条颜色”，单击“形状效果”下拉按钮，从中选择“阴影”选项，并选择“向右偏移”的阴影效果，如图7-43所示。

图7-42　　图7-43

Step 07 复制形状。选中形状，复制3个相同的形状，并调整每个形状的方向，再将其放在合适的位置。按照同样的方法，利用“椭圆”和“直线”形状绘制如图7-44所示的图形，并将其组合起来。

Step 08 添加文本。在“插入”选项卡中单击“文本框”下拉按钮，从中选择“横向文本框”选项，在幻灯片页面绘制一个文本框，输入文本“REC”，并设置文本的字体格式。再绘制圆形，设置圆形的样式，将其放在文本末尾处，如图7-45所示。

图7-44

图7-45

Step 09 关闭母版视图。打开“幻灯片母版”选项卡，单击“关闭”按钮，退出母版视图，如图7-46所示。

Step 10 新建标题幻灯片。打开“开始”选项卡，单击“新建幻灯片”下拉按钮，从列表中选择“标题幻灯片”选项，单击“立即使用”按钮，如图7-47所示。

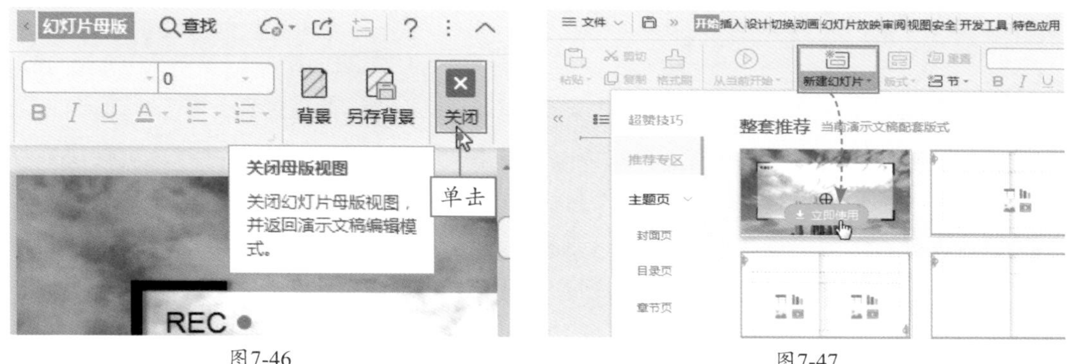

图7-46　　图7-47

知识拓展

除了使用组合键Ctrl+C和Ctrl+V复制形状外，还可以在选择形状后按住Ctrl键不放的同时拖动鼠标快速复制形状。

Step 11 输入标题。新建标题幻灯片后，在幻灯片页面绘制一个文本框，输入标题内容，并设置标题文本的字体格式，至此完成标题幻灯片的设计，如图7-48所示。

图7-48

■7.4.3 设计旅行日记正文内容

使用“母版”功能制作好内容版式后，用户可以直接在幻灯片中输入内容或插入图片，从而制作正文幻灯片，具体操作方法如下。

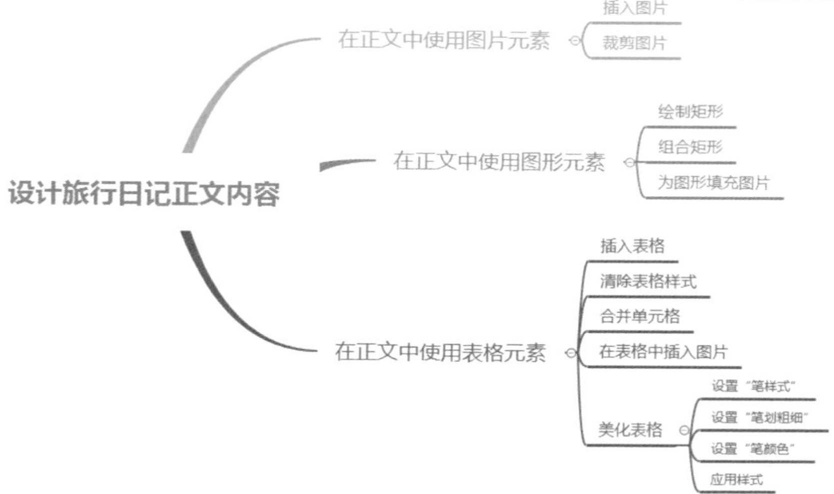

Step 01 新建幻灯片。在“开始”选项卡中单击“新建幻灯片”下拉按钮，从展开的列表中选择“空白”选项，并单击“立即使用”按钮，如图7-49所示。

Step 02 输入内容。新建第2张幻灯片后，在幻灯片中输入相关内容，绘制形状并设置形状的样式，然后放在幻灯片页面中的合适位置，如图7-50所示。

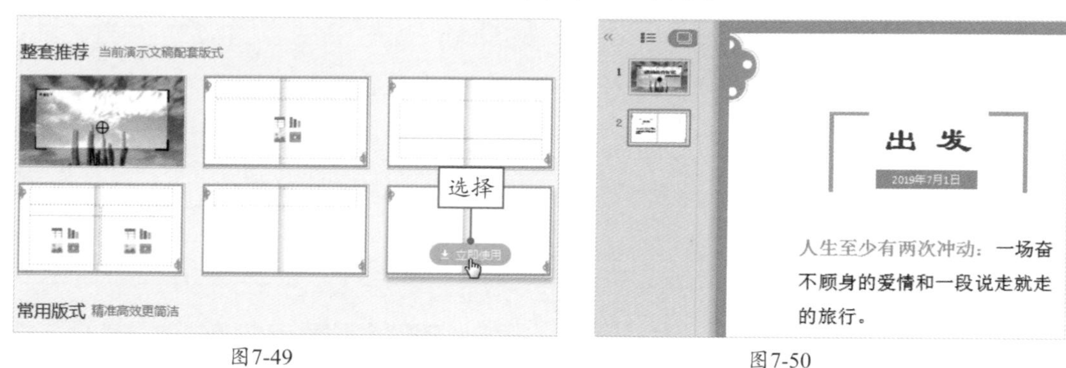

图7-49

图7-50

Step 03 插入图片。在幻灯片中插入一张图片，在“图片工具”选项卡中单击“裁剪”下拉按钮，从中选择“椭圆”选项，将图片裁剪成椭圆形状。再绘制一个椭圆，并设置图形的样式，将其作为图片的外圆，如图7-51所示。

Step 04 新建第3张幻灯片。按回车键新建第3张幻灯片，在幻灯片中输入相关内容，并添加形状作为修饰，如图7-52所示。

Step 05 绘制矩形。在“插入”选项卡中单击“形状”下拉按钮，从中选择“矩形”选项，在幻灯片中绘制矩形，并将多个矩形错落地排列在一起，如图7-53所示。

图7-51

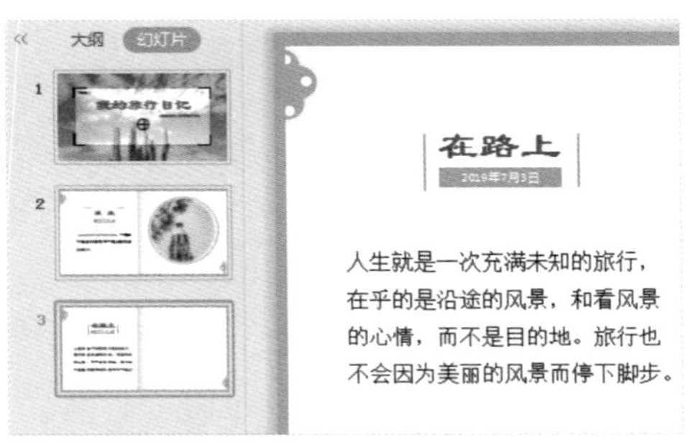

图7-52

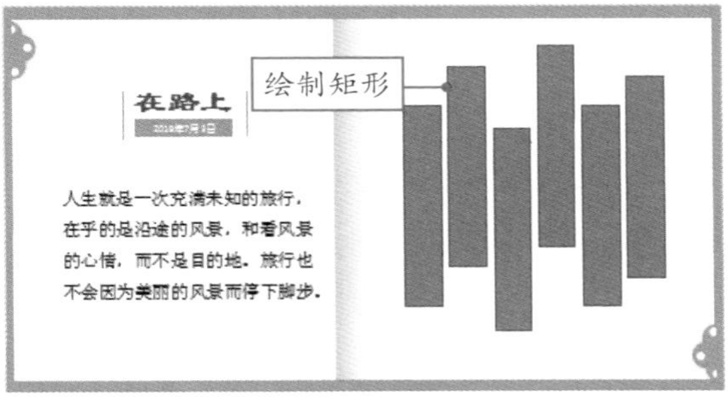

绘制矩形

在路上

人生就是一次充满未知的旅行，在乎的是沿途的风景，和看风景的心情，而不是目的地。旅行也不会因为美丽的风景而停下脚步。

图7-53

知识拓展

如果用户需要在形状中输入文字，可以选中形状，右击，从弹出的快捷菜单中选择“编辑文字”命令即可。

Step 06 **组合形状。**选中所有矩形，右击，从弹出的快捷菜单中选择“组合”选项，并选择“组合”命令，如图7-54所示。

Step 07 **填充图片。**选中组合后的图形，在“绘图工具”选项卡中单击“填充”下拉按钮，从列表中选择“图片或纹理”选项，并选择“本地图片”选项，如图7-55所示。

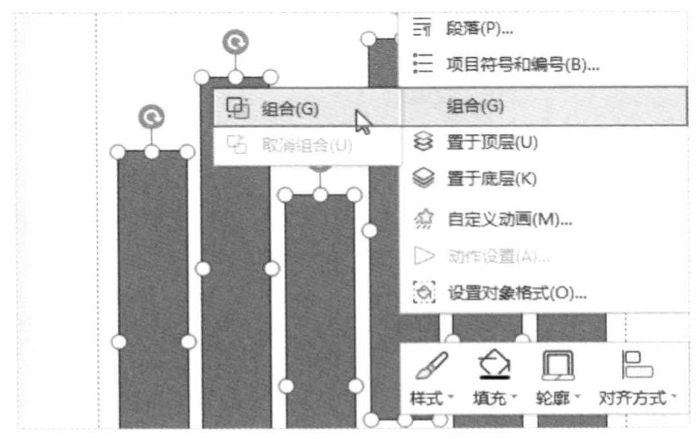

图7-54

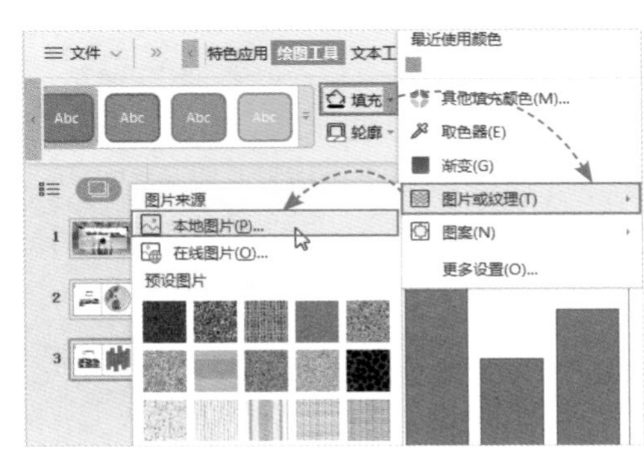

图7-55

Step 08 查看效果。打开“选择纹理”对话框，从中选择需要的图片，确认后即可为所选图形填充图片，并将图形的轮廓设置为“无线条颜色”，如图7-56所示。

Step 09 插入表格。新建第4张幻灯片，在“插入”选项卡中单击“表格”下拉按钮，从中滑动鼠标选取3行2列的表格，如图7-57所示。

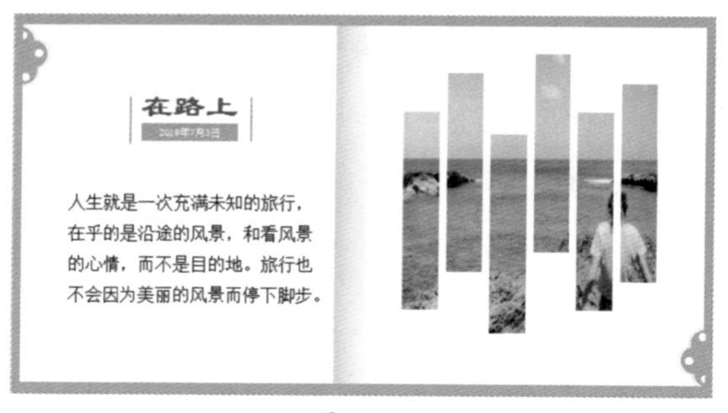

图7-56

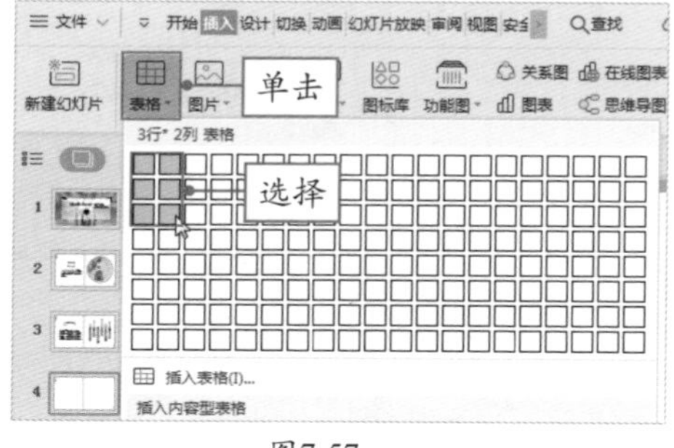

图7-57

Step 10 清除表格样式。打开“表格样式”选项卡，单击“清除表格样式”按钮，如图7-58所示。

Step 11 合并单元格。选择单元格，在“表格工具”选项卡中单击“合并单元格”按钮，将所选单元格合并成一个单元格，如图7-59所示。

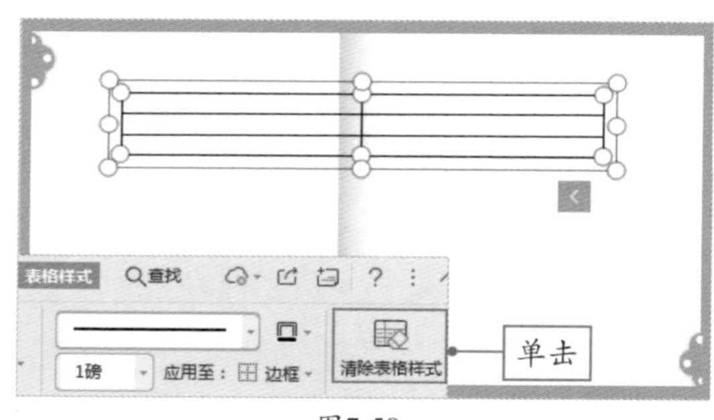

图7-58

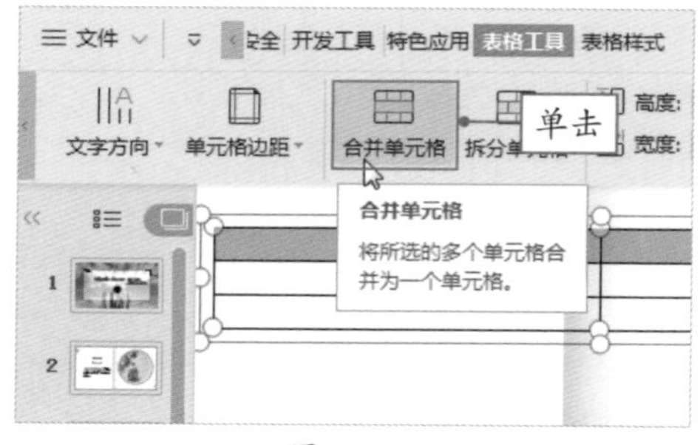

图7-59

Step 12 在表格中插入图片。将光标插入到第1个单元格中，在“表格样式”选项卡中单击“填充”下拉按钮，选择“图片或纹理”选项，然后选择“本地图片”选项，打开“选择纹理”对话框，从中选择合适的图片插入到表格中，再调整表格和单元格的大小，使图片在单元格中正常显示。按照同样的方法，在其他单元格中插入图片，并调整单元格的大小，如图7-60所示。

Step 13 美化表格。选中表格，在“表格样式”选项卡中设置“笔样式”“笔划粗细”和“笔颜色”选项，然后单击“边框”下拉按钮，从列表中选择“所有框线”选项，如图7-61所示。

Step 14 输入其他内容。此时可以看到美化表格后的效果，最后在幻灯片中输入文本内容，如图7-62所示。

Step 15 新建第5张幻灯片。在幻灯片中插入多张图片并合理排列图片，然后输入相关内容，至此完成正文内容的制作，如图7-63所示。

图7-60　　　　图7-61

图7-62

图7-63

7.4.4　设计旅行日记结尾内容

扫码观看视频

标题幻灯片和正文幻灯片制作完成后，还需要制作结尾幻灯片，使整个演示文稿有始有终，具体操作方法如下。

Step 01　复制幻灯片并隐藏背景。选择第1张幻灯片，按组合键Ctrl+C进行复制，然后将光标插入到第5张幻灯片下方，按组合键Ctrl+V进行粘贴，新建第6张幻灯片。在幻灯片中右击，选择“设置背景格式”命令，打开“对象属性”窗格，在“填充”选项卡中勾选“隐藏背景图形”复选框，如图7-64所示。

Step 02　完成制作。在幻灯片中插入图片，调整图片的大小，并将图片置于底层。将标题更改为“谢谢观看”，至此完成结尾幻灯片的制作，如图7-65所示。

图7-64

图7-65

课后作业

通过前面对知识点的介绍，相信大家已经掌握了设计幻灯片的基本操作，下面就综合利用所学知识点制作一份“个人求职简历”。

（1）在幻灯片母版中设计内容幻灯片版式。

（2）在幻灯片母版中设计标题幻灯片版式，并制作标题幻灯片。

（3）使用图形、图片元素制作正文内容。

（4）通过复制标题幻灯片，制作结尾幻灯片。

最终效果

NOTE

Tips

大家在学习的过程中如有疑问，可以加入学习交流群（QQ群号：728245398）进行交流。

WPS Office

第8章

不可或缺的动画元素

张姐，虽然我制作的PPT比之前好了一些，但看起来还是很单调，可不可以让文字和图片动起来，让画面丰富一些？

当然可以，我们不仅可以让文字、图片动起来，还可以让整个幻灯片页面动起来。

那要怎么做？快教教我。

秘诀就是添加动画，这里所说的动画可不是Flash动画，而是PPT自带的动画。通过为文字和图片设置动画效果，为幻灯片页面添加切换动画，这样就可以使其动起来了。

具体要怎么操作，是不是很复杂？

很简单。当然，如果想要做出非常酷炫的动画效果，操作肯定会复杂一些。其实添加动画的目的是强调重点，并不需要多复杂。动画虽好，可不要过度添加哟！

思维导图

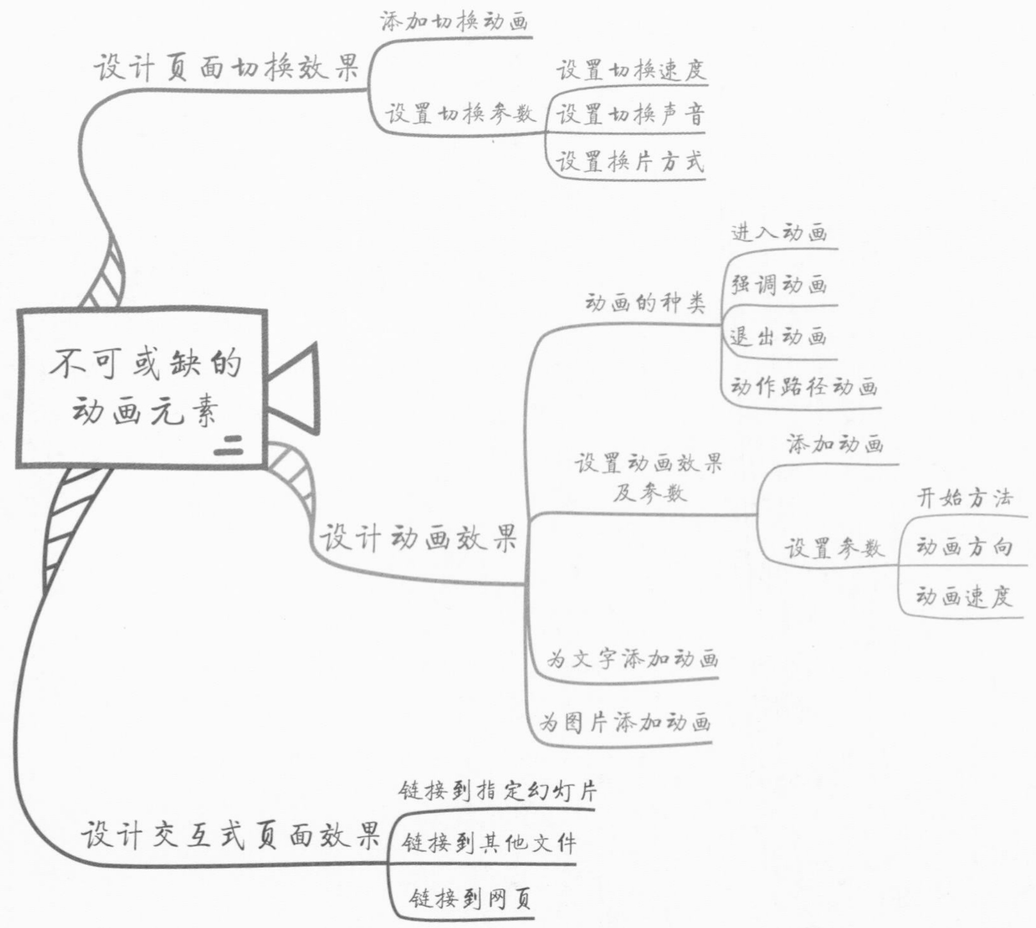

不可或缺的动画元素
设计页面切换效果
添加切换动画
设置切换参数
设置切换速度
设置切换声音
设置换片方式
设计动画效果
动画的种类
进入动画
强调动画
退出动画
动作路径动画
设置动画效果及参数
添加动画
设置参数
开始方法
动画方向
动画速度
为文字添加动画
为图片添加动画
设计交互式页面效果
链接到指定幻灯片
链接到其他文件
链接到网页

知识速记

8.1 设计页面切换效果

如果用户觉得前后两页幻灯片的切换方式太过平淡，可以考虑使用WPS演示中自带的幻灯片页面切换效果，下面介绍具体的操作方法。

8.1.1 添加切换动画

WPS演示提供了16种页面切换效果，包括淡出、切出、擦除、形状、溶解、新闻快报、轮辐、随机、百叶窗、梳理、抽出、分割、线条、棋盘、推出、插入。

选择幻灯片，在“切换”选项卡中选择一种合适的切换效果，即可为幻灯片添加该切换动画，如图8-1所示。

图8-1

8.1.2 设置切换动画的参数

扫码观看视频

为幻灯片添加切换动画后，用户可以根据需要设置切换动画的参数。例如，设置切换速度、声音、换片方式等，如图8-2所示。

如果想要将设置的页面切换效果应用到所有幻灯片上，可以单击“切换”选项卡中的“应用到全部”按钮。

图8-2

8.2 设计动画效果

动态的幻灯片不仅可以吸引观众的注意力，还可以增加幻灯片的趣味性，同时也能够起到一定的强调作用。下面介绍如何为幻灯片添加动画效果。

8.2.1 了解动画的种类

WPS演示提供了大致4种动画类型：进入动画、强调动画、退出动画、动作路径动画。其中，各动画类型又包含多种动画效果。单击“更多选项”按钮可以查看更多的动画效果，如图8-3所示。

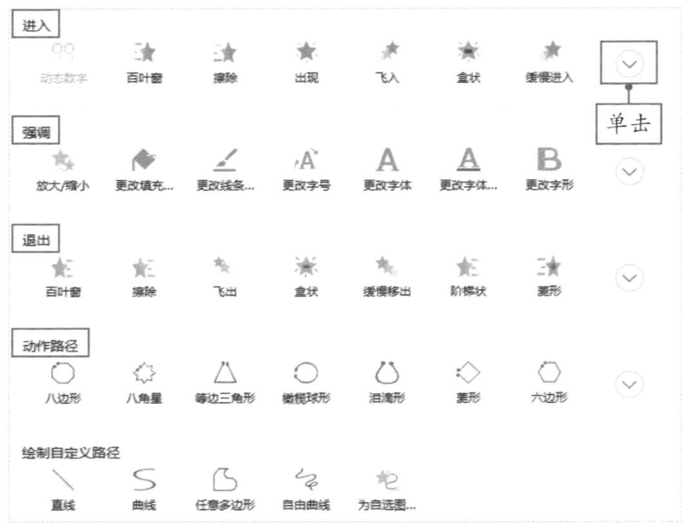

图8-3

8.2.2 设置动画效果及参数

扫码观看视频

若要为幻灯片中的对象设置动画效果，可以先选择对象，在“动画”选项卡中选择需要的动画效果即可，如图8-4所示。

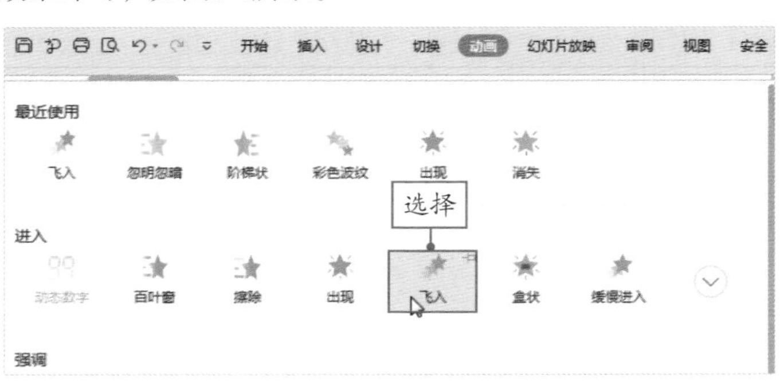

图8-4

知识拓展

WPS演示还为用户提供了智能动画，只需在“动画”选项卡中单击“智能动画”下拉按钮，就可以在列表中选择系统提供的特效动画，如图8-5所示。

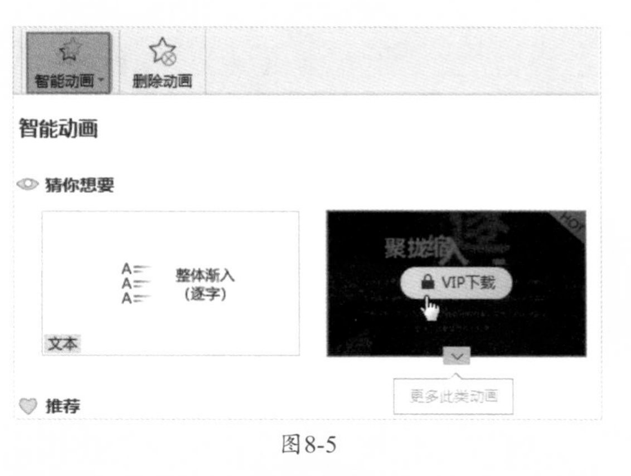

图8-5

添加动画效果后，在“动画”选项卡中单击“自定义动画”按钮，打开“自定义动画”窗格，在其中可以设置动画的开始方式、方向、速度等，如图8-6所示。

单击“添加效果”下拉按钮，可以继续为对象添加其他的动画效果。

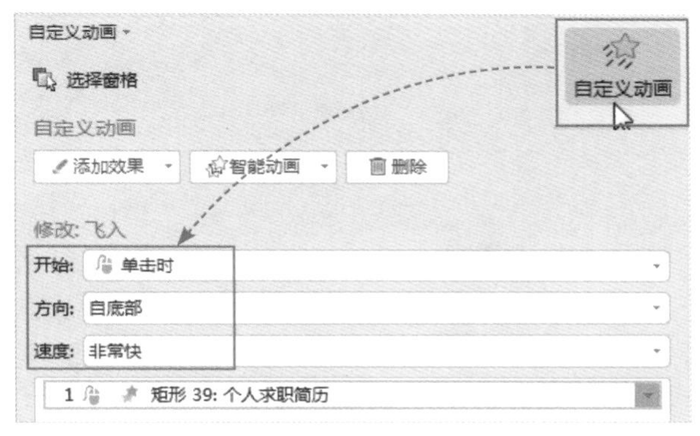

图8-6

■8.2.3　为文字添加动画

扫码观看视频

为文字添加动画要注意适量，过多的动画效果反而会分散观众的注意力。对于标题类的文字，可以为其添加飞入、渐入、缩放、伸展等较为柔和的动画效果。

为文字添加动画
- 添加“缩放”动画
- 设置效果选项
  - 设置动画文本　按字母
  - 设置字母之间延迟　20%

为文字添加“缩放”动画，需要选中文字所在的文本框，在“动画”选项卡中选择“缩放”动画效果，如图8-7所示。

图8-7

单击“自定义动画”按钮，打开“自定义动画”窗格，在其中找到刚添加的动画效果，单击其右侧的下拉按钮，选择“效果选项”选项，如图8-8所示。在打开的对话框中将“动画文本”设置为“按字母”，字母之间延迟“20%”，如图8-9所示。

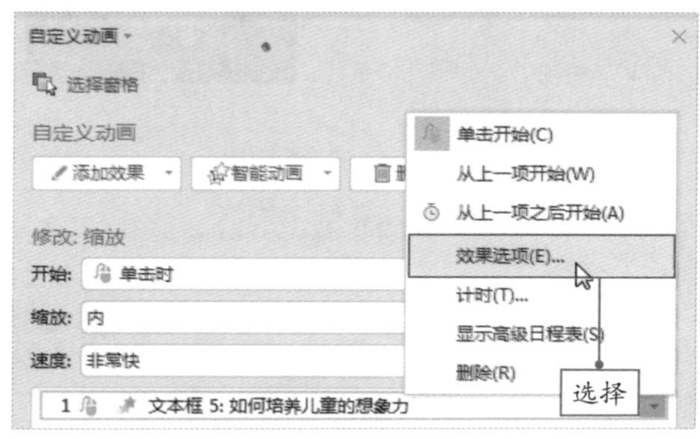

图8-8

图8-9

对于需要特别强调的文字，应该为其添加什么样的动画效果啊?

可以添加“彩色波纹”“忽明忽暗”“跷跷板”等动画效果。

在“动画”选项卡中单击“预览效果”按钮，可以预览所添加的动画效果，如图8-10所示。

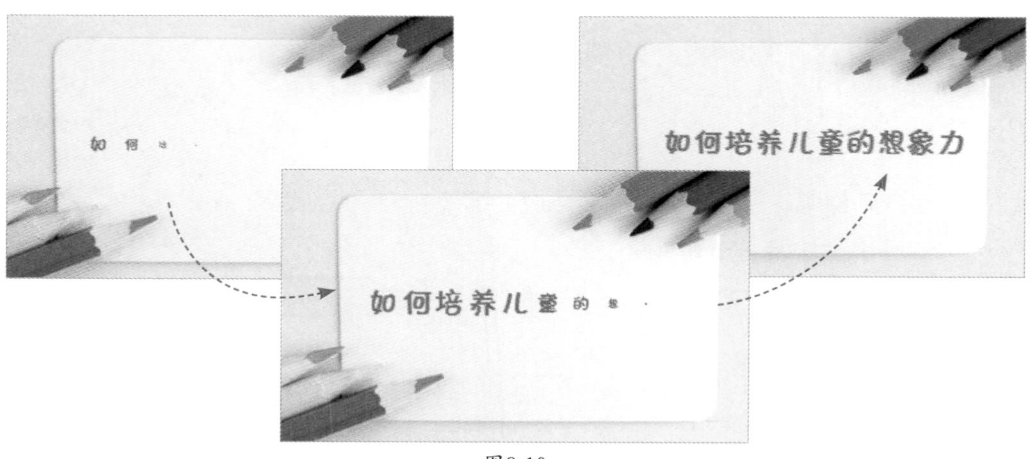

图8-10

■8.2.4　为图片添加动画

为图片添加动画可以提升图片的动感和美感。这里为图片添加动作路径动画，来设计一个太阳位置移动的过程。

选中图片，在“动画”选项卡中选择“绘制自定义路径”选项下的“自由曲线”，鼠标光标变为铅笔形状，拖动鼠标，为太阳位置移动绘制一个路径，如图8-11所示。

图8-11

单击“预览效果”按钮，可以看到太阳沿着绘制的路径进行了移动，如图8-12所示。

图8-12

知识拓展

为图片添加动画效果后会自动预览动画效果。如果用户想要取消自动预览，可以在“自定义动画”窗格中取消对“自动预览”复选框的勾选，如图8-13所示。

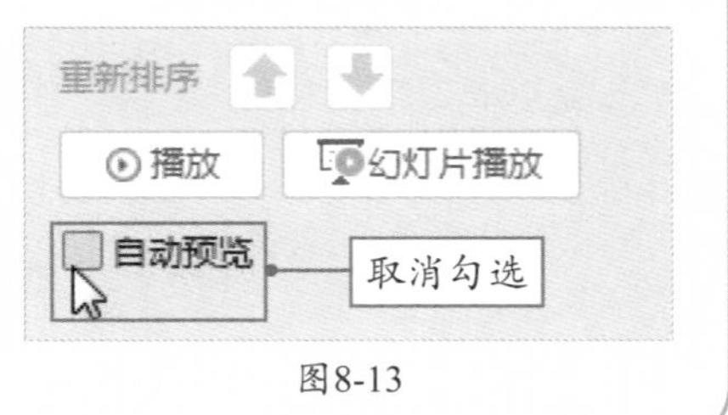

图8-13

8.3 设计交互式页面效果

在放映幻灯片时，为了更加灵活地掌握放映节奏，顺畅地进行播放，可以为幻灯片中的某个对象添加超链接，下面介绍具体的操作方法。

■8.3.1　链接到指定幻灯片

用户可以为某个对象添加超链接，链接到指定的幻灯片。首先选择需要添加超链接的文本，在“插入”选项卡中单击“超链接”按钮，在打开的“插入超链接”对话框中进行设置即可，如图8-14所示。

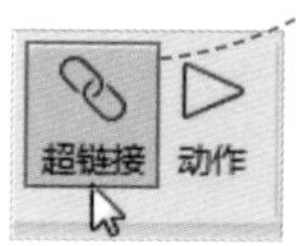

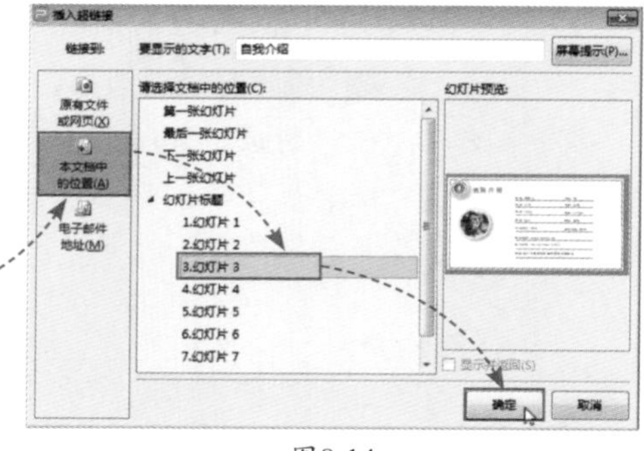

图8-14

■8.3.2　链接到其他文件

在放映幻灯片时，要想单击某个对象而跳转到其他文件，可以为其设置链接到其他文件的超链接。首先选择需要添加超链接的对象，接着打开“插入超链接”对话框，在其中单击“浏览文件”按钮，在“打开文件”对话框中选择相关文件即可，如图8-15所示。

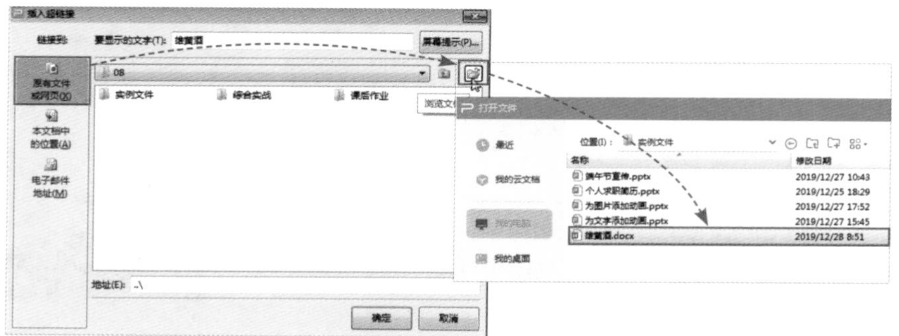

图8-15

■8.3.3　链接到网页

为了扩展文稿的信息范围，可以将某个对象链接到网页。只需打开“插入超链接”对话框，在“地址”栏中输入相关网址即可，如图8-16所示。

图8-16

知识拓展

添加超链接后，若用户想要编辑超链接，可以选中对象后右击，从弹出的快捷菜单中选择“编辑超链接”选项，再在打开的“编辑超链接”对话框中进行编辑即可。

综合实战

8.4 制作端午节宣传演示文稿

端午节又称端阳节、龙舟节等，日期在每年农历五月初五，是中国民间的传统节日，该节日的意义是传承与弘扬非物质文化遗产及中华民族深厚的传统文化精神。制作本案例涉及的操作有：为对象添加动画效果、设置页面切换效果、添加超链接等。下面介绍详细的操作流程。

8.4.1 为宣传演示文稿设计动画

为端午节宣传文稿添加动画效果，强调重点内容的同时还可以增加文稿的趣味性。但过多的动画会使观众眼花缭乱，导致忽略重点内容，所以适当添加即可。下面介绍具体的操作方法。

1．设计封面页幻灯片动画

下面为封面页幻灯片中的对象添加进入动画，具体操作方法如下。

Step 01 **添加“擦除”动画。**选择第1张幻灯片中的标题文本“端午”，打开“动画”选项卡，在“动画效果”列表中选择“擦除”动画效果，如图8-17所示。

Step 02 **设置动画选项。**添加动画效果后，单击“自定义动画”按钮，打开“自定义动画”窗格，将“方向”设置为“自顶部”，如图8-18所示。

图8-17

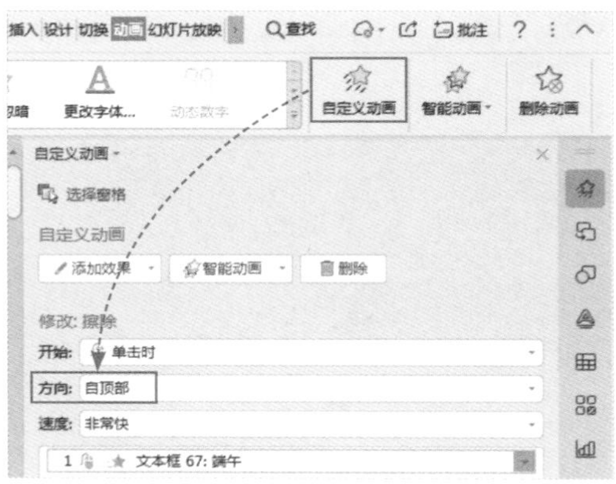

图8-18

Step 03 添加相同的动画。选择文本“粽情”，同样为其添加“擦除”动画。打开“自定义动画”窗格，将“开始”设置为“之前”，将“方向”设置为“自顶部”，如图8-19所示。

Step 04 选择对象。选择需要添加动画效果的图片，在“动画”选项卡中单击“动画效果”下拉按钮，如图8-20所示。

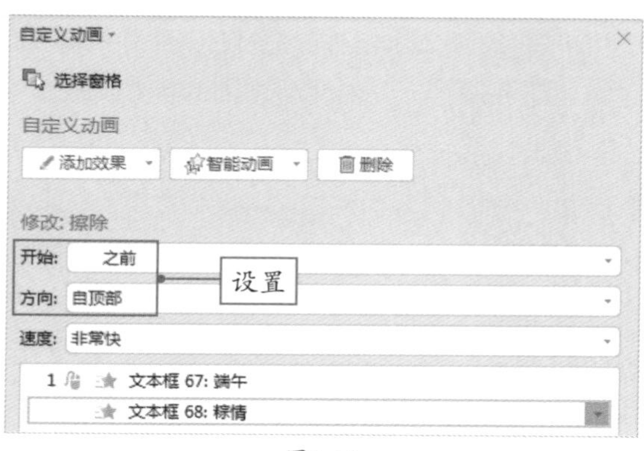

图8-19

图8-20

Step 05 添加“飞入”动画。从展开的列表中选择“进入”选项下的“飞入”动画效果。打开“自定义动画”窗格，将“开始”设置为“之后”，将“方向”设置为“自左下部”，如图8-21所示。

Step 06 添加“渐变式缩放”动画。选择对象，在“动画效果”列表中选择“进入”选项下的“渐变式缩放”动画效果，再在“自定义动画”窗格中将“开始”设置为“之后”，如图8-22所示。

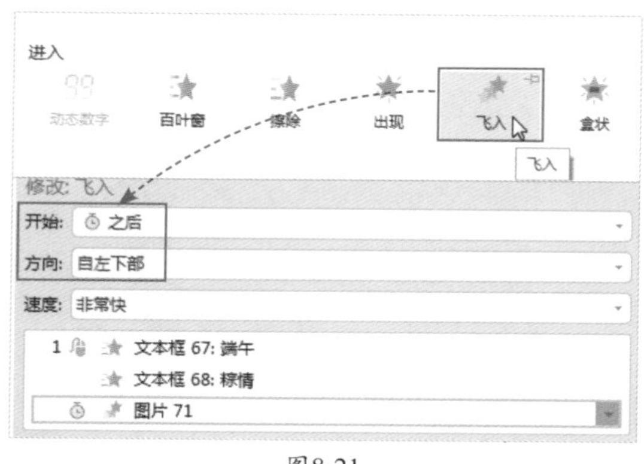

图8-21

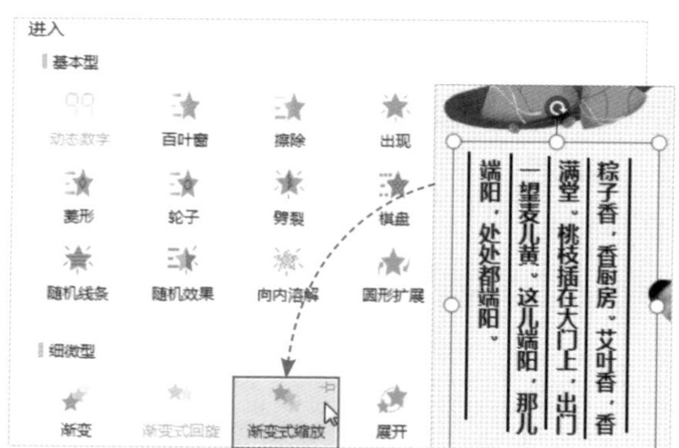

图8-22

知识拓展

如果用户想要删除所添加的动画效果，可以打开“自定义动画”窗格，在下方的列表框中选中需要删除的动画效果，按Delete键或单击上方的“删除”按钮即可删除。

Step 07 预览动画效果。在“动画”选项卡中单击“预览效果”按钮，预览设计的封面页幻灯片的动画效果，如图8-23所示。

图8-23

2．设计目录页幻灯片动画

下面为目录页幻灯片中的对象添加进入和组合动画，具体操作方法如下。

Step 01 添加“飞入”动画。选择“目录”文本，在“动画”选项卡中为其添加“飞入”动画效果，如图8-24所示。

Step 02 启动“效果选项”命令。打开“自定义动画”窗格，将“开始”设置为“之后”，将“方向”设置为“自顶部”，单击“飞入”动画选项右侧的下拉按钮，从列表中选择“效果选项”选项，如图8-25所示。

图8-24

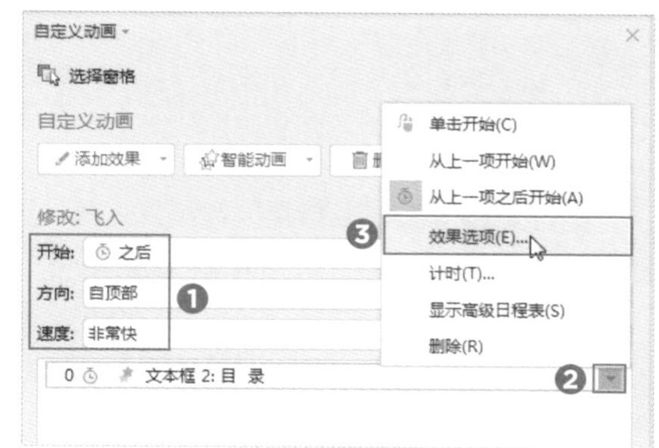

图8-25

Step 03 设置效果选项。打开“飞入”对话框，在“效果”选项卡中将“动画文本”设置为“按字母”，并将“字母之间延迟”设置为“60%”，设置完成后单击“确定”按钮，如图8-26所示。

Step 04 添加“出现”动画。选中需要添加动画效果的图片，在“动画”选项卡中为其添加“出现”动画效果，如图8-27所示。

Step 05 添加“忽明忽暗”动画。打开“自定义动画”窗格，将“开始”设置为“之后”，单击“添加效果”下拉按钮，如图8-28所示，从中选择“强调”选项下的“忽明忽暗”动画效果，并将“开始”设置为“之后”，如图8-29所示。

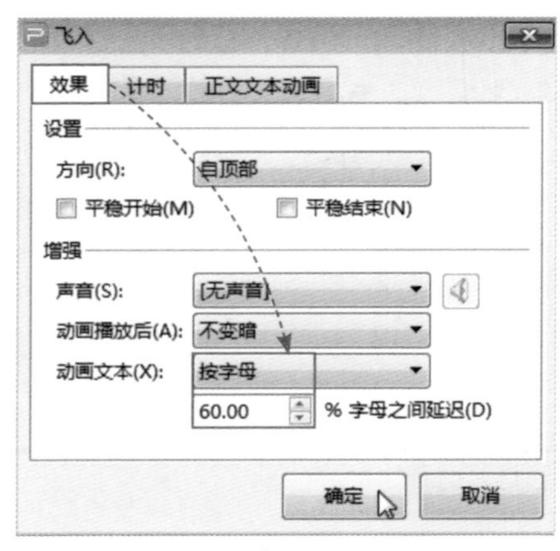

图8-26

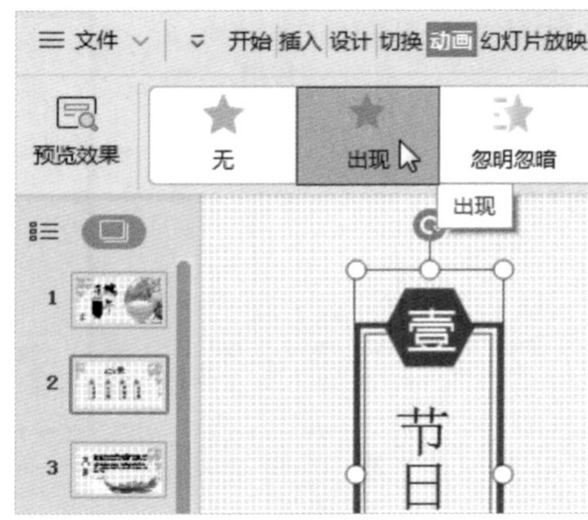

图8-27

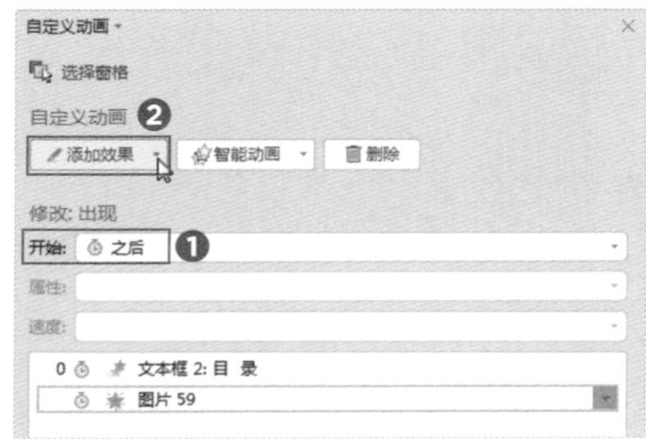

图8-28

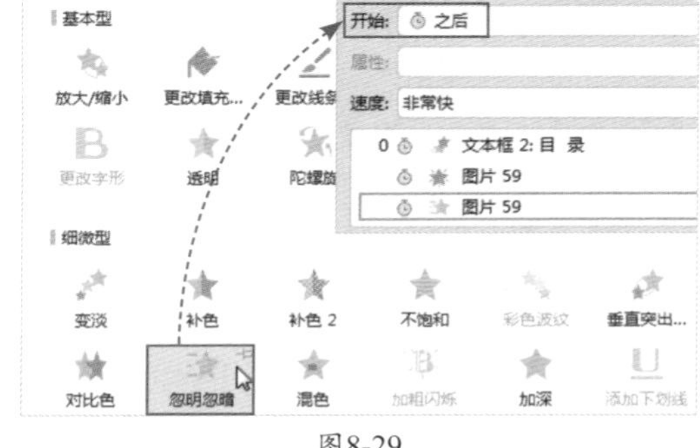

图8-29

Step 06 **添加“百叶窗”动画。**选择需要添加动画效果的文本，在“动画”选项卡中为其添加“百叶窗”动画效果，如图8-30所示。

Step 07 **调整动画顺序。**打开“自定义动画”窗格，将“开始”设置为“之后”。在下面的列表框中选择“文本框28：节日简介”动画选项，按住鼠标左键不放，将其拖至两个“图片59”动画选项中间，如图8-31所示。

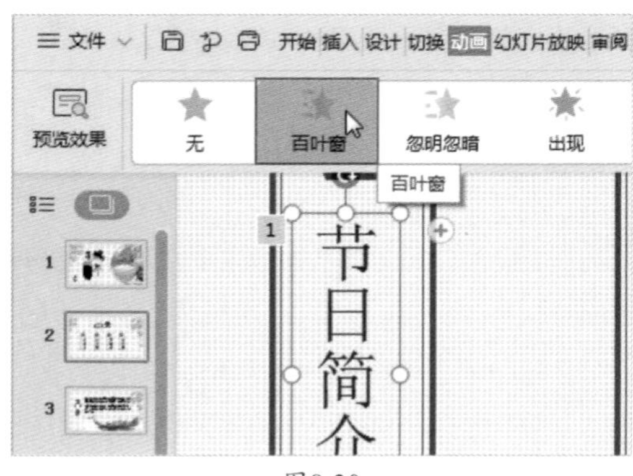

图8-30

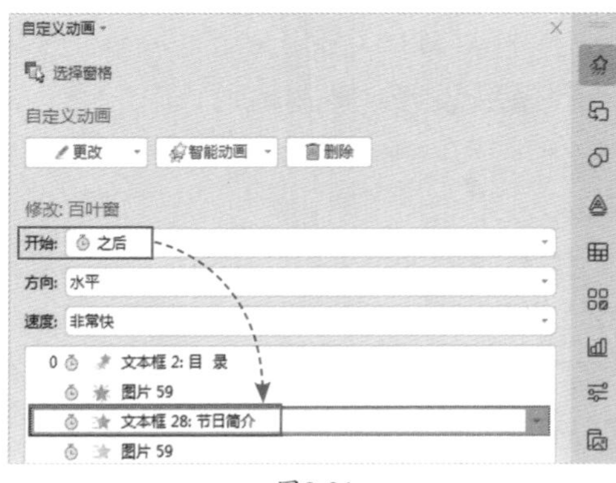

图8-31

Step 08 **预览效果。** 重复Step 04～Step 07，为其他对象添加动画效果，最后单击“预览效果”按钮，预览目录页幻灯片的动画效果，如图8-32所示。

图8-32

3. 设计内容页幻灯片动画

下面为内容页幻灯片中的对象添加进入和强调动画效果，具体操作方法如下。

Step 01 **添加“飞入”动画。** 选择第6张幻灯片中的文本，在“动画”选项卡中为其添加“飞入”动画效果。打开“自定义动画”窗格，将“开始”设置为“之后”，将“方向”设置为“自左侧”，如图8-33所示。

Step 02 **添加“彩色波纹”动画。** 选择需要添加动画效果的文本，在“动画”选项卡中为其添加“强调”选项下的“彩色波纹”动画效果，如图8-34所示。

图8-33

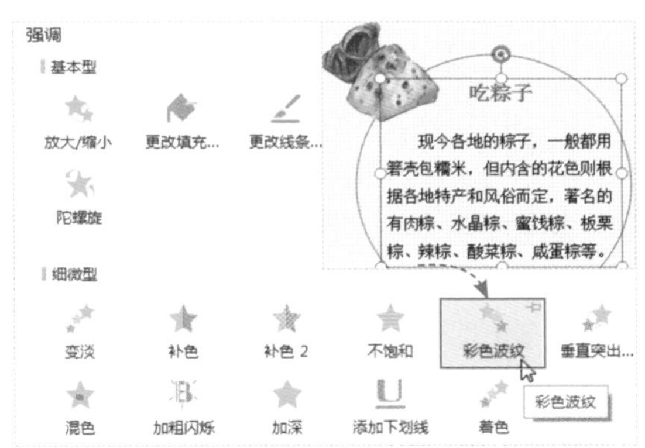

图8-34

● **新手误区：** 添加组合动画时，可以先在“动画效果”列表中选择一种动画效果，然后打开“自定义动画”窗格，再在“添加效果”列表中选择一种动画效果；或者选择对象后，在“自定义动画”窗格中添加多种动画效果。

Step 03 **设置效果。** 打开“自定义动画”窗格，将“开始”设置为“之后”，在“颜色”列表中选择合适的颜色，然后将“速度”设置为“非常快”，如图8-35所示。

Step 04 **为其他文本添加动画。** 选择其他文本，为其添加相同的“彩色波纹”动画效果，然后将“开始”设置为“之后”，并设置合适的颜色，如图8-36所示。

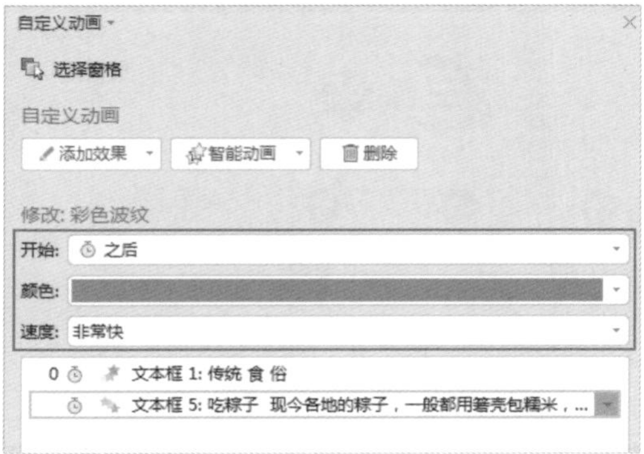

图8-35

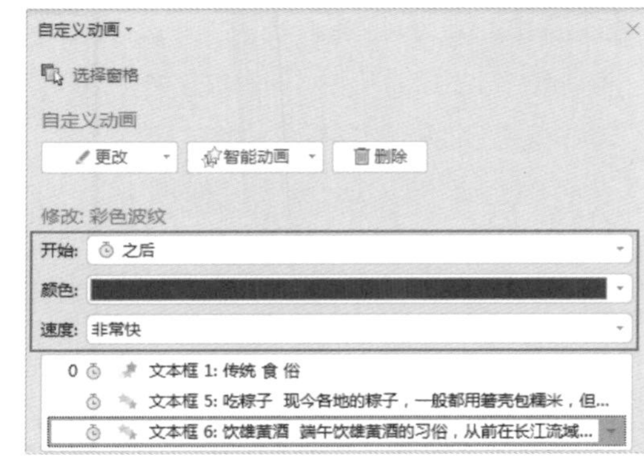

图8-36

Step 05 **预览效果。**单击“预览效果”按钮，预览设计的内容页幻灯片的动画效果，如图8-37所示。

图8-37

4．设计结尾页幻灯片动画

下面为结尾页幻灯片中的对象添加进入和退出的组合动画，具体操作方法如下。

Step 01 **添加“百叶窗”动画。**选择第7张幻灯片中的文本，为其添加“百叶窗”动画效果，然后打开“自定义动画”窗格，将“开始”设置为“之前”，将“方向”设置为“垂直”，如图8-38所示。

Step 02 **添加组合动画。**选择多边形，先为其添加“出现”动画效果，并将“开始”设置为“之前”，再为其添加“忽明忽暗”动画效果，将“开始”设置为“之后”，如图8-39所示。

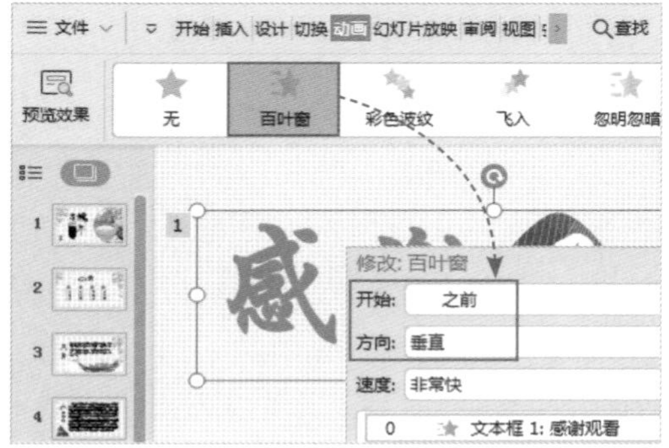

图8-38

图8-39

Step 03 添加“消失”动画。选择需要添加动画效果的图片，为其添加“出现”动画效果，并将“开始”设置为“之后”，如图8-40所示。然后在“自定义动画”窗格中单击“添加效果”下拉按钮，从列表中选择“退出”选项下的“消失”动画效果，如图8-41所示。

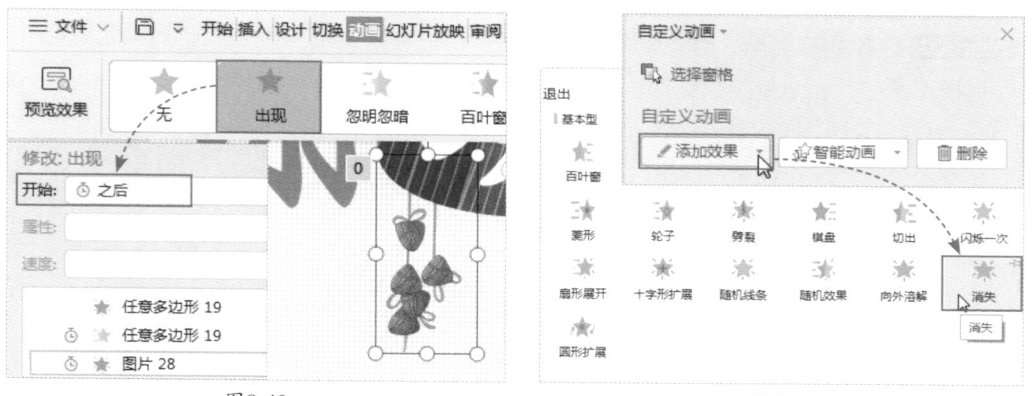

图8-40　　　　图8-41

Step 04 设置“计时”选项。在下面的列表框中选择“消失”动画选项，单击右侧的下拉按钮，选择“计时”选项，如图8-42所示。打开“消失”对话框，在“计时”选项卡中将“延迟”设置为“0.5秒”，单击“确定”按钮，如图8-43所示。

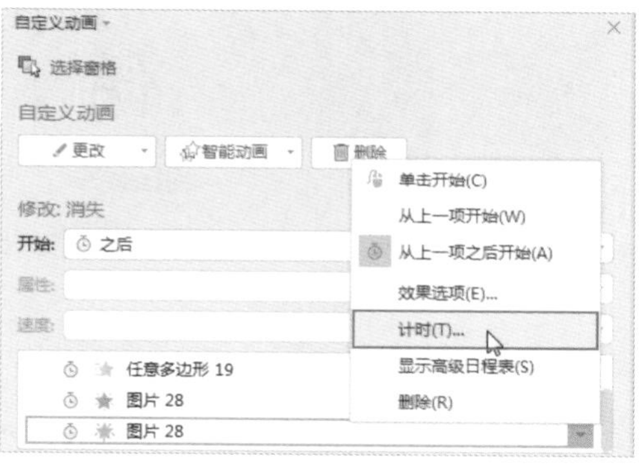

图8-42　　　　图8-43

Step 05 预览效果。按照同样的方法，为另一张图片添加“出现”和“消失”动画效果，并将“消失”动画的延迟时间设置为“0.5秒”。单击“预览效果”按钮，预览设计的结尾页幻灯片的动画效果，如图8-44所示。

图8-44

■8.4.2 设计宣传演示文稿页面切换效果

用户除了可以为幻灯片中的对象添加动画效果外，还可以为幻灯片页面添加切换效果，下面介绍具体的操作方法。

Step 01 选择切换类型。选择幻灯片，打开“切换”选项卡，在“切换”列表中选择“推出”切换效果，如图8-45所示。

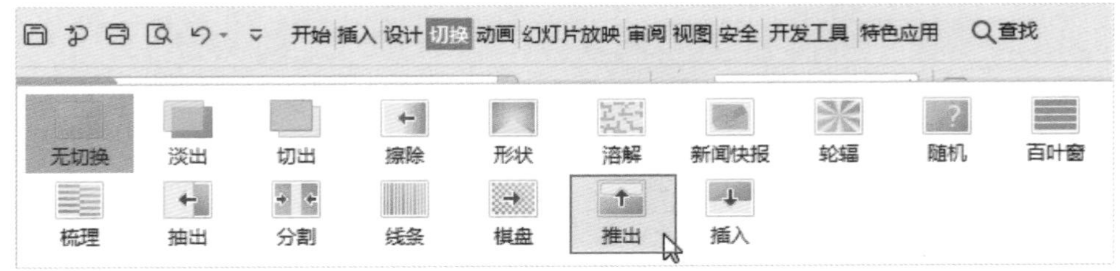

图8-45

Step 02 设置效果选项。单击“效果选项”下拉按钮，从列表中选择“向右”选项，如图8-46所示。

图8-46

Step 03 应用到全部幻灯片。用户还可以在“切换”选项卡中设置切换速度、声音、换片方式，单击“应用到全部”按钮，即可将设置的切换效果应用到全部幻灯片，如图8-47所示。

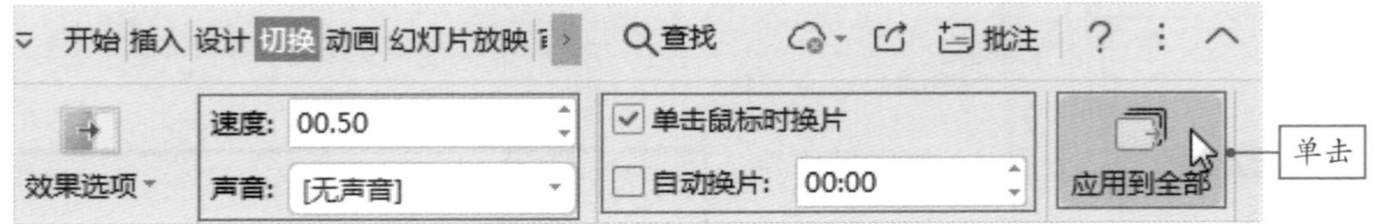

图8-47

■8.4.3 为宣传演示文稿添加超链接

为幻灯片中的对象添加超链接可以快速链接到相关内容，这样用户可以灵活地掌控放映节奏，下面介绍具体的操作方法。

Step 01 启动“超链接”命令。选择文本内容，在“插入”选项卡中单击“超链接”按钮，如图8-48所示。

Step 02 **设置链接选项。**打开“插入超链接”对话框，在“链接到”选项中选择“本文档中的位置”选项，再在“请选择文档中的位置”列表框中选择需要链接到的幻灯片，这里选择“幻灯片3”，然后单击“确定”按钮，如图8-49所示。

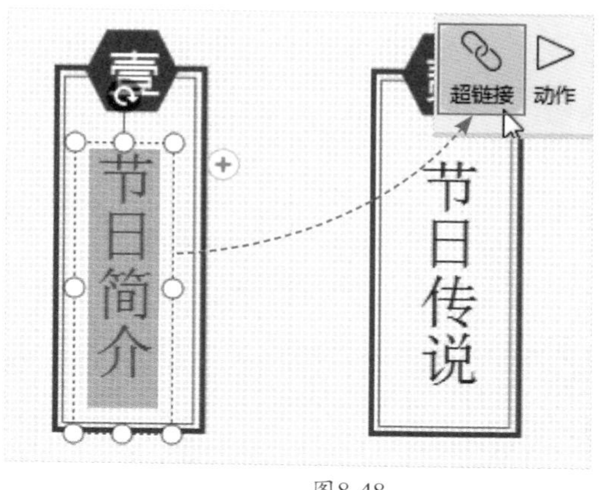

图8-48

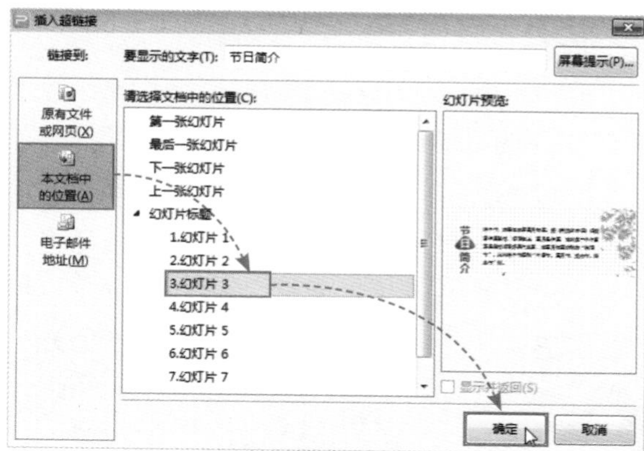

图8-49

知识拓展

在“插入超链接”对话框中单击“屏幕提示”按钮，弹出“设置超链接屏幕提示”对话框，输入屏幕提示文字。放映幻灯片时，鼠标指向添加超链接的文本时会出现提示文字。

Step 03 **查看效果。**此时可以看到选中的文本左侧出现了蓝色竖线，按F5键放映幻灯片时，单击该链接即可跳转到相关页面，如图8-50所示。最后，按照同样的方法为其他文本设置超链接。

图8-50

课后作业

通过前面对知识点的介绍，相信大家已经掌握了添加动画的基本操作，下面就综合利用所学知识点为“古风诗词”添加动画。

（1）为标题页幻灯片添加“上升”动画效果和“渐变”动画效果。

（2）为目录页幻灯片添加“擦除”“飞入”“忽明忽暗”动画效果。

（3）为内容页幻灯片添加“彩色波纹”动画效果。

（4）为结尾页幻灯片添加“上升”“缓慢移出”“出现”“忽明忽暗”动画效果。

（5）为幻灯片页面添加“百叶窗”切换效果。

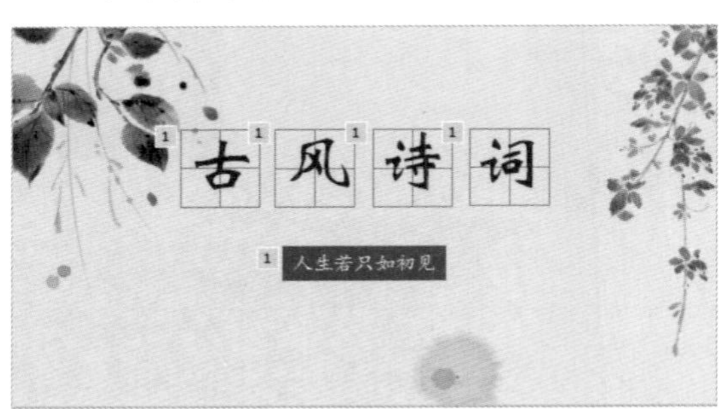

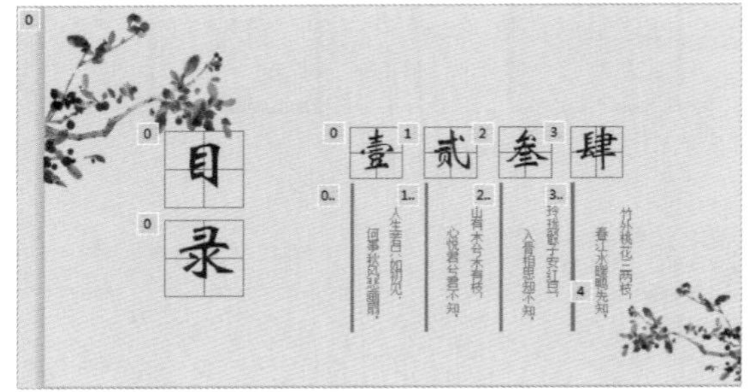

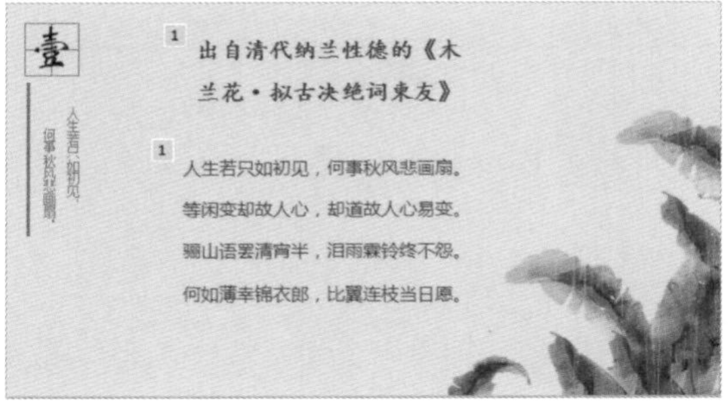

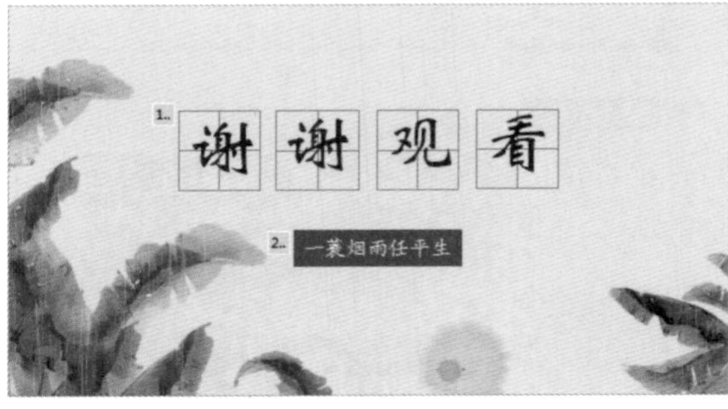

最终效果

NOTE

Tips

大家在学习的过程中如有疑问，可以加入学习交流群（QQ群号：728245398）进行交流。

WPS Office

第9章 演示文稿的输出与放映

我每次使用幻灯片进行演讲时都把握不好时间，不是过快就是过慢，这该怎么办呀?

别担心，你可以使用演示文稿中的“排练计时”功能控制每张幻灯片的放映时间，这样就可以掌握演讲节奏了。

赞！我终于可以不用再一遍遍地演练了。

嗯，其实你也可以将演示文稿输出为视频格式，以视频的形式将幻灯片内容放映出来。这样既控制了放映节奏，又增加了观赏性。

这个想法不错，下次可以试试，你说将演示文稿输出为视频格式也是在演示文稿中进行操作吗?

是的，你还可以将演示文稿输出为图片、PDF等格式，赶快去试试吧！

思维导图

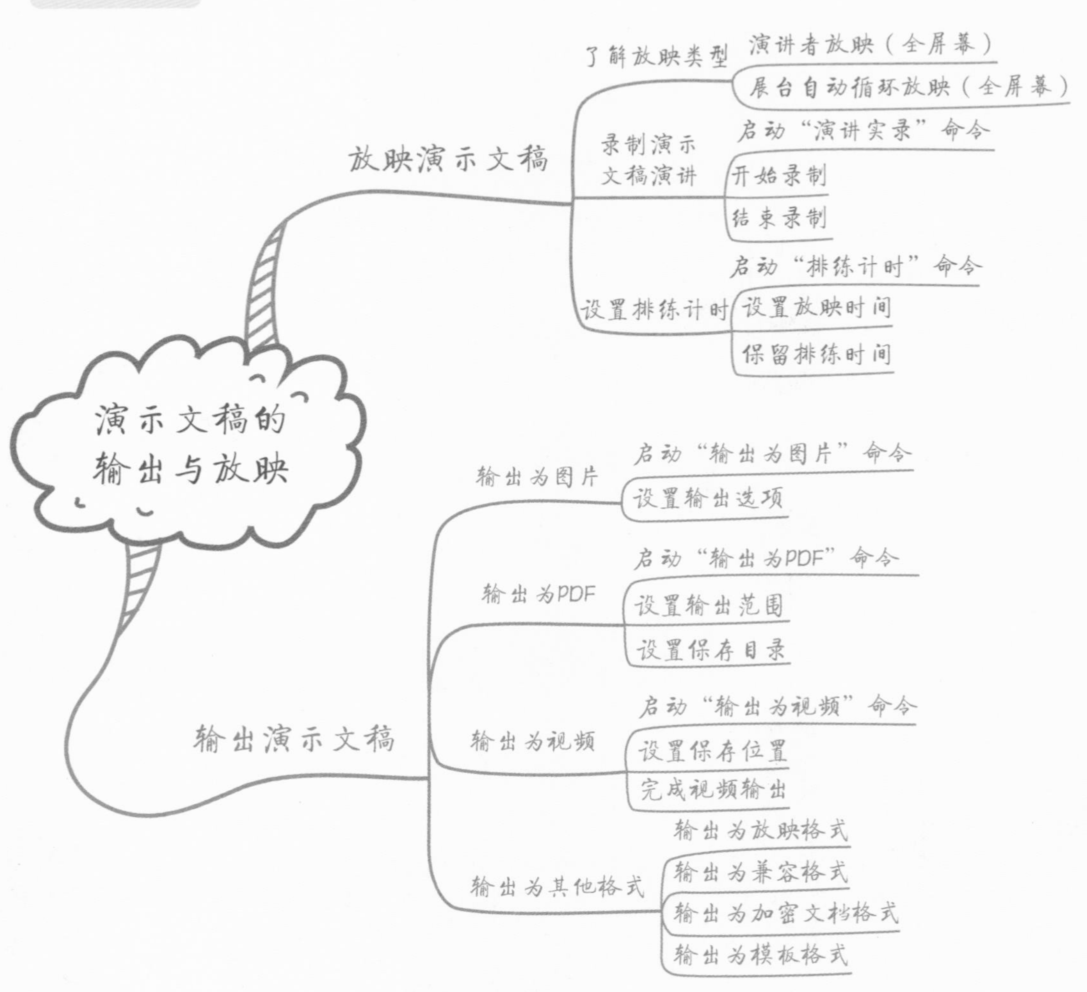
演示文稿的输出与放映
放映演示文稿
了解放映类型
演讲者放映（全屏幕）
展台自动循环放映（全屏幕）
录制演示文稿演讲
启动“演讲实录”命令
开始录制
结束录制
设置排练计时
启动“排练计时”命令
设置放映时间
保留排练时间
输出演示文稿
输出为图片
启动“输出为图片”命令
设置输出选项
输出为PDF
启动“输出为PDF”命令
设置输出范围
设置保存目录
输出为视频
启动“输出为视频”命令
设置保存位置
完成视频输出
输出为其他格式
输出为放映格式
输出为兼容格式
输出为加密文档格式
输出为模板格式

知识速记

9.1 放映演示文稿

制作演示文稿的最终目的是将其放映出来，但在放映之前要先了解一下演示文稿的放映类型，并且用户还可以录制演讲和为演示文稿设置排练计时。

9.1.1　了解放映类型

幻灯片的放映类型包括演讲者放映（全屏幕）和展台自动循环放映（全屏幕），用户可以根据需要选择合适的放映类型，如图9-1所示。在演讲场合下，通常选择“演讲者放映（全屏幕）”。

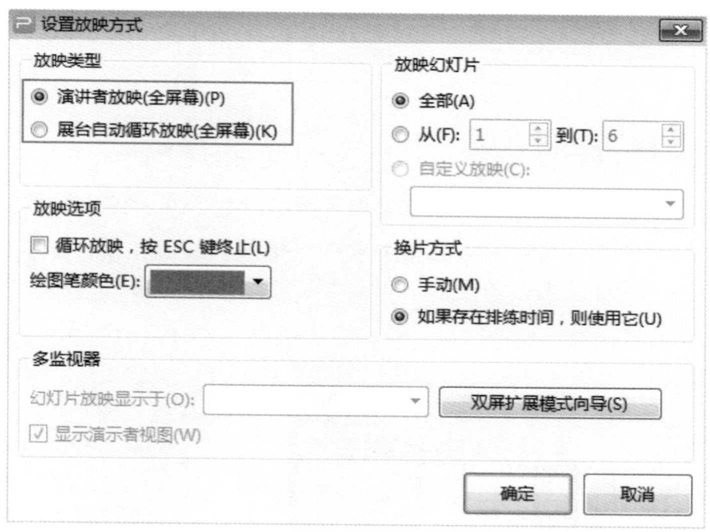

图9-1

知识拓展

在“幻灯片放映”选项卡中单击“设置放映方式”按钮，在打开的“设置放映方式”对话框中还可以设置“放映选项”“换片方式”等。

9.1.2　录制演示文稿演讲

如果用户想要自制一个演讲视频，将演讲过程和声音全部录制下来，可以使用WPS演示中的“演讲实录”功能。在“幻灯片放映”选项卡中单击“演讲实录”按钮，弹出“演讲实录”对话框，设置视频的输出位置，单击“开始录制”按钮，开始录制视频，如图9-2所示。

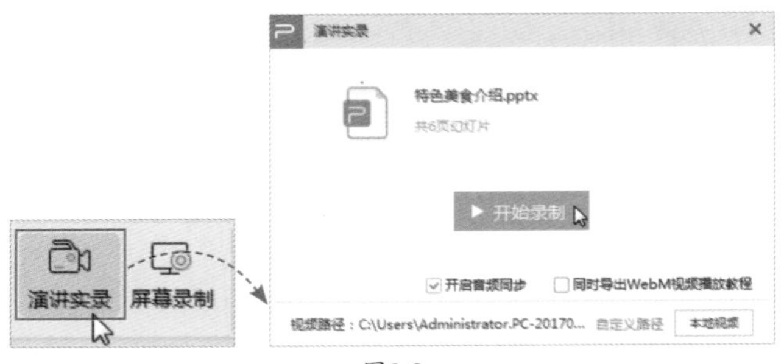

图9-2

录制好演讲后，会弹出一个对话框，提示正在进行演讲实录，单击“结束录制”按钮即可，如图9-3所示。

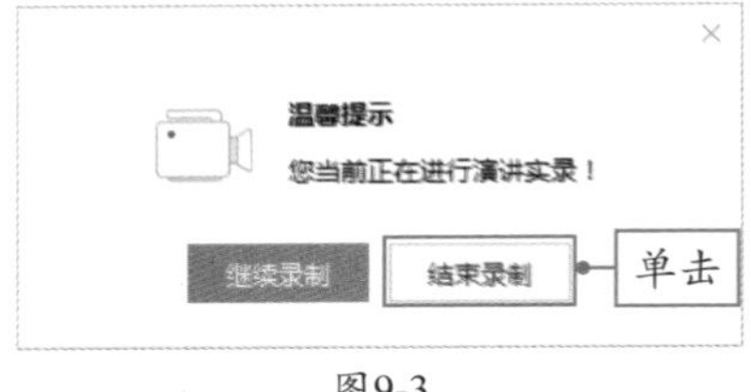

图9-3

■9.1.3　设置排练计时

为了较好地控制放映节奏，可以为幻灯片设置排练计时。在“幻灯片放映”选项卡中单击“排练计时”下拉按钮，在列表中可以根据需要选择排练全部幻灯片或排练当前幻灯片，进入自动放映模式后，在幻灯片左上角会出现“预演”对话框，可以设置每张幻灯片的播放时间，设置完成后会弹出一个对话框，单击“是”按钮，即可保留幻灯片的排练时间，如图9-4所示。

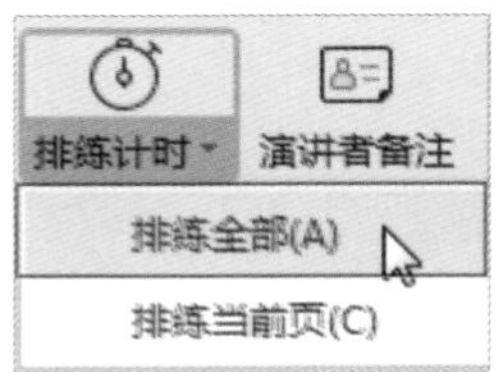

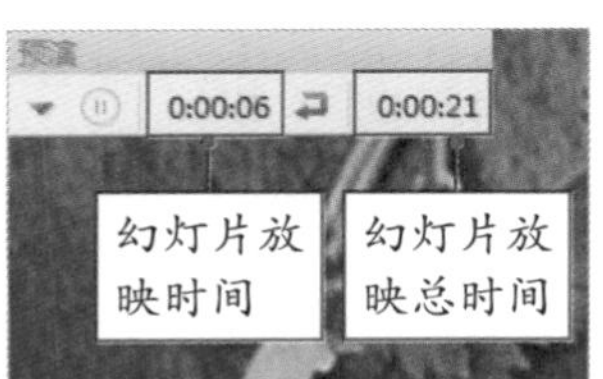

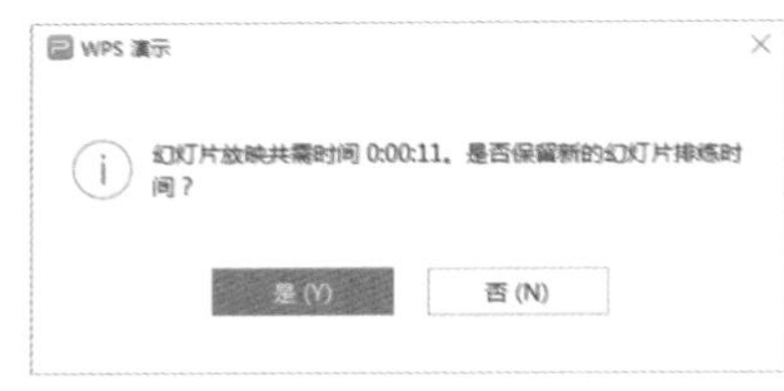

图9-4

张姐，怎么删除排练计时啊？我找了很久都没有找到方法。

其实，设置排练计时相当于为幻灯片设置了自动换片，所以你需要打开“切换”选项卡，取消对“自动换片”复选框的勾选，然后单击“应用到全部”按钮就可以了。

9.2 输出演示文稿

放映演示文稿后，用户可以根据需要将幻灯片输出为其他格式，如输出为图片、输出为PDF、输出为视频等。

■9.2.1 将文稿输出为图片

扫码观看视频

将演示文稿输出为图片格式需要使用“特色应用”功能。在“特色应用”选项卡中单击“输出为图片”按钮，打开“输出为图片”窗格，在其中进行相关设置，设置完成后单击“输出”按钮，如图9-5所示。

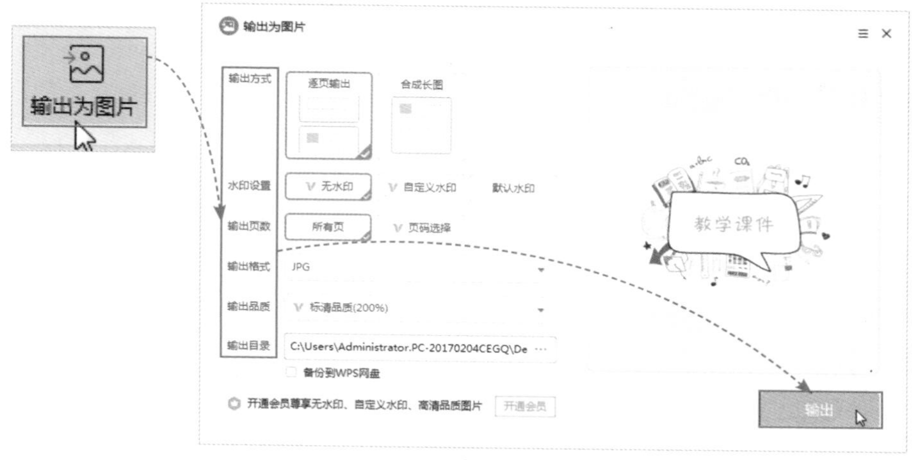

图9-5

新手误区： 这里需要注意，只有开通会员后才可以输出无水印、自定义水印和高清品质的图片。

■9.2.2 将文稿输出为PDF

如果用户需要将演示文稿输出为PDF格式，同样在“特色应用”选项卡中进行操作。单击“输出为PDF”按钮，打开“输出为PDF”窗格，在其中设置“输出范围”“输出设置”“保存目录”，然后单击“开始输出”按钮，在状态栏中会显示“输出成功”的字样，再单击“打开文件”按钮，就可以查看输出为PDF格式的演示文稿了，如图9-6所示。

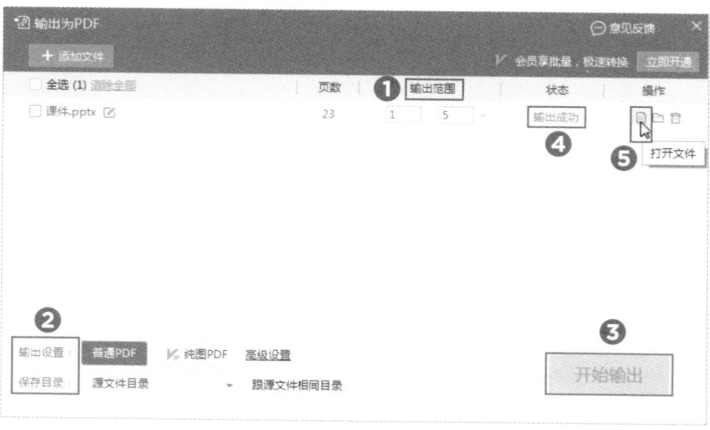

图9-6

■9.2.3　将文稿输出为视频

用户还可以在“特色应用”选项卡中将演示文稿输出为视频格式。单击“输出为视频”按钮，打开“另存为”对话框，选择保存位置进行保存，弹出的对话框显示视频的输出进度，最后完成视频的输出，如图9-7所示。

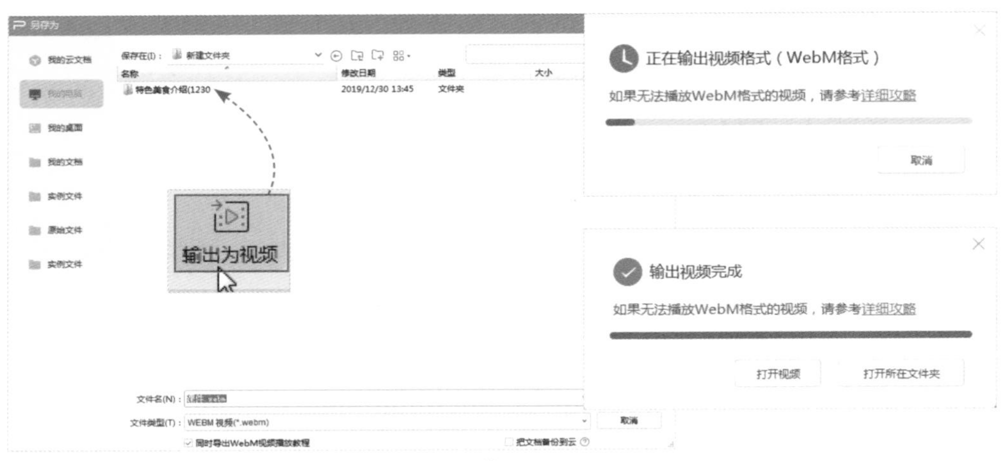

图9-7

张姐！我发现将演示文稿输出为视频后还生成了一个文档。

是的，这个文档是视频播放教程，这是因为在“另存为”对话框中勾选了“同时导出WebM视频播放教程”复选框而产生的。

■9.2.4　将文稿输出为其他格式

除了将演示文稿输出为图片、PDF、视频格式外，用户还可以将演示文稿输出为其他格式。单击“文件”按钮，选择“另存为”选项，并选择“其他格式”选项，打开“另存为”对话框，在“文件类型”列表中选择需要输出的格式即可，如图9-8所示。

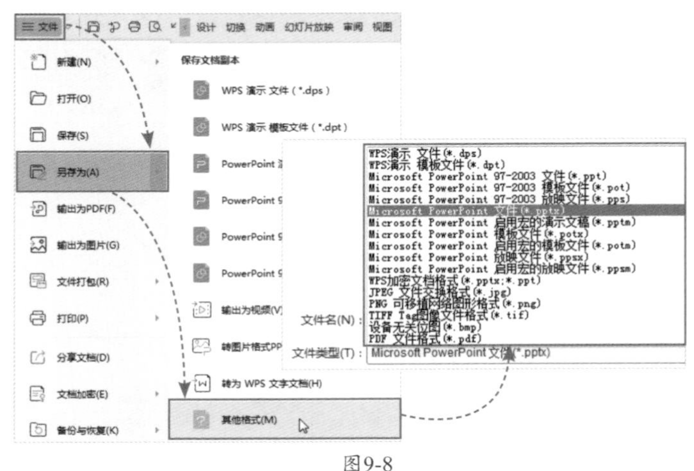

图9-8

综合实战

9.3 放映美食介绍演示文稿

制作好美食介绍演示文稿后，在演讲的时候需要将其放映出来，为了掌握好演讲节奏，需要为演示文稿设置排练计时，最后输出演示文稿，下面介绍详细的操作流程。

9.3.1 控制美食介绍演示文稿的放映

扫码观看视频

如果用户需要控制幻灯片的放映时间，可以为其设置排练计时。如果想要指定放映某些幻灯片，可以自定义幻灯片放映，下面介绍具体的操作方法。

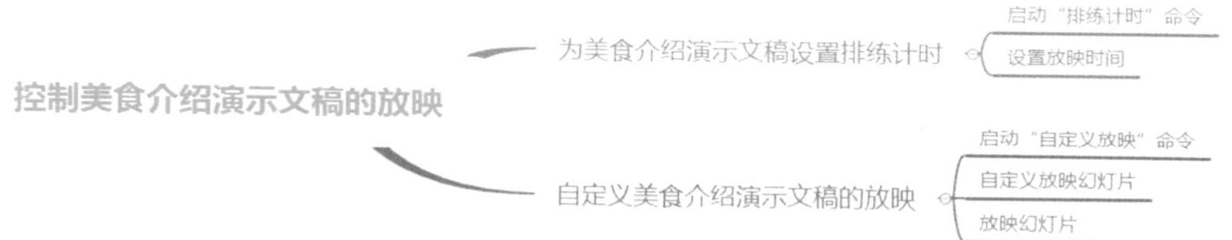

1．设置排练计时

下面为演示文稿设置排练计时，排练全部幻灯片的放映，具体操作方法如下。

Step 01 启动“排练计时”命令。在“幻灯片放映”选项卡中单击“排练计时”下拉按钮，从列表中选择“排练全部”选项，如图9-9所示。

Step 02 设置放映时间。自动进入放映状态，左上角会显示“预演”工具栏，左边时间代表放映当前幻灯片页面所需的时间，右边时间代表放映所有幻灯片累计所需的时间，如图9-10所示。

图9-9

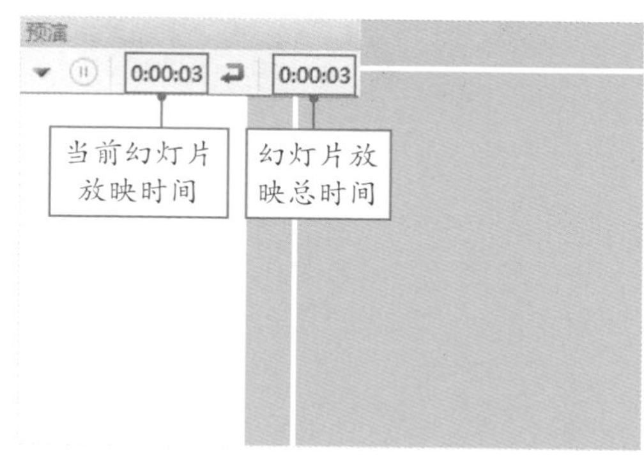

图9-10

Step 03 完成设置。根据实际需要，设置每张幻灯片的停留时间。翻到最后一张时，单击鼠标左键会弹出“WPS演示”对话框，询问是否保留新的幻灯片排练时间，单击“是”按钮，如图9-11所示。

Step 04 查看效果。自动进入幻灯片浏览模式，在每张幻灯片的下方可以看到幻灯片放映所需的时间，如图9-12所示。

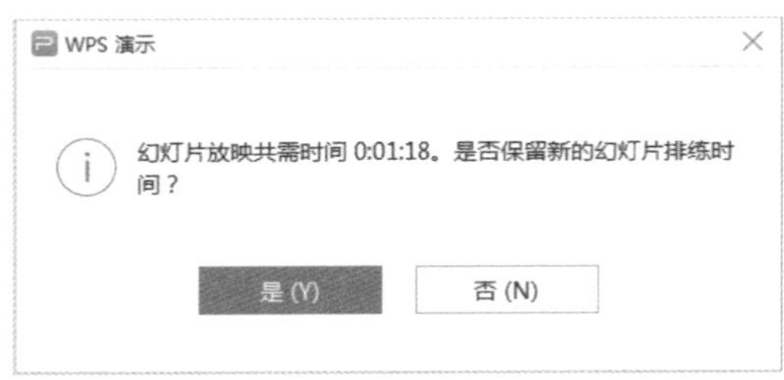

图9-11

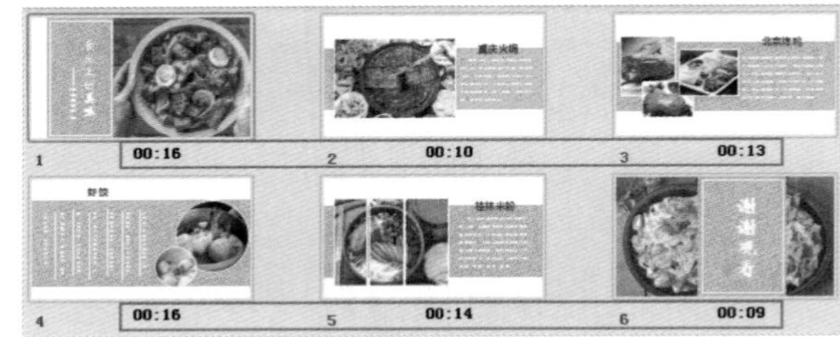

图9-12

2. 自定义幻灯片放映

如果想要单独放映第1、3、5、6张幻灯片，可以自定义幻灯片放映，具体操作方法如下。

Step 01 启动“自定义放映”命令。在“幻灯片放映”选项卡中单击“自定义放映”按钮，如图9-13所示。

Step 02 启动“新建”命令。打开“自定义放映”对话框，从中单击“新建”按钮，如图9-14所示。

图9-13

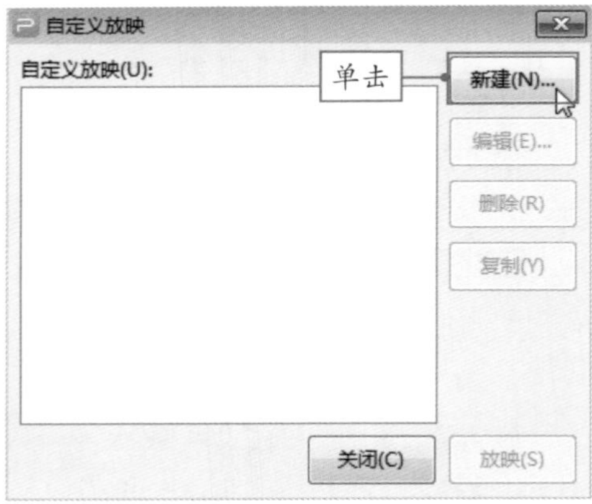

图9-14

Step 03 自定义放映幻灯片。打开“定义自定义放映”对话框，在“幻灯片放映名称”文本框中输入名称，再在“在演示文稿中的幻灯片”列表框中选择需要放映的幻灯片，单击“添加”按钮，将其添加到“在自定义放映中的幻灯片”列表框中，设置完成后单击“确定”按钮，如图9-15所示。

Step 04 放映幻灯片。返回“自定义放映”对话框，直接单击“放映”按钮，如图9-16所示。之后即可放映第1、3、5、6张幻灯片。

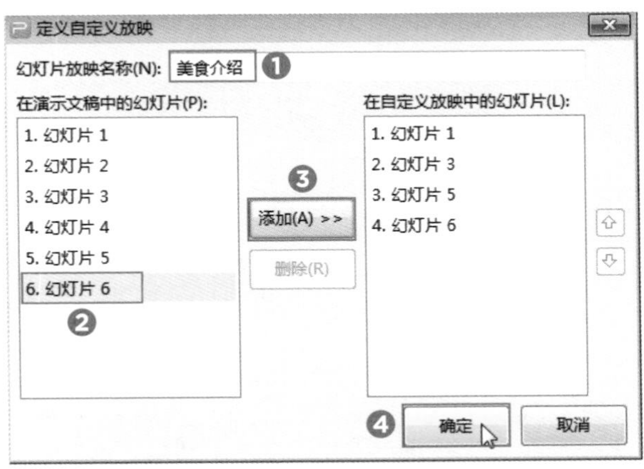

图9-15

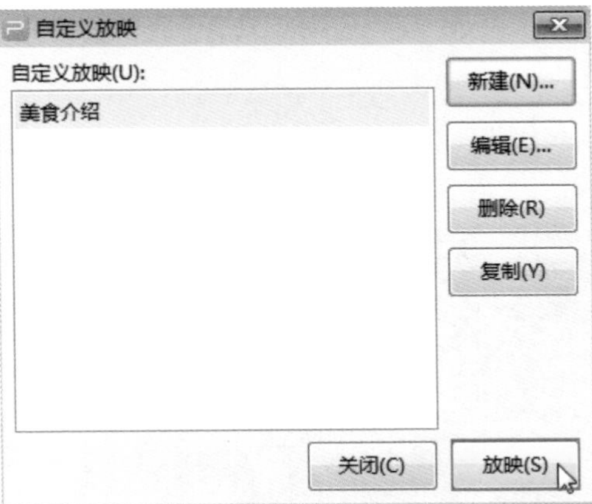

图9-16

知识拓展

如果用户想要删除自定义放映，可以在“自定义放映”对话框中选择自定义放映的名称，然后单击“删除”按钮即可。

9.3.2　输出美食介绍演示文稿

演示文稿制作好后，用户可以根据需要将其输出为PDF或视频格式，下面介绍具体的操作方法。

扫码观看视频

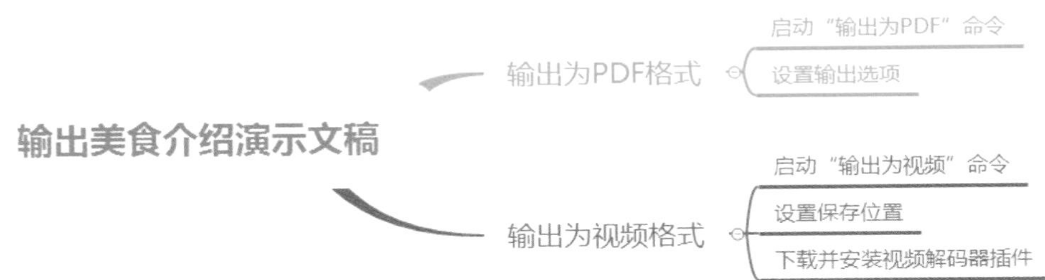

1．输出为 PDF 格式

将演示文稿输出为PDF格式，既方便传阅，又可以防止他人擅自更改内容。具体操作方法如下。

Step 01 **启动“输出为PDF”命令。**在“特色应用”选项卡中单击“输出为PDF”按钮，如图9-17所示。

Step 02 **设置输出选项。**打开“输出为PDF”窗格，在其中设置“输出范围”“输出设置”“保存目录”，设置完成后单击“开始输出”按钮，在状态栏中会显示“输出成功”的字样，再单击“打开文件”按钮即可打开PDF文件，如图9-18所示。

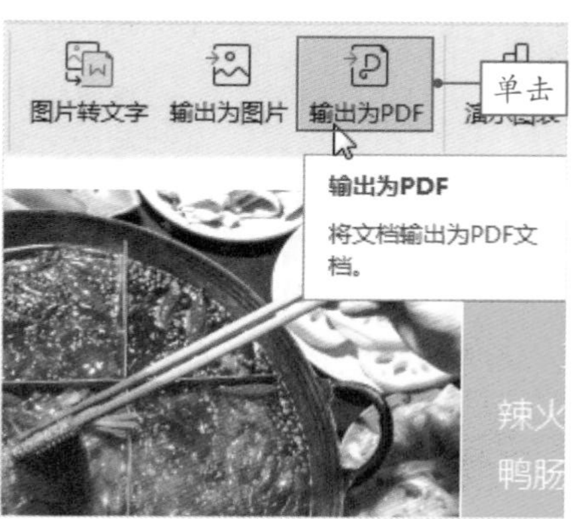

图9-17

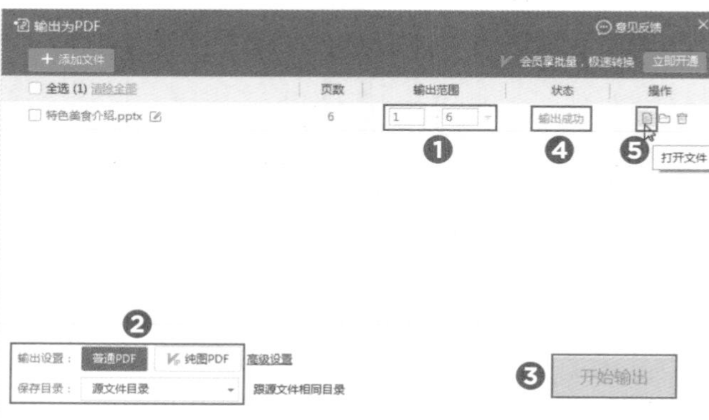

图9-18

Step 03 **查看效果。**此时可以看到，演示文稿已经输出为PDF格式了，如图9-19所示。

图9-19

2. 输出为视频格式

将演示文稿输出为视频格式的操作很简单，具体操作方法如下。

Step 01 启动“输出为视频”命令。在“特色应用”选项卡中单击“输出为视频”按钮，如图9-20所示。

Step 02 设置保存位置。打开“另存为”对话框，设置保存位置，单击“保存”按钮，如图9-21所示。

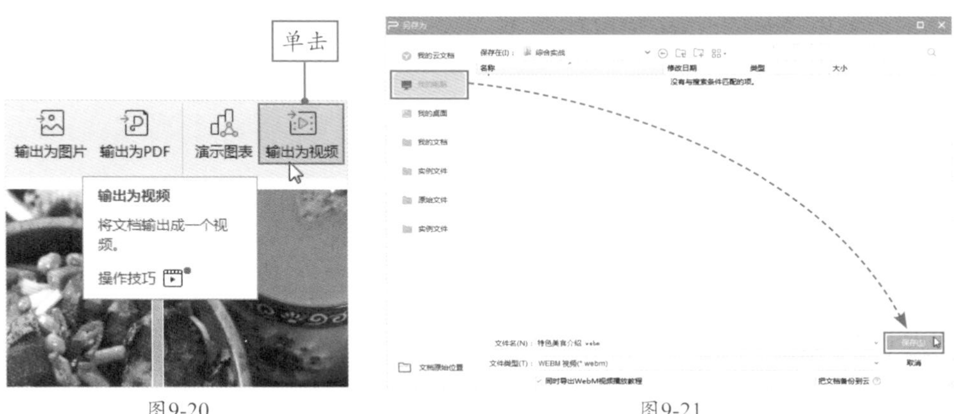

图9-20　　　　图9-21

Step 03 下载并安装。此时弹出一个对话框，要求下载与安装WebM视频解码器插件，勾选“我已阅读”复选框，单击“下载并安装”按钮，如图9-22所示。

Step 04 完成下载。下载完成后会再次弹出一个对话框，直接单击“完成”按钮即可，如图9-23所示。

图9-22　　　　图9-23

Step 05 完成视频输出。对话框会显示输出进度，视频输出完成后单击“打开视频”按钮，即可将“特色美食介绍”演示文稿以视频的形式进行播放，如图9-24所示。

图9-24

课后作业

通过前面对知识点的介绍，相信大家已经掌握了如何放映和输出演示文稿，下面就综合利用所学知识点输出“诗集精选”演示文稿。

（1）将演示文稿输出为视频格式。

（2）为演示文稿设置排练计时。

（3）从头开始放映演示文稿。

最终效果

NOTE

Tips

大家在学习的过程中如有疑问，可以加入学习交流群（QQ群号：728245398）进行交流。

WPS Office

第 10 章 批量制作工作证

我需要为公司员工制作工作证，可是公司那么多人，什么时候才能做完啊！

之前不是介绍过制作这类文档的方法吗?

噢！我想起来了，是不是可以使用“邮件合并”功能?

对，你可以使用“邮件合并”功能批量生成工作证，这样不就节省了很多时间吗?

可是具体怎么操作我有点记不清了。

你可以参考本章的制作案例，一定会大有收获的。

思维导图

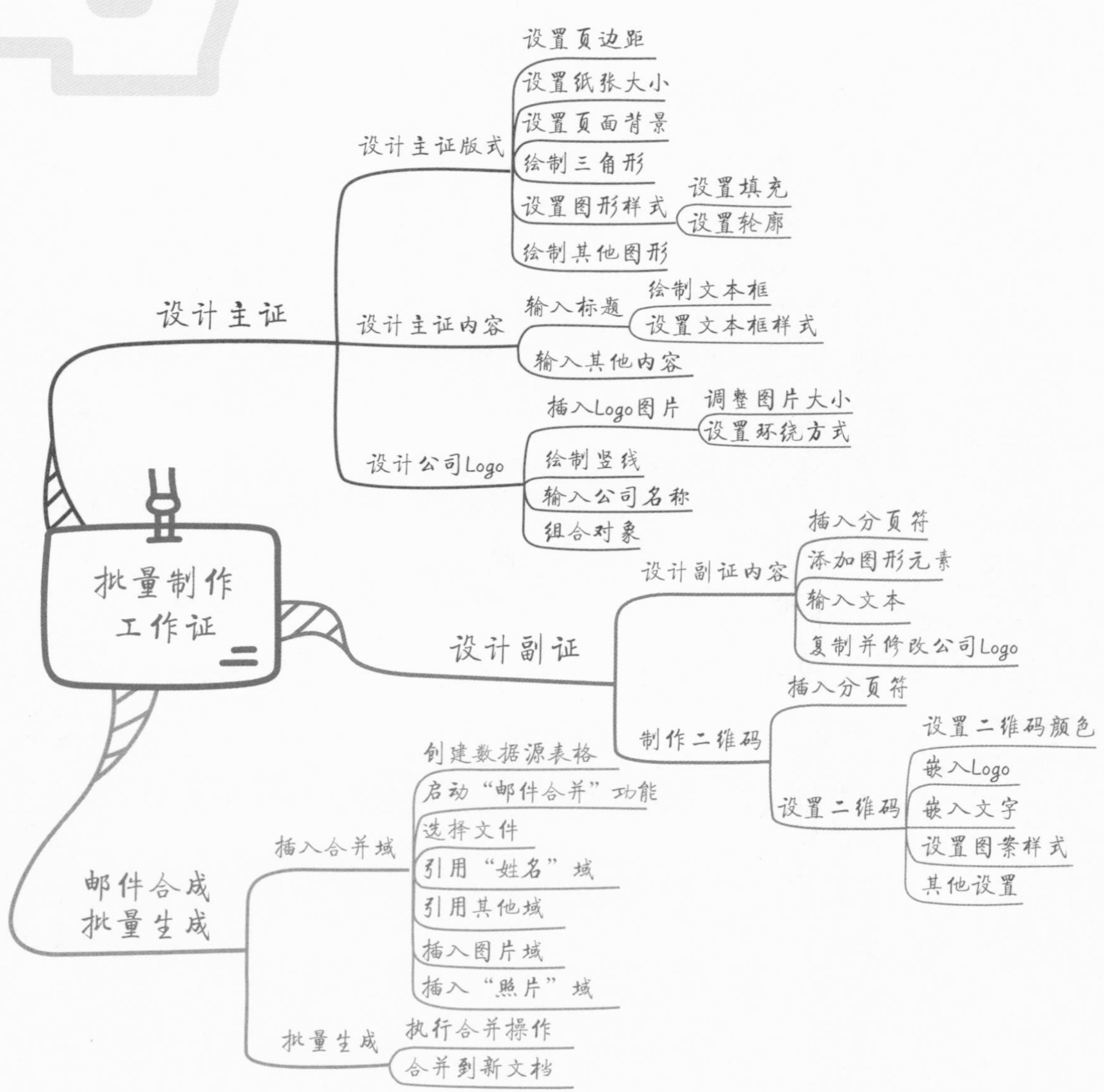

批量制作工作证
设计主证
设计主证版式
设置页边距
设置纸张大小
设置页面背景
绘制三角形
设置图形样式
设置填充
设置轮廓
绘制其他图形
设计主证内容
输入标题
绘制文本框
设置文本框样式
输入其他内容
设计公司Logo
插入Logo图片
调整图片大小
设置环绕方式
绘制竖线
输入公司名称
组合对象
设计副证
设计副证内容
插入分页符
添加图形元素
输入文本
复制并修改公司Logo
制作二维码
插入分页符
设置二维码
设置二维码颜色
嵌入Logo
嵌入文字
设置图案样式
其他设置
邮件合成批量生成
插入合并域
创建数据源表格
启动“邮件合并”功能
选择文件
引用“姓名”域
引用其他域
插入图片域
插入“照片”域
批量生成
执行合并操作
合并到新文档

综合实战

10.1 设计主证

工作证通常由主证和副证组成，主证一般显示单位名称、员工姓名、职位、部门、员工照片等，下面就介绍设计主证的方法。

■10.1.1　设计主证版式

设计主证版式运用到的知识点有图形的应用、页面背景的设置、页面大小的设置等，具体操作方法如下。

Step 01 启动“页面设置”命令。新建一个空白文档，命名为“工作证”，打开该文档，选择“页面布局”选项卡，单击“页面设置”对话框启动器按钮，如图10-1所示。

Step 02 设置页边距。打开“页面设置”对话框，在“页边距”选项卡中将“上”“下”“左”“右”的页边距均设置为“1厘米”，如图10-2所示。

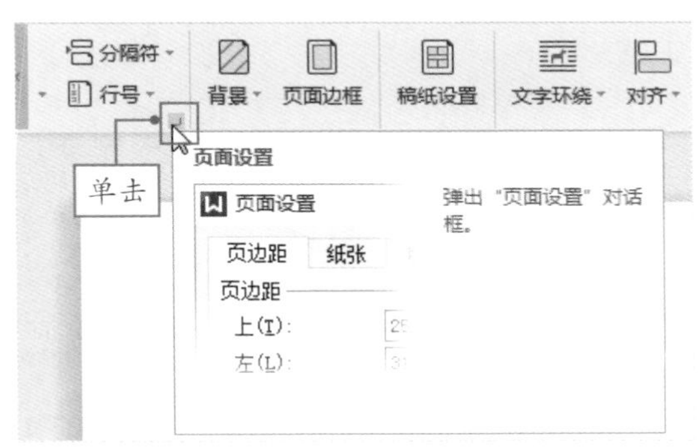

图10-1

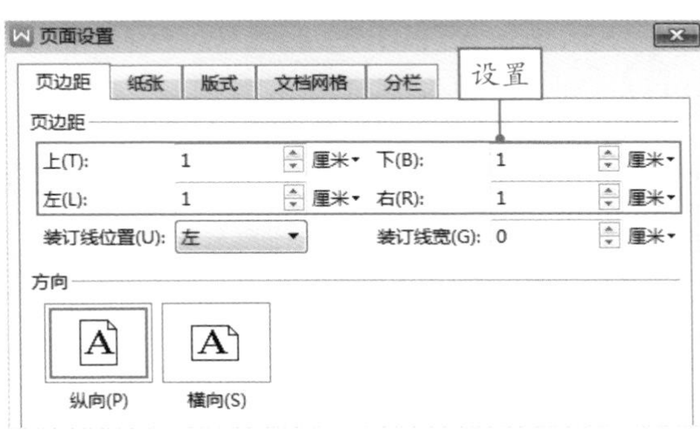

图10-2

Step 03 设置纸张大小。在“页面设置”对话框中切换至“纸张”选项卡，将“宽度”设置为“7厘米”，将“高度”设置为“10厘米”，如图10-3所示。

Step 04 设置页面背景。在“页面布局”选项卡中单击“背景”下拉按钮，选择“其他背景”选项，并选择“图案”选项，打开“填充效果”对话框，在“图案”选项卡中选择合适的图案样式，并设置“前景”和“背景”颜色，如图10-4所示。

Step 05 绘制三角形。在“插入”选项卡中单击“形状”下拉按钮，选择“等腰三角形”选项，在页面中的合适位置绘制一个三角形，如图10-5所示。

Step 06 设置图形样式。在“绘图工具”选项卡中单击“填充”下拉按钮，选择“更多设置”选项，打开“属性”窗格，在“填充与线条”选项卡中选中“图案填充”单选按钮，然后在下方选择合适的图案样式，并设置“前景”和“背景”颜色，最后将图形的轮廓设置为“无线条颜色”，如图10-6所示。

图10-3

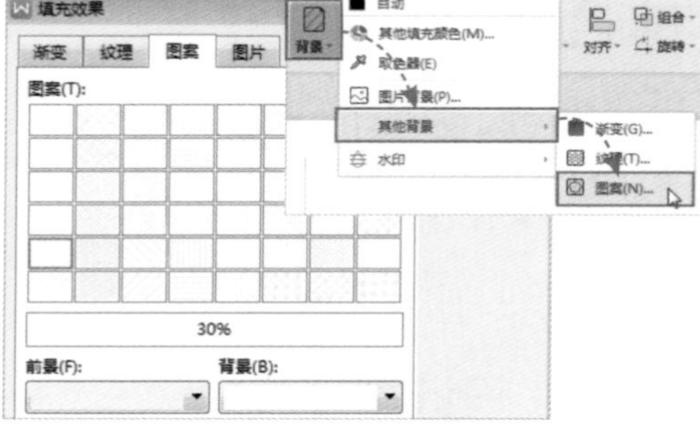

图10-4

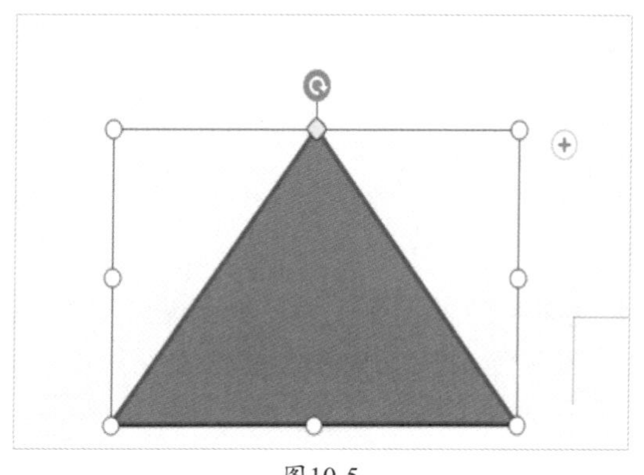

图10-5

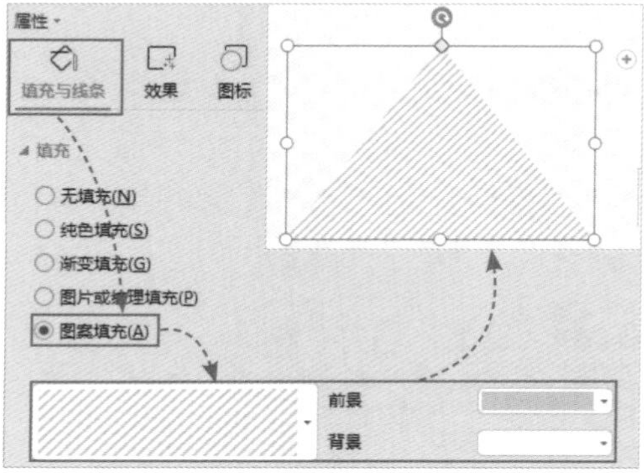

图10-6

Step 07 **绘制其他图形。**按照同样的方法绘制其他图形，并设置图形的“填充”和“轮廓”，然后放在页面中的合适位置，如图10-7所示。

图10-7

知识拓展

调整图形方向的方法是：将鼠标光标移至图形上方的旋转柄上，然后按住鼠标左键不放，拖动鼠标旋转方向即可。

10.1.2 设计主证内容

设计好主证版式后，接下来需要输入相关内容，运用到的知识点有文本框的应用和字体格式的设置，具体操作方法如下。

Step 01 绘制文本框。在“插入”选项卡中单击“文本框”下拉按钮，选择“横向文本框”选项，绘制一个横排文本框，然后在“绘图工具”选项卡中将“填充”设置为“无填充颜色”，将“轮廓”设置为“无线条颜色”，如图10-8所示。

Step 02 输入标题。在文本框中输入标题文本“工作证”，并将文本的字体设置为“微软雅黑”，将字号设置为“小一”，加粗显示，如图10-9所示。

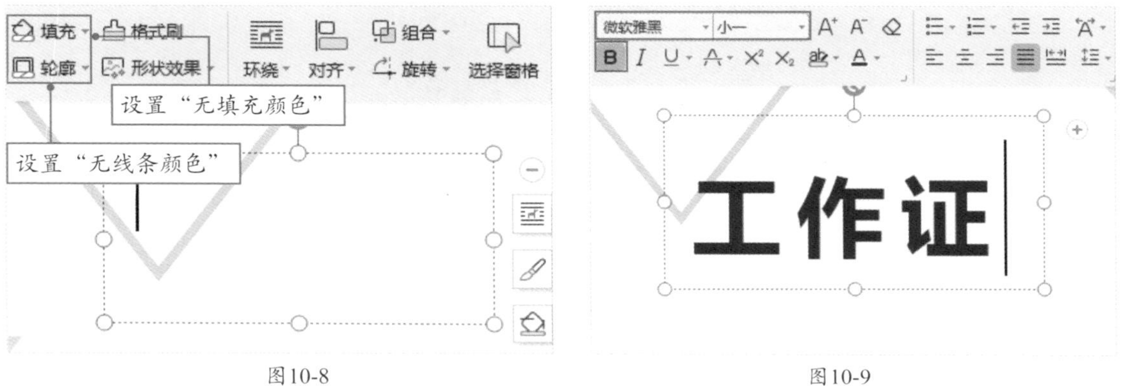

图10-8　　图10-9

Step 03 输入其他内容。再次绘制一个文本框，输入相关内容，并在文本后面添加下划线，如图10-10所示。然后将文本框移至页面底部。

Step 04 绘制照片文本框。绘制一个放置员工照片的文本框，并设置文本框的轮廓颜色，如图10-11所示。

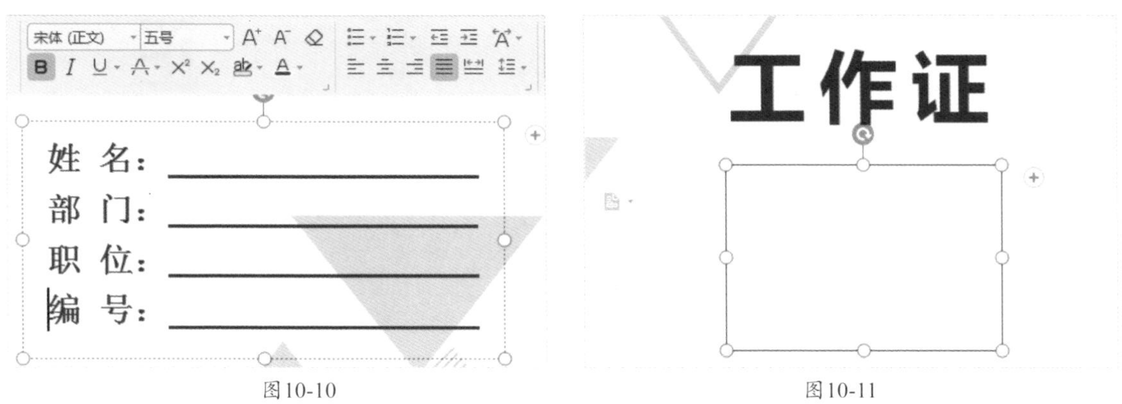

图10-10　　图10-11

■10.1.3　设计公司Logo

工作证上必须带有公司的Logo，这样信息才更完整，下面就为工作证添加一个公司Logo。

Step 01 插入Logo图片。在“插入”选项卡中单击“图片”下拉按钮，选择“本地图片”选项，打开“插入图片”对话框，从中选择公司Logo图片，将其插入到文档中，调整图片的大小，并将环绕方式设置为“浮于文字上方”，如图10-12所示。

Step 02 绘制竖线。 在图片后面绘制一条竖线，并在“绘图工具”选项卡中设置竖线的轮廓颜色，如图10-13所示。

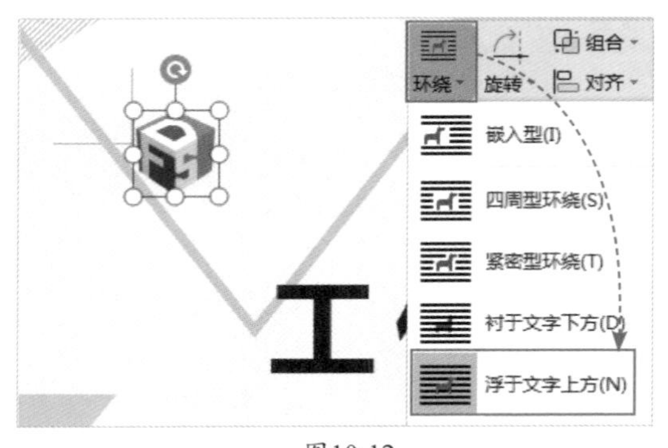

图10-12

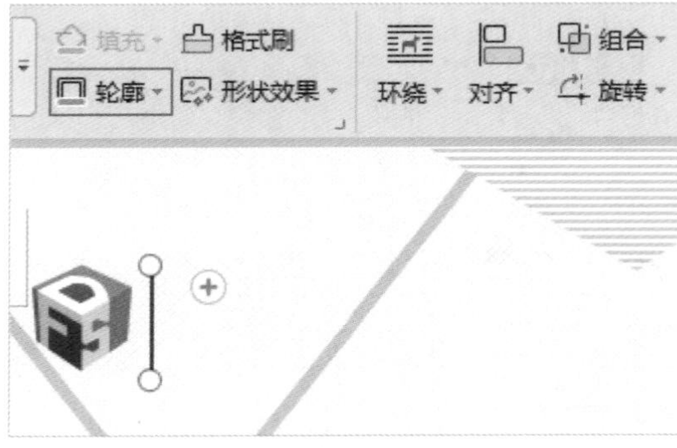

图10-13

Step 03 输入公司名称。 绘制文本框，输入公司名称，并在下方输入公司名称的拼音字母，如图10-14所示。

Step 04 组合对象。 同时选择图片、竖线和文本框，右击，选择“组合”选项，并选择“组合”命令，将对象组合在一起，如图10-15所示。

图10-14

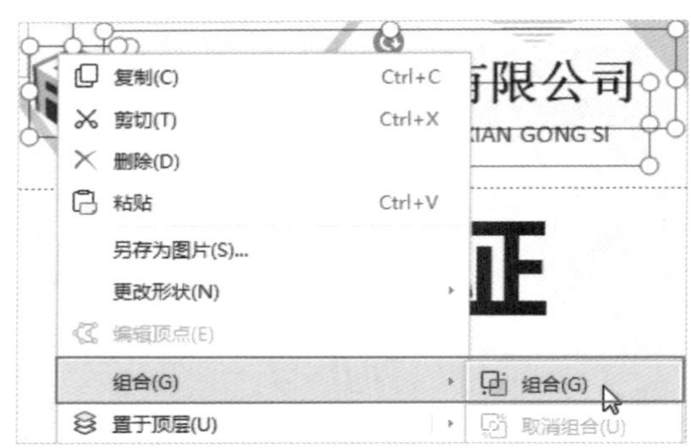

图10-15

知识拓展

在“开始”选项卡中单击“选择”下拉按钮，选择“选择窗格”选项，打开“选择窗格”窗格，用户可以在其中选择文档中的对象，如图10-16所示。

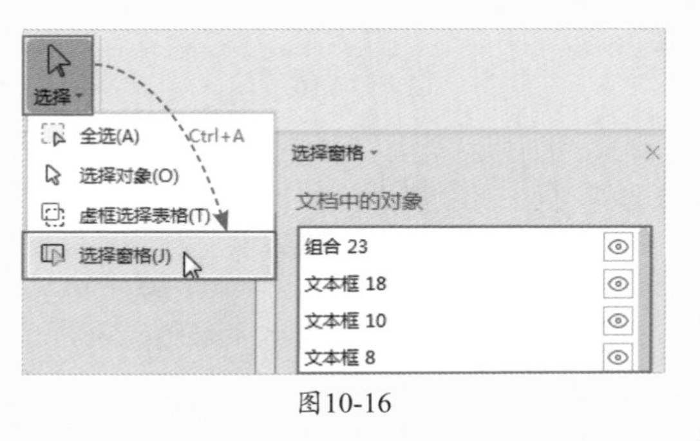

图10-16

10.2 设计副证

副证主要包含公司的二维码和注意事项，其中，副证的版式要和主证的版式风格相统一，下面介绍如何设计副证。

10.2.1 设计副证内容

扫码观看视频

用户需要重新添加一页空白页，在其中设计副证内容，具体操作方法如下。

Step 01 插入分页符。将光标插入到文档底部，在“页面布局”选项卡中单击“分隔符”下拉按钮，从列表中选择“分页符”选项，如图10-17所示。

Step 02 添加图形元素。按照前面讲述的方法，在副证中绘制图形，设置图形的样式，并将其放在页面的合适位置，如图10-18所示。

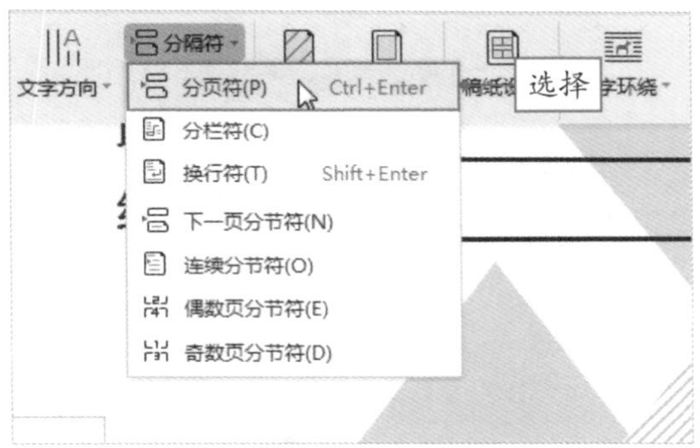

图10-17

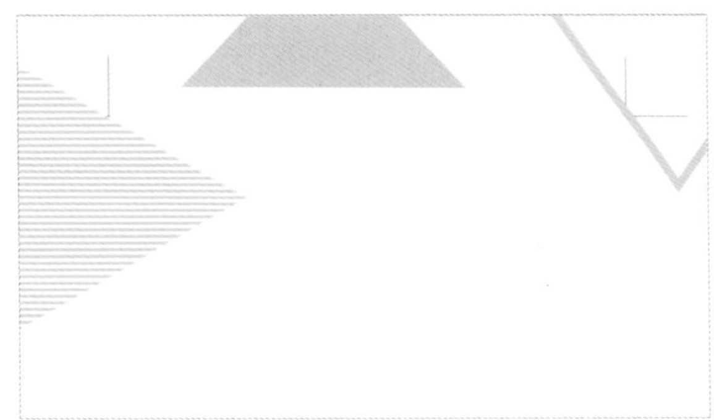
图10-18

Step 03 输入文本。在页面底部绘制一个文本框，输入“注意事项”，并设置文本的字体格式，如图10-19所示。

Step 04 复制公司Logo。将主证中的公司Logo复制到副证中，并取消组合，将竖线删除，如图10-20所示。

注意事项：
1. 本工作证只限本人使用，转借、涂改无效。
2. 进入公司任何区域均需正确佩戴本证。
3. 员工离职时，请将本证交回人事部。
4. 如有损坏或遗失，请及时到人事部补办。

图10-19

图10-20

■10.2.2 制作二维码

用户可以直接在文档中制作二维码，并且还可以设置二维码的样式，具体操作方法如下。

Step 01 插入二维码。在“插入”选项卡中单击“功能图”下拉按钮，从列表中选择“二维码”选项，打开“插入二维码”对话框，在“输入内容”文本框中输入公司网址，在右侧会显示对应的二维码，在“颜色设置”选项卡中可以设置二维码的“前景色”“背景色”“渐变颜色”“渐变方式”和“定位点”等，如图10-21所示。

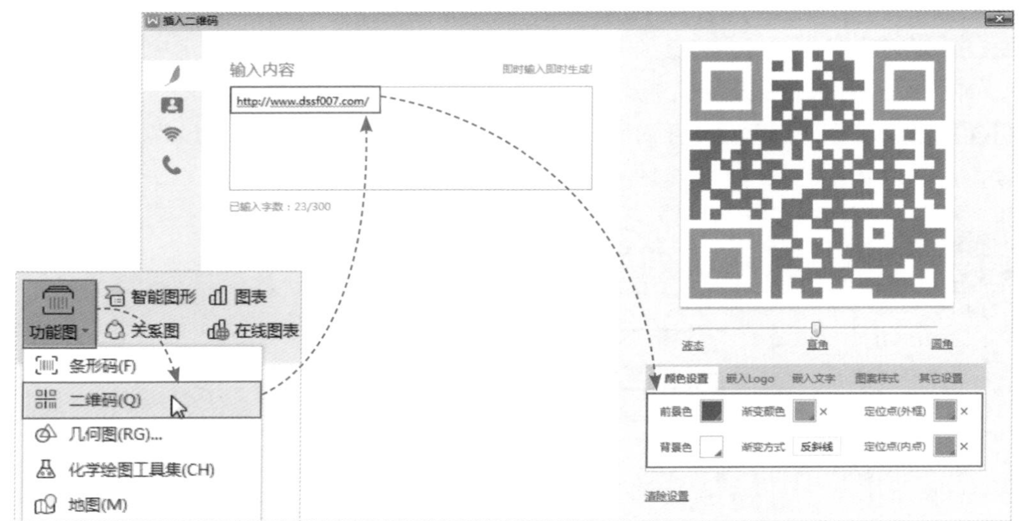

图10-21

Step 02 设置二维码。在“嵌入Logo”选项卡中可以将公司Logo嵌入到二维码中，在“嵌入文字”选项卡中可以将文字嵌入到二维码中。在文本框中输入文字，单击“确定”按钮即可，并且还可以设置文字的“效果”“字号”和“文字颜色”，如图10-22所示。

图10-22

● **新手误区：** 在设置二维码的背景色时，颜色不能太深，否则无法扫描出结果。

Step 03 **设置图案样式。** 在“图案样式”选项卡中可以设置“定位点样式”，在“其它设置”选项卡中可以设置“外边距”“纠错等级”“旋转角度”和“图片像素”，如图10-23所示。

图10-23

Step 04 **查看效果。** 设置完成后单击“确定”按钮，即可将二维码插入到文档中，调整二维码的大小，并将环绕方式设置为“浮于文字上方”，最后将其放在页面中的合适位置即可，如图10-24所示。

图10-24

10.3 使用“邮件合并”功能批量生成工作证

设计好工作证后，需要输入员工的姓名、部门、职位和编号，并插入相应的员工照片，这时需要使用“邮件合并”功能批量生成工作证，下面介绍具体的操作方法。

■10.3.1 插入合并域

扫码观看视频

在进行邮件合并之前需要创建数据源表格，让文档与表格中的数据源进行合并，使得文档可以引用表格中的相关信息，具体操作方法如下。

Step 01 创建数据源表格。新建一个WPS表格，并在其中输入员工的姓名、部门、职位、编号和员工照片所在位置，这里使用“\\”表示下一级，如图10-25所示。

	A	B	C	D	E
1	姓名	部门	职位	编号	照片
2	康小明	网络部	经理	DS001	C:\\Users\\Administrator.PC-20170204CEGQ\\Desktop\\照片\\康小明.JPG
3	孙可欣	销售部	主管	DS002	C:\\Users\\Administrator.PC-20170204CEGQ\\Desktop\\照片\\孙可欣.JPG
4	王小泉	研发部	职工	DS003	C:\\Users\\Administrator.PC-20170204CEGQ\\Desktop\\照片\\王小泉.JPG
5	杜家富	网络部	主管	DS004	C:\\Users\\Administrator.PC-20170204CEGQ\\Desktop\\照片\\杜家富.JPG
6	欧阳坤	销售部	职工	DS005	C:\\Users\\Administrator.PC-20170204CEGQ\\Desktop\\照片\\欧阳坤.JPG
7	武大胜	研发部	经理	DS006	C:\\Users\\Administrator.PC-20170204CEGQ\\Desktop\\照片\\武大胜.JPG

图10-25

● **新手误区：**这里需要注意的是，创建的表格必须是“.et”格式，如图10-26所示，否则无法实现邮件合并。

图10-26

Step 02 启动“邮件合并”功能。在“引用”选项卡中单击“邮件”按钮，弹出“邮件合并”选项卡，在该选项卡中单击“打开数据源”下拉按钮，选择“打开数据源”选项，如图10-27所示。

Step 03 选择文件。打开“选取数据源”对话框，从中选择创建的WPS表格文件，如图10-28所示。单击“打开”按钮，即可完成文档和数据源的合并。

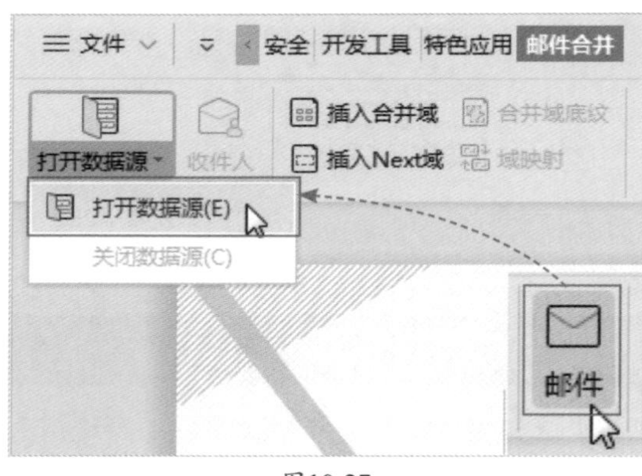

图10-27

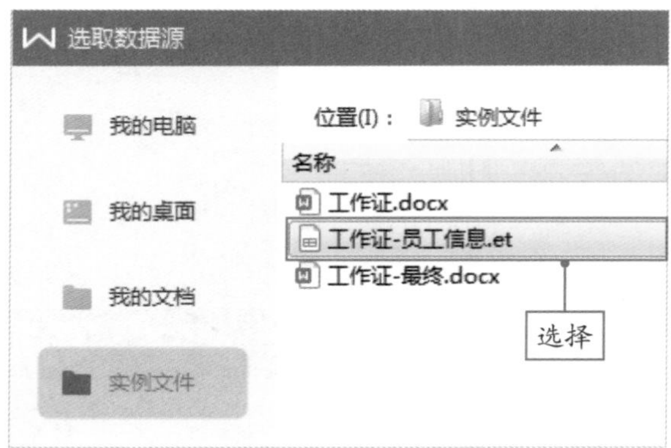

图10-28

Step 04 引用“姓名”域。将光标插入到“姓名”文本后，在“邮件合并”选项卡中单击“插入合并域”按钮，如图10-29所示。打开“插入域”对话框，在“域”列表框中选择“姓名”选项，单击“插入”按钮，如图10-30所示。

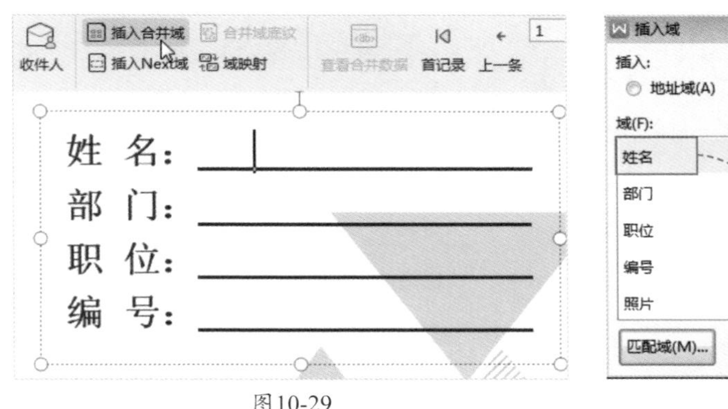

图10-29

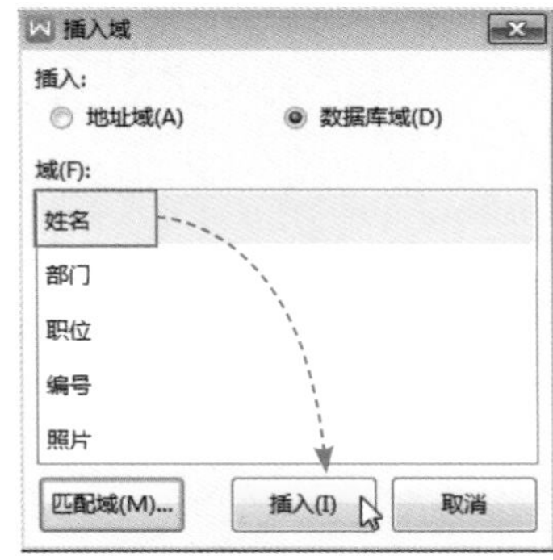

图10-30

Step 05 引用其他域。按照同样的方法，引用“部门”“职位”“编号”域，并设置域文本的字体格式，如图10-31所示。

Step 06 启动“域”命令。将光标插入到“照片”文本框中，在“插入”选项卡中单击“文档部件”下拉按钮，从列表中选择“域”选项，如图10-32所示。

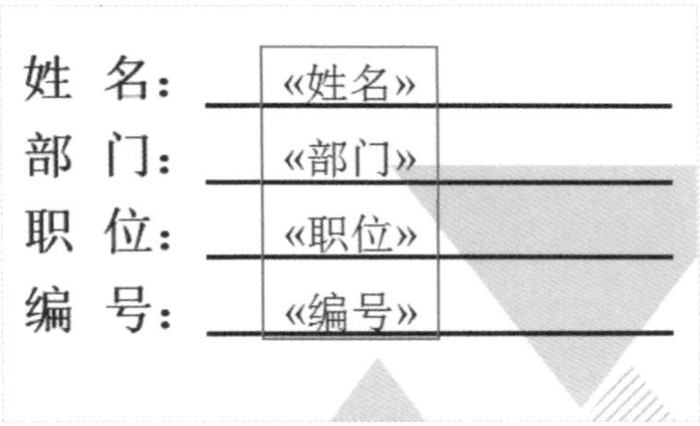

图10-31

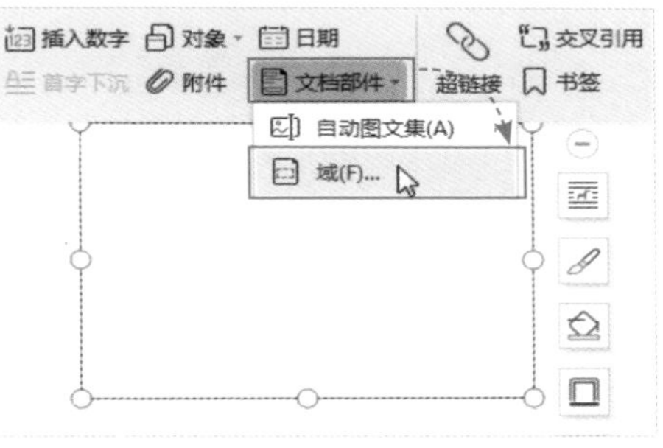

图10-32

Step 07 插入图片域。打开“域”对话框，在“域名”列表框中选择“插入图片”选项，再在“域代码”文本框中输入相应的代码，然后单击“确定”按钮，如图10-33所示。

Step 08 显示域信息。选中图片域，按组合键Shift+F9显示域信息，选中文本“123”，在“邮件合并”选项卡中单击“插入合并域”按钮，如图10-34所示。

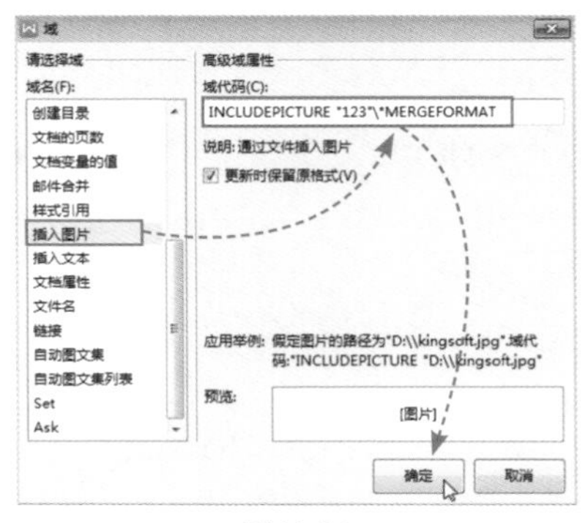

图10-33

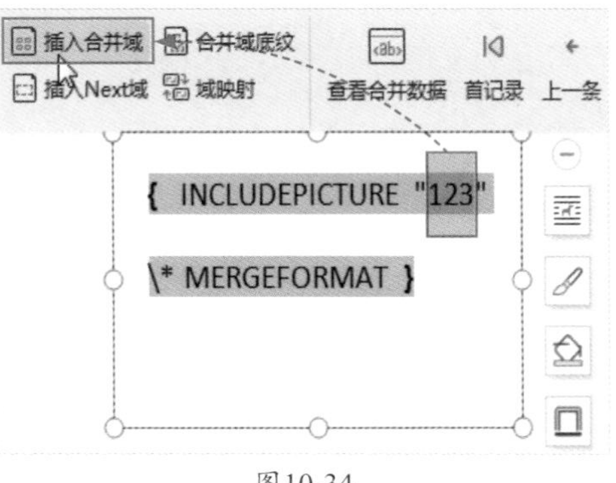

图10-34

Step 09 插入“照片”域。打开“插入域”对话框，在“域”列表框中选择“照片”选项，单击“插入”按钮，如图10-35所示。

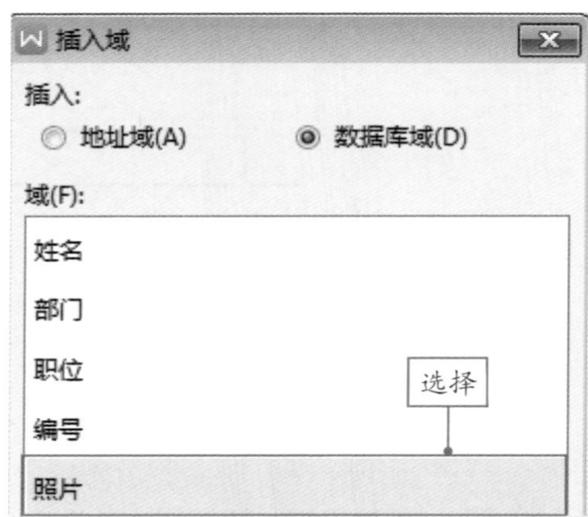

图10-35

Step 10 查看效果。此时可以看到，选择的“123”文本显示为“《照片》”域文本，如图10-36所示。

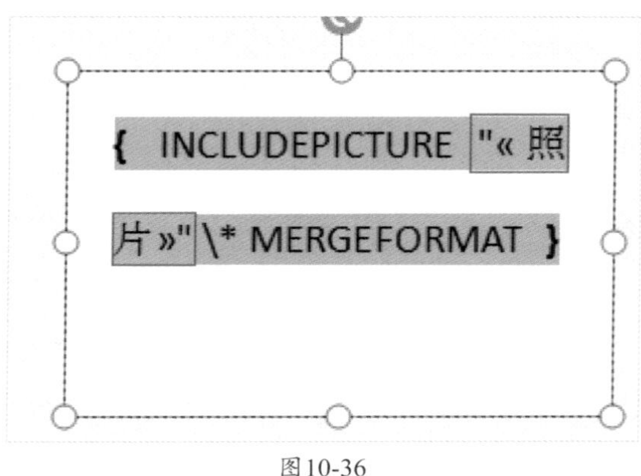

图10-36

■10.3.2 批量生成工作证

扫码观看视频

插入合并域后，接下来就开始进行合并操作，批量生成工作证，具体操作方法如下。

Step 01 执行合并操作。在“邮件合并”选项卡中单击“合并到新文档”按钮，如图10-37所示。打开“合并到新文档”对话框，选中“全部”单选按钮，单击“确定”按钮，如图10-38所示。

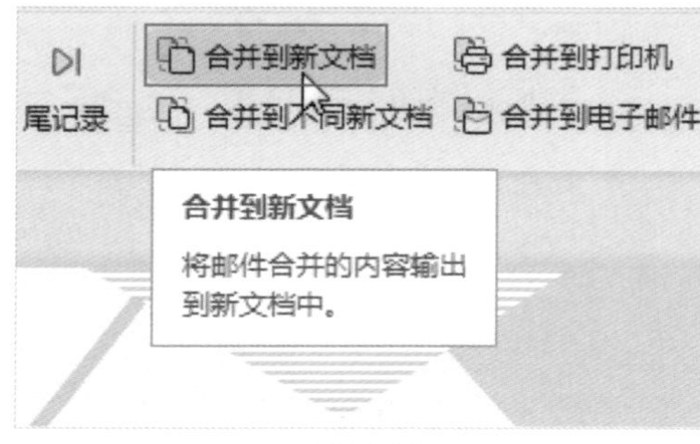

图10-37

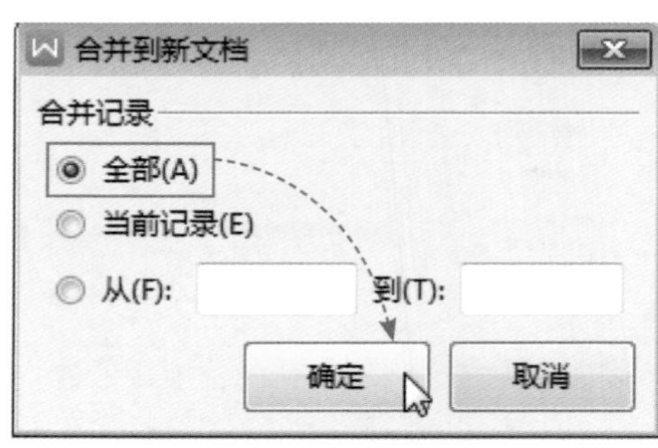

图10-38

Step 02 查看效果。此时，在弹出的新文档中可以看到批量生成的工作证，如图10-39所示。

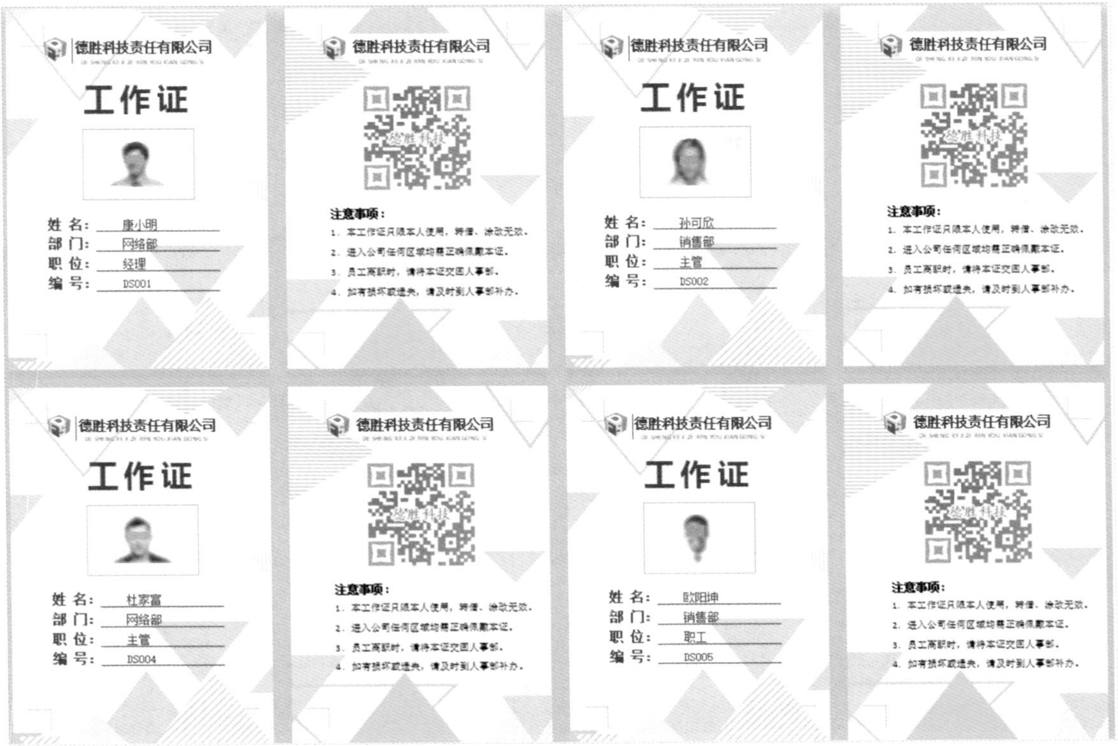

图10-39

知识拓展

在批量生成的工作证中如果照片没有显示出来，需要选中图片，按F9键进行刷新，即可显示出对应的照片。

课后作业

通过前面的学习，相信大家已经掌握了WPS文字的相关知识，下面就使用“邮件合并”功能批量制作邀请函。

（1）设计邀请函版式。

（2）输入邀请函内容。

（3）批量生成邀请函。

最终效果

NOTE

Tips

大家在学习的过程中如有疑问，可以加入学习交流群（QQ群号：728245398）进行交流。

WPS Office

第 11 章 制作销售业绩统计表

公司要求统计每个员工上半年的销售业绩。那么问题来了，制作一个销售业绩统计表要分几个步骤?

首先你需要统计销售额，然后对统计表进行相关分析。

要从哪几个方面对统计表进行分析，可以展开说说吗?

如果只是简单的分析，可以进行排序、筛选；如果数据比较复杂，可以创建数据透视表进行分析。

我可能需要突出销售额中的某些特殊数据，这该怎么操作?

其实很简单，使用“条件格式”功能就可以实现，如果你想要了解更详细的内容，可以参考本章所讲的案例。

思维导图

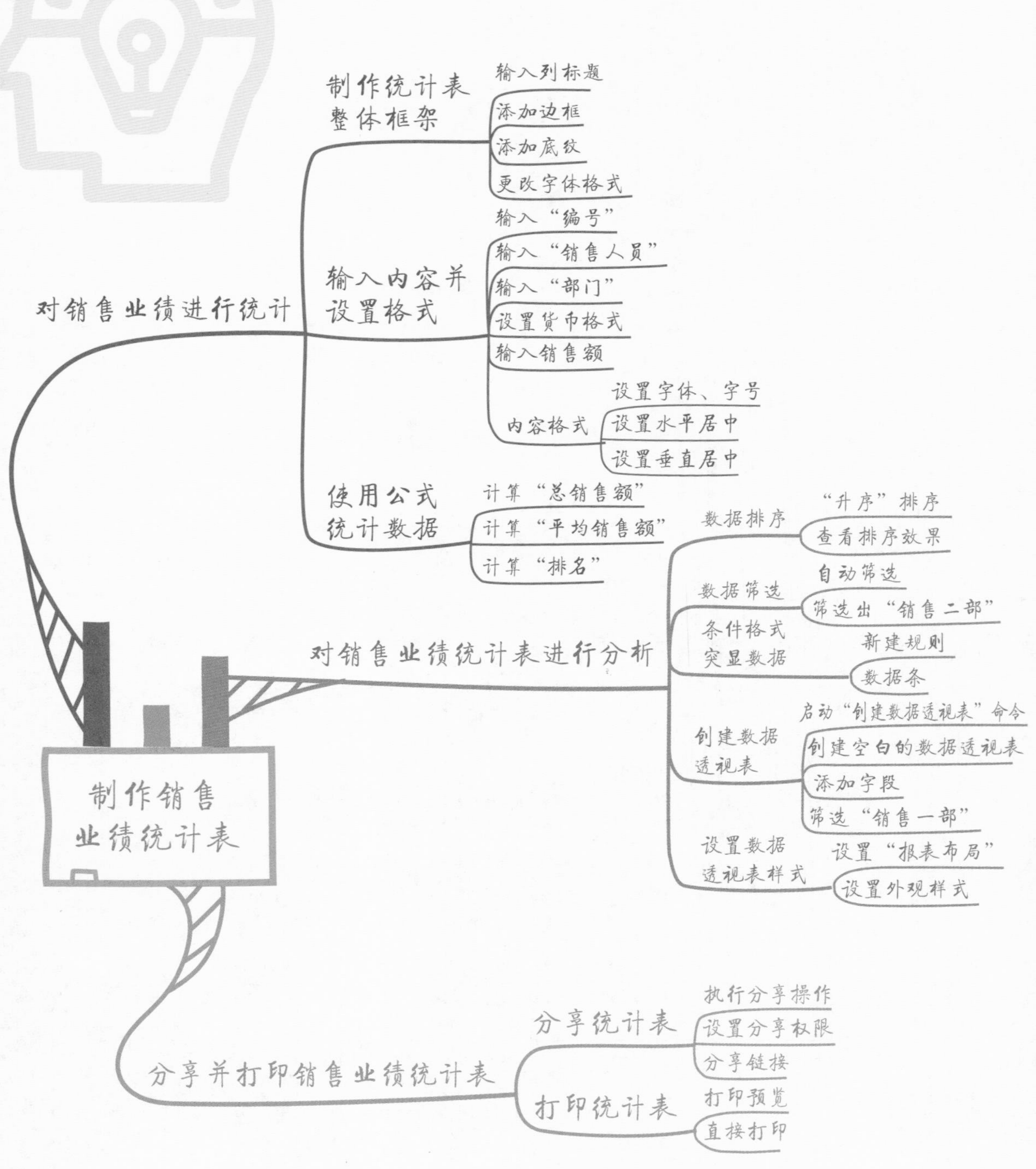

制作销售业绩统计表
对销售业绩进行统计
制作统计表整体框架
输入列标题
添加边框
添加底纹
更改字体格式
输入内容并设置格式
输入“编号”
输入“销售人员”
输入“部门”
设置货币格式
输入销售额
内容格式
设置字体、字号
设置水平居中
设置垂直居中
使用公式统计数据
计算“总销售额”
计算“平均销售额”
计算“排名”
对销售业绩统计表进行分析
数据排序
“升序”排序
查看排序效果
数据筛选
自动筛选
筛选出“销售二部”
条件格式突显数据
新建规则
数据条
创建数据透视表
启动“创建数据透视表”命令
创建空白的数据透视表
添加字段
筛选“销售一部”
设置数据透视表样式
设置“报表布局”
设置外观样式
分享并打印销售业绩统计表
分享统计表
执行分享操作
设置分享权限
分享链接
打印统计表
打印预览
直接打印

综合实战

11.1 对销售业绩进行统计

在工作表中输入相关销售数据后，用户可以对销售总额、平均销售额和排名进行统计，以便更清楚地了解各销售人员的销售情况。

11.1.1 制作统计表整体框架

用户需要先为统计表构建一个整体框架，然后在框架内输入相关内容，具体操作方法如下。

Step 01 输入列标题。新建一个空白工作表，选择单元格A1输入“编号”，接着输入其他列标题，如图11-1所示。

Step 02 添加边框。选择单元格区域A1:L31，按组合键Ctrl+1打开“单元格格式”对话框，在“边框”选项卡中设置线条的“样式”和“颜色”，然后应用到内部边框和外边框上，如图11-2所示。

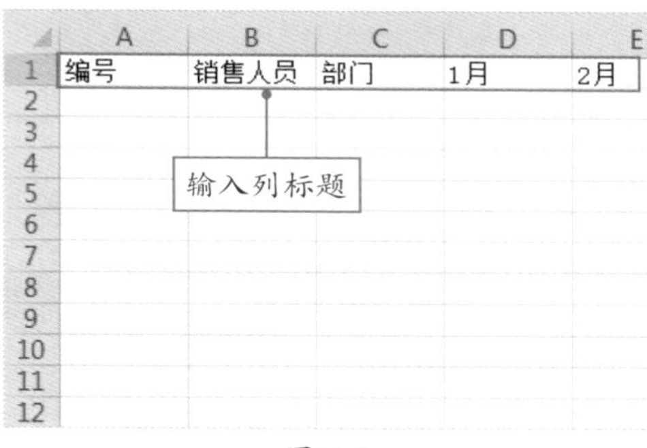

图11-1

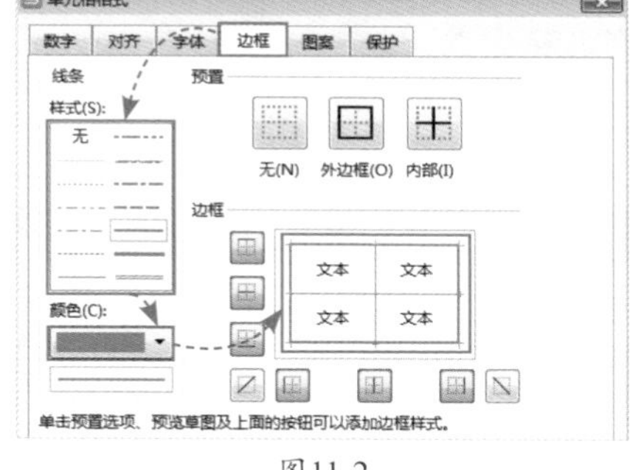

图11-2

Step 03 添加底纹。选择单元格区域A1:L1，在“开始”选项卡中单击“填充颜色”下拉按钮，从列表中选择“绿色”，如图11-3所示。

Step 04 更改字体格式。保持选中的单元格区域不变，将文本的“字体”设置为“等线”，“字号”设置为“12”，加粗显示，并将“字体颜色”设置为“白色”，如图11-4所示。

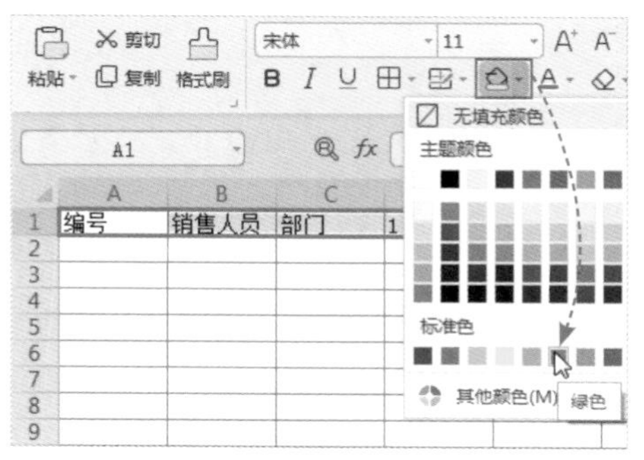

图11-3

图11-4

Step 05 **查看效果。**将列标题设置为水平居中和垂直居中显示，然后调整表格的行高和列宽，完成统计表整体框架的制作，如图11-5所示。

	A	B	C	D	E	F	G	H	I	J	K	L
1	编号	销售人员	部门	1月	2月	3月	4月	5月	6月	总销售额	平均销售额	排名
2												
3												
4												
5												

图11-5

■11.1.2 输入内容并设置格式

制作好统计表的整体框架后，接下来需要输入相关数据，并根据需要设置数据的格式，具体操作方法如下。

Step 01 **输入“编号”。**选择单元格A2，输入编号“DG01”，再次选中单元格A2，将光标移至单元格右下角，待光标变为填充柄后，按住鼠标左键不放，向下拖动鼠标至单元格A31，如图11-6所示。

Step 02 **输入“部门”。**在B列输入“销售人员”后，选中单元格区域C2:C8，在编辑栏中输入“销售一部”，如图11-7所示。

	A	B	C	D	E	F
1	编号	销售人员	部门	1月	2月	3月
2	DG01					
3						
4						
5						
6	向下拖动鼠标					
7						
8						
9						
10	DG08					
11						

图11-6

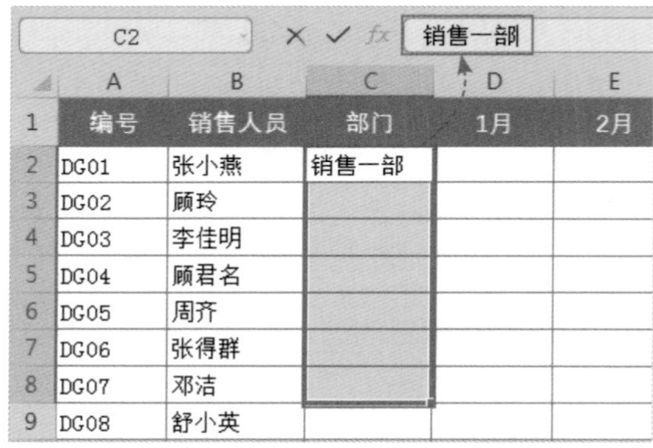

C2 | 销售一部

	A	B	C	D	E
1	编号	销售人员	部门	1月	2月
2	DG01	张小燕	销售一部		
3	DG02	顾玲			
4	DG03	李佳明			
5	DG04	顾君名			
6	DG05	周齐			
7	DG06	张得群			
8	DG07	邓洁			
9	DG08	舒小英			

图11-7

Step 03 **完成输入。**按组合键Ctrl+Enter确认输入。按照同样的方法，完成“部门”列的输入，如图11-8所示。

Step 04 **设置货币格式。**选择单元格区域D2:K31，按组合键Ctrl+1打开“单元格格式”对话框，在“数字”选项卡中选择“货币”选项，然后将“小数位数”设置为“0”，如图11-9所示。

Step 05 **输入销售额。**在D～I列中输入各销售员1—6月份的销售额，如图11-10所示。

Step 06 **设置内容格式。**选择单元格区域A2:L31，在“开始”选项卡中将文本的字体设置为“等线”，字号设置为“11”，并设置水平居中和垂直居中显示，如图11-11所示。

	A	B	C	D	E
1	编号	销售人员	部门	1月	2月
2	DG01	张小燕	销售一部		
3	DG02	顾玲	销售一部		
4	DG03	李佳明	销售一部		
5	DG04	顾君名	销售一部		
6	DG05	周齐	销售一部		
7	DG06	张得群	销售一部		
8	DG07	邓洁	销售一部		
9	DG08	舒小英	销售二部		
10	DG09	李军	销售二部		

图11-8

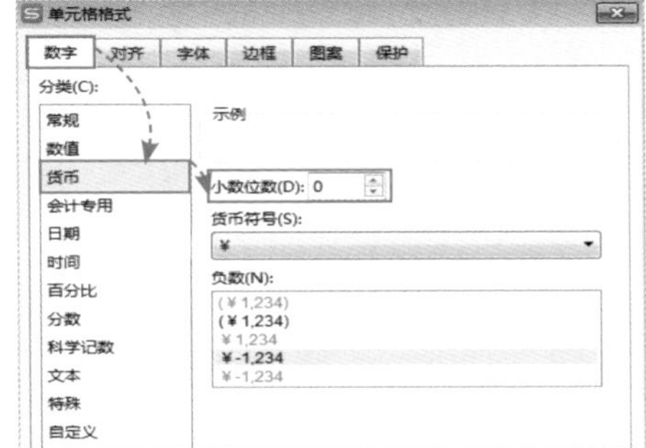

图11-9

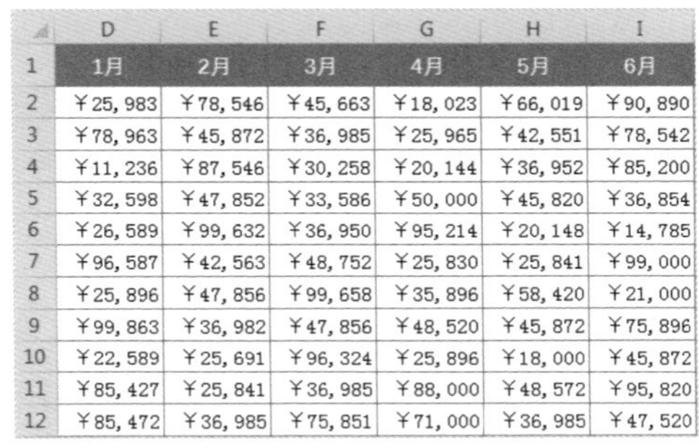

	D	E	F	G	H	I
1	1月	2月	3月	4月	5月	6月
2	¥25,983	¥78,546	¥45,663	¥18,023	¥66,019	¥90,890
3	¥78,963	¥45,872	¥36,985	¥25,965	¥42,551	¥78,542
4	¥11,236	¥87,546	¥30,258	¥20,144	¥36,952	¥85,200
5	¥32,598	¥47,852	¥33,586	¥50,000	¥45,820	¥36,854
6	¥26,589	¥99,632	¥36,950	¥95,214	¥20,148	¥14,785
7	¥96,587	¥42,563	¥48,752	¥25,830	¥25,841	¥99,000
8	¥25,896	¥47,856	¥99,658	¥35,896	¥58,420	¥21,000
9	¥99,863	¥36,982	¥47,856	¥48,520	¥45,872	¥75,896
10	¥22,589	¥25,691	¥96,324	¥25,896	¥18,000	¥45,872
11	¥85,427	¥25,841	¥36,985	¥88,000	¥48,572	¥95,820
12	¥85,472	¥36,985	¥75,851	¥71,000	¥36,985	¥47,520

图11-10

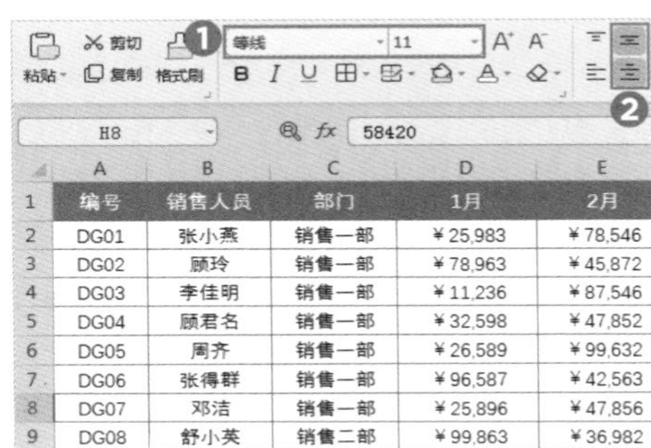

	A	B	C	D	E
1	编号	销售人员	部门	1月	2月
2	DG01	张小燕	销售一部	¥25,983	¥78,546
3	DG02	顾玲	销售一部	¥78,963	¥45,872
4	DG03	李佳明	销售一部	¥11,236	¥87,546
5	DG04	顾君名	销售一部	¥32,598	¥47,852
6	DG05	周齐	销售一部	¥26,589	¥99,632
7	DG06	张得群	销售一部	¥96,587	¥42,563
8	DG07	邓洁	销售一部	¥25,896	¥47,856
9	DG08	舒小英	销售二部	¥99,863	¥36,982

图11-11

■11.1.3　使用公式统计数据

输入数据后，用户需要使用公式统计出各销售人员的“总销售额”“平均销售额”和“排名”，具体操作方法如下。

Step 01 计算“总销售额”。选择单元格J2，输入公式“=SUM(D2:I2)”，按回车键确认，计算出“总销售额”，并将公式向下填充，计算出其他销售人员的总销售额，如图11-12所示。

Step 02 计算“平均销售额”。选择单元格K2，输入公式“=AVERAGE(D2:I2)”，按回车键确认，计算出“平均销售额”，并将公式向下填充，计算出其他销售人员的平均销售额，如图11-13所示。

J2　=SUM(D2:I2)

	G	H	I	J
1	4月	5月	6月	总销售额
2	¥18,023	¥66,019	¥90,890	¥325,124
3	¥25,965	¥42,551	¥78,542	¥308,878
4	¥20,144	¥36,952	¥85,200	¥271,336
5	¥50,000	¥45,820	¥36,854	¥246,710
6	¥95,214	¥20,148	¥14,785	¥293,318
7	¥25,830	¥25,841	¥99,000	¥338,573
8	¥35,896	¥58,420	¥21,000	¥288,726
9	¥48,520	¥45,872	¥75,896	¥354,989
10	¥25,896	¥18,000	¥45,872	¥234,372

图11-12

K2　=AVERAGE(D2:I2)

	H	I	J	K
1	5月	6月	总销售额	平均销售额
2	¥66,019	¥90,890	¥325,124	¥54,187
3	¥42,551	¥78,542	¥308,878	¥51,480
4	¥36,952	¥85,200	¥271,336	¥45,223
5	¥45,820	¥36,854	¥246,710	¥41,118
6	¥20,148	¥14,785	¥293,318	¥48,886
7	¥25,841	¥99,000	¥338,573	¥56,429
8	¥58,420	¥21,000	¥288,726	¥48,121
9	¥45,872	¥75,896	¥354,989	¥59,165
10	¥18,000	¥45,872	¥234,372	¥39,062

图11-13

Step 03 计算“排名”。选择单元格L2，输入公式“=RANK(J2,J$2:J$31,0)”，按回车键确认，计算出“排名”，并将公式向下填充，计算出其他销售人员的排名，如图11-14所示。

公式解析：RANK函数返回某数字在一列数字中的大小排名。该公式表示按照“总销售额”进行降序排名。

L2　=RANK(J2,J$2:J$31,0)

	I	J	K	L
1	6月	总销售额	平均销售额	排名
2	¥90,890	¥325,124	¥54,187	12
3	¥78,542	¥308,878	¥51,480	16
4	¥85,200	¥271,336	¥45,223	20
5	¥36,854	¥246,710	¥41,118	24
6	¥14,785	¥293,318	¥48,886	17
7	¥99,000	¥338,573	¥56,429	8
8	¥21,000	¥288,726	¥48,121	18
9	¥75,896	¥354,989	¥59,165	6

图11-14

11.2 对销售业绩统计表进行分析

制作完成销售业绩统计表后，用户可以根据需求对统计表中的数据进行分析，涉及的操作有：排序、筛选、创建数据透视表等。

11.2.1 对数据进行排序

扫码观看视频

用户可以对“总销售额”列中的数据进行“升序”排序，具体操作方法如下。

Step 01 “升序”排序。选择“总销售额”列中的任意单元格，在“数据”选项卡中单击“升序”按钮，如图11-15所示。

Step 02 查看排序效果。此时可以看到，“总销售额”列中的数据已经按照从小到大的顺序排列了，如图11-16所示。

数据透视表　自动筛选　全部显示　重新应用　排序　单击　高亮重复项　数据对比

升序
将最小值位于列的顶端。

J2

	H	I	J	K
1	5月	6月	总销售额	平均销售额
2	¥66,019	¥90,890	¥325,124	¥54,187
3	¥42,551	¥78,542	¥308,878	¥51,480
4	¥36,952	¥85,200	¥271,336	¥45,223
5	¥45,820	¥36,854	¥246,710	¥41,118
6	¥20,148	¥14,785	¥293,318	¥48,886
7	¥25,841	¥99,000	¥338,573	¥56,429

图11-15

	I	J	K	L
1	6月	总销售额	平均销售额	排名
2	¥45,210	¥206,961	¥34,494	30
3	¥21,036	¥227,441	¥37,907	29
4	¥45,872	¥234,372	¥39,062	28
5	¥41,203	¥235,436	¥39,239	27
6	¥87,423	¥238,210	¥39,702	26
7	¥42,103	¥246,379	¥41,063	25
8	¥36,854	¥246,710	¥41,118	24
9	¥45,820	¥251,034	¥41,839	23
10	¥32,014	¥252,051	¥42,009	22

图11-16

11.2.2 对数据进行筛选

扫码观看视频

如果用户想要按照“部门”对数据进行筛选，如将“销售二部”的相关数据筛选出来，可以按照以下方法进行操作。

Step 01 自动筛选。选中表格中的任意单元格，在“数据”选项卡中单击“自动筛选”按钮，进入筛选状态，单击“部门”筛选按钮，在展开的面板中取消对“全选”复选框的勾选，然后勾选“销售二部”复选框，单击“确定”按钮，如图11-17所示。

Step 02 查看筛选结果。此时可以看到，表格中显示的是已筛选出的“销售二部”的相关数据，如图11-18所示。

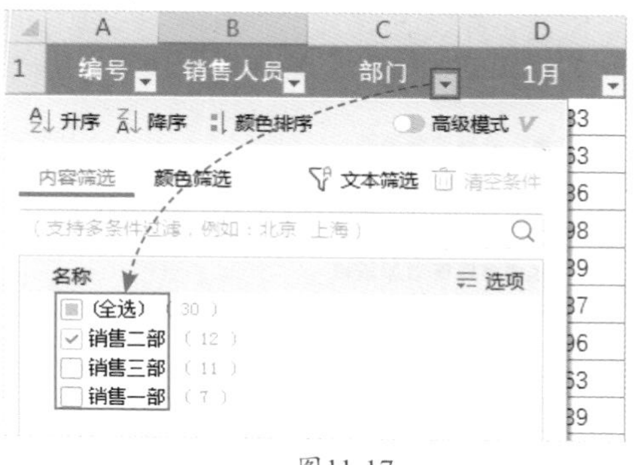

图11-17

	A	B	C	D	E
1	编号	销售人员	部门	1月	2月
9	DG08	舒小英	销售二部	¥99,863	¥36,982
10	DG09	李军	销售二部	¥22,589	¥25,691
11	DG10	何明天	销售二部	¥85,427	¥25,841
12	DG11	王林	销售二部	¥85,472	¥36,985
13	DG12	赵燕	销售二部	¥65,821	¥74,563
14	DG13	李丽	销售二部	¥33,025	¥12,036
15	DG14	刘雪梅	销售二部	¥84,503	¥45,302
16	DG15	李军华	销售二部	¥36,521	¥45,825
17	DG16	赵磊	销售二部	¥45,230	¥54,789
18	DG17	曾志	销售二部	¥33,025	¥42,106
19	DG18	罗小敏	销售二部	¥99,520	¥32,582
20	DG19	赵明昊	销售二部	¥66,358	¥32,589

图11-18

■11.2.3　使用条件格式突显数据

扫码观看视频

为了更直观地展示数据，用户可以使用“条件格式”功能将数据突出显示出来，下面介绍具体的操作方法。

1. 新建规则

使用“条件格式”中的“新建规则”命令，将各销售人员1—6月中的最大销售额突出显示出来。

Step 01 选择区域。选择单元格区域D2:I31，在“开始”选项卡中单击“条件格式”下拉按钮，从列表中选择“新建规则”选项，如图11-19所示。

Step 02 新建格式规则。打开“新建格式规则”对话框，在“选择规则类型”列表框中选择“使用公式确定要设置格式的单元格”选项，然后在下面的文本框中输入公式“=D2=MAX($D2:$I2)”，然后单击“格式”按钮，如图11-20所示。

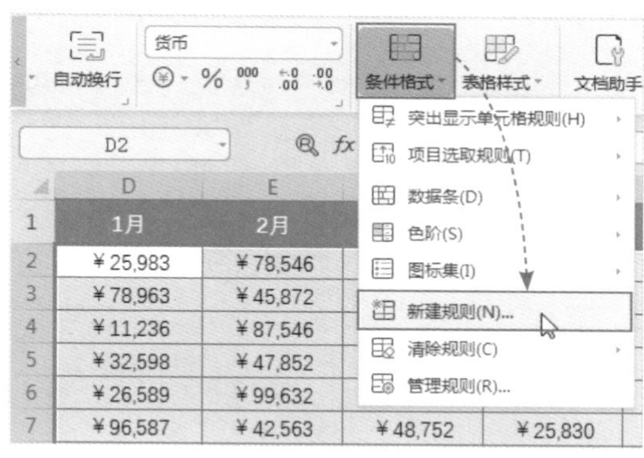

图11-19

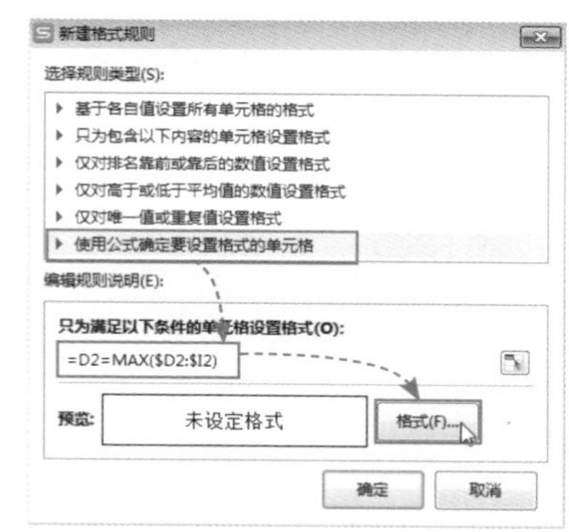

图11-20

Step 03 设置字体格式。打开“单元格格式”对话框，在“字体”选项卡中将“字形”设置为“粗体”，将“颜色”设置为“红色”，如图11-21所示。

Step 04 设置底纹填充。打开“图案”选项卡，在“颜色”区域选择合适的单元格底纹填充颜色，单击“确定”按钮，如图11-22所示。

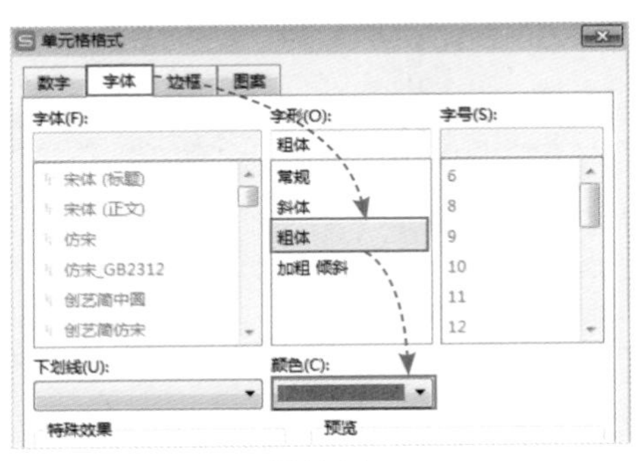

图11-21

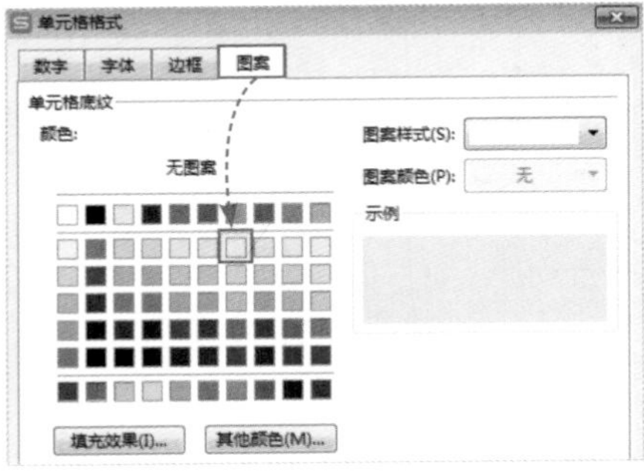

图11-22

Step 05 查看效果。返回“新建格式规则”对话框，直接单击“确定”按钮，可以看到各销售人员1—6月中的最大销售额被突出显示出来了，如图11-23所示。

	A	B	C	D	E	F	G	H	I
1	编号	销售人员	部门	1月	2月	3月	4月	5月	6月
2	DG01	张小燕	销售一部	¥25,983	¥78,546	¥45,663	¥18,023	¥66,019	¥90,890
3	DG02	顾玲	销售一部	¥78,963	¥45,872	¥36,985	¥25,965	¥42,551	¥78,542
4	DG03	李佳明	销售一部	¥11,236	¥87,546	¥30,258	¥20,144	¥36,952	¥85,200
5	DG04	顾君名	销售一部	¥32,598	¥47,852	¥33,586	¥50,000	¥45,820	¥36,854
6	DG05	周齐	销售一部	¥26,589	¥99,632	¥36,950	¥95,214	¥20,148	¥14,785
7	DG06	张得群	销售一部	¥96,587	¥42,563	¥48,752	¥25,830	¥25,841	¥99,000

图11-23

2．数据条

使用“条件格式”中的“数据条”命令，将“平均销售额”列中的数据突出显示出来。

Step 01 添加数据条。选择单元格区域K2:K31，单击“条件格式”下拉按钮，从列表中选择“数据条”选项，并选择“红色数据条”，如图11-24所示。

Step 02 查看效果。此时可以看到，表格中“平均销售额”列中的数据已经添加了数据条，如图11-25所示。

图11-24

	I	J	K	L
1	6月	总销售额	平均销售额	排名
2	¥90,890	¥325,124	¥54,187	12
3	¥78,542	¥308,878	¥51,480	16
4	¥85,200	¥271,336	¥45,223	20
5	¥36,854	¥246,710	¥41,118	24
6	¥14,785	¥293,318	¥48,886	17
7	¥99,000	¥338,573	¥56,429	8
8	¥21,000	¥288,726	¥48,121	18
9	¥75,896	¥354,989	¥59,165	6
10	¥45,872	¥234,372	¥39,062	28

图11-25

■11.2.4　创建数据透视表

通过创建数据透视表，可以对统计表中的数据进行更复杂的分析，下面介绍具体的操作方法。

Step 01 启动“创建数据透视表”命令。选择表格中的任意单元格，在“数据”选项卡中单击“数据透视表”按钮，弹出“创建数据透视表”对话框，保持各选项为默认状态，单击“确定”按钮，如图11-26所示。

Step 02 添加字段。在新的工作表中创建一个空白的数据透视表，并在弹出的“数据透视表”窗格的“字段列表”中勾选需要显示的字段，即可将字段添加到数据透视表中，如图11-27所示。

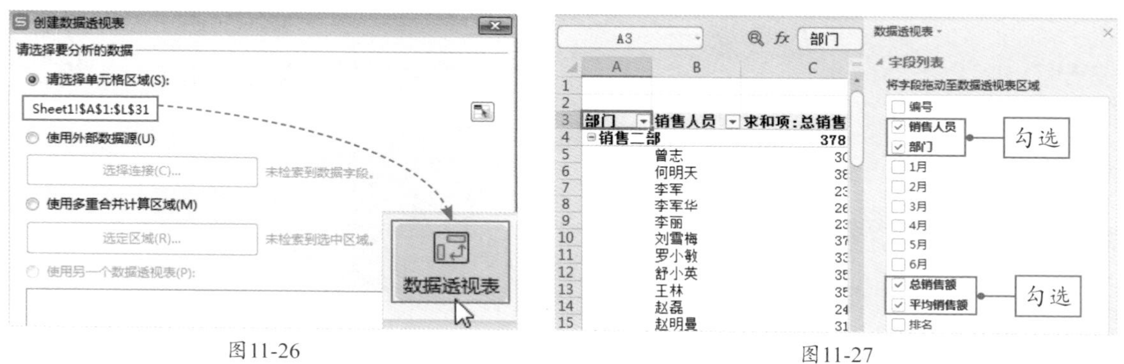

图11-26　　图11-27

Step 03 按“部门”字段筛选。在“数据透视表区域”中单击“行”列表框中的“部门”字段下拉按钮，从列表中选择“移动到报表筛选”选项，如图11-28所示。这样就将“部门”字段移动至“筛选器”列表框中了，如图11-29所示。

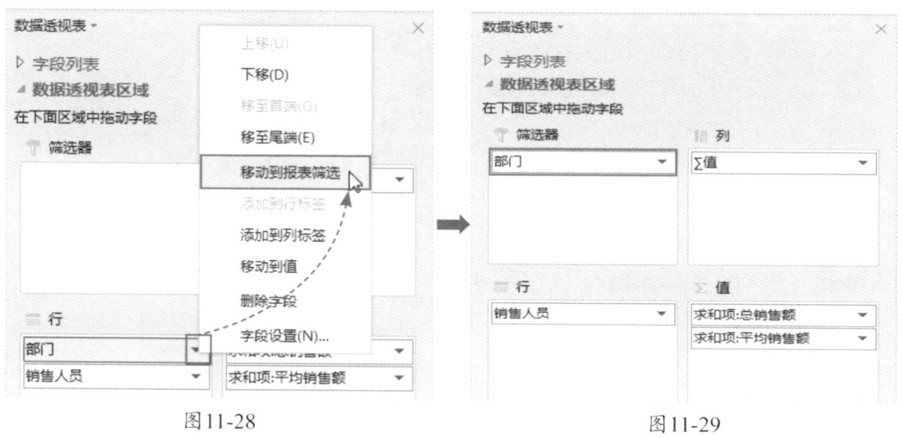

图11-28　　图11-29

Step 04 筛选“销售一部”。在数据透视表中单击“部门”字段右侧的下拉按钮，从展开的列表中选择“销售一部”选项，单击“确定”按钮，如图11-30所示。

Step 05 查看筛选结果。此时可以看到已经将“销售一部”的相关数据筛选出来了，如图11-31所示。

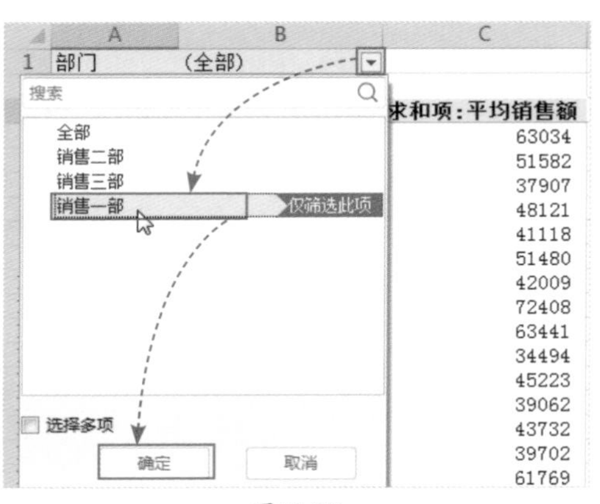

图11-30

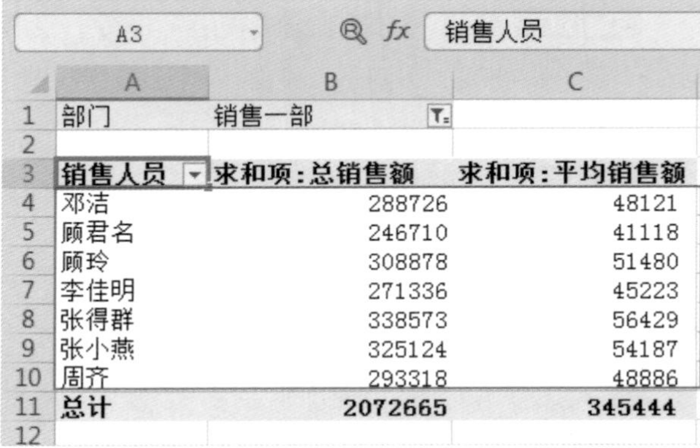

	A	B	C
1	部门	销售一部	
2			
3	销售人员	求和项：总销售额	求和项：平均销售额
4	邓洁	288726	48121
5	顾君名	246710	41118
6	顾玲	308878	51480
7	李佳明	271336	45223
8	张得群	338573	56429
9	张小燕	325124	54187
10	周齐	293318	48886
11	总计	2072665	345444
12			

图11-31

■11.2.5 设置数据透视表样式

创建好数据透视表后，用户可以根据需要设置数据透视表的样式，下面介绍具体的操作方法。

Step 01 设置“报表布局”。选中数据透视表中的任意单元格，在“设计”选项卡中单击“报表布局”下拉按钮，从列表中选择“以表格形式显示”选项，如图11-32所示。

Step 02 选择外观样式。在“设计”选项卡中单击“其他”下拉按钮，从列表中选择合适的数据透视表样式，此案例中选择“数据透视表样式中等深浅11”，如图11-33所示。

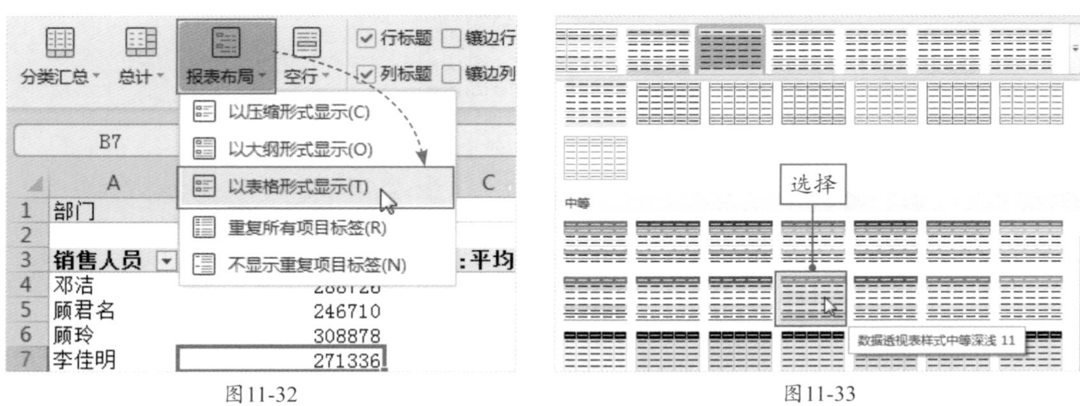

图11-32　　图11-33

Step 03 查看效果。此时可以看到，数据透视表应用了该样式，如图11-34所示。

	A	B	C
1	部门	销售一部	
2			
3	销售人员	求和项:总销售额	求和项:平均销售额
4	邓洁	288726	48121
5	顾君名	246710	41118
6	顾玲	308878	51480
7	李佳明	271336	45223
8	张得群	338573	56429
9	张小燕	325124	54187
10	周齐	293318	48886
11	**总计**	**2072665**	**345444**

图11-34

知识拓展

如果用户想要清除为数据透视表设置的样式，可以在“数据透视表样式”列表中选择“清除”选项。

11.3 分享并打印销售业绩统计表

统计好销售业绩后，为了方便公司的其他员工进行查看，可以将销售业绩统计表进行分享或将其打印出来。

■11.3.1　分享销售业绩统计表

在WPS表格中可以实现分享操作，具体操作方法如下。

Step 01 **执行分享操作。**单击“文件”按钮，从列表中选择“分享”选项，如图11-35所示。弹出“分享文件”窗格，从中设置分享权限，这里将权限设置为“仅查看”，单击“创建分享”按钮，如图11-36所示。

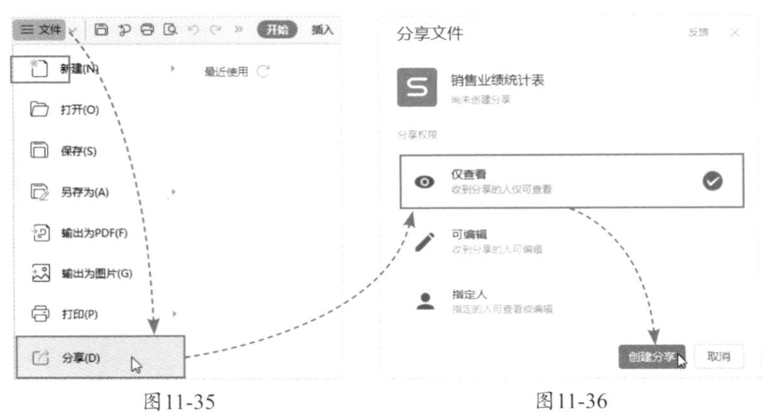

图11-35　　　　图11-36

● **新手误区：** 在执行分享操作时，需要登录个人账号，否则无法实现该操作。

Step 02 **分享链接。** 弹出一个窗格，单击“复制链接”按钮，如图11-37所示。这样就可以将该链接分享给其他人了。打开该链接即可查看销售业绩统计表中的数据。

图11-37

11.3.2 打印销售业绩统计表

扫码观看视频

如果用户想要将销售业绩统计表打印出来，可以按照以下方法进行操作。

Step 01 **打印预览。** 单击“打印预览”按钮，进入打印预览界面，在该界面中可以设置纸张类型、纸张方向、打印方式、打印份数、打印顺序、打印缩放等，如图11-38所示。

图11-38

Step 02 **直接打印。** 设置完成后，单击“直接打印”按钮进行打印即可，如图11-39所示。

编号	销售人员	部门	1月	2月	3月	4月	5月	6月	总销售额	平均销售额	排名
DG01	张小燕	销售一部	¥25,983	¥78,546	¥45,663	¥18,023	¥66,019	¥90,890	¥325,124	¥54,187	12
DG02	顾玲	销售一部	¥78,963	¥45,872	¥36,985	¥25,965	¥42,551	¥78,542	¥308,878	¥51,480	16
DG03	李佳明	销售一部	¥11,236	¥87,546	¥30,258	¥20,144	¥36,952	¥85,200	¥271,336	¥45,223	20
DG04	顾君名	销售一部	¥32,598	¥47,852	¥33,586	¥50,000	¥45,820	¥36,854	¥246,710	¥41,118	24
DG05	周齐	销售一部	¥26,589	¥99,632	¥36,950	¥95,214	¥20,148	¥14,785	¥293,318	¥48,886	17

图11-39

课后作业

通过前面的学习，相信大家已经掌握了WPS表格的相关知识，下面就综合利用所学知识点制作一个“采购统计表”。

（1）计算“金额”数值。

（2）为“金额”列数据添加“数据条”。

（3）按照“采购日期”字段对“金额”数据进行分类汇总。

采购日期	产品名称	规格型号	单价	数量	金额	备注
2020/2/3	电脑	惠普22-c013wcn	2699	2		
2020/2/3	饮水机	HYUNDAIBL-LWS12	156	2		
2020/2/3	微波炉	美的M1-L213B	299	1		
2020/2/3	打印机	惠普136w	1299	3		
2020/2/15	投影仪	松下PT-WX3400L	3199	2		
2020/2/15	扫描仪	爱普生V19	389	5		
2020/2/15	电话机	飞利浦CORD118	80	10		
2020/2/15	电脑	戴尔Ins 24-5491-R1625W	4999	3		
2020/2/15	饮水机	美的YR1801S-X	999	1		
2020/2/20	电脑	联想AIO逸	3999	4		
2020/2/20	微波炉	格兰仕P70D2OTL-D4	299	2		
2020/2/20	饮水机	美菱MY-C13	269	3		
2020/2/20	打印机	惠普HP DeskJet 2622	429	2		
2020/2/20	投影仪	爱普生CB-S41	2599	1		
2020/2/28	电话机	TCLHCD868(79)	55	20		
2020/2/28	打印机	小米PMDYJ01HT	899	3		
2020/2/28	电脑	长城A2203	1499	5		
2020/2/28	微波炉	美的EM7KCGW3-NR	419	1		
2020/2/28	饮水机	安吉尔Y2648LK-C	359	2		

原始效果

采购日期	产品名称	规格型号	单价	数量	金额	备注
2020/2/3	电脑	惠普22-c013wcn	2699	2	5398	
2020/2/3	饮水机	HYUNDAIBL-LWS12	156	2	312	
2020/2/3	微波炉	美的M1-L213B	299	1	299	
2020/2/3	打印机	惠普136w	1299	3	3897	
2020/2/3 汇总					9906	
2020/2/15	投影仪	松下PT-WX3400L	3199	2	6398	
2020/2/15	扫描仪	爱普生V19	389	5	1945	
2020/2/15	电话机	飞利浦CORD118	80	10	800	
2020/2/15	电脑	戴尔Ins 24-5491-R1625W	4999	3	14997	
2020/2/15	饮水机	美的YR1801S-X	999	1	999	
2020/2/15 汇总					25139	
2020/2/20	电脑	联想AIO逸	3999	4	15996	
2020/2/20	微波炉	格兰仕P70D2OTL-D4	299	2	598	
2020/2/20	饮水机	美菱MY-C13	269	3	807	
2020/2/20	打印机	惠普HP DeskJet 2622	429	2	858	
2020/2/20	投影仪	爱普生CB-S41	2599	1	2599	
2020/2/20 汇总					20858	
2020/2/28	电话机	TCLHCD868(79)	55	20	1100	
2020/2/28	打印机	小米PMDYJ01HT	899	3	2697	
2020/2/28	电脑	长城A2203	1499	5	7495	
2020/2/28	微波炉	美的EM7KCGW3-NR	419	1	419	
2020/2/28	饮水机	安吉尔Y2648LK-C	359	2	718	
2020/2/28 汇总					12429	
总计					68332	

最终效果

Tips

大家在学习的过程中如有疑问，可以加入学习交流群（QQ群号：728245398）进行交流。

WPS Office

第12章 制作消防安全知识培训演示文稿

张姐，我想做一个关于消防安全知识培训的演讲，以此提高大家的消防安全意识。

嗯，这个演讲很有意义，培训的演示文稿你做好了吗？

额……还没，可以给我点儿建议吗？

演示文稿的主题颜色建议以红、黄两色为主，这样比较贴合演讲的主题，使用的图片尽量要和消防、火灾主题相关。整个演示文稿的风格要偏正式一些。

好的，我脑海里已经有了大概的轮廓了。

嗯，那就赶快去准备你的演示文稿吧，或者你可以先参考下面案例的制作思路，从中找找灵感。

思维导图

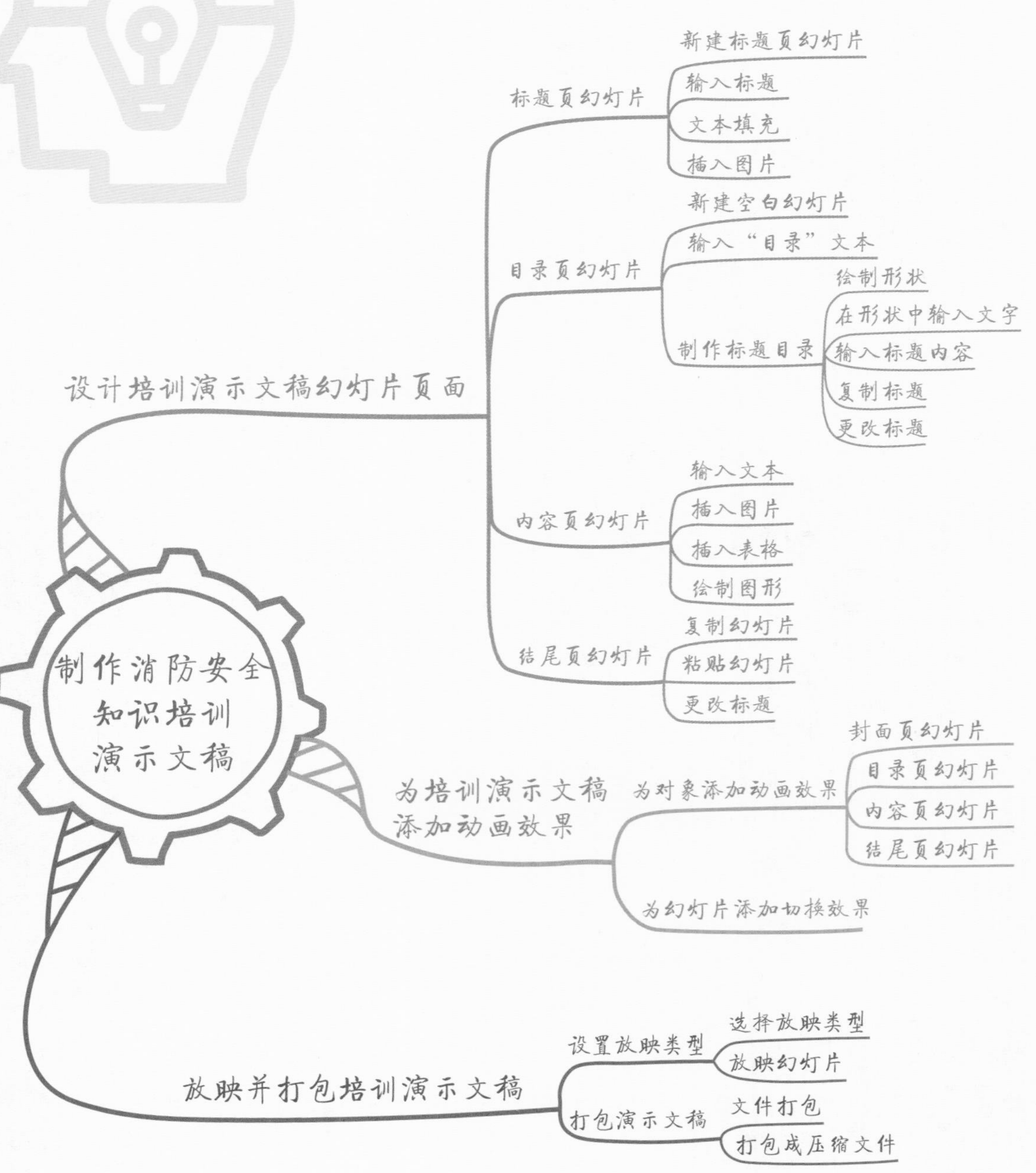
制作消防安全知识培训演示文稿
设计培训演示文稿幻灯片页面
标题页幻灯片
新建标题页幻灯片
输入标题
文本填充
插入图片
目录页幻灯片
新建空白幻灯片
输入“目录”文本
制作标题目录
绘制形状
在形状中输入文字
输入标题内容
复制标题
更改标题
内容页幻灯片
输入文本
插入图片
插入表格
绘制图形
结尾页幻灯片
复制幻灯片
粘贴幻灯片
更改标题
为培训演示文稿添加动画效果
为对象添加动画效果
封面页幻灯片
目录页幻灯片
内容页幻灯片
结尾页幻灯片
为幻灯片添加切换效果
放映并打包培训演示文稿
设置放映类型
选择放映类型
放映幻灯片
打包演示文稿
文件打包
打包成压缩文件

综合实战

12.1 设计培训演示文稿幻灯片页面

演示文稿其实是由标题页、目录页、内容页和结尾页幻灯片组成的，所以制作消防安全知识培训演示文稿就是对其幻灯片页面进行设计，下面介绍具体的操作方法。

12.1.1 设计标题页幻灯片

扫码观看视频

标题页幻灯片的设计风格要贴合主题，本案例已经事先设计好幻灯片母版的风格，用户可以在已有的母版幻灯片上设计标题页幻灯片，具体操作方法如下。

Step 01 **新建标题页幻灯片。**在“开始”选项卡中单击“新建幻灯片”下拉按钮，在展开的面板中选择标题页幻灯片，并单击“立即使用”按钮，如图12-1所示。

Step 02 **输入标题。**新建第1张幻灯片后，在其中输入标题文本，并设置文本的字体、字号和字体颜色，如图12-2所示。

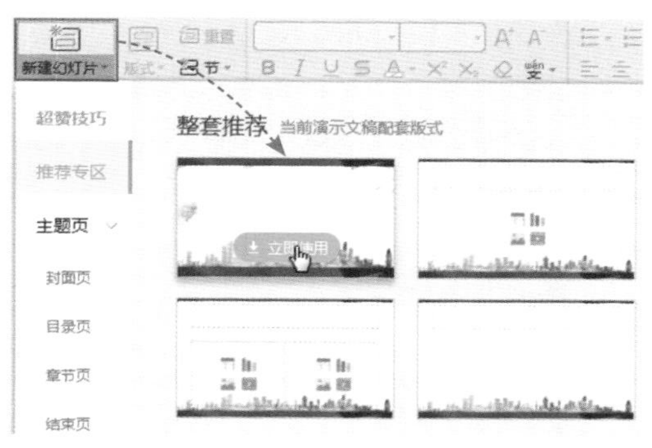

图12-1

图12-2

Step 03 **文本填充。**选择标题文本，在“文本工具”选项卡中单击“文本填充”下拉按钮，从列表中选择“图片或纹理”选项，并选择“本地图片”选项，如图12-3所示。打开“选择纹理”对话框，从中选择合适的图片即可为标题文本填充所选图片，如图12-4所示。

图12-3　　图12-4

Step 04 插入图片。在“插入”选项卡中单击“图片”下拉按钮，选择“本地图片”选项，在打开的“插入图片”对话框中选择需要的图片，即可将图片插入到幻灯片中，然后调整图片的大小并将其放在幻灯片页面的合适位置。至此，标题页幻灯片的设计就完成了，如图12-5所示。

图12-5

■12.1.2 设计目录页幻灯片

扫码观看视频

设计目录页幻灯片主要涉及文本框和图形的应用，具体操作方法如下。

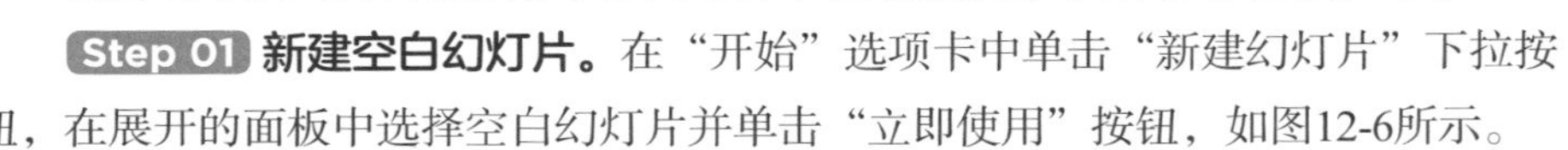

Step 01 新建空白幻灯片。在“开始”选项卡中单击“新建幻灯片”下拉按钮，在展开的面板中选择空白幻灯片并单击“立即使用”按钮，如图12-6所示。

Step 02 输入目录文本。新建第2张幻灯片后，在其中输入“目录”文本，并将文本的字体设置为“微软雅黑”，将字号设置为“80”，将字体颜色设置为“红色”，加粗显示，如图12-7所示。

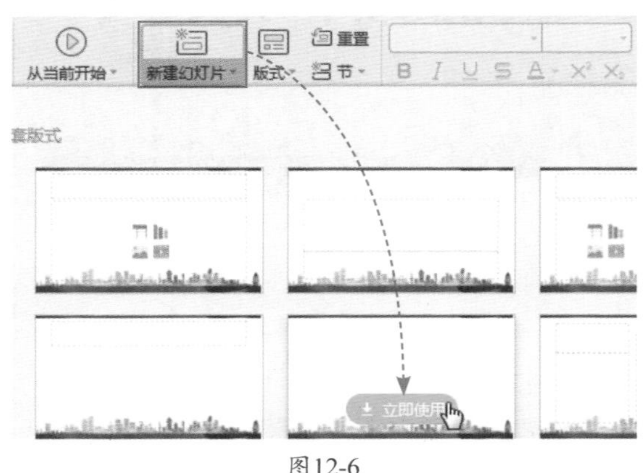

图12-6

图12-7

Step 03 绘制圆形。在“插入”选项卡中单击“形状”下拉按钮，从列表中选择“椭圆”选项，按住Ctrl键的同时，拖动鼠标绘制一个圆形，在“绘图工具”选项卡中为其设置合适的填充颜色，并将轮廓设置为“无线条颜色”，如图12-8所示。

Step 04 在圆形中输入文字。选中圆形，右击，选择“编辑文字”命令，将光标插入到圆形中，输入文字“1”，然后将文字的字体设置为“微软雅黑”，将字号设置为“32”，加粗显示，如图12-9所示。

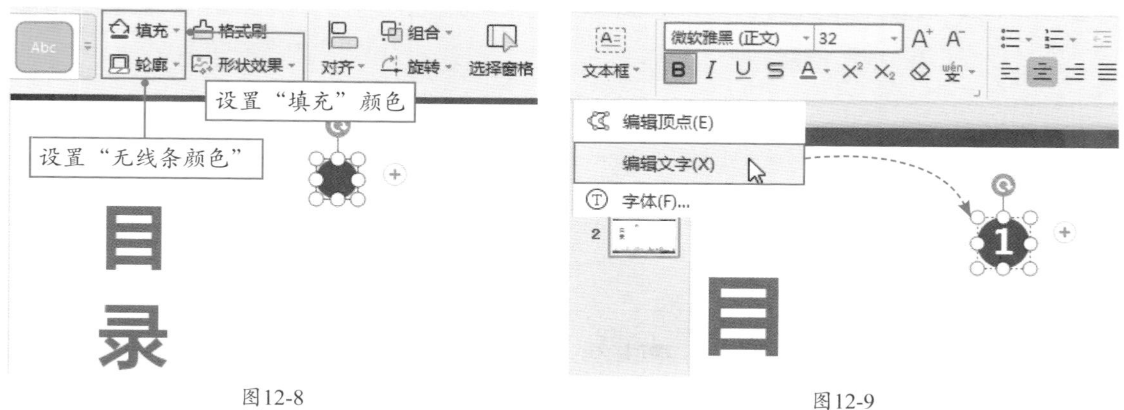

图12-8　　　　图12-9

Step 05 复制标题。在圆形后面绘制一个文本框，输入标题内容，然后同时选中圆形和文本框，将其进行复制，如图12-10所示。

Step 06 更改标题。更改圆形的填充颜色、数字和标题文本，如图12-11所示。至此，完成目录页幻灯片的设计。

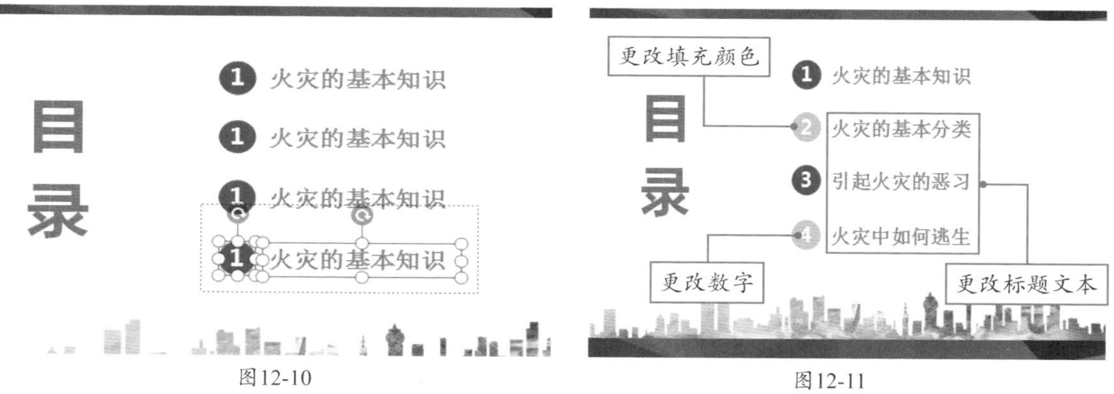

图12-10　　　　图12-11

■12.1.3　设计内容页幻灯片

内容页幻灯片主要以文字为主，还会使用图片、图形、表格等元素辅助设计，具体操作方法如下。

Step 01 新建第3张幻灯片。选择第2张幻灯片，按回车键，新建第3张空白幻灯片，并在其中输入相关的文本内容，如图12-12所示。

Step 02 插入图片。在“插入”选项卡中单击“图片”下拉按钮，选择“本地图片”选项，在幻灯片中插入火焰的图片，调整图片的大小并复制图片，将其放在幻灯片页面中的合适位置，如图12-13所示。

图12-12

图12-13

Step 03 **插入表格。**新建第4张幻灯片，输入标题文本，在“插入”选项卡中单击“表格”下拉按钮，从列表中滑动鼠标选取6行2列的表格，如图12-14所示。

Step 04 **输入文本。**插入表格后，调整表格的大小和位置，然后在表格中输入文本内容，如图12-15所示。

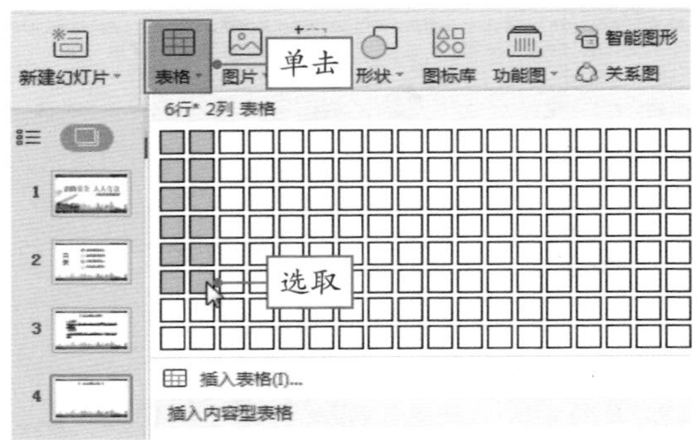

图12-14

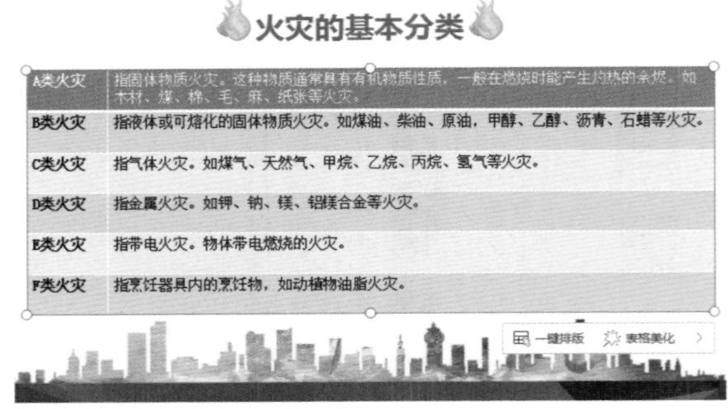

图12-15

Step 05 **设置文本对齐方式。**选择表格中左侧的文本，在“表格工具”选项卡中将文本设置为居中对齐和水平居中，接着选择表格中右侧的文本，将其设置为水平居中显示，如图12-16所示。

Step 06 **设置表格样式。**选择表格，在“表格样式”选项卡中单击“其他”按钮，从展开的列表中选择“浅色样式1-强调4”，如图12-17所示。

知识拓展

用户可以将标题文本和两个火焰的图片组合在一起，这样方便将标题复制到其他页幻灯片中。

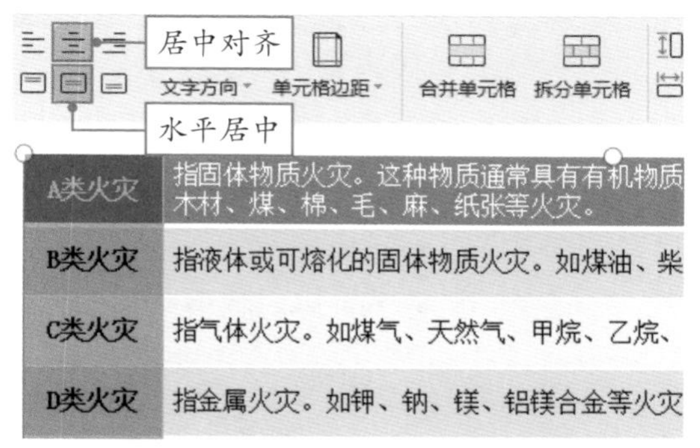

图12-16

图12-17

Step 07 **查看效果。**此时，可以看到为表格应用内置样式的效果，然后更改表格中文本的字体格式，如图12-18所示。

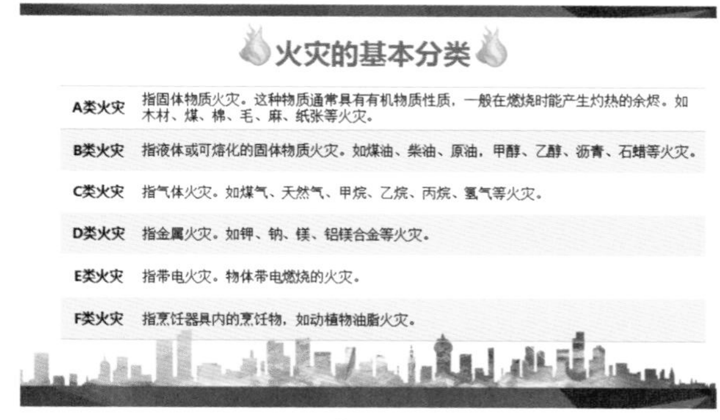

图12-18

Step 08 **新建第5张幻灯片。**输入标题文本，在幻灯片中插入一张图片，然后绘制一个圆形，设置圆形的样式，将其放在图片外侧，并在下方输入相关文本，如图12-19所示。

Step 09 **设计幻灯片。**按照上一步的方法插入其他图片，并在图片外侧绘制圆形，最后输入相关文本即可，如图12-20所示。

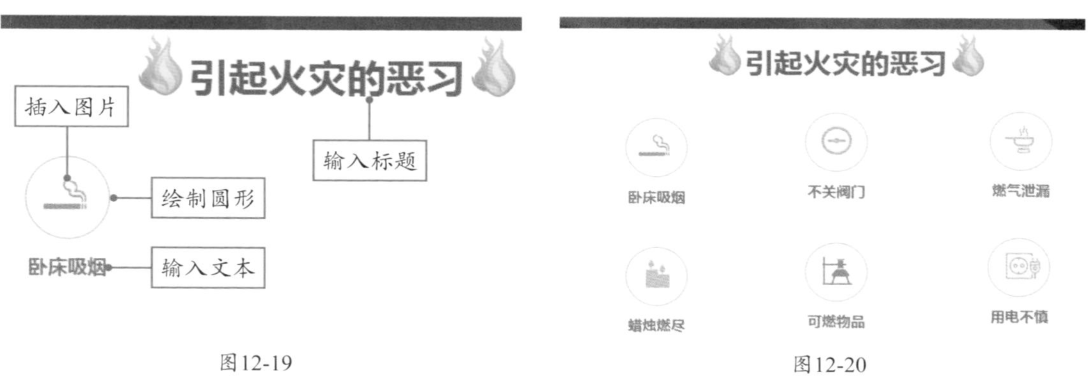

图12-19

图12-20

Step 10 **输入相关内容。**新建第6张幻灯片，在幻灯片中输入标题文本，如图12-21所示。接着输入相关内容，设置内容的字体格式和段落格式。至此，内容页幻灯片的设计就完成了，如图12-22所示。

图12-21

图12-22

■12.1.4 设计结尾页幻灯片

扫码观看视频

结尾页幻灯片的设计方法很简单，只需复制标题页幻灯片，然后修改文本就可以了，具体操作方法如下。

Step 01 复制幻灯片。选择第1张幻灯片，右击，从弹出的快捷菜单中选择“复制”命令，如图12-23所示。

Step 02 粘贴幻灯片。将光标插入到第6张幻灯片的下方，右击，从弹出的快捷菜单中选择“粘贴”命令，如图12-24所示。

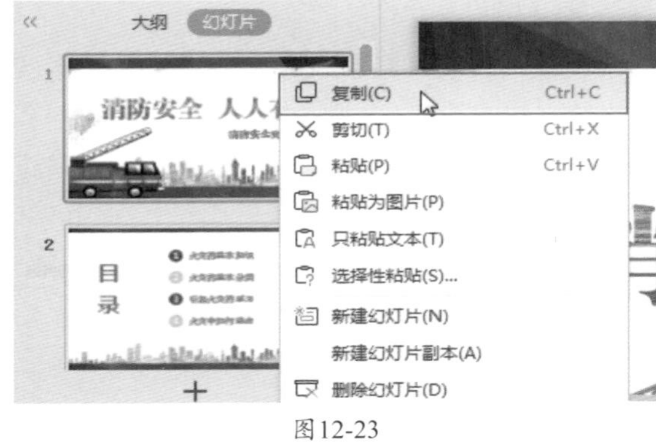

图12-23

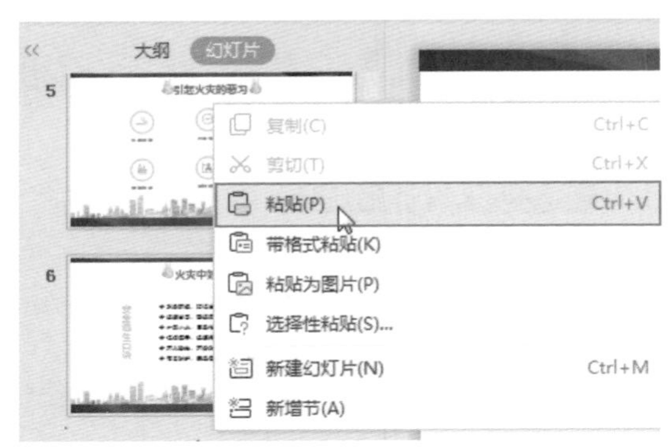

图12-24

Step 03 更改标题。复制得到第7张幻灯片，然后更改幻灯片中的文本。至此，完成结尾页幻灯片的设计，如图12-25所示。

图12-25

12.2 为培训演示文稿添加动画效果

为幻灯片中的对象或整个幻灯片页面添加动画效果，可以让整个演示文稿活跃起来，增强观赏性。

■12.2.1　为对象添加动画效果

扫码观看视频

扫码观看视频

用户可以根据需要为封面页、目录页、内容页和结尾页幻灯片中的对象添加动画效果，下面介绍具体的操作方法。

1．为封面页幻灯片添加动画

用户可以为封面页中的对象添加进入动画和组合动画，具体操作方法如下。

Step 01 添加“飞入”动画。选择第1张幻灯片中的标题文本，在“动画”选项卡中为其添加“进入”选项下的“飞入”动画效果，如图12-26所示。

Step 02 设置飞入方向。在“动画”选项卡中单击“自定义动画”按钮，打开“自定义动画”窗格，将“方向”设置为“自左侧”，如图12-27所示。

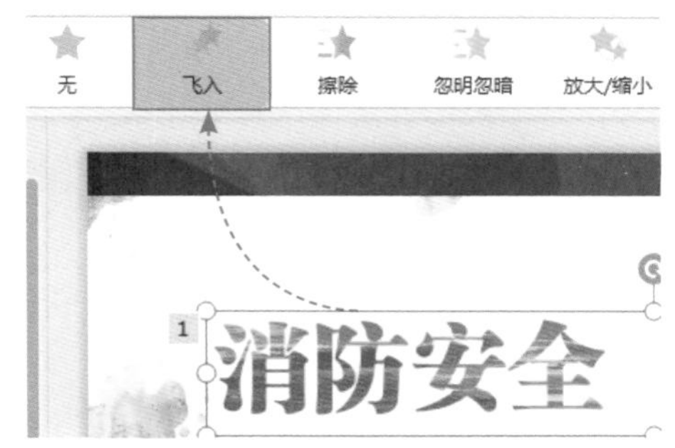

图12-26

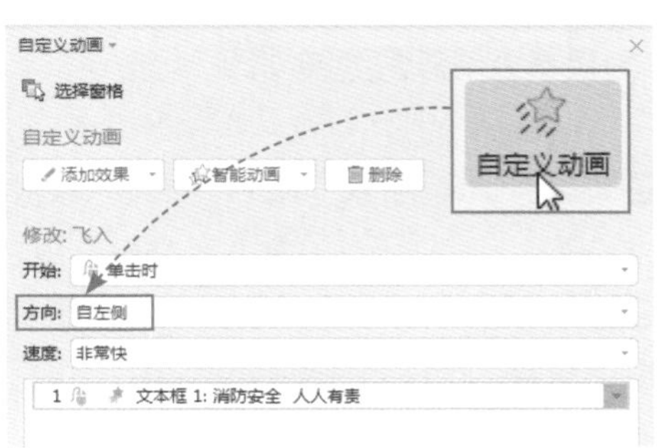

图12-27

Step 03 添加组合动画。选择副标题，同样为其添加“飞入”动画效果，然后打开“自定义动画”窗格，将“开始”设置为“之前”，将“方向”设置为“自右侧”，如图12-28所示。单击“添加效果”下拉按钮，如图12-29所示。

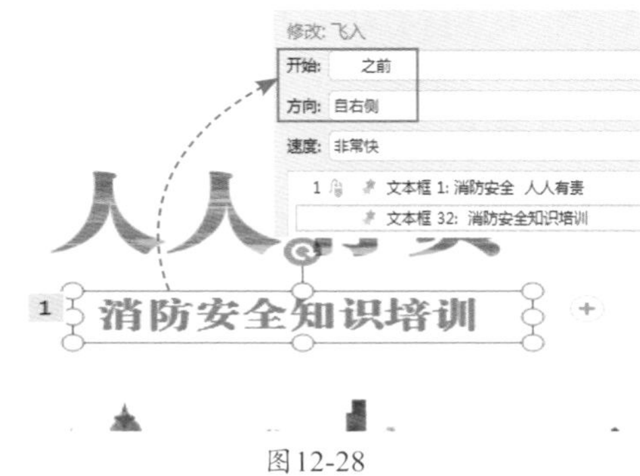

图12-28

图12-29

Step 04 添加“忽明忽暗”动画。从展开的列表中选择“强调”选项下的“忽明忽暗”动画效果，如图12-30所示，并将“开始”设置为“之后”。

Step 05 添加“光速”动画。选择图片，为其添加“进入”选项下的“光速”动画效果，如图12-31所示，并将“开始”设置为“之后”。单击“预览效果”按钮，即可预览为封面页幻灯片添加的动画效果。

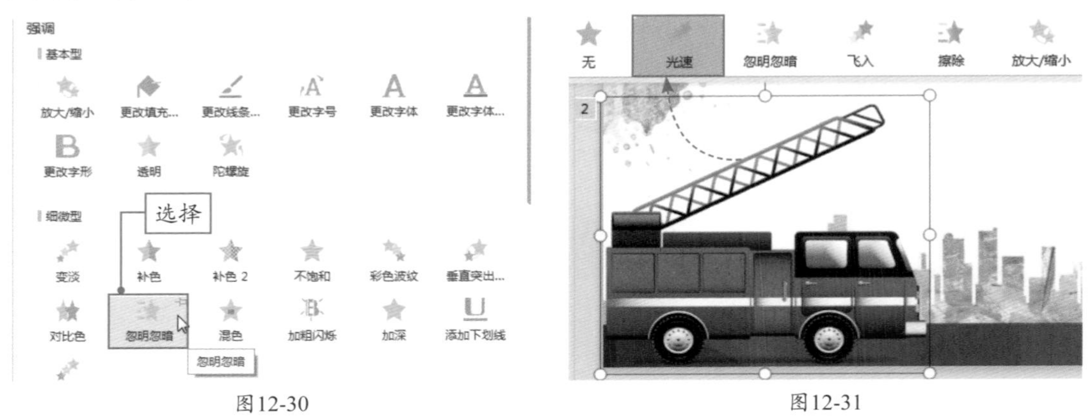

图12-30　　图12-31

2．为目录页幻灯片添加动画

用户可以为目录页幻灯片中的对象添加进入动画，具体操作方法如下。

Step 01 添加“渐入”动画。选择第2张幻灯片中的“目录”文本，在“动画”选项卡中为其添加“进入”选项下的“渐入”动画效果，并将“开始”设置为“之后”，如图12-32所示。

Step 02 添加“轮子”动画。选择椭圆图形，为其添加“进入”选项下的“轮子”动画效果，并将“开始”设置为“之后”，将“速度”设置为“非常快”，如图12-33所示。

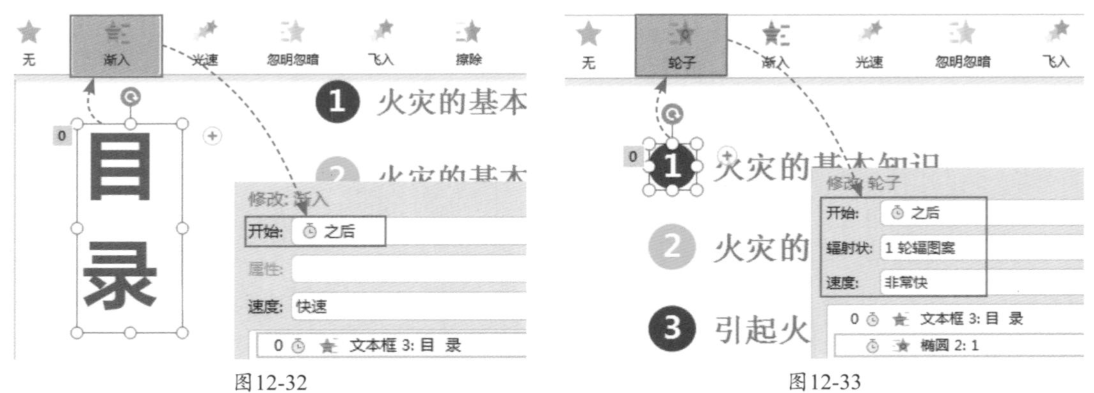

图12-32　　图12-33

Step 03 添加“出现”动画。选择文本框，为其添加“进入”选项下的“出现”动画效果，如图12-34所示，并将“开始”设置为“之后”。

Step 04 预览动画效果。按照同样的方法，为剩余的图形和文本添加“轮子”和“出现”动画效果，最后单击“预览效果”按钮，如图12-35所示，预览为目录页幻灯片添加动画的效果。

图12-34　　图12-35

3. 为内容页幻灯片添加动画

用户可以为内容页幻灯片添加组合和强调动画，具体操作方法如下。

Step 01 添加组合动画。选择第3张幻灯片中的图片，为其添加“出现”动画效果，并将“开始”设置为“之后”，如图12-36所示。接着单击“添加效果”下拉按钮，从列表中选择“强调”选项下的“忽明忽暗”动画效果，如图12-37所示。

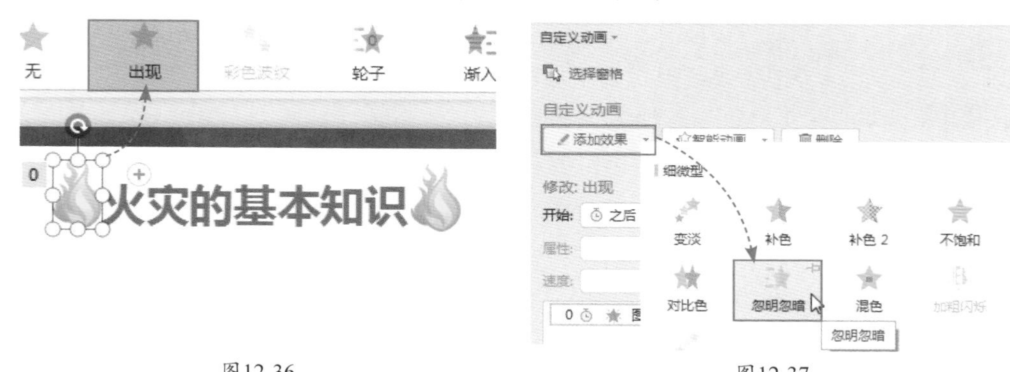

图12-36　　图12-37

Step 02 设置“计时”选项。选择上一步添加的“忽明忽暗”动画效果，将“开始”设置为“之后”，将“速度”设置为“非常快”。接着单击右侧的下拉按钮，并从列表中选择“计时”选项，如图12-38所示。打开“忽明忽暗”对话框，在“计时”选项卡中将“重复”设置为“直到幻灯片末尾”，单击“确定”按钮，如图12-39所示。

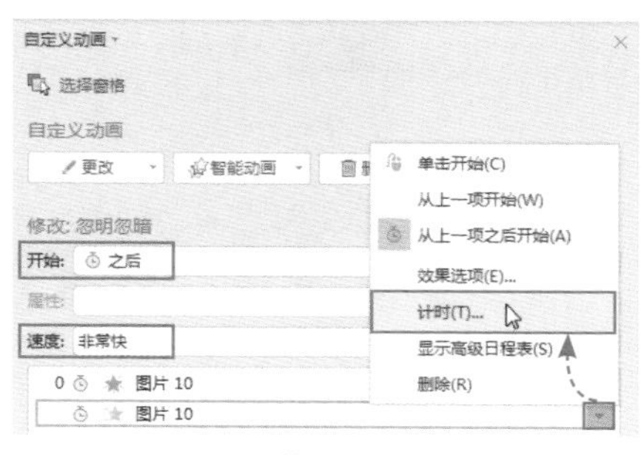

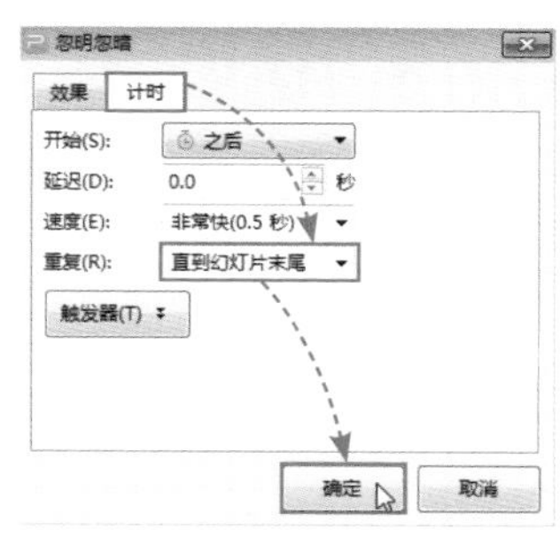

图12-38　　图12-39

Step 03 添加“飞入”动画。按照上述方法，为另外一张图片添加相同的动画效果。接着选择标题文本，为其添加“飞入”动画效果，并将“开始”设置为“之后”，将“方向”设置为“自顶部”，将“速度”设置为“非常快”，如图12-40所示。

Step 04 添加“彩色波纹”动画。选择文本，为其添加“强调”选项下的“彩色波纹”动画效果，并将“开始”设置为“之后”，在“颜色”列表中选择合适的颜色，然后将“速度”设置为“非常快”，如图12-41所示。

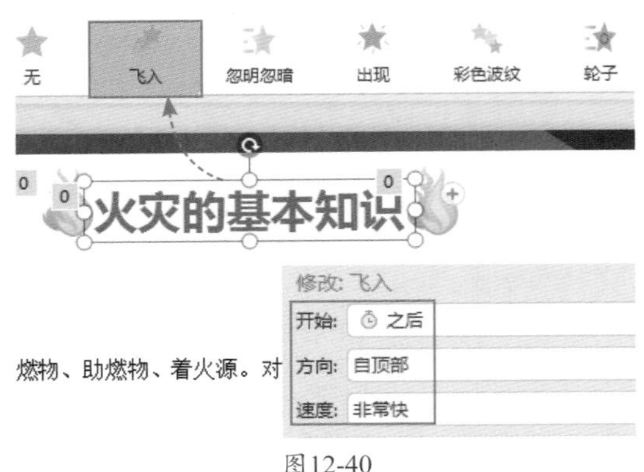

图12-40

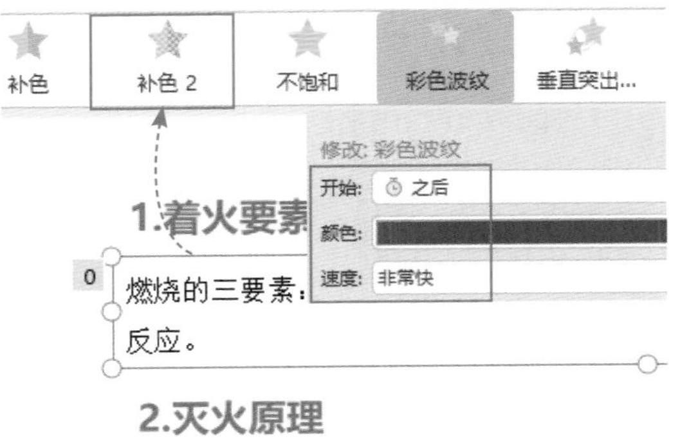

图12-41

Step 05 预览动画效果。为其他文本同样添加“彩色波纹”动画效果，最后单击“预览效果”按钮，如图12-42所示，预览为内容页幻灯片添加的动画效果。

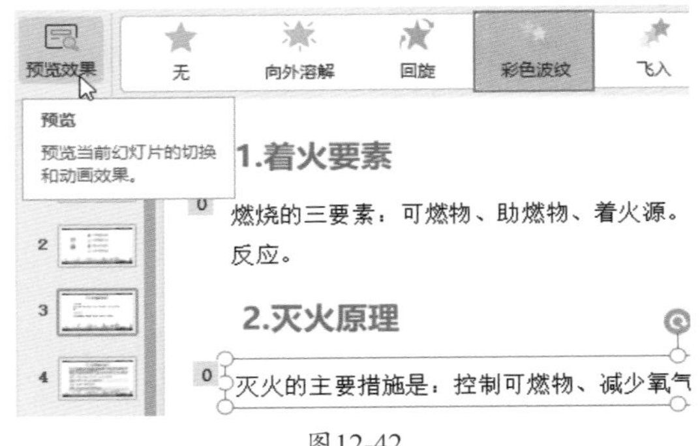

图12-42

4. 为结尾页幻灯片添加动画

用户可以为结尾页幻灯片中的对象添加进入和路径动画，具体操作方法如下。

Step 01 添加“百叶窗”动画。选择第7张幻灯片中的标题文本，为其添加“进入”选项下的“百叶窗”动画效果，并将“开始”设置为“之后”，将“方向”设置为“垂直”，如图12-43所示。

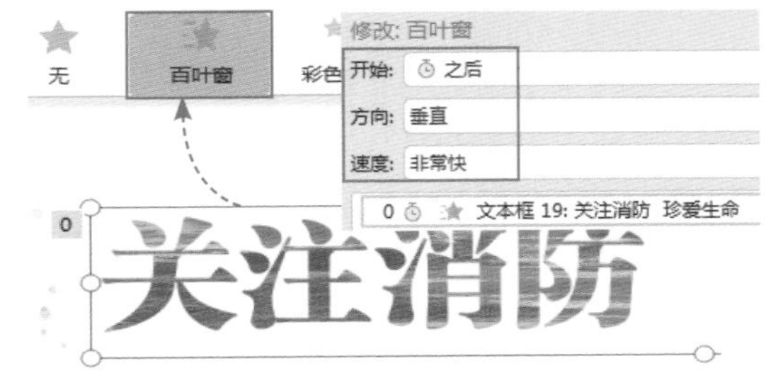

图12-43

Step 02 添加路径动画。选择图片对象，在“动画”选项卡中选择“绘制自定义路径”选项下的“直线”选项，如图12-44所示。

Step 03 绘制路径。拖动鼠标为“消防车”绘制一个直线路径，然后将“开始”设置为“之前”，将“速度”设置为“非常快”，如图12-45所示。最后单击“预览效果”按钮，预览为结尾页幻灯片添加的动画效果。

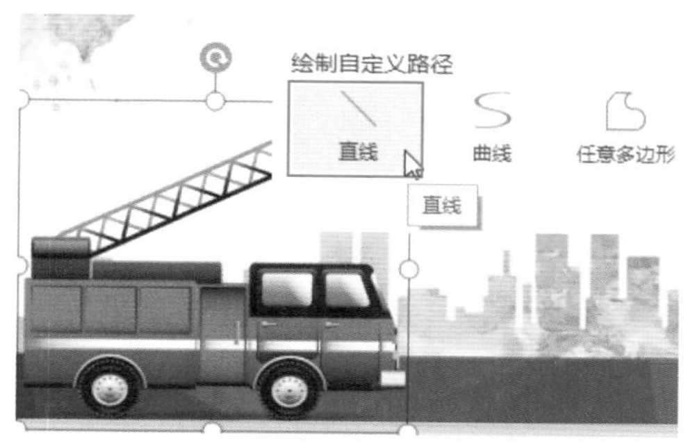

图12-44

图12-45

知识拓展

路径中的绿色小三角表示开始位置，红色小三角表示结束位置。如果用户想要更改开始和结束位置，可以在绘制的路径上右击，在弹出的菜单中选择“反转路径方向”命令。

■12.2.2　为幻灯片添加切换效果

用户可以为每张幻灯片添加不同的切换效果，也可以统一添加一种切换效果，下面介绍统一为幻灯片页面添加“梳理”切换效果的方法。

Step 01 选择“梳理”切换效果。选择幻灯片，在“切换”选项卡中选择“梳理”切换效果，然后单击“效果选项”下拉按钮，从列表中选择“水平”选项，如图12-46所示。

Step 02 应用到全部。将切换声音设置为“风声”，最后单击“应用到全部”按钮，即可将设置的切换效果应用到全部幻灯片，如图12-47所示。

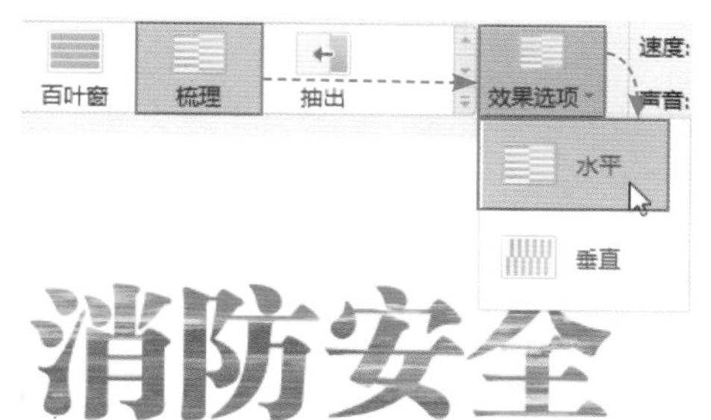

图12-46

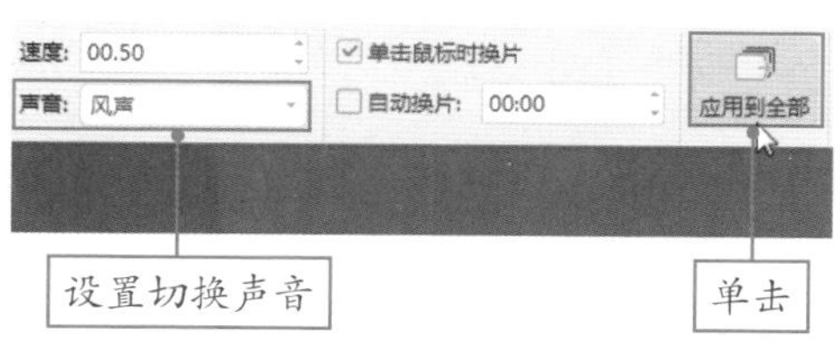

图12-47

知识拓展

若选择“随机”切换效果，如图12-48所示，则在切换幻灯片页面时会随机变换切换效果。

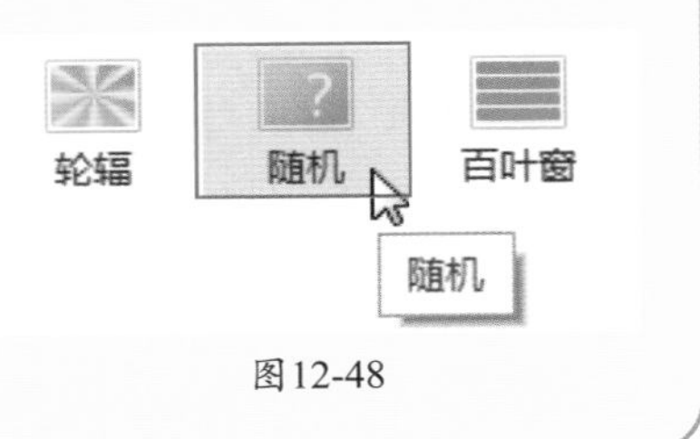

图12-48

12.3 放映并打包培训演示文稿

演示文稿制作完成后需要放映出来。如果需要将演示文稿上传到其他平台，可以将其打包成压缩文件，下面介绍具体的操作方法。

■12.3.1　设置放映类型

在放映演示文稿之前，需要设置一下放映类型，具体操作方法如下。

Step 01 选择放映类型。在“幻灯片放映”选项卡中单击“设置放映方式”按钮，打开“设置放映方式”对话框，在“放映类型”选项下选择合适的放映类型即可，如图12-49所示。

Step 02 放映幻灯片。在“幻灯片放映”选项卡中单击“从头开始”或“从当前开始”按钮，即可放映幻灯片，如图12-50所示。

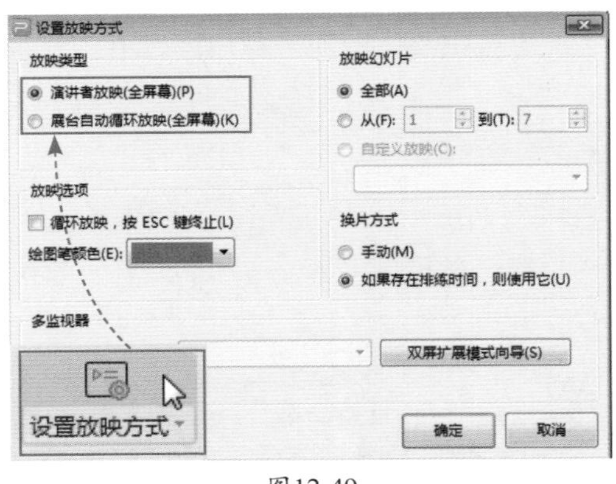

图12-49

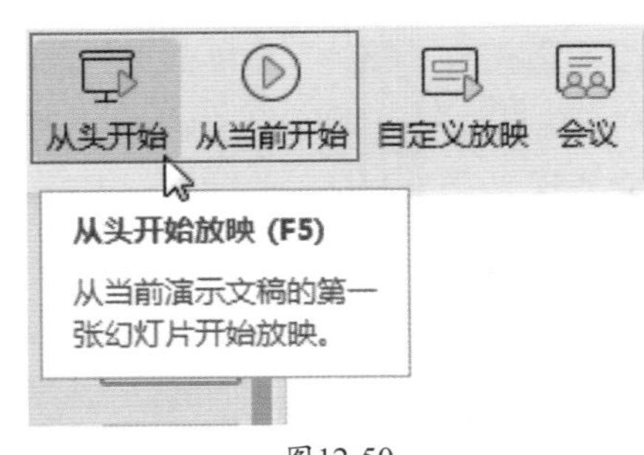

图12-50

知识拓展

“从头开始”是从当前演示文稿的第一张幻灯片开始放映；“从当前开始”是从所选幻灯片开始放映。

■12.3.2　打包演示文稿

用户可以将演示文稿打包成压缩文件，具体操作方法如下。

Step 01 **文件打包。** 单击“文件”按钮，选择“文件打包”选项，并从其级联列表中选择“将演示文档打包成压缩文件”选项，如图12-51所示。

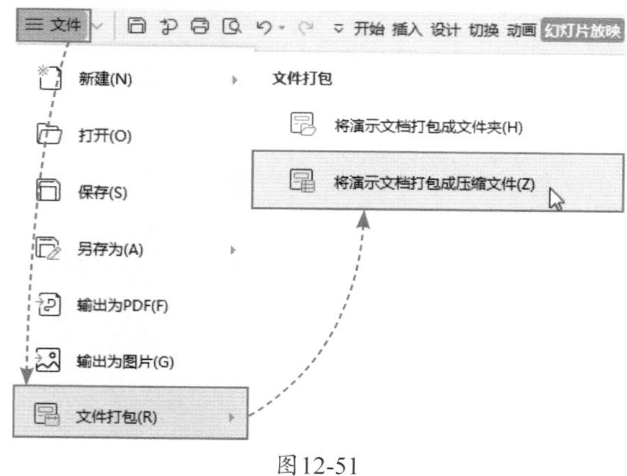

图12-51

Step 02 **打包成压缩文件。** 打开“演示文件打包”对话框，从中选择打包位置，单击“确定”按钮，弹出“已完成打包”对话框，从中进行相关操作即可，如图12-52所示。

图12-52

课后作业

通过前面的学习，相信大家已经掌握了WPS演示的相关知识，下面就综合利用所学知识点制作一个“旅游景点介绍”演示文稿。

（1）设计演示文稿的标题页、目录页、内容页和结尾页幻灯片。

（2）为标题页、目录页、内容页和结尾页幻灯片中的对象添加动画。

（3）为幻灯片所有页面添加切换动画。

（4）放映演示文稿，并将演示文稿输出为视频格式。

最终效果

NOTE

Tips

大家在学习的过程中如有疑问，可以加入学习交流群（QQ群号：728245398）进行交流。